임베디드 C를 위한
TDD

Test-Driven Development for Embedded C

by James W. Grenning

Copyright ⓒ 2011 The Pragmatic Programmers, LLC.
All rights reserved.
Korean Translation Copyright ⓒ 2012 by Insight Press.

The Korean language edition published by arrangement with The Pragmatic Programmers, LLC, Lewisville, through Agency-One, Seoul.

이 책의 한국어판 저작권은 에이전시 원을 통해 저작권자와의 독점 계약으로 인사이트에 있습니다. 저작권법에 의해 한국 내에서 보호를 받는 저작물이므로 무단전재와 무단복제를 금합니다.

임베디드 C를 위한 TDD

초판 1쇄 발행 2012년 12월 14일 **3쇄 발행** 2019년 8월 22일 **지은이** 제임스 그레닝 **옮긴이** 신제용·한주영 **펴낸이** 한기성 **펴낸곳** 인사이트 **제작·관리** 박미경 **출력** 소다미디어 **용지** 월드페이퍼 **인쇄** 현문인쇄 **후가공** 이지앤비 **제본** 자현제책 **등록번호** 제2002-000049호 **등록일자** 2002년 2월 19일 **주소** 서울시 마포구 연남로5길 19-5 **전화** 02-322-5143 **팩스** 02-3143-5579 **블로그** http://blog.insightbook.co.kr **이메일** insight@insightbook.co.kr **ISBN** 978-89-6626-049-2 책값은 뒤표지에 있습니다. 잘못 만들어진 책은 바꾸어 드립니다. 이 책의 정오표는 http://blog.insightbook.co.kr/에서 확인하실 수 있습니다. 이 도서의 국립중앙도서관 출판예정도서목록(CIP)은 서지정보유통지원시스템 홈페이지(http://seoji.nl.go.kr)와 국가자료공동목록시스템(http://www.nl.go.kr/kolisnet)에서 이용하실 수 있습니다.(CIP제어번호: CIP2012005727)

Test-Driven Development
for
Embedded C

임베디드 C를 위한
TDD

제임스 W. 그레닝 지음 | 신제용 · 한주영 옮김

차례

옮긴이의 글 ·· x
추천사 ··· xii
감사의 글 ··· xix
서문 ·· xxi

1장 테스트 주도 개발 —————————————— 1
1.1 왜 TDD가 필요한가? ··· 3
1.2 테스트 주도 개발이란 무엇인가? ································· 5
1.3 TDD 물리학 ·· 6
1.4 TDD 마이크로 사이클 ·· 8
1.5 TDD의 이득 ·· 11
1.6 임베디드 환경에서의 이득 ·· 12

1부 시작하기   15

2장 테스트 주도 개발의 도구와 관례들 —————— 17
2.1 단위 테스트 하니스란? ·· 18
2.2 Unity - C로만 작성된 테스트 하니스 ························ 19
2.3 CppUTest: C++ 단위 테스트 하니스 ·························· 27
2.4 단위 테스트는 크래시를 일으킬 수 있다 ····················· 30
2.5 네 단계 테스트 패턴 ·· 31
2.6 지금까지 우리는 ··· 32

3장 C 모듈 시작하기 —————————————— 33
3.1 테스트 가능한 C 모듈의 구성 요소 ····························· 33
3.2 LED 드라이버가 하는 일 ·· 35
3.3 테스트 목록 작성하기 ·· 37
3.4 첫 테스트 작성 ··· 38

3.5 먼저 인터페이스를 테스트 주도로 개발하기 ······················ 44
3.6 점진적 진행 ··· 51
3.7 테스트 주도 개발의 상태 기계 ································· 54
3.8 테스트 FIRST ··· 55
3.9 지금까지 우리는 ·· 56
    배운 것 적용하기 ··· 57

4장 완료까지 테스트하기 ───────────────── 59
4.1 단순하게 시작해서 솔루션 키워가기 ························· 60
4.2 코드를 깔끔하게 유지하기 - 자주 리팩터링하기 ············ 77
4.3 완료될 때까지 반복하기 ·· 80
4.4 완료 선언 전에 한 걸음 물러서기 ······························ 87
4.5 지금까지 우리는 ·· 87
    배운 것 적용하기 ··· 89

5장 임베디드 TDD 전략 ───────────────── 91
5.1 타깃 하드웨어 병목 ··· 92
5.2 듀얼 타기팅의 장점 ··· 93
5.3 듀얼 타기팅의 위험 요소들 ···································· 95
5.4 임베디드 TDD 사이클 ·· 95
5.5 듀얼 타깃 비호환성 ··· 99
5.6 하드웨어로 테스트하기 ·· 103
5.7 빨리 가기 위해 속도 늦추기 ··································· 107
5.8 지금까지 우리는 ·· 108

6장 좋아, 하지만…… ───────────────── 109
6.1 우린 시간이 없어요 ··· 109
6.2 코드 작성 후에 테스트를 작성하면 왜 안 되나? ············ 114
6.3 테스트를 유지 보수해야 할 것이다 ···························· 114
6.4 단위 테스트가 모든 버그를 찾아낼 수는 없다 ··············· 115

6.5 빌드가 오래 걸린다 ·· 116
6.6 우리에겐 기존 코드가 있다 ······································ 116
6.7 메모리 용량이 제한되어 있다 ·································· 117
6.8 우리는 HW와 상호작용해야 한다 ····························· 118
6.9 C를 테스트하는데 왜 C++ 테스트 하니스가 필요한가? ······· 119
6.10 지금까지 우리는 ··· 120

2부 협력자를 가진 모듈 테스트하기   123

7장 테스트 대역 도입하기 ——————————— 125
7.1 협력자 ·· 125
7.2 의존성 끊기 ··· 127
7.3 테스트 대역을 언제 사용하나? ································ 131
7.4 C로 페이크 만들기, 그 다음은? ······························· 133
7.5 지금까지 우리는 ··· 135

8장 제품 코드에 스파이 심기 ——————————— 137
8.1 LightScheduler 테스트 목록 ···································· 138
8.2 하드웨어와 운영체제 의존성 ···································· 139
8.3 링크타임 치환 ·· 141
8.4 테스트 대상 코드에 스파이 심기 ······························ 142
8.5 시계 제어하기 ·· 147
8.6 없는 경우 처리한 다음, 하나 있는 경우 처리 ·············· 148
8.7 여러 항목 처리하기 ··· 164
8.8 지금까지 우리는 ··· 169

9장 런타임 연결 테스트 대역 ——————————— 171
9.1 무작위성 테스트 ··· 172
9.2 함수 포인터로 속이기 ·· 174
9.3 외과수술로 삽입된 스파이 ······································ 177
9.4 스파이로 출력 검증하기 ··· 181
9.5 지금까지 우리는 ··· 186

10장 목(Mock) 객체 ——————————————— 189
10.1 플래시 드라이버 ·· 190
10.2 MockIO ··· 198
10.3 TDD로 드라이버 구현하기 ····································· 201

10.4 디바이스 시간 초과를 시뮬레이션하기 ··· 205
10.5 이럴만한 가치가 있을까? ·· 208
10.6 CppUMock으로 목 객체 만들기 ··· 209
10.7 목 객체 생성하기 ··· 212
10.8 지금까지 우리는 ··· 213

3부 설계와 지속적인 개선   215

11장 견고하고(SOLID), 유연하며, 테스트 가능한 설계 — 217

11.1 SOLID 설계 원칙 ··· 218
11.2 SOLID C 설계 모델 ··· 222
11.3 요구사항의 변경과 문제 설계 ··· 224
11.4 동적 인터페이스로 설계 개선 ··· 233
11.5 타입별 동적 인터페이스로 유연성 향상시키기 ·· 241
11.6 설계는 얼마나 해야 충분한가? ··· 246
11.7 지금까지 우리는 ··· 248

12장 리팩터링 — 251

12.1 소프트웨어의 두 가지 가치 ··· 252
12.2 세 가지 핵심 기술 ··· 253
12.3 코드 냄새와 이를 개선하는 법 ·· 255
12.4 코드 변형하기 ·· 266
12.5 성능과 크기 문제 ··· 285
12.6 지금까지 우리는 ··· 288

13장 레거시 코드에 테스트 추가하기 — 291

13.1 레거시 코드 변경 정책 ·· 292
13.2 보이스카우트 원칙 ·· 293
13.3 레거시 코드 변경 알고리즘 ··· 294
13.4 테스트 포인트 ·· 296
13.5 2단계 구조체 초기화 ··· 300
13.6 부딪혀가며 통과하기 ··· 303
13.7 특징 묘사 테스트 ··· 310
13.8 써드파티 코드에 대한 학습 테스트 ·· 314
13.9 테스트 주도로 버그 수정하기 ··· 317
13.10 전략적 테스트 추가 ··· 317
13.11 지금까지 우리는 ··· 318

14장 테스트 패턴과 안티패턴 ——— 321
14.1 장황한 테스트 안티패턴 ················· 321
14.2 복사-붙이기-변경-반복 안티패턴 ········· 323
14.3 도드라진 테스트 케이스 안티패턴 ········ 324
14.4 테스트 그룹 사이의 중복 안티패턴 ······· 326
14.5 테스트 무시 안티패턴 ···················· 327
14.6 행위 주도 개발 테스트 패턴 ·············· 328
14.7 지금까지 우리는 ························· 329

15장 마무리하면서 ——— 331

4부 부록   335

A1 개발 시스템의 테스트 환경 ——— 337
A1.1 개발 시스템 툴 체인 ····················· 337
A1.2 전체 테스트 빌드를 위한 메이크파일 ····· 340
A1.3 더 작은 테스트 빌드 ····················· 341

A2 Unity 레퍼런스 ——— 343
A2.1 Unity 테스트 파일 ······················· 343
A2.2 Unity 테스트 main ······················· 345
A2.3 Unity 테스트 조건 검사 ·················· 346
A2.4 명령줄 옵션 ······························ 347
A2.5 타깃에서 Unity 실행하기 ················· 347

A3 CppUTest 레퍼런스 ——— 349
A3.1 CppUTest 테스트 파일 ··················· 349
A3.2 테스트 main ····························· 350
A3.3 테스트 조건 검사 ························ 351
A3.4 테스트 실행 순서 ························ 352
A3.5 기본 뼈대 파일을 생성해주는 스크립트 ·· 352
A3.6 타깃에서 CppUTest 실행하기 ············· 353
A3.7 CppUTest 테스트를 Unity로 변환하기 ···· 354

A4 시작하기 단계를 마친 LedDriver — 355
A4.1 Unity로 작성된 초기 LedDriver 테스트 …………………… 355
A4.2 CppUTest로 작성된 초기 LedDriver 테스트 ……………… 356
A4.3 LedDriver 초기 인터페이스 …………………………………… 357
A4.4 LedDriver 뼈대 구현 …………………………………………… 357

A5 OS 분리 계층 예제 — 359
A5.1 대체 가능한 동작을 보장하는 테스트 케이스 …………… 360
A5.2 POSIX 구현 ………………………………………………………… 361
A5.3 Micrium RTOS 구현 …………………………………………… 363
A5.4 Win32 구현 ………………………………………………………… 366
A5.5 분리 계층이 애플리케이션의 짐을 가져가기 …………… 367

A6 참고문헌 — 369

찾아보기 ………………………………………………………………… 372

옮긴이의 글

제임스 그레닝은 임베디드 환경에서만 잔뼈가 굵은 개발자다. 또한 애자일 쪽에서는 꽤나 영향력이 있는 인물이다. 다만 본인이 타고난 개발자이다보니 밥 마틴(Robert Martin)과 같은 목소리 큰 인물들에 비해 상대적으로 덜 알려져 있을 뿐이다. 그의 이름은 애자일 선언(Agile Manifesto)에도 올라있다. 제임스야말로 이 책을 쓰기에 가장 적절한 인물이 아닐까?

제임스 그레닝이 'C/C++에서의 TDD'라는 주제로 책을 쓴다는 소식을 접했을 때부터 한국어 번역을 하겠다고 먼저 찜을 해 놓았다. 옮긴이들이 게으른 탓에 원서가 나온 지 1년 반이나 지나서 번역물이 나오게 되었다. 하지만, 원서 이북에도 반영되지 않은 오류까지 바로잡았으니 늦은 값어치는 했다고 변명을 해 본다.

번역이 진행되는 동안 환경이 많이 바뀌었다. 웹과 모바일이 임베디드마저 먹어치울듯이 확산되면서 C/C++/임베디드라는 키워드가 다소 김빠진 느낌도 든다. 자바스크립트로 하드웨어를 제어하기도 하는 요즘 세상이라 변화의 속도가 어지러울 정도다. 하지만 이 책의 가치는 단순히 특정 환경에 대한 적용 사례로만 보기에는 아깝다. TDD로 우리가 얻을 수 있는 이득, 도입하고 적용하는 과정에 마주치게 될 어려운 상황들, 적절한 대응 방법들에서 더 큰 가치를 찾을 수 있기 때문이다.

번역 작업이 마무리될 쯤 세계적으로 성공한 SW 기업들을 벤치마킹하기 위해서 미국 출장을 떠났다. 대상 기업은 구글, 마이크로소프트, 오라클 등이었다. 각 기업의 개발자들과 진솔한 이야기를 나눌 수 있는 기회였다. 이 책을 번역하는 중이기도 하여 개발자 테스팅과 관련한 질문을 해 봤다.

"단위 테스트를 하고 있나요?"

방문한 회사 모두에게서 아래와 같은 대답을 들었다.

"네. 당연히 개발자가 단위 테스트를 작성합니다. 만약 테스트를 추가하지 않으면 코드 리뷰 시에 리뷰어가 테스트를 추가하라고 코멘트를 남기죠."

약속이나 한 것처럼 거의 같은 대답이었다. 어떤 기업은 레거시 코드에 대해서도 단위 테스트가 완료되었다고 한다.

국내 상황은 어떨까? 체감하기에 아직 국내에서는 TDD나 단위 테스트가 활성화

되지는 않은 듯하다. 실효성을 인식하지 못했다거나 일하는 방식을 바꾸는 것에 대한 저항 같은 이유들도 있겠지만 기술적으로 겪게 되는 어려움들 때문에 좌절하는 경우도 많으리라.

역자들은 지난 몇 년 동안 TDD나 단위 테스트를 도입하려는 팀들을 도와주는 업무를 맡았다. 제품이 다르고 도메인이 다르지만 그들은 대개 비슷한 어려움을 겪었다. 특히 임베디드 환경이나 C/C++ 개발 프로젝트에서는 첫 테스트를 작성하는 것부터 어려워했다. 호스트에서의 환경 설정, 테스트 프레임워크 선택, 테스트 대상 선정, 테스트 코드 작성, 의존성 문제, 테스트 코드 관리, …… 지나고 보면 큰 문제가 아닌데도, 당장 물어볼 경험자나 온라인상의 자료가 부족하다보니 뚫고 헤쳐 나가기 어려운 것이 현실이다.

이 책은 임베디드 환경에서 TDD를 시작하려는 개발자나 팀들이 진행 과정에서 겪게 될 어려움을 미리 알려줄 뿐만 아니라 상황에 따른 적절한 대처 방법까지 친절하게 소개하고 있다. 지도가 있다 하더라도 TDD로 떠나는 여정이 마냥 쉽다 할 수는 없지만, 한 치 앞이 보이지 않는 상황과는 비교할 수 없다. 선진 SW 기업들처럼 우리도 TDD나 단위 테스트가 기본이 되기까지 이 책이 좋은 지도 역할을 해 줄 것이다.

2012년 11월 12일
신제용, 한주영

감사의 글

번역하는 동안 건강하게 자라서 이젠 아빠한테 생일 축하 노래도 불러주는, 사랑스런 딸 지민아. 여러 가지로 고맙다. – 한주영

나의 새로운 도전에 항상 아낌없는 지원과 응원을 해주시는 부모님과 누나에게 고맙고 사랑한다는 말을 전한다. – 신제용

『임베디드 C를 위한 TDD』 추천의 글

정말 필요한 책이다. 애자일 전문가인 제임스 그레닝은 임베디드 소프트웨어 개발에 테스트 주도 개발을 적용해야 하는 이유와 적용하기 위한 방법을 간결하게 보여준다. 순수 임베디드 배경을 가진 나는 TDD에 대해 회의적이었다. 하지만 이 책을 옆에 두고 난 다음에는 TDD에 뛰어들 자신이 생겼다. 심지어 디바이스 드라이버나 저수준 코드에 대해서도 TDD를 적용할 수 있을 것 같다.

마이클 바(Michael Barr)
『Programming Embedded Systems: With C and GNU Development Tools』와
『Embedded C Coding Standard』의 저자. Netrino, Inc.

"테스트 주도 개발은 우리에게 소용없어요! 우리는 C로 개발하는데, 테스트 주도 개발은 Java 같은 객체지향 언어가 필요해요!" C로 TDD를 하도록 코칭하면서 이런 말을 자주 듣는다. 나는 항상 「Embedded TDD Cycle」 같은 제임스 그레닝의 자료들을 알려줬다. 제임스는 애자일 개발 기법들을 임베디드 제품 개발에 적용하는 데 있어서 진정한 개척자이다. 그가 이 책을 쓰겠다고 내게 이야기했을 때 나는 정말 흥분되었다. 이 책은 임베디드 분야의 애자일 커뮤니티에 분명 도움이 될 것으로 느꼈기 때문이다. 제임스가 이 책을 끝내는 데 2년이 넘게 걸렸다. 하지만 그 노력의 결실인 이 책은 기다릴 만한 가치가 있었다. 이 책은 모든 임베디드 개발자들이 읽어봐야 하는 훌륭하고 유용한 책이다.

바스 보드(Bas Vodde)
『Scaling Lean and Agile Development』와 『Practices for Scaling Lean and Agile Development』의 저자. Odd-e, 싱가포르

나는 오랫동안 C로 하는 TDD를 전파하고 가르쳤다. 드디어 최신의 프로그래밍 기법을 배우고자 하는 숙련된 C 프로그래머들에게 추천할 수 있는 책이 나왔다.

올베 마우달(Olve Maudal)
C 프로그래머, Cisco Systems

이 책은 애자일 개발의 실천법을 임베디드 소프트웨어 세계에 적용하는 방법에 빛을 비춰주는 실용적인 가이드이다. 여러분은 얼마 지나지 않아 문제를 정확히 지목하는데 도움이 되는 테스트를 작성하고 있을 것이다. 이로써 여러분은 문제가 무엇인지 찾아내느라 머리를 쥐어뜯으며 보내는 긴 시간을 피할 수 있다. 로보틱스, 원격 측정, 원격 통신 제품의 코드를 작성했던 내 경험에 비춰볼 때 나는 진심으로 이 책을 읽어볼 것을 추천한다. 여러분이 임베디드 C에 테스트 주도 개발을 적용하는 방법을 배울 수 있는 훌륭한 길이다.

레이첼 데이비스(Rachel Davies)
『Agile Coaching』 저자. Agile Experience Limited

『임베디드 C를 위한 TDD』는 TDD를 배우고자 하는 C/C++ 개발자들에게 내가 추천하는 첫 번째 책이다. 그들이 임베디드 플랫폼을 대상으로 하든 그렇지 않든 상관없다. 이 책은 그 정도로 훌륭하다.

키스 레이(C. Keith Ray)
애자일 코치/트레이너. Industrial Logic, Inc.

이 책은 길을 잃고 헤매는 임베디드 프로그래머들을 대상으로 하고 있으며, 그 대상이 딱 맞아떨어진다. 애들 다루듯 떠먹여주는 것도 아니요, 쓸 데 없이 이론만 떠들지도 않는다. 깔끔하고 단순한 문장/코드를 통해 TDD 개념들을 설명하고 C로 구현하여 보여준다. C 프로그래머라면 누구나 이 책에서 얻는 것이 있을 것이다.

마이클 "GeePaw" 힐(Michael "GeePaw" Hill)
선임 TDD 코치. Anarchy Creek Software

추천사

『임베디드 C를 위한 TDD』는 의심의 여지없이 이 주제에 관한 최고의 책이다. 코드 중심으로 진행되는 평이한 스타일 덕분에 이 책은 상냥하고 읽기 쉬운 책이다. 이 책은 TDD의 본질부터 시작하여 TDD를 충분히 숙달할 수 있도록 상세한 예제를 보여준다. 온전히 C를 다루고 있고, 또 이 분야의 다른 책들과는 달리 특별히 펌웨어를 개발하는 우리를 대상으로 쓰였기 때문에 이 장르에 있어서도 환영할 만하다.

제임스는 단계를 건너뛰지 않고 차근차근 세부적인 내용들을 설명한다. 그러면서도 깊이 있는 논의를 빠뜨리지 않아서 특정한 문제들로 혼란에 빠지는 독자가 없도록 했다. 논의에서는 다정한 충고와 훌륭한 통찰을 느낄 수 있다. 제임스는 다른 이들의 지혜에 기대려고 하지 않는다. 이것이 책의 완성도를 높여준다.

TDD 프로젝트의 초기 단계는 의미 없어 보일 정도로 평범하다. 우리는 정말 기초적인 것들이 제대로 동작하는지 확인하는 테스트를 작성한다. 대체 왜 그렇게 단순한 것들까지도 제대로 동작하는지 굳이 확인해야 할까? 시간 낭비라는 생각에 내던져 버린 책들도 있다. 하지만 제임스는 독자들에게 너그러이 인내를 가지라고 부탁한다. 모든 것들이 서로 맞물려 훌륭한 코드가 만들어지는 과정을 보여주겠다는 약속과 함께. 그리고 이 약속은 지켜졌다.

TDD는 특정 메서드나 테스트의 세부적인 내용을 파고드는 그런 것이 아니다. 지금 주어진 테스트들 때문에 앞으로 나아갈 길이 제대로 보이지 않는 그런 것도 아니다. 만약 여러분이 TDD에 시니컬하거나 아직 초보자 입장이라면 미리 어떤 판단을 내리지 말고 이 책을 끝까지 읽기 바란다. 여러분은 세부적인 내용들이 점차 테스트를 수반한 완전한 시스템으로 탈바꿈하는 과정을 볼 수 있을 것이다.

이 주제에 관하여 내가 읽은 다른 어떤 책들보다도 이 책『임베디드 C를 위한 TDD』는 기존의 '코딩 많이 하고 디버깅 시작하기' 식의 개발 방법과 TDD가 어떻게 다른지 본질적인 차이를 잘 보여준다. 기존의 방식에서는 버그들이 오래 전에 작성한 코드로부터 발생한다. 그만큼 버그를 찾기도 어렵다. 반면에 TDD로 개발한다면 지금 발견한 버그가 바로 10분 전에 작성한 코드에서 나오게 된다. 마치 집시 로

즈 리(Gypsy Rose Lee)[1]의 속옷처럼 버그들이 노출된다. 테스트가 실패한다고? 그럼 버그는 분명 여러분이 마지막으로 작업한 곳에 있을 것이다.

TDD의 핵심 강점 중 하나는 경계 조건을 테스트하는 것이다. 내가 임베디드 개발을 하면서 비싼 비용을 치러야 했던 실패 사례들 중에는 오버플로나 한 끗 차이 오류(off-by-one error)가 원인인 경우가 많았다. TDD, 아니면 적어도 제임스가 알려주는 방법을 따르면 우선 해피 패스(happy path)가 제대로 동작하게 만든 다음 모든 경계 조건들을 확인하는 테스트도 작성한다. 기존 방식의 단위 테스트로는 이렇게 광범위하고 효과적으로 테스트하기 어렵다.

임베디드 TDD는 테스트 하니스를 만드는 것부터가 시작이다. 테스트 하니스는 프로그래머가 제품 코드의 동작을 표현할 수 있도록 도와주는 소프트웨어 패키지이다. 제임스는 Unity와 CppUTest를 아주 상세하게 다룬다.(CppUTest는 Cpp라는 이름을 달고 있지만 C++와 C를 모두 지원한다.) 각 테스트는 생성 및 해제 함수를 자동으로 호출하여 적절한 환경을 설정하거나 해제할 수 있다. 예를 들어 버퍼를 초기화한다거나 버퍼에 오버플로가 있었는지 여부를 확인할 수 있다. 나는 이 기능이 정말 멋지다고 생각한다.

『임베디드 C를 위한 TDD』는 현실적인 조언과 유용한 격언을 담고 있다. 예를 들어 "녹색 상태에서 리팩터링하라"와 같은 격언은, 먼저 코드가 제대로 동작하고 테스트가 모두 통과하는 상태에서 코드를 필요에 따라 개선할 수 있다는 의미다. 무엇보다도 이 책은 개발이 재미있어야 한다는 점을 강조한다. 이것이야말로 우리들 대부분이 처음 이 바닥에 발을 들여놓은 이유이지 않은가.

잭 갠슬(Jack Ganssle)

---

1 미국의 유명한 스트립쇼 연기자

추천사

여러분은 임베디드 소프트웨어 개발자이기 때문에 이 책을 집어 들었다. 여러분은 멀티코어, 테라바이트, 기가플롭 같은 것과 거리가 먼 세상에 살고 있다. 여러분은 엄격한 한계와 물리적 제약조건, 마이크로초, 밀리와트, 킬로바이트와 같은 '엔지니어'의 세상에 살고 있다. 여러분은 아마도 C++보다는 C를 사용할 것이다. C 코드는 컴파일했을 때 생성되는 기계어 코드가 빤히 보이기 때문이다. 여러분은 필요에 따라 어셈블러를 작성할 것이다. 때로는 C조차도 너무 자원 낭비가 심하기 때문이다.

그래서 여러분은 지금 테스트 주도 개발에 관한 책에서 무엇을 찾고 있는가? TDD 같은 유행이나 쫓아다니는 프로그래머들이 자원을 헤프게 낭비하는 환경은 여러분이 속한 곳이 아니다. 다 알지 않는가, TDD는 자바 프로그래머나 루비 프로그래머를 위한 것이다. TDD 코드는 인터프리터 언어로 작성되든지 아니면 가상 머신에서 돌아가지 않는가. '진짜 하드웨어' 위에서 돌아가는 그런 코드가 아니지 않는가?

제임스 그레닝과 나는 70년대 말과 80년대 초에 임베디드 소프트웨어에서 철이 들었다. 우리 둘은 전화국 선반에 설치된 전화기 테스트 시스템에서 돌아가는 8085 어셈블러 프로그램을 함께 개발했다. 우리는 밤마다 사무실 콘크리트 바닥에 앉아서 오실로스코프, 로직분석기, PROM 프로그래머와 함께 시간을 보냈다. 우리가 만든 기적은 32KB RAM과 32KB ROM에서 돌아갔다. 정말, 우리가 만든 건 기적이었다.

제임스와 나는 회사에서 임베디드 시스템을 개발하는 데 처음으로 C를 도입했다. C가 너무 느리다고 주장하는 하드웨어 엔지니어들과 싸워야만 했다. 우리는 드라이버, 모니터, 작업전환기 등을 개발하여 RAM과 ROM으로 나눠진 16비트 주소공간에서 우리 시스템이 돌아가도록 만들었다. 몇 년이 걸리긴 했지만 결국에는 그 회사에서 새로 개발하는 모든 임베디드 시스템이 C로 작성되었다.

그렇게 격렬했던 7, 80년대를 보낸 후 제임스와 나는 회사를 떠났다. 나는 IT와 패키지 제품 분야를 돌아다녔다. 이 분야는 마치 이탈리아 결혼식에 흘러넘치는 와인처럼 자원이 풍요로웠다. 하지만 제임스는 임베디드 세상에 대한 각별한 애정이 있어서 지난 30년 이상의 세월을 디지털 전화 스위치, 고속 복사기, 라디오 컨트롤러, 휴대전화 등의 임베디드 환경에서 코드를 작성하며 보내고 있다.

제임스와 나는 90년대 말에 다시 힘을 모았다. 우리 둘은 제록스를 컨설팅했다. 제록스 첨단 디지털 프린터의 68000 프로세서에서 돌아가는 임베디드 C++ 소프트웨어에 관한 내용이었다. 제임스는 통신 시스템 관련 유명한 휴대전화 제조사도 컨설팅하고 있었다.

제임스는 임베디드 소프트웨어 개발자로서 성공한 만큼 소프트웨어 장인으로서도 성공했다. 그는 자신이 작성하는 코드나 개발하는 제품에 대해서 큰 관심을 쏟았다. 그는 그가 속한 업계에 대해서도 큰 관심을 쏟았다. 그의 목표는 언제나 임베디드 개발에서의 최신 기법을 더 향상시키는 것이었다.

첫 번째 'XP 이머전' 과정이 1999년에 진행될 때 제임스가 그 자리에 있었다. 2001년 스노버드에서 애자일 선언문이 작성될 때 제임스도 그 자리에 있었고 선언문에 최초로 서명한 사람 중 한 명이었다. 제임스는 임베디드 산업에 애자일 소프트웨어 개발의 가치와 기술을 소개할 방법을 찾기로 결심했다.

그래서 지난 10년 동안 제임스는 애자일 커뮤니티에 계속 참가했고 애자일 소프트웨어 개발의 최고 아이디어들을 임베디드 소프트웨어 개발에 접목시키려고 노력했다. 그는 TDD를 여러 임베디드 회사에 소개했고, 많은 엔지니어들이 더 좋은, 더 안정적인 임베디드 코드를 작성하도록 돕고 있다.

이 모든 노력의 산물이 바로 이 책이다. 이 책은 애자일과 임베디드의 통합이다. 사실 이 책의 제목은 잘못되었다. 'C 임베디드 시스템 공예(Crafting Embedded Systems in C)'라고 붙였어야 한다. 이 책에서 TDD를 많이 이야기하기는 하지만 그것보다 훨씬 더 많은 것을 이야기하기 때문이다. 이 책은 C로 고품질의 임베디드 소프트웨어를 빠르고 안정적으로 개발하기 위한, 훨씬 더 완벽하고 수준 높은 프로페셔널한 방법을 알려준다. 나는 이 책이 임베디드 소프트웨어 공학의 바이블이 될 것이라고 생각한다.

맞다! 여러분은 임베디드 세상에서 TDD를 할 수 있다. 할 수 있다 정도가 아니라 여러분은 그렇게 해야만 한다. 이 책을 통해서 제임스는 여러분에게 TDD를 경제적이고, 효율적이며, 이롭게 이용하는 방법을 보여줄 것이다. 그리고, 그는 여러분에게 '코드'도 보여줄 것이다.

코드를 많이 읽을 준비를 하라. 이 책은 코드로 가득 찼다. 그리고 그 코드는 가르칠 내용이 많은 장인이 작성한 것이다. 여러분이 이 책과 그 속의 코드를 읽는 동안 제임스는 여러분에게 테스트, 설계 원칙, 리팩터링, 코드 냄새, 레거시 코드 관리, 디자인 패턴, 테스트 패턴 그리고 그 이상을 가르쳐 줄 것이다.

그리고 무엇보다도 그 코드 대부분이 C로 작성되었으며, 임베디드 시스템의 제약 많은 개발 환경이나 실행 환경에 100% 적용 가능하다.

그러니 여러분이 만약 코드가 하드웨어에 바로 붙어있는 진짜 세상에 살고 있는 실용주의 임베디드 엔지니어라면, 이 책은 바로 여러분을 위한 책이다. 여러분은 책을 집어들고 여기까지 읽었다. 이미 시작한 일이니 이제 여러분은 나머지를 읽으면서 그 일을 끝내길 바란다.

로버트 마틴(Robert C. Martin, Uncle Bob)

2010년 10월

감사의 글

리뷰 해 준 여러분들(Michael Barr, Sriram Chadalavad, Rachel Davies, Ian Dees, Jack Ganssle, Anders Hedberg, Kevlin Henney, Olve Maudal, Timo Punkka, Mark VanderVoord, Bas Vodde)의 시간과 노력, 건설적인 비판과 자극에 감사드린다. 특히 그 이상을 해준 핀란드 친구 Timo Punkka에게 특별히 더 감사하다. 코드를 꼼꼼하게 살펴 준 Olve Maudal에게도 각별한 감사를 드린다. 그의 조언 덕분에 훨씬 개선되었다. Bas Vodde는 정말 주의 깊게 읽어줬고, 훌륭한 제안을 해줬으며, 있는 그대로의 피드백을 줬다. 그가 CppUTest에 들인 노력에 대해서도 감사하다. 테스트 하니스를 얘기하자면 Unity의 개발자들(Mark VanderVoord, Greg Williams, Mike Karlesky)에게도 감사드린다.

책의 추천사를 써 준 Bob Martin과 Jack Ganssle에게 감사드린다. Bob은 오랫동안 동료이자 멘토로서 내가 이 책을 쓸 수 있는 튼튼한 토대를 쌓도록 도와주었다. Jack은 임베디드 소프트웨어 업계에 만연한 품질 문제의 답을 알고 있다는 어떤 친구의 말에 귀를 기울여줬다. 내가 그 생각들을 커뮤니티에 퍼트릴 수 있도록 도와준 데 대해서 Jack에게 진심으로 감사드린다.

내게 임베디드 C/C++에서의 TDD를 가르칠 수 있는 기회를 준 고객들에게도 감사드리고 싶다. 그들이 도와준 덕분에 나는 중요한 질문들을 배웠고 임베디드 C에 TDD를 적용하는 모험에 대한 설득력 있는 답을 구체화할 수 있었다. 여러분의 조직에서 가르치고 배울 수 있는 기회를 준 것에 감사드린다.

테스트 대역에 대한 나의 설명을 검토해 준 Gerard Meszaros에게 감사드린다. 주의 깊게 읽고서 유용한 비평을 많이 해 준 Mike "GeePaw" Hill에게 감사드린다. 자신들의 이야기를 사용할 수 있도록 해 준 Randy Coulman, Nancy Van Schooenderwoert, Ron Morsicato에게 감사드린다. μC/OS-III 예제 코드와 테스트해 볼 수 있는 하드웨어를 기부해 준 Micrium의 Jean Labrosse와 Matt Cordon에게 감사드린다. C 언어와 관련된 몇 가지 질문에 전문적인 도움을 준 Dan Saks에게 감사드린다. 안구 이동 그래프를 사용할 수 있도록 허락해 준 Hidetake Uwano, Masahide Nakamura, Akito Monden, Ken-ichi Matsumoto에게 감사드린다.

소프트웨어 개발의 영웅이자 개척자인 Brian Kernighan, Donald Knuth, Martin Fowler, Joe Newcomer, Michael Feathers, Kent Beck 그리고 이미 언급한 다른 이들에게도 그들의 말을 인용할 수 있도록 허락해 준 것에 감사드린다.

이 책의 베타 버전을 읽고 크고 작은 문제들을 많이 찾아준 여러분께도 감사드린다. Kenny Wickstrom, Keith Ray, Nathan Itskovitch, Kenrick Chien, Charles Manning, David Wright, Mark Taube, Dave Kellogg, Alex Rodriguez, Dave Rooney, Nick Barendt, Jake Goulding, Mark Dodgson, Michael Chock, Thomas Eriksson, John Ratke, Florin Iucha, 박동희, Hans Peter Jepsen, Michael Weller, Kenelm McKinney, Edward Barnard, Lluis Gesa Boté, Paul Swingle, Andrew Johnson, 혹시 빠트렸을지 모르는 여러분들까지 모두 감사드린다. 친절한 여러분의 시간과 노력 덕분에 나는 이 책을 발전시키면서 문제들을 제거할 수 있었다.

실용주의 프로그래머, Andy와 Dave에게 같이 일할 수 있는 기회를 준 것에 감사드린다. 밸리 포지를 걷다가 Ken Pugh를 만나지 못했다면 내 책을 Pragmatic Bookshelf에 가져갈 생각조차 못했을 것이다. 제안해 준 Ken에게 감사드린다.

글을 쓴다는 것은 큰 도전이다. 편집자 Jackie Carter에게 큰 감사를 드리지 않을 수 없다. 그녀는 두 쪽짜리 글도 제대로 쓰기 힘들던 내가 이 책을 쓸 수 있게 도와줬다. 다른 이들과 더불어 내가 글쓰기를 배우는 데 큰 도움을 줬다. Stephen Wilbers의 책 『Keys to Great Writing』[Wil00]을 추천해 준 Mike Cohn에게 감사드린다. 이 책은 내가 글을 제대로 쓰도록 도와줬다. 문장 부호를 제대로 사용하도록 도와준 처제 Debbie Cepla에게 감사드린다. (그녀는 학교에서 5학년을 가르친다.) 내가 쓴 글을 큰 소리로 읽어서 직접 들어보라고 제안해 준 Jeff Langr에게 감사드린다. 이 충고는 정말 좋았지만 나는 아직도 생각하는 대로 읽는 경우가 너무 많다. 이 때문에 나는 Vicki를 찾게 되었다. Vicki는 맥(Mac)의 '말하기' 목소리이다. Vicki는 한 단어도 빼놓지 않고 그대로 읽어줬다.

마지막으로 나를 격려해 주고 이 책을 쓸 시간을 허락해 준 사랑하는 나의 아내 Marilee와 가족들에게 감사하고 싶다. 심지어 그녀는 내가 다음에 어떤 책을 쓸지 물어봤다. 아무 사심 없이.

서문

내가 처음 테스트 주도 개발(Test-Driven Development, TDD)을 접하게 된 것은 1999년에 처음 진행된 XP 이머전(Immersion)[2] 과정에서였다. 당시에 나는 임베디드 통신 시스템을 개발하는 팀에서 일하고 있었다. 내가 이머전 과정에 참가하기 위해 일주일 간 자리를 비웠을 때는 프로젝트 요구사항 문서에서 유스케이스를 도출하기 시작한 때였다. 이 과정이 직업인으로서의 내 삶을 바꿔 놓았다. 테스트 주도 개발을 발견하고 만 것이다. (그 과정에는 다른 것들도 있었다.)

다른 임베디드 개발과 마찬가지로 제품 출시가 소프트웨어 개발 일정에 따라 결정되는 일은 새로울 것이 없었다. 하지만 소프트웨어 입장에서는 하드웨어나 OS도 결정되지 않았거나 준비되지 않은 상황에서 시작조차 할 수 없었다. 지체되는 하루가 그대로 전체 일정 지연을 의미했다. 타깃 하드웨어의 병목 지점 때문에 진척율이 떨어지면 우리는 또다시 기다려야 했다. 우리가 할 수 있는 일이라고는 만나서, 이야기하고, 논쟁하고, 꿈꾸고, 나중에 작성할 소프트웨어를 문서화하는 것 말고는 없었다. 그런데 할 수 있는 일이 많다는 것이 밝혀졌다.

임베디드 개발자라면 누구나 타깃 하드웨어 병목을 경험해봤다. 하드웨어는 대체로 소프트웨어와 따로 개발되고, 개발기간 중 대부분의 시간 동안은 사용할 수 없다. 이 뿐만이 아니다. 하드웨어나 소프트웨어나 버그가 있을 수 있다. 그런데 버그가 어느 쪽에 있는지 항상 명확하지는 않다. 어떤 경우에는 타깃 하드웨어가 너무 비싸다고 개발자들에게 하나씩 주어지지 않기도 한다. 하드웨어는 개발이 다 끝나야 준비된다. 개발자들은 기다릴 수밖에 없다. 그리고 그 기다림은 비용이 비싸다.

XP 이머전 과정을 일주일 듣고 나서 나는 크게 깨달았다. 우리는 문서화나 하면서 기다리는 것보다 더 많은 일을 할 수 있다. 우리도 행동을 취할 수 있다. 개발 기간을 통틀어 하드웨어가 준비되기 전에도 코드상에 의미 있는 진전을 만들어내는 데 핵심이 되는 것이 테스트 주도 개발이었다.

깨달음 이후로 몇 년 동안 나는 TDD를 배웠고 C, C++, Java, C#에서의 TDD를 가르쳤다. 나는 여러 가지 다른 언어도 건드려보았다. 그 와중에 TDD를 임베디드 개

---

2 'XP 이머전(Immersion)'은 Object Mentor의 훈련 과정이다.

발자들에게 알려줄 수 있는 목소리가 거의 나 뿐이라는 것을 알게 되었다. 내가 이 책을 써야 했다.

이 책은 누구를 위한 책인가?

제목에 '테스트'라는 말이 있기는 하지만 이 책은 소프트웨어 테스트 엔지니어들을 대상으로 쓴 책이 아니다. 나는 이 책을 임베디드 소프트웨어 개발자인 여러분들을 대상으로 썼다. 여러분은 아마도 TDD가 다른 이들을 위한 것이라고 생각할 수도 있다. 모든 책들이 Java나 고수준의 동적 언어로 되어 있고, 컨퍼런스 발표나 논문을 보더라도 웹 애플리케이션이나 데스크톱 애플리케이션을 대상으로 하고 있다. TDD를 말하는 사람들이 작성한 코드를 보면 외계 언어로 작성되어 있다. 그들은 외계의 문제를 얘기하고 있다. 여러분이 고민하는 문제들은 언급조차 되지 않는다.

이 책을 통해서 나는 지난 십 년 간 발전한 소프트웨어 개발에 있어서의 훌륭한 개념들을 여러분에게 전해주고자 한다. 이 책에 담긴 예제들은 여러분의 언어로 되어 있으며 여러분에게 친숙할 것이다. 하지만 전달하고자 하는 개념들은 쉽지 않을 것이다. 그 개념들이 여러분을 더 나은 소프트웨어 개발자가 되도록 도와줄 것이며 '테스트하고 고치는' 기나긴 시간으로부터 여러분을 해방시켜 줄 것이다.

이 책의 주된 독자가 임베디드 C 프로그래머이기는 하지만 다른 분야의 C 프로그래머라도 이 책을 통해서 TDD를 배울 수 있다. 예제들이 임베디드 쪽이기는 하지만 내용이 바뀌지는 않는다. 나의 C 스타일이 다소 객체지향적이기 때문에 C++ 프로그래머들도 이 책에서 TDD에 관하여 많이 배울 수 있을 것이다.

이 책을 읽는 법

나는 이 책을 처음부터 끝까지 읽어나가도록 썼다. 하지만 여러분이 TDD를 시작하기 위해서 책을 끝까지 읽을 필요는 없다. 일단 첫 예제인 LED 드라이버만 완전히 끝내고 나면 여러분 스스로 시작해볼 수 있을 것이다. 이 책은 3부로 구성되어 있다. 하나씩 살펴보자.

TDD를 간략히 소개한 다음에 시작되는 이 책의 1부는 오픈 소스 테스트 하니스를 중점적으로 다룬다. 그리고 나서 우리의 첫 번째 모듈을 개발하기 위해 테스트를 하나씩 만들어 나간다. TDD를 처음 보는 개발자들은 대체로 궁금한 점이 많다.

그래서 나는 지난 10년 동안 내가 TDD나 임베디드 시스템 개발에서의 TDD에 대해 받았던 질문들 중 일부에 대해 답하는 데 6장을 할애했다.

이 책의 2부에서는 시스템의 다른 모듈과 상호작용하는 코드를 테스트하기 위한 기법들을 다룬다. 테스트 대상 코드의 의존성을 떼어내는 예제를 살펴볼 것이다. 나는 테스트 대역(test double)이나 목 객체(mock object)와 같은 개념을 소개할 것이다. 이 두 개념은 여러분이 철저하게 TDD로 개발하고자 할 때 중요하다. 2부에서는 상호작용하는 모듈들로 이뤄진 더 복잡한 상황에서 개발할 때 필요한 도구들로 여러분을 무장해 줄 것이다.

이 책의 마지막인 3부에는 중요한 장이 네 개 있다. 첫 번째 장에서는 여러분이 더 나은 코드를 개발할 수 있도록 가이드해 줄 중요한 설계 원칙들을 살펴볼 것이다. 테스트가 용이하고 유연한 설계를 만들기 위한 C 프로그래밍의 고급 기법들도 살펴볼 것이다. 두 번째 장에서는 기존 코드를 개선하기 위한 방법으로서 리팩터링(refactoring)을 살펴본다. 세 번째 장에서는 '레거시 코드'의 문제점을 살펴본 뒤, 여러분이 이미 많은 노력을 투입한 레거시 코드를 개선하기 위해 테스트를 안전하게 추가하는 방법을 살펴볼 것이다. 네 번째 장에서는 테스트를 작성하거나 유지보수할 때 도움이 되는 몇 가지 가이드라인으로 마무리 짓는다.

여러분이 이미 TDD를 경험했고 지금 막 C로 TDD를 시작하려 한다면 1부를 건너뛰어도 될 것이다. (만약 내가 TDD를 하는 스타일이 여러분이 알고 있는 것과 다르다고 느껴지면 첫 부분을 읽어보는 편이 나을 것이다.) TDD를 C에 적용하려는 경험 많은 TDD 프로그래머에게 이 책이 줄 수 있는 열매는 2부와 3부에 있다.

여러분이 TDD를 처음 시작한다면 책의 처음부터 끝까지 읽어나가길 바란다. 각 장의 끝에 '배운 것 적용하기'에서 제안하는 활동들 중 일부를 직접 해보라. 그렇게 1, 2부를 끝낸 다음에는 여러분에게 프로젝트에 적용할 만한 좋은 도구들이 생길 것이다.

여러분에게 C가 아직 낯설거나 여러분이 C 언어의 전체를 사용하지 않는다면 11장 「견고하고(SOLID), 유연하며, 테스트 가능한 설계」가 힘들 것이다. 만약 11장의 내용이 너무 부담된다면 C에서 TDD를 하는 경험을 더 쌓으면서 몇 달이 지난 다음 다시 읽어보기 바란다.

이 책의 코드

이 책에는 코드가 많다. 코드를 많이 보지 않고 TDD를 자세하게 이해하기는 어렵다. 이 책에서 최대한 많은 것을 얻어가려면 나와 함께 코드와 프로그램을 읽어야 한다.

부록 A1 「개발 시스템의 테스트 환경」에서 호스트 개발 시스템 테스트 환경을 구축하는 데 필요한 도움을 얻을 수 있다. 책에 나오는 예제 코드를 빌드하는 방법은 다운로드한 코드의 code/README.txt 파일에 설명되어 있다. 여러분이 이 책을 전자책으로 구입했다면 코드 조각 상단에 있는 파일 이름을 클릭하여 코드 조각이 포함된 파일을 다운로드 할 수 있으니 더 자세히 살펴볼 수 있을 것이다.

책의 내용이 전개되면서 코드도 같이 진화한다. 진화가 작은 경우에는 예전 버전의 코드를 #if 0 … #endif 디렉티브로 컴파일되지 않게 하여 같은 파일에 남겨 놓았다. 코드 진화가 더 큰 경우에는 코드 전체를 복사하여 새로운 디렉터리로 옮긴 다음 수정했다. 이 책의 뒷부분에서 code/t0, code/t1, code/t2, code/t3 디렉터리로 나누어져 있는 것을 볼 수 있다.

여러분의 코딩 스타일과 내 스타일이 다를 수 있다. 하지만 나는 일관된 코드 스타일을 유지하려고 상당한 노력을 기울였다. C 코드는 ANSI 호환 컴파일러에서 컴파일된다. 나는 GCC를 사용했다.

나는 이 책에서 Unity와 CppUTest라는 두 가지 테스트 하니스를 이용한다. 이 책의 코드를 다운로드하면 두 개 모두 포함되어 있다. Unity는 C로만 작성된 테스트 하니스이며 이 책의 1부에서 사용된다. CppUTest는 C++로 작성되었지만 C나 C++ 모두에 사용할 목적으로 만들어졌다. CppUTest를 사용하는 C 프로그래머들이 전 세계에 걸쳐 많다. C++와 관련된 내용은 매크로로 감춰져 있다. CppUTest를 이용하여 작성된 테스트는 Unity에서 작성된 테스트와 거의 똑같이 보인다. Unity에서 CppUTest로 넘어가기 전에 C++ 컴파일러를 이용하는 이유를 설명할 것이다. 여러분이 TDD와 테스트 하니스를 더 많이 배우게 되면서 어떤 테스트 하니스가 여러분의 제품 개발에 가장 잘 어울리는지 여러분 스스로 결정할 수 있게 될 것이다.

『임베디드 C를 위한 TDD』를 선택해준 데 감사한다. 훌륭한 소프트웨어를 개발하기 위한 여러분의 여정에 이 책이 도움이 되기를 바란다.

온라인 자료

여러분에게 도움이 될만한 온라인 자료들을 열거해 보았다.

원서 홈페이지. . . . . http://www.pragprog.com/titles/jgade

원서 전자책의 새 버전을 받거나, 게시판을 통해 이 책에 대해 토의를 할 수 있다. 원서의 오류 정보를 확인하고, 이 책의 코드를 다운로드 할 수 있다.

CppUTest.org . . . . http://www.cpputest.org

CppUTest 관련 문서를 보거나 토의를 할 수 있다. CppUTest의 최신 버전을 받을 수 있다.

Unity . . . . http://unity.sourceforge.net

Unity의 홈페이지이다.

저자 웹사이트 . . . . http://www.jamesgrenning.com

저자의 블로그를 통해 임베디드를 위한 TDD나 애자일, 그리고 이 책에 관한 최신 정보를 얻을 수 있다. 관련된 다른 자료들에 대한 링크도 있다.

1장

TDD for Embedded C

테스트 주도 개발

> 디버깅은 처음 코드를 작성하는 것보다 두 배는 더 어렵다. 따라서 코드를 작성할 때 당신의 영리함을 100% 발휘했다면, 그 코드를 디버깅하기에는 당신의 영리함이 부족할 것이다.
>
> — 브라이언 커니핸(Brian W. Kernighan)

우리는 다들 그렇게 해 왔다. 코드를 먼저 작성하고 그것이 돌아가게 만들었다. 우선 만들고 그런 다음 수정한다. 테스트라는 것은 일단 코딩이 끝나고 나서 하는 활동이었다. 테스트는 언제나 사후 작업이었고, 그렇게 하는 것이 우리가 아는 전부였다.

우리는 '디버깅'이라고 하는 예측불허의 작업을 하느라 우리 시간의 절반 정도를 투입한다. 디버깅은 테스트와 통합이라는 가면을 쓰고 일정표에 나타나며 언제나 리스크와 불확실성의 원인이었다. 버그를 고치다가 새로운 버그가 생겨나기도 하고 버그들이 줄줄이 나타나기도 한다. 버그를 모두 없애는 데 필요한 시간을 통계적으로 예측하기 위해 기록을 남기기도 한다. 그러고는 그래프에서 커브가 꺾이는 곳이 있는지, 즉 마침내 추가로 발견되는 버그보다 고쳐지는 버그가 많아지는 경향이 보이는지를 찾으려 한다. 꺾이는 지점이 보이면 개발이 거의 끝나간다는 것을 의미하겠지만, 코드의 어두운 구석 어딘가에 또 다른 엄청난 버그가 숨어있을지 어떨지는 절대 알 수 없다.

QA라는 조직이 새로 발생하는 문제들을 빨리 찾아내기 위해 회귀 테스트를 작성하기 시작한다. 폭포수 맨 아래까지 떠내려간 뒤에 미친 듯이 덤벼들어서야 문제를 찾게 되는 상황을 피하기 위해서다. 하지만 여전히 작은 실수 하나가 며칠, 몇 주, 심지어 몇 달씩 지나서야 발견되어 우리를 놀라게 만든다. 심지어 어떤 문제들은 영영 발견되지 않기도 한다.

통찰력이 뛰어난 사람들 몇몇이 새로운 가능성을 발견했다. 그들은 짧은 사이클을 취하면 문제가 더 적게 생긴다는 점을 발견했다. 공격적인 테스트 자동화로 시간과 노력을 줄일 수 있다는 점을 보았다. 지루하고 실수하기 쉬운 작업을 반복할 필요가 없었다. 수작업 테스트 인원이 조금만 동원되어도 발생하는 큰 비용을 굳이 지불하지 않고도 테스트를 실행할 수 있었다. 부대효과 결함도 빨리 검출되었고, 그로 인해 긴 디버깅 시간을 피할 수 있었다. 일정 변동성의 근본 원인 하나가 격리되어 일정을 예측하기가 더 쉬워졌다.

> **개발의 씨줄과 날줄**
>
> "임베디드 시스템을 개발하기 위한 단 하나의 합리적인 방법은 바로 오늘부터 통합을 시작하는 것이다. 일정을 잡아먹는 가장 큰 적은 아직 알려지지 않은 변수들이다. 코드와 하드웨어를 테스트하고 실행해 봐야 비로서 그 변수들의 존재가 드러난다. 테스트와 통합은 더 이상 별도의 마일스톤이 아니라 개발 그 자체를 이루는 씨줄과 날줄 같은 것이다."
> — 『The Art of Designing Embedded Systems』[Gan00], 잭 갠슬(Jack Ganssle)

임베디드 분야의 구루로 유명한 잭 갠슬(Jack Ganssle)은 통합과 테스트가 개발을 이루는 씨줄과 날줄이라고 말한다. 음, 실제로는 그렇지 않다. 적어도 아직까지는 통합과 테스트가 그런 식으로 인정되지 않는다. 하지만 앞으로는 그렇게 되어야 한다. 테스트 주도 개발은 테스트를 소프트웨어 개발의 씨줄 혹은 날줄로 만들어 주는 하나의 방법, 그것도 효과적인 방법이다. TDD는 여러분의 코드를 보호하는 케블러[1] 방탄조끼가 되어 줄 것이다.

임베디드 C 개발에 TDD를 적용하려면 다루어야 할 내용이 많다. 그것들이 바로 이 책에서 다룰 내용들이다. 이 장에서는 천 미터 상공에서 내려다 보는 것처럼 TDD의 큰 그림을 소개할 것이다. 그런 다음 여러분은 C로 작성한 작은 모듈에 TDD를 적용해 볼 것이다. 적용해 보면서 갖게 될 질문들에 대한 답은 다음 장부터

---

[1] 케블러(Kevlar)는 듀퐁(DuPont)사의 등록상표이다.

설명될 것이다. 시작하기에 앞서 TDD를 적용했으면 막을 수도 있었을 법한 유명한 버그를 하나 살펴보자.

1.1 왜 TDD가 필요한가?

테스트 주도 개발을 했더라면 피할 수도 있었을 법한, 조금 창피한 버그를 살펴보 겠다. 살펴볼 버그는 '준(Zune) 버그'다. 준은 아이팟(iPod)에 대적하기 위해 마이크 로소프트에서 내놓은 제품이다. 2008년 12월 31일 준이 하루 종일 먹통이 되었다. 대체 2008년 12월 31일에 무슨 특별한 의미가 있을까? 이날은 새해를 하루 앞둔 날이자 윤년의 마지막 날이기도 했다. 2008년은 준 30G 모델이 출시되어 처음 맞이하는 윤년이었다.

많은 이들이 준 버그를 들여다보았고, 시간 장치 드라이버에 있는 아래 함수로 문제의 범위가 좁혀졌다. 여기에 제시된 코드가 실제 코드는 아니지만 정확히 같은 버그를 가지고 있다.[2]

Download src/zune/RtcTime.c

```c
static void SetYearAndDayOfYear(RtcTime * time)
{
    int days = time->daysSince1980;
    int year = STARTING_YEAR;
    while (days > 365)
    {
        if (IsLeapYear(year))
        {
            if (days > 366)
            {
                days -= 366;
                year += 1;
            }
        }
        else
        {
            days -= 365;
            year += 1;
        }
    }
    time->dayOfYear = days;
    time->year = year;
}
```

---

2 준에 사용된 실제 코드는 저작권 문제로 사용하지 못했다. 준(Zune)은 마이크로소프트의 등록상표다.

코드를 읽기만 하는 많은 전문가가 이 코드를 검토했고 잘못된 결론을 내렸다. 나도 그랬다. 우리는 (days > 366) 조건식을 의심했다. 윤년의 마지막 날은 366번째 날이고, 이 코드는 제대로 처리하지 못한다. 윤년의 마지막 날이 되면 무한루프에 빠지게 된다! 나는 SetYearAndDayOfYear() 함수에 대한 테스트를 작성해보기로 했다. 정말 조건식을 (days >= 366)으로 고치면 문제가 해결되는지 알아보기 위해서 였다. 준 버그를 언급한 블로거의 90% 정도가 조건식을 이렇게 고치는 것으로 문제가 해결될 것이라 예상했다.

나는 이 코드를 테스트 하니스에 넣은 다음 많은 이들의 새해맞이 파티를 구할 수도 있었을 그 테스트 케이스를 작성했다.

Download tests/zune/RtcTimeTest.cpp

```
TEST(RtcTime, 2008_12_31_last_day_of_leap_year)
{
    int yearStart = daysSince1980ForYear(2008);
    rtcTime = RtcTime_Create(yearStart+366);
    assertDate(2008, 12, 31, Wednesday);
}
```

준이 그랬던 것과 마찬가지로 이 테스트는 무한루프에 빠졌다. 테스트 프로세스를 죽인 다음 나는 수천 명의 프로그래머들이 문제라고 지적했던 부분을 수정했다. 너무나 놀랍게도 테스트가 또 실패했다. SetYearAndDayOfYear() 함수가 오늘을 2009년 1월 0일로 설정했다. 새해맞이 파티에서 음악은 제대로 흘렀겠지만 여전히 버그다. 대신 그 버그가 드러났으며 쉽게 수정할 수 있게 되었다.

위와 같은 테스트 하나만 있었어도 준 버그는 막을 수 있었다. 많은 사람이 코드 리뷰를 했고 거의 문제에 다가가긴 했지만 리뷰를 했던 사람들 대부분이 정확한 원인을 짚어내지 못했다. 코드 리뷰를 깎아 내리려는 것이 아니다. 코드 리뷰는 꼭 필요하다. 다만 코드를 직접 실행시켜 보는 것이 확실하게 알기 위한 유일한 방법이라는 것이다.

여러분은 우리가 어떻게 미리 알아서 그 테스트를 작성할 수 있었겠냐고 의문을 가질지도 모르겠다. 버그가 있으면 그것을 테스트할 수는 있다. 문제는 버그가 어디에 있을지 미리 알 수 없다는 것이다. 버그는 어디에나 있을 수 있기 때문이다. 그렇다면 모든 상황, 적어도 문제가 될 만한 모든 상황에 대해 테스트를 작성해야만 한다는 뜻이다. 필요한 모든 테스트를 상상해야 한다니 마음이 편치 않을 것이다. 그러나 걱정하지 마라. 여러분은 매 순간 항상 테스트를 작성할 필요가 없다. 정말 중요한 순간에만 테스트를 작성하면 된다. 이 책은 여러분이 그러한 테스트를 작성하도록 도울 것이다. 이 책은 여러분이 어떤 것을 테스트할지, 테스트를 어떻게 작성할지 배우는 데 도움을 줄 것이다. 그래서 여러분이 만드는 제품에서 준 버그 같은 문제를 사전에 막을 수 있도록 도와 줄 것이다.

마침내 "왜 TDD가 필요한가?"라는 궁금증에 답할 수 있게 되었다. 우리가 사람이고 실수를 하기 때문에 TDD가 필요하다. 프로그래밍은 매우 복잡한 활동이다. 다른 어떤 이유들보다도, 우리가 의도한 대로 동작하는 코드를 작성하는 체계적인 방법, 그리고 그 코드가 계속 잘 동작하도록 지켜줄 자동화된 테스트 케이스를 만드는 방법이기 때문에 TDD가 필요하다.

1.2 테스트 주도 개발이란 무엇인가?

테스트 주도 개발은 점진적으로 소프트웨어를 개발하는 기법이다. 간단히 말해서, '실패하는 테스트를 먼저 작성하지 않고는 제품 코드를 작성하지 않는다'이다. 테스트는 작다. 테스트는 자동화된다. 테스트 주도로 개발하는 것은 논리적이다. 곧장 제품 코드에 달려들면서 테스트를 뒷전으로 미루는 대신, TDD 실천가들은 코드가 어떤 식으로 동작하리라는 기대를 테스트의 형태로 먼저 표현한다. 테스트 실패를 확인한다. 그런 다음에 비로소 그들은 코드를 작성하여 작성해 둔 테스트가 통과하게 만든다.

테스트 자동화는 TDD에서 매우 중요하다. TDD를 진행할 때는, 각 단계마다 자동화된 단위 테스트를 새로 작성하고 곧바로 그 테스트를 만족시키는 코드를 작성하게 된다. 제품 코드가 늘어나면서 단위 테스트도 같이 늘어난다. 이렇게 만들어진 단위 테스트 모음은 제품 코드만큼이나 귀중한 자산이다. 코드를 고칠 때마다 테스트 모음을 실행시키면서, 새로 작성한 코드의 기능이 제대로 동작하는지 확인할 뿐만 아니라 기존 코드도 여전히 잘 동작하는지 확인한다.

소프트웨어는 깨지기 쉽다. 어떤 변경이라도 의도하지 않은 결과를 가져올 수 있다. 만일 테스트를 수작업으로 해야 한다면 의도하지 않은 결과를 감지하기 위해 필요한 모든 테스트를 수행하기가 어렵다. 테스트를 반복하는 비용이 너무 높기 때문에 우리는 필요하다고 생각되는 테스트만 선별적으로 수행한다. 그러다 보니 결함이 발생했는데도 발견하지 못하고 제품으로 내보내는 경우가 생긴다. TDD에서는 자동화된 테스트 덕분에 의도하지 않은 결과의 검출이 더 쉽다. 그래서 변경이 발생하더라도 기존 동작을 저해하지 않는다.

테스트 주도 개발을 통해 여러분은 상당히 많은 테스트를 작성하게 되지만 그렇다고 하여 테스트 주도 개발이 테스트 기법인 것은 아니다. TDD는 프로그래밍 문제를 해결하기 위한 하나의 방법이다. TDD는 소프트웨어 개발자들이 훌륭한 설계 결정을 내리도록 도와준다. 테스트는 우리의 풀이가 잘못되었거나 혹은 잊고 있던 제약사항을 위배하는 경우에 이를 분명하게 알려준다. 테스트는 제품 코드가 그렇게 동작하길 바라는 모습을 담아낸다.

TDD는 재미있다! TDD는 마치 기술적 판단으로 통과해야 하는 미로 퍼즐 게임과 같다. 수렁 같은 디버깅 세션은 피하면서 동시에 매우 견고한 소프트웨어를 찾아내는 미로 말이다. 하나하나의 테스트를 통해 그 순간까지 우리가 이룬 성취와 목표에 더 다가갔음을 분명하게 알게 된다. 지금까지의 가정과 판단을 자동화된 테스트에 기록해 둠으로써 우리는 다음 도전 과제에 더욱 집중할 수 있게 된다.

1.3 TDD 물리학

테스트 주도 개발이 어떻게 다른지 확인하기 위해 기존의 프로그래밍 방식(나는 'Debug-Later Programming(DPL)'이라고 부른다)과 비교해보자. DLP에서는 설계와 코딩을 먼저 한다. 그래서 코드가 '완료'되고 나면 테스트한다. 흥미로운 점은 여기서 말하는 완료가 전체 소프트웨어 개발에 소요되는 노력의 절반도 포함하지 못한다는 것이다.

설계하고 코딩하면서 실수를 저지를 수 있다. 사람이기에 당연한 일이다. 여기에 'Debug-Later Programming' 방식의 문제점이 있다. 저지른 실수가 드러나는 피드백이 개발자인 여러분에게 오기까지 며칠, 몇 주, 혹은 몇 달이 걸린다. 피드백이 너무 늦어서 여러분이 실수로부터 배우기가 어렵다. 다음에 같은 실수를 하지 않도록 도와주지 않는다.

피드백이 늦으면 문제의 코드가 이미 바뀌어서 근본 원인이 명확하지 않은 경우도 많다. 어떤 코드는 잘못된 동작에 의존하여 작성되어 있을 수도 있다. 원인과 결과가 명확하지 않으니 여러분이 기댈 것은 버그 사냥뿐이다. 버그 사냥과 같은 예측 불허의 활동은 아무리 잘 만들어놓은 계획이라도 망가트릴 수 있다. 물론 버그 수정에 걸리는 시간까지 계획에 포함시킬 수는 있겠지만 한 번이라도 계획한 시간이 충분했던 적이 있던가? 아직 알려지지 않은 변수들 때문에 신뢰할 만한 추정을 한다는 것은 불가능하다.

그림 1.1 Debug-Later Programming 방식의 물리학

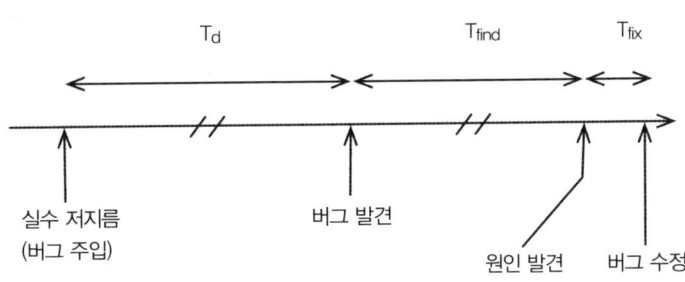

그림 1.1에서, 버그를 발견할 때까지의 시간(T_d)이 증가할수록 결함의 근본 원인을 찾는 데 걸리는 시간(T_{find})도 함께 증가한다. 훨씬 증가하는 경우가 많다. 버그 중에는 고치는 데 걸리는 시간(T_{fix})이 T_d와 무관한 경우도 있다. 하지만 실수 위에 다른 코드가 더해지는 경우라면 T_{fix}도 함께 큰 폭으로 증가하기도 한다. T_d와 T_{fix}는 변동 폭이 크다. 어떤 버그들은 전혀 발견되지 않거나 수년이 지나서 발견되기도 한다.

그림 1.2 테스트 주도 개발의 물리학

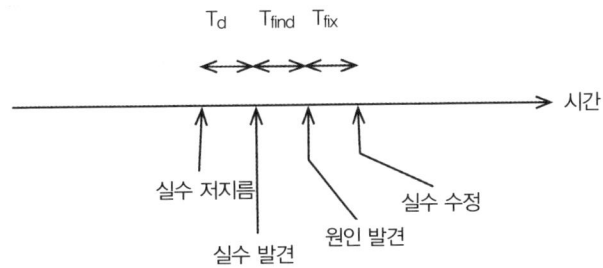

이제 그림 1.2를 보자. 버그 발견에 걸리는 시간(T_d)이 0에 수렴하면서 버그 원인을 찾는 데 걸리는 시간(T_{find})도 0에 수렴한다. 문제가 금방 발견되면 원인도 보통 분명하다. 분명하지 않은 경우에는 마지막으로 수정했던 내용을 간단히 되돌리기(undo)함으로써 시스템을 다시 동작하는 상태로 복귀시킬 수 있다. 시간이 지나면서 프로그래머의 기억이 가물가물해졌다거나 혹은 이전 실수 위에 코드가 덧붙여질수록 문제가 심각해진다고 한다면, 테스트 주도 개발에서는 $T_{find}+T_{fix}$가 짧아질 대로 짧아진다.

비교하자면, TDD에서는 피드백을 즉시 받을 수 있다. 실수를 즉시 알게 되어 버그를 예방하게 된다. 버그가 고작 몇 분 만에 제거된다면 그것을 버그라고 부를 수 있을까? 그렇지 않다. 그것은 예방된 버그다. TDD는 결함을 예방한다. DLP는 시스템적으로 낭비를 초래한다.

1.4 TDD 마이크로 사이클

우선 무엇이 TDD가 아닌지부터 말하겠다. 몇 시간, 며칠, 몇 주씩 시간을 들여 테스트 코드를 왕창 작성하고 나서 제품 코드를 작성하는 것은 TDD가 아니다.

TDD는 작은 테스트를 하나 작성하고, 기존에 작성해 놓은 테스트를 모두 만족하면서 새로 추가한 테스트가 통과할 만큼만 제품 코드를 작성하는 것이다. TDD는 개발에 앞서 여러분이 원하는 것을 분명히 결정하게 만든다. TDD는 여러분이 현재 가지고 있는 기대 수준을 모두 만족하는지에 대한 피드백을 제공한다.

TDD의 핵심은 'TDD 마이크로 사이클'이라고 알려진 작은 단계들을 순차적으로 반복하는 것이다. 사이클을 한 번 마칠 때마다 "새로 작성한 코드와 기존 코드가 원하는 방식으로 동작하는가?"라는 질문에 대한 피드백을 얻게 된다. 피드백은 좋은 느낌을 준다. 진척이 구체적이다. 진척은 측정 가능하다. 실수가 있었다면 명백히 알 수 있다.

아래 목록은 켄트 벡(Kent Beck)의 책, 『테스트 주도 개발』[Bec02]에 설명된 TDD를 근거로 하여 정리한 TDD 사이클의 단계다.

1. 작은 테스트를 하나 추가한다.
2. 모든 테스트를 실행하여 새로 추가한 테스트가 실패하는 것을 눈으로 확인한다. 컴파일이 안 되는 것조차도 실패는 실패다.

3. 실패한 테스트를 통과시키기 위해 필요한 만큼만 조금 수정한다.
4. 모든 테스트를 실행하여 새로 추가한 테스트가 통과하는지 확인한다.
5. 중복을 제거하고 의도가 잘 표현되도록 리팩터링한다.

TDD 사이클을 한 번 마치는 데 걸리는 시간은 몇 초, 길어야 몇 분 정도여야 한다. 테스트와 코드는 점진적으로 추가된다. 코드가 새로 추가될 때마다 기대한 대로 동작하는지를 보여주는 즉각적인 피드백을 얻는다. 여러분은 단순한 기초로부터 여러분 마음속에 그리고 있는 완전하고 더 복잡한 동작을 구현하기까지 코드를 키워나간다.

개발이 진행되면서 여러분은 해결책을 알게 되는 것과 더불어 해결하고자 하는 문제에 대한 지식도 쌓아나간다. 테스트는 상세 요구사항을 구체적으로 기록한 형태이다. 점진적으로 작업을 진행하다 보면 여러분은 문제의 정의와 그것의 해결책을 테스트와 제품 코드라는 형태로 얻게 된다. 진행하면서 얻은 지식이 쉽게 사라지지 않는 형태를 갖게 된다.

무언가를 수정할 때마다 테스트를 실행하라. 테스트는 새로 작성한 코드가 동작하는지 알려줄 뿐만 아니라 수정으로 인해 의도하지 않은 결과가 생겼을 때 경고해 주기도 한다. 어찌 보면 여러분이 코드를 망가뜨릴 때 코드가 비명을 지르는 것과 같다.

테스트가 통과하면 기분이 좋다. 그것 자체로 구체적인 진척을 의미하기 때문이다. 축하할 일이 되기도 한다. 가끔은 작게, 가끔은 크게.

코드를 깔끔하고 의도가 드러나도록 유지하라

성공하는 테스트는 올바른 동작을 의미한다. 코드는 제대로 동작할 것이다. 하지만 소프트웨어에는 제대로 동작하는 것 말고도 무언가가 더 있다. 코드가 깔끔하고 잘 구조화 된 상태를 유지해야 한다는 것이다. 이것이야말로 기량 측면에서의 프로다운 자긍심과 향후에 좀 더 쉽게 수정하기 위한 투자를 의미한다. 코드를 깔끔하게 다듬는 행위에는 이름이 따로 있다. 바로 '리팩터링'이다. TDD 마이크로 사이클의 마지막 단계이기도 하다. 마틴 파울러(Martin Fowler)는 자신의 책 『리팩토링: 나쁜 디자인의 코드를 좋은 디자인으로 바꾸는 방법』[FBB+99]에서 리팩터링을 이렇게 설명했다. "리팩터링은 프로그램의 동작을 바꾸지 않으면서 구조를 바꾸는 활동이다." 리팩터링의 목적은 다른 사람들이 이해하기 쉽고, 수정하기 쉽고, 유지보수하기 쉬운 코드를 만듦으로써 일을 줄이는 것이다. 나중의 우리를 위한 것이기도 하다.

조금 지저분해지기는 쉽다. 불행히도 조금 지저분한 것은 무시되기도 쉽다. 지저분해진 것은 즉시, 여러분이 그렇게 만든 그 즉시 청소하는 것이 가장 쉽다. 아직 굳어지지 않았을 때 깔끔하게 청소하라. '모든 테스트 통과'라는 상태가 리팩터링하기 좋은 기회를 제공한다. 리팩터링은 이 책 전반에 걸쳐 논의되고 적용되며, 특히 12장 「리팩터링」에서 집중적으로 다룰 것이다.

TDD는 처음 코드를 작성하고 제대로 동작하게 만드는 데 도움을 준다. 하지만 미래에 더 큰 이득을 가져온다. 미래의 개발자들이 그 코드를 이해하고 계속 동작하도록 유지하는 것을 지원하기 때문이다. 코드를 (거의) 두려움 없이 수정할 수 있다.

테스트 코드와 TDD는 코드를 작성하는 사람을 지원하고 또 그 코드가 제대로 동작하게 만드는 것과 우선적으로 관련이 깊다. 더 길게 보면 사실은 코드를 읽는 사람을 위한 것이기도 하다. 우리가 개발하고 있는 것을 테스트라는 형태로 기술해 둠으로써 나중에 그 코드를 읽는 사람과 소통하기 때문이다.

TDD 실천가들이 마이크로 사이클에 녹아들어 있는 리듬을 'Red-Green-Refactor'라고 부르는 것을 듣게 될 것이다. 왜 그렇게 부르는지 알고 싶다면 다음의 상자 글을 참고하라.

Red-Green-Refactor와 파블로프의 프로그래머

TDD의 리듬은 'Red → Green → Refactor'로 부르기도 한다. Red-Green-Refactor는 자바 세계에서 나온 말이다. 자바 세계에서는 TDD 실천가들이 JUnit이라는 단위 테스트 하니스를 사용하는데, JUnit은 테스트 결과를 진행 막대 형태의 그래픽으로 보여준다. 실패하는 단위 테스트가 있으면 진행 막대가 빨강으로 바뀌고, 녹색 막대는 모든 테스트가 성공적으로 통과했음을 의미한다. 맨 처음 새로 작성한 테스트가 실패하면 예상대로 빨강 막대가 나타난다. 제대로 통제하고 있다는 느낌을 가질 수 있다. 새로운 테스트가 기존 테스트들과 함께 무사히 통과하면 결과가 녹색 막대로 나타난다. 녹색을 예상하고 있었는데 녹색 막대가 나타나면 기분이 좋을 것이다. 만약 빨강을 예상했는데 녹색이 나타나면 무언가 잘못된 것이다. 아마도 새로 추가한 테스트 케이스가 잘못되었거나 혹은 여러분의 기대가 잘못되었을 것이다.

모든 테스트가 통과하면 안전하게 리팩터링할 수 있다. 리팩터링하는 중에 예상 밖의 빨강이 나오면 우리가 동작을 그대로 유지하지 못했음을 의미한다. 실수를 발견하여 버그를 예방한 셈이다. 다시 녹색 상태를 회복하려면 편집기의 되돌리기(undo) 명령을 몇 번만 실행하면 된다. 그리고 안전한 상태로부터 다시 리팩터링을 시작할 수 있다.

1.5 TDD의 이득

당구를 친다거나 블랙 다이아몬드 코스[3]에서 스키를 타고 내려오는 등의 기술과 마찬가지로 TDD 기술을 배양하려면 시간이 걸린다. 많은 개발자들이 TDD를 받아들였고 더 이상 DLP로 돌아가지 않았다. TDD 실천가들이 이야기하는 TDD의 혜택을 살펴보자.

버그 감소
나중에 심각한 문제를 야기할 수 있는 크고 작은 논리적 오류들이 TDD를 진행하는 중에 금방 발견된다. 결함을 예방할 수 있다.

디버깅 시간 단축
버그가 줄어든다는 것은 그만큼 디버깅 시간도 줄어든다는 것을 의미한다. 논리에 맞아, 스팍.[4]

부대효과(side-effect) 결함 감소
테스트는 개발 중에 갖게 되는 가정이나 제약 조건들을 잡아내고, 그것을 드러내는 대표적인 쓰임새를 보여준다. 새로 작성하는 코드가 기존의 제약 조건이나 가정에 위배되면 테스트가 큰 소리로 알려준다.

거짓말하지 않는 문서들
구조가 잘 잡힌 테스트는 그 자체로 실행가능하고 모호함이 없는 분명한 문서 역할을 한다. 천 마디의 말보다는 동작하는 예제 하나가 더 낫다.

마음의 평온
철저히 테스트한 코드를 가지고 있다는 것, 그리고 포괄적인 회귀 테스트 세트를 가지고 있다는 것은 자신감을 준다. TDD 개발자들은 수면을 잘 취하고 주말을 방해 받지 않는다고 말한다.

더 나은 설계
좋은 설계는 테스트하기에도 쉬운 설계다. 긴 함수, 서로 얽혀있는 코드들, 복잡한

---

3 블랙 다이아몬드 코스는 경사가 급한 최상급 코스를 의미한다.
4 (옮긴이) '스팍(Spock)'은 스타트렉의 등장인물이며, 논리를 중시한다.

조건식들은 모두 복잡하고 테스트하기 어려운 코드다. 코드를 수정하기 위해 테스트를 작성하려는데 쉽게 작성할 수 없다면 설계적 문제가 조기에 드러난 것이다. TDD는 코드 부패 탐지기다.

진척 모니터

어디까지 동작하고 얼마나 완료했는지를 테스트가 정확히 추적한다. 일정 산정의 근거이자 훌륭한 '완료' 정의의 기준이 될 수 있다.

재미와 보상

TDD는 개발자들에게 즉각적인 만족감을 안겨준다. 코딩할 때마다 여러분은 기능을 완료하는 것과 더불어 그것이 제대로 동작한다는 것도 알게 된다.

1.6 임베디드 환경에서의 이득

임베디드 소프트웨어는 낮은 품질이나 불안정한 일정과 같은 '보통의' 소프트웨어가 가지는 어려움들을 모두 가지고 있으면서 그 자체만의 어려움도 추가로 가지고 있다. 그렇다고 하여 TDD가 임베디드 상황에 효과가 없다는 것은 아니다.

임베디드 개발자들이 가장 많이 얘기하는 문제는 임베디드 코드가 하드웨어에 의존한다는 것이다. 의존성 문제는 임베디드가 아닌 코드에서도 큰 문제가 된다. 다행히도 의존성 문제를 다루기 위한 해법이 있다. 원칙적으로 하드웨어 디바이스에의 의존성과 데이터베이스에의 의존성 간에는 차이가 없다.

임베디드 개발자가 마주치는 어려움들이 있다. 그런 문제들에 대해서 TDD를 잘 이용하여 효과를 보는 방법을 살펴볼 것이다. 임베디드 개발자들은 앞 절에서 설명한 일반적인 개발자들이 취할 수 있는 이득과 더불어 임베디드 상황이기 때문에 얻을 수 있는 이득이 더 있다.

- 하드웨어가 준비되기 전에, 혹은 하드웨어 비용이 높아 여유분이 없을 때에 하드웨어에 독립적으로 제품 코드를 검증함으로써 위험을 줄인다.
- 개발 시스템상에서 버그를 해결함으로써 타깃 컴파일, 링크, 업로드로 이어지는 시간이 오래 걸리는 작업의 횟수를 줄인다.
- 문제를 찾고 고치기가 더 어려운 타깃 하드웨어상의 디버그 시간을 줄인다.

- 하드웨어와 소프트웨어 간의 상호작용을 테스트에서 모델링함으로써 상호작용 문제를 분리시킨다.
- 모듈 간, 하드웨어와 소프트웨어 간의 의존성을 낮춤으로써 소프트웨어 설계를 개선한다. 테스트하기 쉬운 코드는 모듈화가 잘 된 코드다.

이 책의 1부는 여러분이 TDD를 시작할 수 있도록 하는데 할애했다. 일반적인 TDD 프로그래밍 예제를 다룬 뒤에 5장 「임베디드 TDD 전략」에서는 임베디드 소프트웨어에서 TDD를 할 때 필요한 기법들을 추가로 다룰 것이다.

1부
시작하기

Test-Driven Development for Embedded C

2장
TDD for Embedded C

테스트 주도 개발의 도구와 관례들

수작업 절차를 사용하지 마라.

— 앤드류 헌트(Andrew Hunt)와 데이브 토마스(Dave Thomas)

나는 쉽게 따분해하지 않지만 수작업으로 절차를 따라 하는 일은 따분하고, 실수하기 쉽고, 지루하고, …… 뭐, 그렇다. 절차를 정의하는 게 그렇게 나쁘지는 않다. 나름 창의적인 뭔가가 있기 때문이다. 하지만 절차를 여러 번 되풀이해야 한다면 그건 다른 이야기다.

반면에 자동화는 훨씬 재미있다. 여전히 절차를 정의해야 하지만 일단 절차를 정의하고 나면 컴퓨터가 지저분한 일을 처리할 수 있다. 반복적인 처리가 가능하다. 절차에 따라 하는 일을 자동화하여 얻은 여유를 창의적인 일에 집중할 수 있다. TDD는 테스트 자동화에 의존한다.

이번 장에서 TDD에 바로 들어가지는 않는다. 대신 두 가지 단위 테스트 하니스를 사용하는 예제를 살펴볼 것이다. 자동화된 단위 테스트와 관련하여 일반적으로 사용되는 용어들도 일부 논의해 볼 것이다.

우리는 테스트 케이스들을 타깃 플랫폼이 아닌 개발 시스템에서 네이티브로 실행시킨다. 5장 「임베디드 TDD 전략」에서는 테스트를 언제 타깃 시스템에 올려서 실행할 것인가에 관해서 이야기한다.

2.1 단위 테스트 하니스란?

단위 테스트 하니스(unit test harness)는 소프트웨어 패키지로서 프로그래머가 제품 코드가 어떻게 동작해야 하는지를 표현하게 해 준다. 단위 테스트 하니스는 아래의 기능들을 제공한다.

- 테스트 케이스를 표현하는 공통의 언어
- 기대 결과값을 표현하는 공통의 언어
- 제품 코드에 사용된 프로그래밍 언어를 사용할 수 있게 함
- 프로젝트, 시스템, 서브시스템을 위한 모든 단위 테스트 케이스들을 모으는 곳
- 테스트 케이스의 전체 혹은 부분을 일괄적으로 실행시키는 방법
- 테스트 모음의 성공/실패에 대한 간결한 보고
- 테스트 실패에 대한 상세 보고

이 책에서 사용하는 두 가지 단위 테스트 프레임워크는 임베디드 C와 오픈 소스 테스트 쪽에서 인기 있고 사용하기도 쉽다. 두 테스트 하니스는 xUnit 계열의 단위 테스트 하니스에서 유래했다.[1]

먼저 살펴볼 Unity는 C로 작성된 테스트 하니스다. 이 책 후반부에 사용하는 CppUTest는 C++로 작성된 단위 테스트 하니스지만, 그렇다고 C++ 지식이 필요하지는 않다. 이 책에 소개된 많은 지혜들은 다른 테스트 하니스를 사용할 때에도 적용할 수 있다.

이 책을 읽을 때 알아 두어야 할 용어들이다.

- 테스트 대상 코드(code under test): 테스트되는 코드
- 제품 코드(production code): 출하된 제품에 들어간 코드
- 테스트 코드(test code): 제품 코드를 테스트하는 데 사용되지만 출하되는 제품에 포함되지 않는 코드
- 테스트 케이스(test case): 테스트 코드로서 테스트 대상 코드의 동작을 설명한

---

[1] 회사 정책에 따라 오픈 소스를 사용할 수 없는 경우에는 테스트 하니스 코드를 제품에 포함시키지 않으면 된다. 테스트 빌드에만 사용하면 회사 정책에 위배되지 않을 것이다.

다. 사전 조건(precondition)을 구성하고 사후 조건(post condition)을 만족시키는지를 검사한다.
- 테스트 픽스처(test fixture): 테스트 대상 코드를 비슷한 방식으로 실행시키는 테스트 케이스들을 위해 적절한 환경을 제공하는 코드. 테스트 픽스처에서는 제품 코드를 실행하기 위한 공통된 설정과 환경을 구성한다.

위 용어들을 명확히 이해하기 위해 우리에게 이미 익숙한 sprintf()에 대한 몇 가지 테스트를 살펴보자. 첫 번째 예제에서는 sprintf()가 '테스트 대상 코드'이며 '제품 코드'다.

sprintf()는 독립함수이므로 첫 번째 예제로 적당하다. 독립함수는 테스트하기 가장 쉽다. 독립함수의 출력은 함수에 전달하는 인자들에 의해서만 결정된다. 외부와의 어떠한 상호작용이나 실행 시에 필요한 저장 상태도 없다. 이전에 호출한 것과 새로 호출하는 것은 서로 독립적이다.

2.2 Unity − C로만 작성된 테스트 하니스

Unity는 간단하고 작은 크기의 단위 테스트 하니스이다. 파일 몇 개 만으로 구성되어 있다. 두 개의 단위 테스트 케이스 예제를 살펴보면서 Unity와 단위 테스트에 가까워져 보자. 만약 오랫동안 Unity를 사용해 온 독자라면 추가된 몇 개의 매크로가 눈에 띌 것이다. 테스트 러너(runner)를 자동으로 생성해주는 Unity 스크립트를 사용하지 않는다면 이 매크로들이 유용할 것이다.

Unity를 이용한 sprintf() 테스트 케이스

테스트는 간결하고 목표가 뚜렷해야 한다. 테스트가 성공할 때는 그저 조용히 일을 진행하지만 만약 실패하는 경우에는 시끄러운 경고음을 내는 실험장치라고 생각하라. 다음의 테스트에서는 sprintf()가 포맷 문자열에 포맷 지정 연산자가 없는 경우를 검증한다.

```
Download unity/stdio/SprintfTest.c
TEST(sprintf, NoFormatOperations)
{
    char output[5];
```

```
        TEST_ASSERT_EQUAL(3, sprintf(output, "hey"));
        TEST_ASSERT_EQUAL_STRING("hey", output);
}
```

TEST() 매크로는 모든 테스트들이 실행될 때 호출되는 함수를 정의한다. 첫 번째 인자는 테스트 그룹 이름이고 두 번째 인자는 테스트 이름이다. 이 장의 뒷부분에서 TEST()에 대해서 좀 더 자세히 살펴보도록 하자.

TEST_ASSERT_EQUAL() 매크로는 두 개의 정수 값을 비교한다. sprintf()는 길이가 3인 문자열을 구성했다고 통보해야 하고 실제로 그렇게 동작한다면 TEST_ASSERT_EQUAL() 검증이 성공한다. 대부분의 단위 테스트 하니스들과 마찬가지로 첫 번째 인자는 기대 값을 뜻한다.

TEST_ASSERT_EQUAL_STRING()은 두 개의 널(null)로 종료된 문자열을 비교한다. 이 문장은 output 버퍼가 "hey" 문자열을 포함하고 있어야 한다는 것을 선언한다. 관례를 따라서 첫 번째 인자가 기대 값이다.

검증하는 조건들 중 하나라도 만족하지 않으면 테스트는 실패하게 된다. 검증은 순차적으로 실행되고 TEST()는 첫 번째 실패 지점에서 종료된다.

TEST_ASSERT_EQUAL_STRING()은 우연히 통과될 수도 있다는 것을 명심하라. 만약 output 버퍼가 "hey" 문자열을 우연히 가지고 있었다면 테스트는 sprintf()가 아무 일을 하지 않아도 통과하게 된다. 물론 이런 경우는 없겠지만 output 버퍼를 빈 문자열로 초기화하는 것으로 테스트를 개선할 수 있다.

> Download unity/stdio/SprintfTest.c

```
TEST(sprintf, NoFormatOperations)
{
    char output[5] = "";
    TEST_ASSERT_EQUAL(3, sprintf(output, "hey"));
    TEST_ASSERT_EQUAL_STRING("hey", output);
}
```

다음 TEST()는 sprintf() 함수가 %s 포맷 연산자를 잘 처리하는지 확인한다.

> Download unity/stdio/SprintfTest.c

```
TEST(sprintf, InsertString)
{
    char output[20] = "";

    TEST_ASSERT_EQUAL(12, sprintf(output, "Hello %s\n", "World"));
```

```
    TEST_ASSERT_EQUAL_STRING("Hello World\n", output);
}
```

앞에서 본 두 테스트의 약점은 sprintf() 함수에서 문자열 종료 문자 뒤에 추가로 쓰기가 일어나는지 확인하지 않는다는 것이다. 다음 테스트들은 output 버퍼를 이미 알고 있는 값으로 채워놓고 마지막 널(null) 문자 다음의 문자가 변경되지 않았는지 검증하는 방식으로 output 버퍼 침범 여부를 확인한다.

`Download unity/stdio/SprintfTest.c`

```
TEST(sprintf, NoFormatOperations)
{
    char output[5];
    memset(output, 0xaa, sizeof output);

    TEST_ASSERT_EQUAL(3, sprintf(output, "hey"));
    TEST_ASSERT_EQUAL_STRING("hey", output);
    TEST_ASSERT_BYTES_EQUAL(0xaa, output[4]);
}

TEST(sprintf, InsertString)
{
    char output[20];
    memset(output, 0xaa, sizeof output);

    TEST_ASSERT_EQUAL(12, sprintf(output, "Hello %s\n", "World"));
    TEST_ASSERT_EQUAL_STRING("Hello World\n", output);
    TEST_ASSERT_BYTES_EQUAL(0xaa, output[13]);
}
```

sprintf()가 output 버퍼 앞의 메모리를 손상시키지 않을까 의심된다면, 한 문자 더 큰 버퍼를 만들고 &output[1]을 sprintf()에 전달하면 된다. output[0]이 0xaa를 유지하고 있는지 검증해 보면 sprintf()가 제대로 동작하는지 알 수 있다.

C 언어에서는 테스트로 모든 실수를 방지하기가 어렵다. 실수로 혹은 악의적으로 버퍼의 범위를 벗어날 수 있기 때문이다. 어디까지 테스트할 것인가 하는 것은 어렵지만 여러분이 결정해야 할 문제이다. TDD를 조금 더 알게 되면서 어떤 테스트를 작성할 것인지 말 것인지에 대해서도 알게 될 것이다.

두 개의 테스트에서 사소하지만 중복이 생겨나는 것이 보일 것이다. output 선언이 중복되고, 초기화도 중복되고, 오버런 확인도 중복되었다. 단지 테스트 두 개일 뿐이라면 큰 문제가 아니다. 하지만 여러분이 sprintf()의 유지보수 책임을 맡고 있다면 테스트가 훨씬 많을 것이다. 매번 테스트를 추가할 때마다 중복이 넘쳐나서 해당 테스트 케이스를 이해하는 데 꼭 필요한 코드가 눈에 띄지 않게 될 것이다. TEST()로 작성된 테스트 케이스들에 나타나는 중복을 피하기 위해 테스트 픽스처를 사용할 수 있다.

Unity에서의 테스트 픽스처

테스트 픽스처가 필요한 이유는 중복을 제거하기 위해서다. 테스트 픽스처는 모든 테스트에 필요한 공통 요소들을 한 곳으로 모으는 데 도움이 된다. TEST_SETUP()과 TEST_TEAR_DOWN()으로 sprintf() 테스트에 나타난 중복을 어떻게 제거하는지 살펴보자.

```
Download unity/stdio/SprintfTest.c
TEST_GROUP(sprintf);

static char output[100];
static const char * expected;

TEST_SETUP(sprintf)
{
    memset(output, 0xaa, sizeof output);
    expected = "";
}

TEST_TEAR_DOWN(sprintf)
{
}

static void expect(const char * s)
{
    expected = s;
}

static void given(int charsWritten)
{
    TEST_ASSERT_EQUAL(strlen(expected), charsWritten);
    TEST_ASSERT_EQUAL_STRING(expected, output);
    TEST_ASSERT_BYTES_EQUAL(0xaa, output[strlen(expected) + 1]);
}
```

TEST_GROUP() 아래에 정의된 변수들은 각 TEST()의 열린 괄호({)에 진입하기 전에 TEST_SETUP()에서 초기화 된다. 이 변수들은 파일 영역 변수이므로 각 TEST()와 모든 도움 함수에서 접근이 가능하다. 이 TEST_GROUP()은 메모리를 해제하는 등 TEST_TEAR_DOWN()에서 정리할 내용이 특별히 없다.

파일 영역 함수인 expect()와 given() 같은 도움 함수들 덕분에 sprintf() 테스트들이 간결해졌으며 중복이 줄어들었다.

결국은 테스트도 평범한 C 프로그램일 뿐이다. 따라서 데이터를 공유하거나 도움 함수를 만들기 위해 여러분이 알고 있는 어떤 방법이든 사용할 수 있다. 공통적으로 사용되는 데이터가 있고 검사해야 할 조건식이 있을 때 테스트들을 구조화하는 전형적인 방법을 소개했을 뿐이다.

이제 테스트들의 목적이 분명하게 드러나고 코드가 간결해졌다.

```
Download unity/stdio/SprintfTest.c
TEST(sprintf, NoFormatOperations)
{
    expect("hey");
    given(sprintf(output, "hey"));
}

TEST(sprintf, InsertString)
{
    expect("Hello World\n");
    given(sprintf(output, "Hello %s\n", "World"));
}
```

일단 TEST_GROUP()을 이해했고 TEST() 예제를 두 개 살펴봤으므로 다음 테스트 케이스를 작성하는 것은 훨씬 쉽다. TEST_GROUP() 내에 공통된 패턴이 있으면 테스트 케이스들을 읽고 이해하기 더 쉽다. 그리고 필요할 때 수정하기도 쉽다.

Unity 테스트 설치하기

이 예제들만으로는 테스트 케이스들이 필요한 사전/사후 처리들과 맞물려 어떻게 실행되는지 알기 어렵다. 테스트 실행은 또 다른 매크로인 TEST_GROUP_RUNNER()를 이용하면 된다. TEST_GROUP_RUNNER()는 테스트들과 같은 파일에 들어가거나 혹은 분리된 파일에 들어갈 수 있다. 파일 위아래로 스크롤하는 일을 피하기 위해 이 책에서는 분리된 파일을 사용한다. 이미 작성한 두 개의 sprintf() 테스트에 대한 TEST_GROUP_RUNNER()는 다음과 같다.

```
Download unity/stdio/SprintfTestRunner.c
#include "unity_fixture.h"

TEST_GROUP_RUNNER(sprintf)
```

```
    {
        RUN_TEST_CASE(sprintf, NoFormatOperations);
        RUN_TEST_CASE(sprintf, InsertString);
    }
```

각 테스트 케이스는 RUN_TEST_CASE() 매크로를 통해 호출된다. 정확히는 앞의 TEST_GROUP_RUNNER()에서 다음의 매크로들로 정의되는 함수들을 호출한다.

```
TEST_SETUP(sprintf);
TEST(sprintf, NoFormatOperations);
TEST_TEAR_DOWN(sprintf);

TEST_SETUP(sprintf);
TEST(sprintf, InsertString);
TEST_TEAR_DOWN(sprintf);
```

각 TEST() 전에 TEST_SETUP()을 호출하는 것은 각각의 테스트를 시작할 때 이전 상태의 영향을 받지 않도록 하기 위해서다. TEST_TEAR_DOWN()은 각 테스트가 끝나고 정리하기 위해 호출된다.

이제 테스트들을 하나의 TEST_GROUP_RUNNER()로 묶었으니, TEST_GROUP_RUNNER()를 어떻게 호출하는지 살펴보자. 이 과정을 밟아가면 결국에는 main()이 보여야 한다. 제품 코드의 main()처럼 테스트 코드를 실행시키는 main()이 하나, 혹은 여러 개 있다. Unity의 테스트 main()은 아래와 같다.

> Download unity/AllTests.c

```c
#include "unity_fixture.h"

static void RunAllTests(void)
{
    RUN_TEST_GROUP(sprintf);
}

int main(int argc, char * argv[])
{
    return UnityMain(argc, argv, RunAllTests);
}
```

RUN_TEST_GROUP(GroupName)은 TEST_GROUP_RUNNER()로 정의되는 함수를 호출한다. 따라서 테스트 main()에서 실행되기를 원하는 TEST_GROUP_RUNNER()는 RUN_TEST_GROUP()으로 지정되어야 한다. RunAllTests()는 UnityMain()으로 전달된다.

C 언어로 작성된 테스트 하니스를 사용하는 경우의 단점은 각 TEST()를 TEST_GROUP_RUNNER()에 넣는 것을 빠뜨린다든지, 혹은 UnityMain()이 호출되어 TEST_GROUP_RUNNER()가 호출된다는 것을 잊어버리면 안 된다는 것이다. 만약 어느 하나를 잊어버리면 테스트가 컴파일 되었지만 실행되지 않아서 방금 추가한 테스트가 통과한 것으로 잘못 판단할 수 있다.

이런 실수가 있을 수 있기 때문에, Unity 설계자는 테스트 파일들을 읽어서 테스트 실행 코드를 자동으로 생성해 주는 시스템을 만들었다. 내가 Unity를 처음 시작할 때는 시스템 의존성을 낮추기 위해서 자동 생성 스크립트를 사용하지 않고 모든 테스트 코드를 직접 연결하는 방법을 택했다.

다음 절에서 CppUTest를 살펴보면 이러한 문제에 대한 다른 해결 방법을 알 수 있을 것이다. 하지만 그 전에 Unity의 실행 결과를 살펴보도록 하자.

Unity 실행 결과

테스트들은 자동화된 빌드의 일부로 함께 실행되어야 한다. 명령어 하나로 테스트 실행 파일이 빌드되고 실행되어야 한다. 여러분은 내가 조금이라도 변경할 때마다 자주 빌드하는 것을 보게 될 것이다. 이것이 TDD다. 나는 파일이 저장될 때마다 자동으로 make all이 실행되도록 개발 환경을 구축한다. 테스트 실행 결과는 아래와 같다.

```
« make
compiling SprintfTest.c
Linking BookCode_Unity_tests
Running BookCode_Unity_tests
..
-----------------------
2 Tests 0 Failures 0 Ignored
OK
```

테스트들이 모두 통과하면 실행 결과가 짧다. 마지막 줄에 "OK"가 출력되는 것을 확인하는 것만으로 금방 "모든 테스트들이 통과되었다"는 것을 알 수 있다. 유닉스 스타일처럼 테스트 하니스는 '무소식이 희소식'이라는 원칙을 따른다. (테스트 케이스가 실패하면 구체적인 에러 메시지를 보고한다.) 출력 내용이 너무나 명백해서 설명이 필요 없겠지만 테스트 실행 결과와 마지막 요약줄의 내용을 하나씩 살펴보도록 하자.

각 테스트 케이스가 실행되기 전에 점(.)이 출력된다. 테스트 실행이 오래 걸려도 화면에 찍히는 점을 보면서 테스트가 계속 진행되고 있음을 알 수 있다. 하이픈(-)으로 된 구분선 뒤에는 테스트 요약이 나온다.

- Tests - 전체 TEST() 수
- Failures - 실패한 TEST() 수
- Ignored - '무시(ignore)' 상태에 있는 테스트 수. 무시된 테스트들은 컴파일은 되지만 실행은 되지 않는다.

실패하는 테스트를 추가하여 무슨 일이 일어나는지 보자. 테스트 결과를 보면 이 테스트 케이스에서 의도적으로 만든 오류가 보일 것이다.

```
Download unity/stdio/SprintfTest.c
```
```
TEST(sprintf, NoFormatOperations)
{
    char output[5];

    TEST_ASSERT_EQUAL(4, sprintf(output, "hey"));
    TEST_ASSERT_EQUAL_STRING("hey", output);
}
```

실패 결과는 아래와 같다.

```
« make
  compiling SprintfTest.c
  Linking BookCode_Unity_tests
  Running BookCode_Unity_tests
  ..
  TEST(sprintf, NoFormatOperations)
      stdio/SprintfTest.c:75: FAIL
      Expected 4 Was 3
  -----------------------
  2 Tests 1 Failures 0 Ignored
  FAIL
```

실패한 테스트 케이스의 파일 이름과 줄 번호, 테스트 케이스 이름, 그리고 실패한 이유를 보여준다. 요약줄도 실패가 하나 있음을 보여준다.

Unity에 대해서 더 알고 싶다면 부록 A2「Unity 레퍼런스」를 참고하라.

2.3 CppUTest: C++ 단위 테스트 하니스

지금까지 Unity를 살펴봤다. 이제는 내가 C나 C++의 테스트 하니스로 선호하는 CppUTest에 대해서 간략히 설명하겠다. 고백하자면 나는 CppUTest를 특별히 더 선호한다. 테스트 하니스로서 훌륭하기도 하지만 내가 CppUTest를 만든 사람 중 한 명이기 때문이다. 이 책의 첫 예제는 Unity를 사용하지만 8장 「제품 코드에 스파이 심기」부터는 예제에 CppUTest를 사용한다.

CppUTest는 특히 임베디드 개발에 사용하려는 목적으로 다양한 OS 플랫폼을 지원하기 위해 개발되었다. CppUTest 매크로를 이용하면 C++ 지식이 없어도 테스트 케이스를 작성할 수 있다. 이 때문에 C 개발자라도 테스트 하니스를 쉽게 사용할 수 있다.

CppUTest는 기초적인 C++ 기능만을 사용한다. 임베디드 개발에서 사용하는 모든 컴파일러가 전체 C++ 언어 기능을 지원하지는 않기 때문이다. 테스트 케이스는 Unity와 CppUTest가 거의 동일하다는 것을 알게 될 것이다. 물론 둘 중에서 여러분의 개발 상황에 더 나은 것을 선택해서 사용할 수 있다.

CppUTest로 작성한 sprintf() 테스트 케이스

CppUTest 테스트 케이스는 2.2절에서 봤던 두 번째 Unity 테스트 케이스와 동일하다.

```
Download tests/stdio/SprintfTest.cpp
TEST(sprintf, NoFormatOperations)
{
    char output[5] = "";

    LONGS_EQUAL(3, sprintf(output, "hey"));
    STRCMP_EQUAL("hey", output);
}
```

매크로 이름뿐만 아니라 테스트 케이스들도 동일하다.

CppUTest에서의 sprintf() 테스트 픽스처

2.2절에서 봤던 Unity 테스트 픽스처 예제와 동일한 아래의 CppUTest 테스트 픽스처를 보자.

```
Download tests/stdio/SprintfTest.cpp
```
```cpp
TEST_GROUP(sprintf)
{
    char output[100];
    const char * expected;
    void setup()
    {
        memset(output, 0xaa, sizeof output);
        expected = "";
    }
    void teardown()
    {
    }
    void expect(const char * s)
    {
        expected = s;
    }
    void given(int charsWritten)
    {
        LONGS_EQUAL(strlen(expected), charsWritten);
        STRCMP_EQUAL(expected, output);
        BYTES_EQUAL(0xaa, output[strlen(expected) + 1]);
    }
};
```

역시 매우 비슷하다. 같은 개념의 요소들이 표현되었다. 단 하나 형태상 차이점은 CppUTest의 TEST_GROUP 뒤에는 { } 괄호로 공통적으로 사용되는 변수와 함수의 선언을 묶어 놓았다는 것이다. { } 괄호 사이의 모든 내용은 TEST_GROUP에 포함되며, 이 그룹에 속하는 모든 TEST()에서 접근이 가능하다. 공유 변수(output, expected)들은 setup()이라는 특별한 도움 함수에서 초기화 된다. 추측할 수 있듯이 setup()은 각 TEST()가 호출되기 전에 호출된다. 또 다른 특별한 도움 함수인 teardown()은 각 TEST()가 실행된 후에 호출된다. 이 예제에서는 사용되지 않았다. expect()와 given() 함수는 자유 형식의 도움 함수로서 TEST_GROUP 내의 모든 TEST()에서 접근 가능하다.

이렇게 리팩터링된 테스트 케이스들은 Unity 테스트 케이스와 완전히 동일하다.

```
Download tests/stdio/SprintfTest.cpp
```
```cpp
TEST(sprintf, NoFormatOperations)
{
    expect("hey");
    given(sprintf(output, "hey"));
}

TEST(sprintf, InsertString)
```

```
{
    expect("Hello World\n");
    given(sprintf(output, "%s\n", "Hello World"));
}
```

CppUTest의 장점은 테스트들이 자동으로 설치된다는 것이다. 외부 스크립트를 이용하여 테스트 러너를 생성한다거나 직접 RUN_TEST_CASE(), TEST_GROUP_RUNNER(), RUN_TEST_GROUP() 같은 코드를 작성할 필요가 없다. 사소한 차이점 중 하나는 확인(check/assert) 매크로가 다르다는 점이다. 일반적으로 테스트 하니스는 저마다 조금씩 다른 매크로를 지원하지만 기능적으로는 겹치는 부분이 많다.

Unity와 CppUTest가 매크로와 테스트 구조에서 의심스러울 정도로 매우 유사하지 않는가? 하지만 특별히 신기할 게 없다. 둘 다 자바 테스트 프레임워크인 JUnit의 잘 정립된 패턴을 그대로 따르기 때문이다. 세세한 부분이 서로 비슷한 이유는 내가 Unity 프로젝트의 테스트 픽스처 매크로 부분에 참여했기 때문이다.

CppUTest 실행 결과

Unity에서 이미 설명한 바와 같이 테스트는 make를 이용해서 자동화된 빌드의 일부로 실행된다. 테스트 결과는 아래와 같다.

```
« make all
  compiling SprintfTest.cpp
  Linking BookCode_tests
  Running BookCode_tests
  ..
  OK (2 tests, 2 ran, 0 checks, 0 ignored, 0 filtered out)
```

Unity와 똑같이 테스트들이 모두 통과할 때 결과는 가장 짧다. 테스트 실행의 요약줄을 해석해 보자.

- tests - 전체 TEST() 수
- ran - 실행한 TEST() 수
- checks - 조건 검증 횟수. (조건 검증은 LONGS_EQUAL() 같은 호출을 말한다.)
- ignored - 무시 상태에 있는 테스트 수. 무시된 테스트들은 컴파일은 되지만 실행은 되지 않는다.
- filtered out - 실행 제외된 테스트 수. 명령줄 옵션으로 실행할 테스트를 선택할 수 있다.

오류를 일부러 삽입하여 실행 결과가 어떻게 출력되는지 보자.

`Download tests/stdio/SprintfTest.cpp`

```
TEST(sprintf, NoFormatOperations)
{
    char output[5];
    LONGS_EQUAL(4, sprintf(output, "hey"));
    STRCMP_EQUAL("hey", output);
}
```

아래와 같이 실패하는 것을 볼 수 있다.

```
« make
compiling SprintfTest.cpp
Linking BookCode_Unity_tests
Running BookCode_Unity_tests
...
stdio/SprintfTest.cpp:75: TEST(sprintf, NoFormatOperations)
    expected <4 0x2>
    but was  <3 0x1>

Errors (1 failures, 2 tests, 2 ran, 1 checks, 0 ignored, 0 filtered
out, 0 ms)
```

실패한 조건 검사의 줄번호, 테스트 케이스의 이름, 실패 이유가 출력된다. 요약 줄도 실패한 테스트 수를 보여준다.

테스트 케이스에 일부러 오류를 넣었을 때는 잊지 말고 제거해야 한다. 그렇지 않으면 코드에 버그를 심게 될지도 모른다.

2.4 단위 테스트는 크래시를 일으킬 수 있다

테스트가 실행되는 동안 발생할 수 있는 또 다른 결과로 크래시[2]가 있다. 일반적으로 C는 안전한 언어가 아니다. 코드는 잘못된 곳으로 빠지면 다시는 돌아오지 못한다. sprintf()는 위험한 함수다. 필요한 것보다 작은 출력 버퍼를 넘겨주면 메모리 오류가 발생할 수 있다. 이런 종류의 오류는 바로 혹은 좀 시간이 지나서 크래시를 일으킬 수 있다. 어떻게 동작할지 정의되어 있지 않다. 결과적으로 테스트 실행은 OK와 함께 조용히 종료되거나, 어떤 오류 메시지도 나오지 않고 조용히 종료되거나, 혹은 요란하게 크래시를 일으킬 수도 있다.

---

2 (옮긴이) 메모리 참조 오류 등으로 인한 강제 종료

조용히 실패하거나 크래시를 일으키는 테스트가 있을 경우에는 테스트 하니스가 무엇이 문제인지 확인하는 데 도움을 줄 수 있다. 가끔 제품 코드가 바뀌면서 이전에 통과하던 테스트가 실패하거나 심지어는 크래시를 일으킬 수도 있다. 따라서 크래시를 추적하기 전에 어떤 테스트가 실패하는지 확실히 알아야만 한다.

테스트 하니스는 일반적으로 테스트가 실패하는 경우를 제외하고는 출력 메시지가 없기 때문에 테스트가 크래시를 일으킬 경우 도움 되는 정보를 얻지 못할 것이다. Unity와 CppUTest 모두 테스트 실행 시에 -v 옵션을 제공한다. -v 옵션을 주어 실행하면 각 TEST()가 실행되기 전에 테스트 이름을 먼저 표시한다. 크래시가 발생하기 전에 마지막으로 표시된 TEST()가 크래시를 일으킨 테스트다.

테스트 그룹(-g testgroup)과 테스트 케이스(-n testname)로 테스트들을 필터링할 수 있다. 이런 옵션들을 이용하면 여러분은 어떤 테스트를 실행시킬지 매우 정교하게 지정할 수 있다. 이 방법은 크래시 원인을 찾을 때 매우 유용하다.

2.5 네 단계 테스트 패턴

제라드 메스자로스(Gerard Meszaros)는 자신의 책 『xUnit 테스트 패턴』[Mes07]에서 '네 단계 테스트'라는 패턴을 설명하였다. 나도 이 책 전체에 걸쳐 이 패턴을 사용할 것이다. 이 패턴의 목적은 간결하고 읽기 쉽고 잘 구조화된 테스트를 만들어 내는 데 있다. 여러분이 이 패턴을 따른다면 테스트를 읽는 사람이 무엇을 테스트하는지 빠르게 판단할 수 있다. 제라드가 설명한 네 단계는 다음과 같다.

- 설정(Setup) - 테스트에 필요한 사전조건들 구성하기
- 실행(Exercise) - 시스템에 어떤 일을 시키기
- 확인(Verify) - 기대한 결과가 나오는지 검증하기
- 정리(Cleanup) - 테스트가 끝난 후 테스트한 시스템을 테스트 이전 초기 상태로 되돌리기

테스트를 깔끔하게 유지하려면 테스트에서 이러한 패턴이 드러나도록 해야 한다. 이 패턴이 지켜지지 않으면 테스트가 가지는 문서로서의 가치가 없어진다. 테스트를 읽는 사람이 테스트가 말하고자 하는 요구사항을 이해하는 데 더 많은 노력이 들어간다.

2.6 지금까지 우리는

이제 여러분은 Unity와 CppUTest의 개요를 알았고, 테스트 픽스처와 테스트 케이스를 이용하여 테스트들을 정의하는 방법을 알게 되었을 것이다.

하지만 여러분은 아직까지 테스트 주도 개발을 보진 못했다. sprintf()에 대해 작성한 테스트들은 TDD 테스트가 아니다. sprintf()는 이미 있던 코드이기 때문이다. 다음 연습문제를 풀어 보면서 새로 얻은 지식을 자기 것으로 만들기 바란다. 다음 두 장에서는 새로운 코드를 테스트 주도 개발로 작성해보자.

배운 것 적용하기

1. 호스트 개발 시스템의 테스트 환경을 구축하라. 부록 A1 「개발 시스템의 테스트 환경」에서 도움을 얻을 수 있다. 책에 있는 코드를 다운받아서 makefile을 실행하라. 책의 홈페이지인 http://www.pragprog.com/titles/jgade을 방문하면 책에 나온 코드를 받을 수 있다. 추가 정보를 얻으려면 code/README.txt를 보라. makefile을 실행하면 단위 테스트가 모두 통과할 것이다.

2. code 디렉터리에서 make -f MakefileUnity.mk를 실행시켜 보라. Unity로 작성된 sprintf() 테스트들은 이 makefile로 빌드된다.

3. 다음으로 code 디렉터리에서 make -f makefileCppUTest.mk를 실행시켜 보라. CppUTest로 작성된 sprintf() 테스트들은 이 makefile로 빌드된다.

4. 이 장에서 봤던 예제들을 참고하여 sprintf() 테스트들을 더 작성하라. Unity에 대해서는 code/unity/stdio/SprintfTest.c를 이용하고 CppUTest는 code/tests/stdio/SprintfTest.cpp를 이용하라.

5. 어떤 길이의 sprintf() 출력도 처리할 수 있게 TEST_GROUP(sprintf)를 수정하라.

3장

TDD for Embedded C

C 모듈 시작하기

> 정말로 신뢰할 수 있는 소프트웨어를 원한다면 애초에 수정할 버그가 없도록 회피하는 방법을 찾아야만 한다. 이는 결과적으로 프로그래밍 프로세스를 더 가볍게 한다. 더 유능한 프로그래머들을 원한다면 디버깅에 시간 낭비를 하지 않는 개발자들을 찾아야 한다. 그들은 애초에 버그를 유입시키지 않는다.
>
> – 에츠허르 데이크스트라(Edsger Dijkstra), 「The Humble Programmer」

이번 장에서는 테스트 주도 개발 방법으로 C 모듈을 새로 만들 때의 처음 몇 단계를 보여 줄 것이다. 다음 장에서 이 모듈을 완성하면서 과정 전체를 경험하게 된다. 이번 장부터 시작해서 책 전체를 통해, 애초에 버그를 유입시키지 않아야 한다는 데이크스트라의 비전을 우리가 실현할 수 있는지를 보자.[1] 우리가 사용할 도구는 TDD이다.

3.1 테스트 가능한 C 모듈의 구성 요소

이 책의 예제들은 모듈 개념을 이용한다. 여기서 모듈은 잘 정의된 인터페이스를 가지며 시스템을 구성하는 독립적인 일부분을 의미한다. 모듈이 얼마만한 크기여야 하는지를 말하려는 것이 아니다. 이 책에서는 작은 모듈을 이용하는데, 예제로 보여줄 모듈들은 컴파일 단위와 일치한다. 물론 실제에서는 모든 모듈이 컴파일 단위

---

1 에츠허르 데이크스트라의 「The Humble Programmer」[Dij72]에서 인용

하나로 구성되지는 않는다. 테스트 가능한 코드를 만들기 위해서는 모듈화가 필요하다는 것, TDD의 결과물로서 모듈화된 설계를 얻게 된다는 것을 보게 될 것이다.

테스트 가능성(testability)은 설계에 중요한, 그리고 긍정적인 영향을 미친다. C 모듈을 만들면서 우리는 '추상 데이터 타입(abstract data type)' 개념을 사용할 것이다. 바바라 리스코프(Barbara Liskov)는 「추상 데이터 타입을 이용한 프로그래밍」[Lis74]에서 추상 데이터 타입을 다음과 같이 정의했다. "추상 데이터 타입은 그것에 적용할 수 있는 연산들과 이런 연산들이 초래하는 영향과 비용에 대한 수학적 제약 조건만으로 간접 정의된다."

추상 데이터 타입이라는 관점에서 모듈의 데이터는 비공개로 취급한다. 캡슐화되는 것이다. 모듈 데이터를 캡슐화하는 방법에는 두 가지가 있다. 첫 번째 방법은 .c 파일에 static 변수를 이용하여 데이터를 감추는 방법이다. 이렇게 하면 같은 컴파일 단위의 함수에서는 접근할 수 있다. 데이터는 모듈의 공개 인터페이스를 통해 간접적으로 접근할 수 있다. .h 파일에 정의된 함수 프로토타입 목록이 공개 인터페이스가 된다. 이 방법은 관리할 데이터 집합이 하나만 있는 모듈에 적절하며 나는 이런 모듈을 단일 인스턴스 모듈(single-instance module)이라고 부른다.

하나의 모듈이 클라이언트마다 다른 데이터 집합을 관리해야 할 때에는 다중 인스턴스 모듈(multiple-instance module)을 사용할 수 있다. 다중 인스턴스 모듈은 구조체 형태로 초기화되고 클라이언트마다의 컨텍스트를 담고서 클라이언트에 전달된다. 여기에 추상 데이터 타입이 적용된다. 아래와 같이 헤더 파일에 구조체 전방 선언(struct forward declaration)을 typedef한다.

```
typedef struct CircularBufferStruct * CircularBuffer;
```

포인터를 역참조하지만 않는다면 불완전 타입에 대한 포인터를 사용할 수 있다. CircularBuffer를 구현하는 .c 파일에 구조체를 정의할 수 있으며, 이렇게 하면 데이터를 감춘 것이 되어 해당 구조체의 무결성을 책임지는 모듈에서만 직접적으로 데이터를 다루게 된다. POSIX pthread 라이브러리도 이 방법을 이용한다. 유닉스의 FILE은 추상 데이터 타입의 또다른 예이다.

TDD로 C 모듈을 만들 때 우리는 다음과 같은 파일 규칙을 사용할 것이다.

- '헤더 파일'은 모듈의 인터페이스를 정의한다. 단일 인스턴스 모듈의 헤더 파일은 함수 프로토타입만으로 구성된다. 추상 데이터 타입의 경우에는 함수 프로

토타입 외에 전방 선언된 구조체의 포인터를 typedef한 것도 추가된다. 구조체 정의를 감추어서 모듈의 상세 데이터를 감춘다는 점을 한 번 더 강조한다.

- '소스 파일'은 인터페이스의 구현부를 포함한다. 필요에 따라 비공개 도움 함수와 데이터도 여기에 포함한다. 모듈 구현부는 모듈 데이터의 무결성을 관리한다. 추상 데이터 타입의 경우에는 전방 선언한 구조체를 소스 파일에서 정의한다.

- '테스트 파일'은 테스트 케이스들을 포함한다. 이렇게 테스트 코드와 제품 코드는 서로 분리된다. 각 모듈에는 적어도 하나씩 테스트 파일이 포함된다. 테스트 파일 하나에 테스트 그룹을 하나씩 포함시키는 것이 보통이지만 가끔은 여러 개의 테스트 그룹을 포함시키기도 한다. 테스트 그룹은 그룹에 속하는 모든 테스트들에서 공통적으로 사용되는 데이터에 따라 나누어진다. 설정이 서로 많이 다른 테스트 케이스들은 별도의 테스트 그룹으로 나누고, 필요하다면 별도의 테스트 파일로 떼어낸다.

- '모듈 초기화/정리 함수들'. 숨겨진 데이터를 관리하는 모든 모듈에는 초기화 함수와 정리 함수가 있어야 한다. 추상 데이터 타입이라면 그 내부가 완전히 감춰졌기 때문에 초기화 함수와 정리 함수가 반드시 필요하다. C++에서는 이러한 개념을 생성자(constructor)와 소멸자(destructors)의 형태로 언어 차원에서 지원한다. 나는 모듈마다 Create 함수와 Destroy 함수를 만드는 것으로 규칙을 정했다. strlen()이나 sprintf()와 같이 독립 함수들로만 구성되어 있는 모듈이라면 초기화해야 하는 내부 상태가 없기 때문에 초기화 함수나 정리 함수가 필요 없다.

이런 규칙들을 일관되게 따르면 코드를 테스트하거나 읽기가 더 쉽고, 고치기도 더 쉬워진다. 구조체와 함수가 아무나 접근 가능(data structure and function call free-for-all)한 경우라도 테스트가 불가능하지는 않다. 다만 더 어려울 따름이다. 테스트 주도로 개발하는 첫 예제인 LED 드라이버는 단일 인스턴스 모듈이다. 추상 데이터 타입은 나중에 다룰 것이다.

3.2 LED 드라이버가 하는 일

우리가 구현할 시스템이 LED를 이용하여 사용자나 개발자에게 상태 정보를 전달한다고 가정하자. 그러기 위해서는 LED를 다루기 위한 드라이버가 필요하다. 아래와 같은 LED 드라이버 요구사항이 있다.

1. LED 드라이버는 2가지 상태를 가지는 16개의 LED를 제어한다.
2. 드라이버는 다른 LED에 영향을 주지 않고 각 LED를 On/Off 시킬 수 있다.
3. 드라이버는 한 번의 인터페이스 함수 호출로 모든 LED를 On/Off 시킬 수 있다.
4. 드라이버 사용자는 임의의 LED 상태를 조회할 수 있다.
5. 전원이 공급되면 하드웨어는 기본적으로 LED를 On 상태로 만든다. 소프트웨어에서 Off 시켜야만 한다.
6. LED는 단일 16비트 워드(메모리 주소는 나중에 정해짐)로 메모리에 매핑된다.
7. 비트가 '1'이 되면 해당 LED가 켜지고 '0'이 되면 해당 LED가 꺼진다.
8. 최하위 비트가 1번 LED에, 최상위 비트가 16번 LED에 해당한다.

처음 4개의 목표는 LED 드라이버가 하는 일에 관한 것이다. 5번부터 8번까지는 드라이버가 하드웨어와 어떻게 상호작용하는지를 설명한다. 이 요구사항과 더불어 설계 목표도 추가하자. '타깃 하드웨어에 올리지 않고도 테스트할 수 있어야 한다.' 타깃 시스템에는 16개짜리 LED 배열이 하나만 있으므로 단일 인스턴스 설계 모델을 사용할 것이다.

시작하기 전에 어떤 테스트가 필요할지를 생각해 보자.

그림 3.1 LED 드라이버 테스트 목록

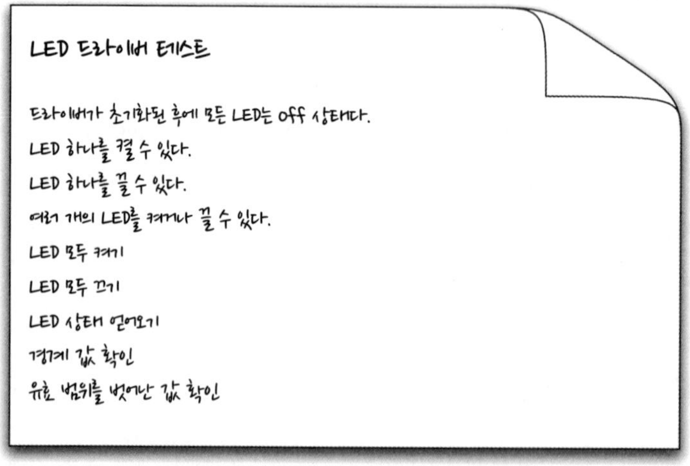

> **LED 드라이버 테스트**
>
> 드라이버가 초기화된 후에 모든 LED는 off 상태이다.
> LED 하나를 켤 수 있다.
> LED 하나를 끌 수 있다.
> 여러 개의 LED를 켜거나 끌 수 있다.
> LED 모두 켜기
> LED 모두 끄기
> LED 상태 얻어오기
> 경계 값 확인
> 유효 범위를 벗어난 값 확인

3.3 테스트 목록 작성하기

새 기능을 개발하기 전에 테스트 목록을 작성하면 유용하다. 요구사항에서 테스트 목록을 뽑아낸다. 테스트 목록은 여러분이 무엇을 구현할지를 보여주는 최선의 수단이다. 이 목록이 완벽할 필요는 없다. 임시 문서이기 때문에 메모지나 노트패드에 작성해도 된다. 테스트 목록을 직접 테스트 파일에 주석으로 작성할 수도 있다. 테스트를 추가하면서 해당 주석을 한 줄씩 삭제하면 된다.

목록을 작성하는 데 많은 시간을 쓰지 마라. LED 드라이버의 경우 몇 분이면 된다. 내가 처음에 작성한 테스트 목록은 '그림 3.1 LED 드라이버 테스트 목록'이다.

테스트 목록을 작성할 때는 수확체감(diminishing returns)을 감지해야 한다. 처음에 테스트 항목을 몇 개 작성하기 시작할 때는 다른 테스트 항목들이 금방 떠오른다. 테스트 항목이 생각나는 속도가 느려지면 수확체감 지점을 지난 것이고, 이는 테스트 목록 작성을 그만 두고 테스트 주도 설계를 시작할 때가 되었다는 뜻이다. 설계를 진행하면서 다른 테스트가 생각날 수 있다. 일부 테스트들은 나중에 여러 개로 나눠질 수 있다. 일부는 합쳐지기도 한다. 이 테스트 목록의 목적은 여러분이 무언가 잊어버리지는 않았는지 확인하는 데 도움을 주기 위함이다. 목록은 테스트를 통과시키기 위해 깊게 파고 들어갔을 때 여러분이 어디쯤 진행 중인지 방향을 잡을 수 있는 지도와 같은 역할을 한다. 할 일 목록(to-do list)인 셈이다.

작성한 테스트 중에는 아직 명확한 결과 값을 모르는 것도 있다. 예를 들면, 경계치를 벗어나는 인자값에 대해 드라이버가 어떻게 동작해야 할까? 답이 명확하지 않다. 하지만 괜찮다. 코드를 작성하다 보면 선택 가능한 방법들을 알게 될 것이다. 경험이 늘어나면서 답이 명확해지는 경우도 있고 금방 해결하기 어려운 새로운 문제가 드러나기도 한다.

다음 절에서 여러분은 TDD의 시운전(test drive)을 시작할 것이다. 그 전에 여러분에게 물어볼 것이 있다. 여러분은 사소한 부분을 내버려두고 문제의 가장 어려운 부분을 가장 먼저 공략하라는 말을 들은 적이 있는가? 나는 들은 적이 있고, 항상 좋은 충고처럼 보였다. 나는 그 충고를 뒤집으려 한다.

테스트 주도 개발자는 목표에 한 걸음 다가설 수 있게 하는 것 중에서 작고 쉬운 것부터 시작한다. 한 걸음 한 걸음이 검증 가능하다. 한 번에 테스트 하나씩, 견고하고 잘 테스트된 제품이 되도록 제품 코드에 기능을 더해 간다. 필요할 때 더 복잡한 기능들을 지지할 수 있는 토대를 얻게 된다. 작성할 테스트를 생각해 내는 것과 더불어 어떤 테스트부터 작성해 나갈지 순서를 정하는 것은 여러분이 앞으로 익혀야 할 기술이다.

3.4 첫 테스트 작성

테스트 목록이 완성되었다. 이제 시작해 보자. 당연히 첫 테스트는 초기화가 올바른지를 테스트하는 것이다. LED는 초기화 후에 모두 Off되어야 한다.

먼저 LedDriver 테스트 파일부터 생성한다. 나는 규칙에 따라 LedDriverTest.c라고 이름 지었다. 나는 주로 테스트 코드를 제품 코드와 분리해서 다른 디렉터리에 둔다. 이 파일을 unity/LedDriver 디렉터리에 두고 새로 추가한 테스트 파일이 컴파일/링크되도록 Makefile을 수정한다. 우리가 만들고자 하는 것에 적합한 테스트 이름을 선택하여 테스트 파일을 다음과 같이 작성하였다.

```
Download unity/LedDriver/LedDriverTest.c
#include "unity_fixture.h"

TEST_GROUP(LedDriver)

TEST_SETUP(LedDriver)
{
}

TEST_TEAR_DOWN(LedDriver)
{
}

TEST(LedDriver, LedsOffAfterCreate)
{
    TEST_FAIL_MESSAGE("Start here");
}
```

이 테스트를 빌드하고 실행하면 아래와 같은 결과를 얻게 된다.

```
« make
  compiling LedDriverTest.c
  Linking BookCode_Unity_tests
  Running BookCode_Unity_tests
  Unity test run 1 of 1
  -----------------------
  0 Tests 0 Failures 0 Ignored
```

첫 테스트가 실패하는 것을 확인하면서 모든 것이 제 위치에 있음을 알게 된다.

하지만 여기서는 테스트가 실패하지 않았다. LedDriverTestRunner.c 파일을 unity/ LedDriver 디렉터리에 추가하고 아래와 같이 테스트 케이스를 추가한다.

Download unity/LedDriver/LedDriverTestRunner.c

```
TEST_GROUP_RUNNER(LedDriver)
{
    RUN_TEST_CASE(LedDriver, LedsOffAfterCreate);
}
```

다시 make를 실행해도 아무런 변화가 없다.

```
« make
compiling LedDriverTestRunner.c
Linking BookCode_Unity_tests
Running BookCode_Unity_tests
Unity test run 1 of 1
-----------------------
0 Tests 0 Failures 0 Ignored
```

마지막 연결 작업이 필요하다. main()에서 테스트 그룹 러너를 호출해야 한다.

Download unity/AllTests.c

```
#include "unity_fixture.h"

static void RunAllTests(void)
{
    RUN_TEST_GROUP(LedDriver);
}

int main(int argc, char * argv[])
{
    return UnityMain(argc, argv, RunAllTests);
}
```

모든 것이 바르게 연결되었으면 아래와 같은 실패 메시지를 보게 된다.

```
« make
compiling AllTests.c
Linking BookCode_Unity_tests
Running BookCode_Unity_tests
Unity test run 1 of 1
.
TEST(LedDriver, LedsOffAfterCreate)
    LedDriver/LedDriverTest.c:15: FAIL
    Start here
-----------------------
1 Tests 1 Failures 0 Ignored
FAIL
```

자 이제 TEST_FAIL_MESSAGE() 문장을 삭제한 다음 출력 결과를 보자.

```
» make
 compiling LedDriverTest.c
 Linking BookCode_Unity_tests
 Running BookCode_Unity_tests
 Unity test run 1 of 1
 .
 -----------------------
 1 Tests 0 Failures 0 Ignored
 OK
```

이제 테스트가 의미 있는 무언가를 확인하게 만들자. 테스트 목록을 보면, 드라이버가 초기화되면서 LED를 모두 Off시켜야 한다.

이것을 어떻게 확인할 수 있을까? 자동 테스트가 LED를 볼 수는 없지 않은가? 망막이나 시세포가 필요하다. 과연 그럴까? 하드웨어와 소프트웨어를 통합하는 동안에는 LED를 우리 눈으로 직접 봐야하지만 단위 테스트를 하는 동안에는 가상으로 볼 수 있다.

타깃 하드웨어에는 메모리와 매핑된 I/O 주소가 있어서 말 그대로 회로에 의해 직접 연결되어 있다. 해당 주소에 쓰여지는 비트 값에 따라 특정 LED가 On/Off 된다. 드라이버가 LED를 모두 Off시키려면 LedDriver_Create()에서 LED와 연결된 I/O 주소에 16비트 크기의 0 값을 써야 한다.

이 책은 TDD에 관한 책이다. 따라서 설계상의 목표가 하나 더 있다. LedDriver가 하드웨어 독립적으로(말하자면 개발 시스템상에서) 테스트 가능해야만 한다는 것이다. 테스트가 실행되면서 타깃 하드웨어가 지정하는 물리적 주소에 값을 쓰게 되면, 메모리 훼손이나 메모리 접근 실패과 같은 문제가 생길 것이다. 이 코드를 개발 시스템에서 테스트 가능하게 만드는 방법을 살펴보자.

> **저장, 빌드, 실행**
>
> TDD에서는 조금씩 자주 수정한다. 정말 자주 빌드하고 테스트한다. 나는 여러분이 간단한 키 입력만으로 저장과 동시에 빌드를 시작하도록 개발 환경을 구축하길 제안한다. 나는 예제 코드를 만들면서 이클립스를 이용하고 있다. 파일이 저장되면 make를 실행하도록 설정했고, 나는 반사적으로 '모두 저장(Save All)' 키를 입력한다.

드라이버 속이기

드라이버가 주소를 인자로 전달 받는다면 테스트 케이스에서 실제 물리적 주소 대신 '가상(virtual)' LED 주소를 전달함으로써 드라이버를 속일 수 있다. 가상 LED는 메모리 매핑된 LED와 같은 비트 크기를 가지는 변수일 뿐이다. 테스트 케이스는 '가상' LED를 나타내는 변수의 값을 설정하거나 읽을 수 있다. 드라이버는 속임수를 쓰는지 알지 못한다. 단지 메모리 매핑된 장치의 특정 비트를 설정하는 것처럼 RAM 상의 특정 비트를 설정할 뿐이다.

가상 LED를 이용하는 아이디어는 제대로 동작할 것이다. 그런데 확인해야 하는 값은 무엇인가? 스펙과 테스트 목록을 보면 어떤 값을 확인해야 하는지 알 수 있다. LED 비트를 0으로 설정하면 LED가 꺼지고 1로 설정하면 켜진다. 하드웨어 전원이 공급되면 각 LED는 On 상태가 된다. 스펙에 따르면 초기화가 진행되는 동안 모든 LED를 Off시키는 것은 소프트웨어의 책임이다. 따라서 가상 LED의 각 비트가 0으로 쓰였는지를 확인하면 된다.

LED가 바르게 초기화되었는지 테스트하기 위해서 아래와 같은 테스트를 작성한다.

Download unity/LedDriver/LedDriverTest.c

```
TEST(LedDriver, LedsOffAfterCreate)
{
    uint16_t virtualLeds = 0xffff;
    LedDriver_Create(&virtualLeds);
    TEST_ASSERT_EQUAL_HEX16(0, virtualLeds);
}
```

특이사항을 하나씩 살펴보자. TEST(LedDriver, LedsOffAfterCreate)에서는 virtualLeds를 0xFFFF로 설정한 다음 LedDriver_Create(&virtualLeds)를 호출한다. virtualLeds를 0xFFFF로 초기화하는 것은 virtualLeds가 우연히 0이었는지 초기화를 거쳐서 0이 된 것인지를 테스트가 구분할 수 있게 하기 위해서다.

그리고 virtualLeds의 타입을 눈여겨보자. LED는 16비트 크기의 무부호 정수로 표현된다. 이는 메모리 매핑된 I/O 주소상의 크기와 일치한다. 테스트와 제품 코드는 적어도 2개의 장치(개발 시스템과 타깃 하드웨어)에서 정상적으로 수행되어야 한다. 따라서 virtualLeds의 크기는 반드시 명시되어야 한다. 여러분들도 알겠지만 int의 크기는 장치마다 다를 수 있다. stdint.h[2]의 uint16_t와 같은 이식 가능한 타입

---

[2] stdint.h는 C99나 그 이후 컴파일러에서만 보장된다.

을 사용하면 어떤 장치에서든 16비트 크기의 무부호 정수형을 보장할 수 있다.

컴파일 해보면 예상대로 아래와 같이 오류가 나온다.

```
« make
compiling LedDriverTest.c
LedDriver/LedDriverTest.c: In function 'TEST_LedDriver_LedsOffAfterCreate_':
LedDriver/LedDriverTest.c:16: warning: implicit declaration
    of function 'LedDriver_Create'
Linking BookCode_Unity_tests
Undefined symbols:
    "_LedDriver_Create", referenced from:
        TEST_LedDriver_LedsOffAfterCreate_ in LedDriverTest.o
ld: symbol(s) not found
```

LedDriver.h 파일을 생성하고 LedDriver_Create() 함수의 프로토타입을 추가한다. #include를 테스트 파일에 추가한다. 컴파일한 다음 링크 오류를 보자.

```
« make
compiling LedDriverTest.c
Linking BookCode_Unity_tests
Undefined symbols:
    "_LedDriver_Create", referenced from:
        TEST_LedDriver_LedsOffAfterCreate_ in LedDriverTest.o
ld: symbol(s) not found
```

아무 오류 없이 컴파일 되었으면 이제 LedDriver.c 파일을 생성하고 LedDriver_Create() 함수의 뼈대 코드를 추가한다. 아직 초기화 부분을 구현하지 마라. 다음과 같은 모양이 되어야 한다.

Download src/LedDriver/LedDriver.c

```c
#include "LedDriver.h"

void LedDriver_Create(uint16_t * address)
{
}

void LedDriver_Destroy(void)
{
}
```

테스트가 제 역할을 하는지 확신하기 위해 테스트를 우선 실패하게 만든다. 이 테스트가 실패를 제대로 검출할 수 있을까? 이 테스트 케이스는 검출할 수 있을 것으로 보인다.

```
« make
  compiling LedDriver.c
  Linking BookCode_Unity_tests
  Running BookCode_Unity_tests
  Unity test run 1 of 1
  .
  TEST(LedDriver, LedsOffAfterCreate)
      LedDriver/LedDriverTest.c:17: FAIL
      Expected 0x0000 Was 0xFFFF
  ----------------------
  1 Tests 1 Failures 0 Ignored
  FAIL
```

다음 코드는 테스트를 통과하는 가장 단순한 구현을 보여준다.

Download src/LedDriver/LedDriver.c

```c
void LedDriver_Create(uint16_t * address)
{
    *address = 0;
}
```

다시 빌드 해 보면 테스트가 통과하는 것을 알 수 있다.

```
« make
  compiling LedDriver.c
  Linking BookCode_Unity_tests
  Running BookCode_Unity_tests
  Unity test run 1 of 1
  .
  ----------------------
  1 Tests 0 Failures 0 Ignored
  OK
```

의존성 주입

virtualLeds를 드라이버에 전달하는 것은 '의존성 주입(dependency injection)'을 사용한 것이다. 컴파일 시에 드라이버가 LED의 주소를 알고 의존관계를 맺게 하는 대신 실행 시에 주소를 전달한다. 이렇게 하면 타깃 시스템의 초기화 함수만 물리적인 LED 주소에 대해 컴파일 시점의 의존성을 갖게 될 것이다.

의존성 주입 사용에 따른 부가적인 이익은 LedDriver의 재사용성이 높아진다는 것이다. 드라이버를 라이브러리에 두고 다른 LED 주소를 가지는 시스템에도 사용할 수 있다. 이것은 TDD가 자연스럽게 더 유연한 설계를 가져온다는 것을 보여주는 사례다.

테스트에 앞서 코드를 작성하지 마라

최종 코드를 상상해보면 지금 작성한 불완전한 구현부가 신경 쓰일 수 있다. LED 주소를 어디에도 저장하지 않지만, 당연히 나중에는 저장할 필요가 있을 것이다. 아직은 저장하지 말자. 저장하도록 요구하는 실패 테스트가 아직 없기 때문이다. 주소를 저장하지 않으면 통과하지 않는 테스트를 작성하자. 다음 테스트로 인해 드라이버는 이미 전달된 ledAddress를 사용해야만 할 것이다.

나중에 필요할 것을 뻔히 아는데 코드를 작성하지 않고 참는 게 어렵다는 것을 나도 안다. 하지만 아직은 작성하지 말자. 코드보다 테스트 먼저. 이 원칙을 고수함으로써 포괄적인 테스트와 철저히 테스트된 제품 코드를 얻을 수 있다.

밥 마틴(Bob Martin)이 만든 'TDD의 3 법칙'은 테스트 코드와 제품 코드를 번갈아 가며 작업하는 데 도움이 된다. 테스트가 요구하기 전에 주소를 저장하는 코드는 밥의 3번 법칙에 위배된다.

> **TDD의 3 법칙**
>
> 밥 마틴은 아래의 3가지 간단한 규칙으로 TDD를 설명한다.
>
> - 실패하는 단위 테스트를 통과시키기 위한 경우에만 제품 코드를 작성하라.
> - 실패하는 단 하나의 단위 테스트만 작성하라. 빌드 실패도 실패다.
> - 실패하는 단 하나의 단위 테스트를 통과시킬 만큼만 제품 코드를 작성하라.
>
> 제약이 심하다고 보이겠지만 소프트웨어를 개발하는 데 있어 매우 생산적이면서도 재미있는 방식이다.
> http://butunclebob.com/ArticleS.UncleBob.TheThreeRulesOfTdd 에서 참고

3.5 먼저 인터페이스를 테스트 주도로 개발하기

잘 설계된 모듈은 훌륭한 인터페이스가 필수적이다. 처음 몇 개의 테스트는 인터페이스 설계를 이끌어낸다. 인터페이스에 집중한다는 것은 개발하는 코드를 바깥에서부터 안으로만 들어간다는 것을 의미한다. 인터페이스의 맨 처음 사용자로서, 테스트는 개발 중인 코드를 어떻게 사용할 지에 대한 호출자(클라이언트 코드) 관점을 제공한다. 사용자 관점에서 시작하면 사용하기 더 편리한 인터페이스를 얻을 수

있다.

나는 처음 몇 개의 테스트로 경계값 조건들도 따져본다. 간단하면서도 경계값을 따져볼 수 있는 테스트 케이스를 선택하라.

인터페이스를 구현할 때는 우선 하드 코딩된 값을 반환하는 것부터 시작한다. 그러다 보니 아무것도 테스트되지 않는 것처럼 느껴진다. 여기서 핵심은 테스트가 아니라 인터페이스 설계를 유도하고 간단한 경계값 테스트를 얻는 것이다.

드라이버의 주요 목적은 LED를 On/Off하는 것이다. 회로 설계도로부터 우리는 LED마다 01부터 16까지 숫자가 붙어 있다는 것을 알았다. 다른 LED가 모두 Off되어 있을 때 01번 LED를 켜기 위해서 드라이버가 0x0001을 LED의 메모리 매핑 주소에 쓴다. 테스트에서 01번 LED를 켜면 결과적으로 virtualLeds가 1로 설정되어야 한다. 테스트 코드는 다음과 같다.

```
Download unity/LedDriver/LedDriverTest.c

TEST(LedDriver, TurnOnLedOne)
{
    uint16_t virtualLeds;
    LedDriver_Create(&virtualLeds);
    LedDriver_TurnOn(1);
    TEST_ASSERT_EQUAL_HEX16(1, virtualLeds);
}
```

이 테스트에서는 virtualLeds를 0xFFFF로 초기화하지 않았다. LedDriver_Create() 함수를 테스트할 때에는 초기 값을 주는 의미가 있지만 여기서는 중요하지 않다. LedDriver_Create()가 알아서 처리할 것이므로 초기 상태는 중요하지 않다. 이 테스트는 예상대로 컴파일 오류를 유발한다.

```
« make
  compiling LedDriverTest.c
  LedDriver/LedDriverTest.c: In function 'TEST_LedDriver_
      TurnOnLedOne_':
  LedDriver/LedDriverTest.c:23: warning: implicit declaration of
      function 'LedDriver_TurnOn'
  Linking BookCode_Unity_tests
  Undefined symbols:
      "LedDriver_TurnOn", referenced from:
          TEST_LedDriver_TurnOnLedOne_ in LedDriverTest.o
  ld: symbol(s) not found
```

컴파일 오류를 없애기 위해서 헤더 파일의 모듈 인터페이스 선언부에 인터페이스 함수의 프로토타입을 추가한다.

`Download include/LedDriver/LedDriver.h`

void LedDriver_TurnOn(int ledNumber);

내용을 똑바로 입력했다면 컴파일 오류가 없어진다. 이제 링크 오류가 발생한다.

```
« make
compiling LedDriver.c
compiling LedDriverTest.c
Linking BookCode_Unity_tests
Undefined symbols:
    "LedDriver_TurnOn", referenced from:
        TEST_LedDriver_TurnOnLedOne_ in LedDriverTest.o
ld: symbol(s) not found
```

링크 오류를 없애기 위해 .c 파일에 (올바른 구현은 아니지만) 뼈대 구현을 추가한다.

`Download src/LedDriver/LedDriver.c`

```
void LedDriver_TurnOn(int ledNumber)
{
}
```

이제 빌드하고 실행하면 실패하는 테스트가 나와야 한다. 실행 결과는 아래와 같다.

```
« make
compiling LedDriver.c
Linking BookCode_Unity_tests
Running BookCode_Unity_tests
Unity test run 1 of 1
.
-----------------------
1 Tests 0 Failures 0 Ignored
OK
```

테스트가 통과하고 있으니 어딘가 문제가 있다. 실행된 테스트가 하나뿐이라는 것을 눈치챘는가? 새로 추가한 테스트를 TEST_GROUP_RUNNER()에도 반영해야 한다.

`Download unity/LedDriver/LedDriverTestRunner.c`

TEST_GROUP_RUNNER(LedDriver)

```
    {
        RUN_TEST_CASE(LedDriver, LedsOffAfterCreate);
        RUN_TEST_CASE(LedDriver, TurnOnLedOne);
    }
```

TEST_GROUP_RUNNER()가 이미 설치되어 있으므로 main()에 따로 추가할 내용은 없다. 링크가 성공하는지, 새로운 테스트가 실패하는지 눈여겨보자.

```
« make
  compiling LedDriverTestRunner.c
  Linking BookCode_Unity_tests
  Running BookCode_Unity_tests
  Unity test run 1 of 1
  ..
  TEST(LedDriver, TurnOnLedOne)
      LedDriver/LedDriverTest.c:19: FAIL
      Expected 0x0001 Was 0x0000
  -----------------------
  2 Tests 1 Failures 0 Ignored
  FAIL
```

이제 실패가 발생했다. 제대로 가고 있는 것이다. 이 테스트를 통과시키기 위해서는 TurnOn() 함수에서 LedDriver_Create()에 전달된 LED 주소를 접근해야 할 것이다. .c 파일에 파일 범위의 비공개 변수를 추가하고 아래와 같이 초기화하자.

> Download src/LedDriver/LedDriver.c

```c
static uint16_t * ledsAddress;
void LedDriver_Create(uint16_t * address)
{
    ledsAddress = address;
    *ledsAddress = 0;
}
```

그리고 마지막으로 이 테스트를 통과시키는 가장 간단한 방법으로 구현하자. 이 테스트 케이스에서는 메모리의 LED 주소에 그냥 1을 쓰는 것이다.

> Download src/LedDriver/LedDriver.c

```c
void LedDriver_TurnOn(int ledNumber)
{
    *ledsAddress = 1;
}
```

코드를 빌드하고 테스트가 두 개 모두 통과하는지 보자.

```
« make
compiling LedDriver.c
Linking BookCode_Unity_tests
Running BookCode_Unity_tests
Unity test run 1 of 1
..
-----------------------
2 Tests 0 Failures 0 Ignored
OK
```

이 테스트를 작성하고 통과시키면서 두 가지 일을 끝냈다. 드라이버 함수 하나에 대해 인터페이스를 정의했고, 하드웨어에 쓰는 동작을 가로채는 우리의 접근 방법이 동작한다는 것을 확인했다. 하지만 여러분은 마음이 불편할 것이다.

구현이 틀렸다!

대부분의 엔지니어들처럼 여러분도 하드 코딩, 그것도 명백하게 문제가 있는 코드 때문에 마음이 편치 않을 것이다. 최종 구현은 최하위 비트만 설정하는 것이어야 한다. 그러나 따져보면 지금까지 작성한 테스트만 놓고 봤을 때 정확한 구현이다. 만약 우리가 지금 TDD를 하고 있지 않다면, 지금의 틀린 구현을 그대로 남겨두는 것이 버그가 맞다. 하지만 우리는 지금 TDD를 하고 있으니 이 약점을 드러내는 테스트를 더 작성할 것이다.

우리의 테스트 목록을 진행하면서 이렇게 틀린 구현을 그대로 남겨둘 수는 없을 것이다. 하지만 만약 여러분이 하드 코딩을 하다가 그것이 현재 가지고 있는 테스트 목록에서 다뤄지지 않을 때는 즉시 그 약점을 드러내는 테스트를 작성하거나 테스트 목록에 해당 항목을 추가하자.

테스트가 정답이다

구현이 아직 불완전하기 때문에 여러분은 테스트된 것이 아무것도 없다고 생각할 수 있다. 그렇지 않다. 이 테스트는 변수가 1로 설정되었는지 확인해 준다.

이것을 뒤집어서 생각해 보자. 테스트가 정답이라고. 테스트는 TDD에서 아주 귀중한 부산물이다. 이런 단순한 구현들이 우리가 작성한 테스트들을 테스트해 준다. 테스트 케이스가 실패하는 것을 보면, 테스트가 잘못된 결과를 검출해 낼 것을 알 수 있다. 정답을 하드 코딩하여 테스트를 통과시킴으로써 테스트가 바른 결과를 검출해 낼 것을 알 수 있다. 나중에 구현이 점차 발전해 가면서 이 단순해 보이는 테스트들이 중요한 동작들과 경계 조건들을 테스트해 줄 것이다. 사실상 우리는

> **소프트웨어 바이스**
>
> "변경을 검출하는 테스트를 가지고 있는 것은 우리 코드 주위에 바이스를 채워놓는 것과 같다. 코드의 동작이 그 상태로 고정된다. 우리가 코드를 수정할 때 한 번에 단 한 가지 동작만 수정되는지 확인할 수 있다. 간단히 말하자면, 우리 일을 우리가 지배하는 것이다."
>
> – 마이클 페더스(Michael Feathers), 『Working Effectively with Legacy Code』[Fea04]

테스트 대상 코드 주위에 바이스(고정 장치)를 채워서 동작이 일정하도록 유지시키는 것이다. (관련 글 '소프트웨어 바이스'를 참고하라.)

걱정하지 마라. 제품 코드를 하드 코딩된 상태로 불완전하게 오래 두지는 않을 것이다. 다른 LED를 On시키려 할 때 곧바로 하드 코딩된 값을 버릴 것이다. 실제 구현이 그리 어렵지는 않지만, 현재 테스트에서 필요로 하는 것보다 더 많은 코드를 작성하고 싶은 유혹을 참아주기 바란다. 우리는 지금 설계를 발전시켜 나가고 있다. 현재 테스트가 필요로 하는 것보다 더 많은 코드를 작성할 때의 문제점은, 코드를 버그 없는 상태로 유지하기 위해 필요한 테스트들을 여러분이 모두 작성하지 못할 수도 있다는 것이다.

테스트에서 필요하기 전에 코드를 추가하면 복잡성이 높아진다. 가끔 여러분이 필요하다고 생각한 것이 틀릴 수도 있고, 결국 불필요한 복잡성만 가져오게 된다. 게다가 "이것이 필요할거야"라는 생각에는 끝이 없다. 과연 어디서 멈춰야 할까? TDD를 할 경우에는 현재 테스트에서 더 이상 새로운 코드를 필요로 하지 않을 때 멈춘다. 느슨하게 풀린 끝은 테스트 목록에 기록되어 있다.

TDD는 구조적으로 미루는 것이다. 테스트가 우리에게 코드를 짜라고 할 때까지 올바른 제품 코드를 작성하는 것을 미뤄라. 궁극적인 목적인 구현을 완성하는 일은 올바른 테스트들이 갖춰진 다음에야 비로소 달성할 수 있다.

다음 테스트 선택하기

다음으로는 무엇을 테스트할까? 지금의 단순무식한 구현을 얼른 제거하는 방향으로 새로운 테스트를 작성할 수도 있다. 하지만 나는 작성 중인 모듈의 큰 그림을 얻을 수 있도록 인터페이스를 좀 더 발전시켜 나가고 싶다. 조금 전에 켰던 LED를 꺼 보자. 켜기와 *끄기*는 상호보완적인 관계이며, 나중에 LED 조작이 서로 간섭되지 않는다는 것을 검증하는 테스트에서도 유용할 것이다. 또는, 필요한 기능이 1번 LED를 켜는 것뿐이라면 타깃에 이 코드를 실제로 넣어서 출시할 수도 있겠다. 결정했다. 1번 LED를 끄는 테스트를 작성해보자.

```
Download unity/LedDriver/LedDriverTest.c
TEST(LedDriver, TurnOffLedOne)
{
    uint16_t virtualLeds;
    LedDriver_Create(&virtualLeds);
    LedDriver_TurnOn(1);
    LedDriver_TurnOff(1);
    TEST_ASSERT_EQUAL_HEX16(0, virtualLeds);
}
```

이번에는 단계들을 일일이 보여주지 않을 것이다. .h 파일을 열어서 LedDriver_TurnOff() 프로토타입을 추가한다. .c 파일에는 함수의 빈 구현부를 추가하고, 앞에서 한 것처럼 테스트 그룹 러너에 위의 테스트 케이스를 추가한다. 하나씩 점진적으로 컴파일 오류를 제거한 다음 링크 오류를 제거하자. 새로 추가한 테스트를 빌드하여 실행해보면 다음과 같이 실패할 것이다. 이유는 LedDriver_TurnOff()가 실제로는 아무것도 끄지 않기 때문이다.

```
« make
 compiling LedDriverTest.c
 Linking BookCode_Unity_tests
 Running BookCode_Unity_tests
 Unity test run 1 of 1
 ...
 TEST(LedDriver, TurnOffLedOne)
     LedDriver/LedDriverTest.c:28: FAIL
     Expected 0x0000 Was 0x0001
 -----------------------
 3 Tests 1 Failures 0 Ignored
 FAIL
```

다시 여러분의 심기가 불편해질 것 같다. 테스트를 통과시키기 위해 내가 또 다시 하드 코딩으로 LED 값을 변경할 것이 예상되기 때문이다. 여러분의 짐작이 맞다. 아래와 같이 코드를 작성하여 테스트가 통과하도록 만들자.

```
Download src/LedDriver/LedDriver.c
void LedDriver_TurnOff(int ledNumber)
{
    *ledsAddress = 0;
}
```

다시 모든 테스트가 통과한다.

```
« make
compiling LedDriver.c
Linking BookCode_Unity_tests
Running BookCode_Unity_tests
Unity test run 1 of 1
...
-----------------------
3 Tests 0 Failures 0 Ignored
OK
```

이 시점에서 LED 드라이버의 인터페이스는 형태를 갖춰가고 있다. 우리에겐 테스트 케이스 3개와 드라이버의 뼈대 구현이 생겼다. 다음 장에서 다시 코드를 만지기로 하고, 지금은 우리가 밟았던 작은 단계들에 대해 논의해 보자.

3.6 점진적 진행

TDD를 처음 접하는 사람들은 흔히 이 같은 초기 버전의 코드를 보고 황당해 한다. 그저 하드 코딩된 반환값들 몇 개를 테스트했을 뿐, 아무것도 테스트되는 것이 없다고 생각할 수 있다. 작성한 테스트는 보잘것없어 보이고, 하는 일도 왔다갔다 정신이 없다.

DTSTTCPW: 속인 다음에 제대로 만들기

예전에 내가 처음 익스트림 프로그래밍을 배울 때였다. 켄트 벡(Kent Beck)은 화이트보드에 흥미로운 약어를 썼다. DTSTTCPW[3]. 정말 멋진 울림이 있어서 나는 이것과 운이 맞는 단어들을 생각하는 걸 좋아한다. '제대로 동작할 수 있는 가장 간단한 것을 해라'(Do The Simplest Thing That Could Possibly Work)의 약어다. 테스트가 간단하고 몇 개 없을 때 가장 간단한 구현은 대개 테스트를 속이는 것이다. LedDriver는 LED 주소에 하드 코딩된 값을 써서 테스트를 속일 수 있었다. 테스트가 더 많아지면 속이기가 쉽지 않을 것이다. 이렇게 되면 제대로 구현하는 편이 더 간단할 것이다.

전통적인 개발에서 하드 코딩된 값은 심각한 문제가 될 수 있다. 하드 코딩된 값이 구현 속에 묻히게 되면 원래 값의 의미가 무엇이었는지 잊어버리기 쉽다. TDD에

---

3 http://www.c2.com/cgi/wiki?DoTheSimplestThingThatCouldPossiblyWork 참고

서는 다시 그 부분으로 돌아가기 때문에 문제가 되지 않는다. 더 많은 테스트를 설계하면서 취약점들이 드러난다. 만약 여러분이 잊어버릴까 걱정된다면 테스트 목록에 테스트로 추가하자.

처음 켄트 벡이 반환값을 속이는 것을 보았을 때, 나도 당황스러웠다. 하지만 직접 해보고 나서는 그 방법이 효과 있다는 것을 알았다. 켄트가 제안한 대로 나는 필요한 테스트가 모두 작성되었는지 확인했다. TDD 경험은 매우 짧았지만 중요한 깨달음을 얻었다. 비록 구현은 완전히 틀렸지만 테스트는 정답이다!

나는 많은 사람에게 TDD를 가르치면서 "실제로 구현할 때까지는 속여라"라고 알려준다. 그들은 주로 "언제부터 속이기를 그만두고 실제 코드를 작성하는가?"를 묻는다. 나의 경험적 규칙은 실제 구현을 하는 것보다 속이는 것이 더 어려워지면 실제 구현으로 들어가는 것이다. 여러분도 내가 무엇을 의미하는지 곧 알게 될 것이다.

테스트를 작고 초점이 맞도록 유지하라

눈여겨봐야 할 것이 몇 가지 있다. 1번 LED를 Off시키기 위한 두 번째 테스트 케이스가 왜 필요한지 궁금할 것이다. 1번 LED를 Off시키는 것을 테스트하려면 TEST(LedDriver, TurnOnLedOne)에 몇 줄만 추가하는 것이 가장 쉬운 방법이다. 하지만 그렇게 하면 테스트가 초점을 잃게 된다. 그 테스트는 실패 원인이 두 개가 된다. LedDriver_TurnOn()이 잘못되어서 실패할 수도 있고 LedDriver_TurnOff()가 잘못되어서 실패할 수도 있다.

세 번째 테스트에서 LedDriver_TurnOn()이 제대로 동작하는지 확인하지 않는다. TEST(LedDriver, TurnOnLedOne)가 이를 확인하므로 두 번째 테스트 혹은 이후에 추가될 다른 테스트에서 똑같은 내용을 계속 확인할 필요가 없다.

보통 TDD 초보인 프로그래머는 테스트 하나에 너무 많은 내용을 넣으려고 한다. 이는 가독성을 떨어뜨리고 초점을 잃게 한다. 함수 하나에 코드가 몇 줄이어야 한다는 제한이 없는 것처럼 테스트 케이스에서 코드가 몇 줄 이내여야 한다거나 확인(assert/check)이 몇 개를 넘으면 안 된다는 제한이 없다. 테스트는 읽기 쉽고, 크기가 작고, 초점을 맞춘 상태를 유지하라. 네 단계 테스트 패턴의 각 단계들(설정, 실행, 확인, 정리)이 명백히 드러나야 한다. 테스트가 너무 크거나 명확하지 않으면 테스트가 가지는 문서로서의 가치를 잃게 된다. 테스트가 명확하지 않으면 무엇을 테스트하는지 코드를 읽는 사람이 이해하기 어렵다. 테스트를 작고 초점을 잃지 않게 유지하며 이름을 잘 붙인다면 이후로 오랫동안 그 노력의 보답을 얻을 수 있다.

이상적으로는 코드상의 문제 하나가 테스트 실패 하나로 나타나야 한다. 하지만 이런 이상은 절대 달성되지 않을 것이다. 그래도 이상을 가지고 있는 것이 좋다.

녹색 상태에서 리팩터링해라

TDD의 다른 중요한 요소에는 '리팩터링'이 있다. 리팩터링은 코드와 설계를 깔끔하게 하는 것이다. 다음 장에서 LedDriver를 계속 개발해 나가면서 리팩터링도 같이 진행할 것이다. 12장 「리팩터링」에서는 리팩터링에 대해서 좀 더 깊이 들어갈 것이다.

리팩터링을 안심하고 할 수 있는 유일한 때는 테스트가 모두 통과하는 때이다. 좀 더 강조해서, 테스트가 모두 통과하지 않으면 리팩터링을 하지 마라! 테스트가 실패할 때는 코드의 동작을 고정시킬 수 없다. 실패하는 테스트를 수정하면서 구조적 변경을 하게 되면 테스트가 모두 통과하는 상태로 돌아가기가 매우 어렵다. 통과하는 테스트는 곡예와 같은 리팩터링을 안전하게 만드는 안전 그물망과 같다. 테스트는 모두 통과하고 있으니 우리가 새로 작성한 코드에 문제가 없는지 살펴보자.

'냄새' 맡는 감각을 잘 발달시키면 '설계 부패(design rot)'가 너무 진행되어 쉽게 고칠 수 없을 지경이 되기 전에 '코드 냄새'를 검출할 수 있다.

우리가 작성한 테스트 코드에서 중복이라는 냄새가 나기 시작했다. 테스트 케이스마다 virtualLeds를 만들고 LedDriver_Create()를 호출한다. TEST(LedDriver, LedsOffAfterCreate)는 특수한 경우를 다루므로 그대로 두어야 한다. 다른 두 개의 테스트에서는 중복을 아래처럼 테스트 케이스 밖으로 꺼내야 한다.

```
Download unity/LedDriver/LedDriverTest.c
```

```c
TEST_GROUP(LedDriver);
static uint16_t virtualLeds;
TEST_SETUP(LedDriver)
{
    LedDriver_Create(&virtualLeds);
}

TEST_TEAR_DOWN(LedDriver)
{
}

TEST(LedDriver, LedsOffAfterCreate)
```

```
    {
        uint16_t virtualLeds = 0xffff;
        LedDriver_Create(&virtualLeds);
        TEST_ASSERT_EQUAL_HEX16(0, virtualLeds);
    }
    TEST(LedDriver, TurnOnLedOne)
    {
        LedDriver_TurnOn(1);
        TEST_ASSERT_EQUAL_HEX16(1, virtualLeds);
    }
    TEST(LedDriver, TurnOffLedOne)
    {
        LedDriver_TurnOn(1);
        LedDriver_TurnOff(1);
        TEST_ASSERT_EQUAL_HEX16(0, virtualLeds);
    }
```

테스트는 문서다. 따라서 이름을 붙일 때 주의해야 한다. 일단 테스트가 통과하면 이름이 테스트의 의도를 잘 표현하고 있는지를 확인해야 한다.

3.7 테스트 주도 개발의 상태 기계

'그림 3.2 TDD 상태 기계'에서 보는 바와 같이 TDD가 상태 기계처럼 동작한다고 생각할 수 있다. 여러분은 단계마다 하나의 구체적인 문제를 해결하는 데 집중하게 된다. 여러분이 처음 할 일은 새로 추가할 기능을 결정하고 원하는 결과를 테스트로 표현하는 것이다. 다음으로 테스트에 맞춰 인터페이스를 설계하고 적절한 헤더 파일을 만들어서 컴파일이 성공하도록 해야 한다. (종종 선택한 이름이 이미 사용 중일 수도 있다. 이 단계에서 그런 사실을 알게 된다.)

인터페이스가 테스트와 잘 맞춰지고 나면 링크 오류가 나올 것이다. 그러면 뼈대 구현 부분을 의도적으로 틀리게 추가한다. 테스트가 실패하는 것을 직접 확인하는 것은 여러분이 추가한 테스트가 코드의 오동작을 검출해 낼 수 있다는 좋은 신호이다. 테스트 실패를 기대했는데 테스트가 통과한다면 테스트 내부에 문제가 있다는 것을 의미한다. 이런 실수는 마지막 테스트를 복사/붙여넣기 해서 새로운 테스트를 만들 때 흔히 발생한다. Unity처럼 테스트를 하나 추가하기 위해서 여러 단계가 필요한 테스트 하니스를 이용할 때도 실패하는 테스트를 보면서 테스트가 테스트 러너에 제대로 들어가 있다는 것을 확인할 수 있다.

일단 테스트가 통과하면 여러분이 원하는 동작이 구현된 것이지만 아직 다 끝난 것이 아니다. 코드를 깔끔하게 만들어야 한다. 테스트를 통과시키는 동안에는 코

그림 3.2 TDD 상태 기계

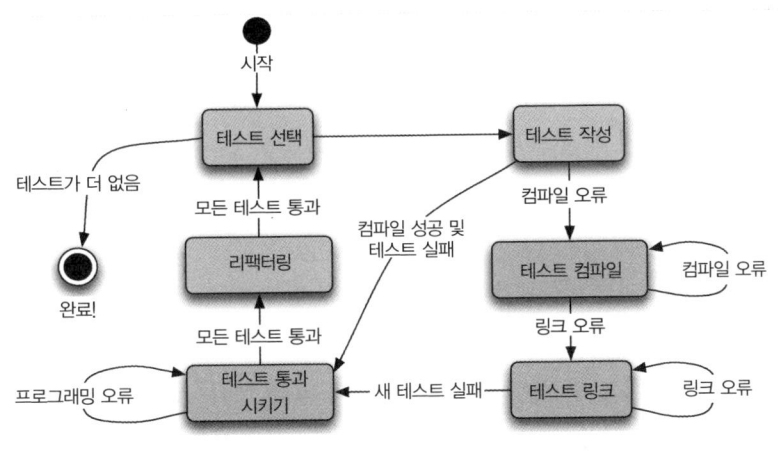

드를 지저분하게 만들어도 괜찮다. 하지만 지저분한 상태를 그대로 남겨두지 마라. 리팩터링을 해라.

왜 우리는 이런 작은 단계를 밟아가는가? 이렇게 하면 한 번에 하나의 문제를 해결하는 데 집중할 수 있기 때문이다.

3.8 테스트 FIRST

『Agile in a Flash』[OL11]에서 팀 오팅거(Tim Ottinger)와 제프 랭거(Jeff Langr)는 단위 테스트의 5가지 중요한 속성을 나열했다. 테스트는 FIRST일 때 가장 효과적이다.

Fast: 빠르다. 아주 빨라서 조금씩 수정할 때마다 테스트를 실행시켜도 결과를 기다리느라 흐름이 깨지지 않는다.

Isolated: 격리되어 있다. 다른 테스트보다 먼저 실행되어야 하는 테스트가 없다. 테스트의 실패도 서로 격리되어 있다.

Repeatable: 반복 가능하다. 반복 가능하다는 것은 자동화 되었음을 의미한다. 테스트를 반복해서 테스트해도 항상 같은 결과가 나온다.

Self-verifying: 자신의 실행 결과를 자체적으로 확인한다. 모든 테스트가 통과하는 경우에는 단순히 "OK"를 보고하고 실패하는 경우에는 간결하게 세부 내용을 제공한다.

Timely: 시기적으로 적절하다. 프로그래머가 제품 코드에 딱 맞춰 (직전에) 테스트를 작성하여 버그를 방지한다.

C로 개발하면서 테스트 주도 개발을 하는 것은 도전적인 일이다. TDD는 독립적인 기능 단위에 가장 적절하다. 일반적인 C 프로그래밍 방식에서는 독립적인 기능 단위로 개발하지 않는 경우가 많다. 모듈 경계가 명확하지 않고 언어적으로도 한계가 있다.

객체지향 언어에서는 공통된 데이터를 중심으로 함수들을 모을 수 있고, 함수들로 정의된 인터페이스를 통해 접근할 수 있다. 데이터와 관련 함수로 이뤄진 독립적인 단위를 언어가 직접 지원한다. 독립적인 단위가 더 테스트하기 쉽다. 이것이 TDD가 객체지향 프로그래밍 언어에 적용될 때 더 자연스러운 이유이다. 비록 C가 객체지향 언어는 아니지만 객체지향 세계에서 얻은 귀한 교훈들을 적용할 수는 있다.

테스트를 FIRST로 만들면 모듈화된 설계를 얻을 수 있고, 그 설계는 시간이 흘러도 살아 남는다. 앞으로 코드를 모듈화하고 테스트하기 쉬운 상태로 유지하는 방법을 살펴보자.

3.9 지금까지 우리는

이번 장에서 우리는 LedDriver의 첫발을 내딛었다. LedDriver가 복잡한 예제는 아니지만 TDD 기법과 사고 과정을 보여주기에 아주 적절한 예제이다.

우리가 작성한 테스트 목록은 설계를 유도해 내고 드라이버를 사용할 사람의 요구를 충족시키는 데 도움이 된다. 처음 몇 개의 테스트는 테스트 픽스처와 드라이버의 뼈대를 만들어 주었다. 우리는 뼈에 더 많은 살을 붙일 준비가 되었다.

아마 여러분 중 일부는 이 코드의 끝이 명확하지 않고 구현이 불완전하다는 점이 신경 쓰일 것이다. 초조해 하지 마라. 한 번에 모든 것을 제대로 할 수는 없다. 우리는 규칙적이고 점진적으로 기능을 추가하고 검증해 나가고 있다. 우리는 나중으로 미루고 있는데 여기서 '미루다'는 나쁜 의미가 아니다.

LED 주소를 드라이버에 전달함으로써 드라이버의 하드웨어 의존성을 제거했다. 이런 설계 결정으로 우리는 드라이버를 속이고 하드웨어에 비트 패턴을 기록하는 것을 가로챌 수 있게 되었다.

TDD는 계곡 아래 급류를 그 사이로 솟아있는 바위들을 밟고 건너는 것과 비슷하다. 길이 완전히 똑바르지는 않아서, Debug-Later Programming 접근법이 나타날 수 있다. 하지만 우리는 신발을 적시지 않고도 급류를 건널 수 있다. DLP는 한 번에 멀리 뛰어 급류를 건너는 것과 같다. 급류 폭이 좁다면 가능할지도 모른다. 하지만 예상치 못한 물살을 만나 싸우게 되는 경우가 더 많다. '그림 3.3 TDD 디딤돌'은 각 테스트를 거치면서 완료라고 하는 목표 지점을 향해 코드가 조금씩 나아가는 모습을 보여준다. TDD의 구불구불한 길은 코드가 언제나 그 시점까지 정의된 테스트를 통과하기 때문에 위험이 더 적다. 우리의 진행을 방해하는 버그의 위험성이 적다. 우리는 급류를 반쯤 건너왔다. 다음 장에서 남은 길을 마저 건너갈 것이다.

그림 3.3 TDD 디딤돌

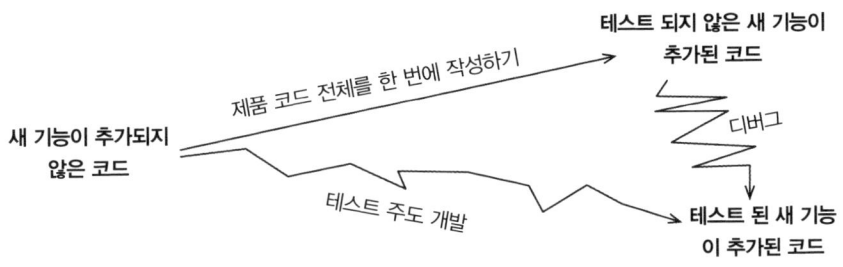

배운 것 적용하기

1. 여러분이 다음 장을 따라갈 수 있도록 여러분의 LedDriver를 만들어라. code/SandBox 디렉터리에 시작하기 위한 파일들이 있다. 거기 있는 README.txt 파일을 참고하자.
2. int 값을 여러 개 담을 수 있는 FIFO(first-in first-out) CircularBuffer에 대한 테스트 목록을 작성하라.
3. 테스트 주도 개발 방식으로 CircularBuffer를 시작해 보자. 초기 상태를 확인하는 테스트를 선택하여 인터페이스를 탐색한다. 우선은 반환값을 하드 코딩하여 통과시킬 수 있는 테스트만 고른다. CircularBuffer 파일들을 찾을 수 있도록 makefile을 수정해야 할 것이다. 나머지는 다음 장에서 완성해 보자.

4장

TDD for Embedded C

완료까지 테스트하기

구멍 안에 있는 자신을 발견하면 파는 일을 멈춰라.

— 윌 로저스(Will Rogers)

이전 장에서 우리는 LedDriver를 시작했다. 이번 장에서는 LedDriver를 끝내기로 하자. 음, 소프트웨어 개발에 끝이란 게 있다면 말이다. 어떤 일을 시작하는 것과 그 것을 계속 유지하거나 끝내는 것은 많이 다르다. 이번 장에서 여러분은 TDD의 안 정된 상태, 즉 기본적인 리듬을 보게 될 것이다. 완료(done)될 때까지 한 번에 하나 씩 테스트를 작성하며 LedDriver를 키워보자.

바로 뛰어들기 전에 지난 장에서 우리가 어디까지 했는지 살펴보자. 뼈대가 되는 헤더, 소스, 테스트 파일이 갖춰졌고 그것들이 자동으로 빌드된다. LedDriver의 인 터페이스는 부분적으로 정의되었고 앞으로 추가할 테스트 목록도 가지고 있다. 타 깃 하드웨어와 독립적으로 드라이버를 테스트하기 위한 테스트 픽스처도 있다. 테 스트를 3개 작성했고, 모두 통과한다.

LedDriver의 현재 상태에 대해 기억이 잘 나지 않는다면 부록 A4「시작하기 단계 를 마친 LedDriver」에 실린 코드를 봐도 된다.

4.1 단순하게 시작해서 솔루션 키워가기

이전 장의 단순무식한 구현은 점진적으로 더 견고해질 것이다. 테스트가 추가될 때마다 구현이 완성된 상태에 더 가까워질 것이다.

다음으로 추가할 테스트는 두 개의 LED를 켜는 것이다. 구현을 더 일반화하여 완성하기 위해서 두 개면 충분하다. 다음 테스트에서 어떤 LED를 켜는지 확인한 다음, virtualLeds의 기대값이 맞는지 확인해 봐라. 여러분은 쉽게 확인이 되는가?

Download unity/LedDriver/LedDriverTest.c

```
TEST(LedDriver, TurnOnMultipleLeds)
{
    LedDriver_TurnOn(9);
    LedDriver_TurnOn(8);
    TEST_ASSERT_EQUAL_HEX16(0x180, virtualLeds);
}
```

테스트는 문서다. 그리고 훌륭한 문서는 이해하기 쉬워야 한다. 만약 여러분이 잘 작성된 테스트를 원한다면 테스트 데이터를 선택하는 데 주의를 기울여야 한다.

2진수와 16진수를 다루는 사람이라면 앞의 테스트 데이터가 맞는지 확인하기 쉬울 것이다. 내가 8번과 9번 LED를 선택한 이유는 연산이 아주 간단하고 서로 다른 바이트로 분리되어 있어서 16진수 표현에서도 조합을 알아보기 쉽기 때문이다.

나는 이 테스트가 문제없이 컴파일될 것으로 예상한다. 인터페이스는 바뀐 것이 없기 때문이다. 당장 빌드하고 실행해 보면 실패하는 테스트가 없다. 이것 역시 예상대로다. 테스트를 TEST_GROUP_RUNNER()에 추가하자. 이제 실패한다. 그건 이전 장의 마지막에서 우리가 '제대로 돌아갈 수도 있는 가장 간단한 것'을 했기 때문이다. 하지만 새로 추가한 테스트에서는 제대로 돌아가지 않는다.

```
« make
  compiling LedDriverTest.c
  Linking BookCode_Unity_tests
  Running BookCode_Unity_tests
  Unity test run 1 of 1
  ....
  TEST(LedDriver, TurnOnMultipleLeds)
      LedDriver/LedDriverTest.c:60: FAIL
      Expected 0x0180 Was 0x0001
  -----------------------
  4 Tests 1 Failures 0 Ignored
  FAIL
```

놀랄 것이 없다. 테스트는 예상대로 실패한 것이고, 현재의 구현이 이 테스트에는 충분하지 않다는 것이 증명되었다. 이 테스트를 추가하기 전에는 DTSTTCPW였던 것이 더 이상 DTSTTCPW가 아니다. 지금은 제대로 돌아가지 않는다.

단순히 *ledAddress = 1로 값을 할당하는 대신에, 아래와 같이 비트 연산을 수행한다.

```
Download src/LedDriver/LedDriver.c
```
```c
void LedDriver_TurnOn(int ledNumber)
{
    *ledsAddress |= (1 << ledNumber);
}
```

테스트가 통과할까? 통과시키는 게 목적이다. 나는 통과할 것이라고 기대하면서 저장하고 빌드한다.

```
« make
compiling LedDriver.c
Linking BookCode_Unity_tests
Running BookCode_Unity_tests
Unity test run 1 of 1
..
TEST(LedDriver, TurnOnLedOne)
    LedDriver/LedDriverTest.c:43: FAIL
    Expected 0x0001 Was 0x0002
..
TEST(LedDriver, TurnOnMultipleLeds)
    LedDriver/LedDriverTest.c:60: FAIL
    Expected 0x0180 Was 0x0300
-----------------------
4 Tests 2 Failures 0 Ignored
FAIL
```

대체 왜 두 개나 실패한 것일까? 새 테스트가 통과할 것 같았는데. 이전에는 통과했던 TEST(LedDriver, TurnOnLedOne)와 새로 추가한 TEST(LedDriver, TurnOnMultipleLeds)가 같이 실패했다.

분명 사소한 실수일 것이다. 기껏 한 줄 밖에 수정하지 않았으니 큰 실수일 리가 없다. 사소한 논리적 실수는 항상 일어난다. TDD의 커다란 이득 중의 하나는 문제가 아직 작은 상태에서 발견되기 때문에 찾아서 고치기 쉽다는 점이다. 여기서 핵심은 즉시 문제를 검출해 낸다는 것이다.

만약 이런 실수가 완전히 통합된 시스템에서 발견되면 실수한 위치를 찾는 데 훨씬 많은 시간이 소요될 것이다. 이 실수 외에도 변경된 내용이 많을 것이다. 호출한 곳에서 잘못된 LED를 켰기 때문일 수도 있고, 드라이버가 잘못된 LED를 제어한 탓일 수도 있다. 이 같은 TDD의 결함 예방 측면이 바로 개발자가 빠르고 안정적인 속도를 유지하는 데 도움을 준다.

문제가 무엇인지 찾아보자. TEST(LedDriver, TurnOnLedOne)의 출력 결과를 유심히 보면 0x0001을 예상했는데 실제 나온 결과 값은 0x0002이었다. 암산으로도 비트가 왼쪽으로 한 자리 더 이동했음을 알 수 있다. 출력문이나 디버거의 도움 없이 문제 위치를 찾아냈다. 비트를 이동하기 전에 ledNumber에서 1을 빼서 오프셋 값으로 변환해야 한다.

'한 끗 차이 오류(off-by-one error)'나 다른 논리적 오류는 만들기는 쉬워도 그 결과는 찾기 힘든 버그가 되어 큰 재앙을 가져올 수 있다. Debug-Later Programming에서는 버그를 키워놓고 나중에 사냥에 나서지만, TDD에서는 버그가 아직 코드를 감염시키기 전인 애벌레 상태일 때 발견하여 손톱으로 꾹 눌러 죽이면 그만이다.

개발 시스템에서 테스트를 실행하는 목적 중의 하나는, 하드웨어에서 실행하기 전에 대부분의 오류를 찾아 수정함으로써 타깃 업로드나 시간이 오래 걸리는 하드웨어 상에서의 디버깅을 피하는 것이다. 물론 하드웨어에서만 발견할 수 있는 문제가 여전히 있을 테지만 이런 방식으로 많은 문제들에 대해 하드웨어 상의 디버깅을 피할 수 있다.

'한 끗 차이 오류'를 다음과 같이 바로잡는다.

```
Download src/LedDriver/LedDriver.c
void LedDriver_TurnOn(int ledNumber)
{
    *ledsAddress |= 1 << (ledNumber - 1);
}

« make
compiling LedDriverTest.c
Linking BookCode_Unity_tests
Running BookCode_Unity_tests
Unity test run 1 of 1
....
---------------------
4 Tests 0 Failures 0 Ignored
OK
```

이야~ 테스트가 통과하니 기분이 훨씬 낫다. 이제 고쳐졌으니 앞으로 다시는 깨지지 않을 것이다. 적어도 깨지는 즉시 우리는 그 사실을 알 수 있다.

모든 테스트가 통과하는 지금이 코드에서 개선할 부분이 있는지 찾아보기에 좋은 때다. 비트 처리가 눈에 조금 거슬린다. 비트 처리를 도움 함수로 리팩터링하자.

```
Download src/LedDriver/LedDriver.c
static uint16_t convertLedNumberToBit(int ledNumber)
{
    return 1 << (ledNumber - 1);
}
void LedDriver_TurnOn(int ledNumber)
{
    *ledsAddress |= convertLedNumberToBit(ledNumber);
}
```

개념을 뽑아내어 의도를 드러낼 수 있는 이름으로 포장하니까 코드에서 개념을 알아보기가 한결 쉽다. 비트 처리 부분을 추출함으로써 발생하는 오버헤드에 신경이 쓰일지도 모르겠다. 나는 전역 네임스페이스에 추가되는 것을 피하기 위해 static 키워드로 도움 함수의 접근 범위를 한정했다. 혹시 메모리 사용량이 정말로 걱정된다면 convertLedNumberToBit()를 인라인(inline)[1] 함수나 전처리 매크로로 만들 수 있다. 하지만 오늘날의 최적화 컴파일러라면 불필요할 것이다.

꾸준한 진행

하나하나의 테스트가 구현을 조금씩 완성시켜간다. 급류 위로 솟아 있는 디딤돌을 디딜 때와 마찬가지로 테스트에도 자연스러운 순서가 있다. 가끔은 길이 여러 갈래로 갈라질 수도 있다. 우리가 바른 길을 가고 있는지 테스트하면서 다음 디딤돌을 밟아보자.

```
Download unity/LedDriver/LedDriverTest.c
TEST(LedDriver, TurnOffAnyLed)
{
    LedDriver_TurnOn(9);
    LedDriver_TurnOn(8);
    LedDriver_TurnOff(8);
    TEST_ASSERT_EQUAL_HEX16(0x100, virtualLeds);
}
```

---

[1] inline은 C99 표준이다.

여러분이 이 테스트를 TEST_GROUP_RUNNER()에 제대로 넣었다면 이 테스트는 실패할 것이다.

```
« make
  compiling LedDriverTest.c
  Linking BookCode_Unity_tests
  Running BookCode_Unity_tests
  Unity test run 1 of 1
  .....
  TEST(LedDriver, TurnOffAnyLed)
      LedDriver/LedDriverTest.c:68: FAIL
      Expected 0x0100 Was 0x0000
  -----------------------
  5 Tests 1 Failures 0 Ignored
  FAIL
```

8번 LED을 켜고 끄기 전에 9번 LED를 켠다는 것에 유의하자. 다른 LED를 미리 켜지 않는다면 현재의 대충 작성한 구현도 통과했을 것이다. 1번 LED를 끄기 위해 작성했던 지금의 간단한 구현(*ledsAddress = 0;)은 실제로는 LED를 전부 꺼버린다. LedDriver_TurnOff()는 영향 받지 않아야 할 비트들에 대해 마스크 처리를 하지 않는다. 비트 마스크 처리 코드를 작성해야 하는 상황을 만들기 위해서 다른 LED를 미리 On 상태로 만들어둬야 한다.

모두 켜기(LedDriver_TurnAllOn()) 함수가 있다면 이 테스트가 더 나아질 것 같다. 이 테스트를 우선 주석 처리하고 LED를 모두 켜는 함수를 구현한 다음 다시 이 테스트로 돌아오자. 우리는 이전 디딤돌로 돌아가서 다른 길을 선택한 셈이다. 다음은 LED를 모두 켜는 테스트다.

`Download unity/LedDriver/LedDriverTest.c`

```
TEST(LedDriver, AllOn)
{
    LedDriver_TurnAllOn();
    TEST_ASSERT_EQUAL_HEX16(0xffff, virtualLeds);
}
```

구현은 다음과 같다.

`Download src/LedDriver/LedDriver.c`

```
void LedDriver_TurnAllOn(void)
{
    *ledsAddress = 0xffff;
}
```

다음으로 넘어가기 전에 LED를 모두 켜기 위해 사용한 매직 넘버를 리팩터링하자.

`Download src/LedDriver/LedDriver.c`

```c
enum {ALL_LEDS_ON = ~0, ALL_LEDS_OFF = ~ALL_LEDS_ON};

void LedDriver_TurnAllOn(void)
{
    *ledsAddress = ALL_LEDS_ON;
}
```

이제 모든 LED를 켤 수 있게 되었으므로 특정 LED를 끄는 테스트를 아래와 같이 수정한다.

`Download unity/LedDriver/LedDriverTest.c`

```c
TEST(LedDriver, TurnOffAnyLed)
{
    LedDriver_TurnAllOn();
    LedDriver_TurnOff(8);
    TEST_ASSERT_EQUAL_HEX16(0xff7f, virtualLeds);
}
```

TEST(LedDriver, TurnOffAnyLed)를 테스트 러너에 추가하고 실패하는 것을 확인한 후, LedDriver_TurnOff()에 코드를 추가한다. 나는 아래 코드가 제대로 동작하리라 생각한다. 여러분은 어떻게 생각하는가?

`Download src/LedDriver/LedDriver.c`

```c
void LedDriver_TurnOff(int ledNumber)
{
    *ledsAddress &= ~(convertLedNumberToBit(ledNumber));
}
```

테스트가 통과한다. TurnOff() 함수는 앞서 추출한 convertLedNumberToBit()를 이용하여 쉽게 구현되었다.

```
« make
compiling LedDriver.c
Linking BookCode_Unity_tests
Running BookCode_Unity_tests
Unity test run 1 of 1
......
-----------------------
6 Tests 0 Failures 0 Ignored
OK
```

나는 소프트웨어가 LED의 On/Off 상태를 읽을 수 있는지 의문이 생긴다. LED I/O 와 메모리 매핑된 주소는 아마도 쓰기만 가능할 것 같다. 추측만 한다고 답이 나오지 않는다. 나는 얼른 답을 얻기 위해서 우리 팀의 하드웨어 엔지니어에게 물어본다.

제임스: 게리, 소프트웨어에서 LED 상태를 읽을 수 있어?

게리: 바보 같기는, 당연히 불가능하지. 회로도를 봐!

제임스: (약간 약이 올랐다) 고마워, 게리. 이 사랑스런 친구야.

게리가 끔찍한 주말을 보냈나 보다. 어쨌거나 물어보길 잘 했다. 현재까지 구현한 드라이버는 실제 하드웨어에서는 동작하지 않을 것이다. 지금의 제품 코드에서는 LED 메모리 위치에서 읽기도 하기 때문이다. 하드웨어에서 값을 읽지 않았다는 것을 어떻게 확인할 수 있을까? 생각보다 쉽다. 새로 추가하는 테스트에서 virtualLeds를 0xFFFF로 먼저 설정하면 드라이버가 LED의 현재 상태를 하드웨어로부터 읽어오지 않는다는 것을 확인할 수 있다. 초기화 함수인 LedDriver_Create()에서 LED가 모두 Off 된다는 것을 기억하자.

unity/LedDriver/LedDriverTest.c

```
TEST(LedDriver, LedMemoryIsNotReadable)
{
    virtualLeds = 0xffff;
    LedDriver_TurnOn(8);
    TEST_ASSERT_EQUAL_HEX16(0x80, virtualLeds);
}
```

현재의 드라이버 구현에서는 virtualLeds에서 값을 읽기 때문에 테스트가 실패하고 아래와 같은 메시지가 출력된다.

```
« make
  compiling LedDriverTest.c
  Linking BookCode_Unity_tests
  Running BookCode_Unity_tests
  Unity test run 1 of 1
  .......
  TEST(LedDriver, TurnOnMultipleLeds)
      LedDriver/LedDriverTest.c:80: FAIL
      Expected 0x0080 Was 0xFFFF
  -----------------------
  7 Tests 1 Failures 0 Ignored
  FAIL
```

사실 나는 이 테스트 케이스를 새로 작성한 다음 테스트 러너에 추가하는 것을 잊어버렸다. (테스트를 TEST_GROUP_RUNNER()에 추가해야 한다는 것을 더 이상 언급하지 않겠다. 여러분이 아래 코드들을 따라가다 보면 아마도 한두 번쯤은 테스트를 추가하는 것을 잊어버릴 것이다. 예상과 다르게 테스트가 통과하는 것을 보면 잊어버린 사실을 알 수 있을 것이다.) 테스트를 통과시키기 위해, LED의 상태를 ledsImage라는 파일 범위 비공개 변수에 기록하자. LedDriver_Create()에서 이 변수를 초기화한다.

```
Download src/LedDriver/LedDriver.c
enum {ALL_LEDS_ON = ~0, ALL_LEDS_OFF = ~ALL_LEDS_ON};

static uint16_t * ledsAddress;
static uint16_t ledsImage;

void LedDriver_Create(uint16_t * address)
{
    ledsAddress = address;
    ledsImage = ALL_LEDS_OFF;
    *ledsAddress = ledsImage;
}
```

LedDriver_TurnOn(), LedDriver_TurnOff(), LedDriver_TurnAllOn() 함수에서 현재 LED 상태를 알기 위해 ledsImage 변수를 이용한다.

```
src/LedDriver/LedDriver.c
void LedDriver_TurnOn(int ledNumber)
{
    ledsImage |= convertLedNumberToBit(ledNumber);
    *ledsAddress = ledsImage;
}
void LedDriver_TurnOff(int ledNumber)
{
    ledsImage &= ~(convertLedNumberToBit(ledNumber));
    *ledsAddress = ledsImage;
}
void LedDriver_TurnAllOn(void)
{
    ledsImage = ALL_LEDS_ON;
    *ledsAddress = ledsImage;
}
```

다시 테스트들이 모두 통과한다.

```
» make
compiling LedDriver.c
Linking BookCode_Unity_tests
Running BookCode_Unity_tests
Unity test run 1 of 1
.......
-----------------------
7 Tests 0 Failures 0 Ignored
OK
```

코드 여러 곳에 중복된 *ledsAddress = ledsImage;를 추출하여 도움 함수로 만들고 향후 코드를 읽는 사람들이 코드를 쉽게 이해하도록 만들자.

Download src/LedDriver/LedDriver.c
```c
static void updateHardware(void)
{
    *ledsAddress = ledsImage;
}

void LedDriver_TurnAllOn(void)
{
    ledsImage = ALL_LEDS_ON;
    updateHardware();
}
```

LedDriver_TurnOn()과 LedDriver_TurnOff()에 대한 구현은 아주 완벽해 보인다. 딱 하나, 경계치 확인이 빠졌다. 경계치 확인이 필요한지 여부를 결정하자.

경계 조건 테스트

설계하기에 따라서는 경계를 벗어나지 않도록 보증하는 책임을 다른 곳에 둘 수 있다. 이런 경우에는 드라이버상에서 경계를 확인할 필요가 없다. 하지만 우리 경우에는 LedDriver가 애플리케이션 수준 코드로 사용되므로 경계 확인을 드라이버에서 해야 한다.

다음 테스트는 LED 번호의 정상값 범위를 상한값과 하한값으로 확인한다. 이 테스트는 상세 요구사항 역할을 한다. 게다가 정말 멋진 것은 이 문서가 실행 가능해서 요구사항이 만족되는지를 직접 확인해 준다는 점이다.

Download unity/LedDriver/LedDriverTest.c
```c
TEST(LedDriver, UpperAndLowerBounds)
{
    LedDriver_TurnOn(1);
```

```
    LedDriver_TurnOn(16);
    TEST_ASSERT_EQUAL_HEX16(0x8001, virtualLeds);
}
```

이 테스트가 문제없이 컴파일, 실행되는 것은 놀라울 것이 없다.

```
« make
compiling LedDriverTest.c
Linking BookCode_Unity_tests
Running BookCode_Unity_tests
Unity test run 1 of 1
........
-----------------------
8 Tests 0 Failures 0 Ignored
OK
```

LED 번호가 정상 범위를 벗어나면 어떻게 동작해야 할까? 드라이버가 인접한 메모리에 값을 덮어 써야 할까? 아니면 그냥 잘못된 인자를 무시해야 할까? 스택을 깨뜨릴까? 그것도 아니면 런타임 오류를 발생시켜야 할까? 이 중에서는 마지막 대안이 가장 적합해 보인다. 잘못된 LED 번호가 전달되었다면 여기에는 확실히 프로그래밍 오류가 있는 것이다.

런타임 오류를 어떻게 처리할지 다루기 전에 우선은 경계를 벗어나는 값이 어떤 피해도 끼치지 않는다는 것을 확인하자. 이것은 LED 드라이버의 히포크라테스 선서다.

> Download unity/LedDriver/LedDriverTest.c

```
TEST(LedDriver, OutOfBoundsChangesNothing)
{
    LedDriver_TurnOn(-1);
    LedDriver_TurnOn(0);
    LedDriver_TurnOn(17);
    LedDriver_TurnOn(3141);
    TEST_ASSERT_EQUAL_HEX16(0, virtualLeds);
}
```

테스트를 실행하면……

```
« make
compiling LedDriverTest.c
Linking BookCode_Unity_tests
Running BookCode_Unity_tests
Unity test run 1 of 1
........
TEST(LedDriver, OutOfBoundsChangesNothing)
    LedDriver/LedDriverTest.c:100: FAIL
    Expected 0x0000 Was 0x0010
```

```
------------------------
9 Tests 1 Failures 0 Ignored
FAIL
```

나는 이 테스트가 별 문제없이 통과하리라 생각했다. 하지만 실패했다. 비트를 변수의 허용 범위 바깥으로 시프트 시키면 0이 되어야 하지 않나? 만약 호기심이 생긴다면, 각 LedDriver_TurnOn() 호출 뒤에 TEST_ASSERT_EQUAL_HEX16(0, virtualLeds)를 넣어보라. 테스트 결과를 이해하기 위해서는 다음 페이지의 관련 글을 읽어보자.

경계 조건을 처리하지 않은 코드를 테스트하다 보면 테스트가 실행되다가 크래시가 발생하는 경우가 있다. 예를 들어, 스택 상의 배열에서 경계를 벗어나는 경우 스택이 깨질 수 있다. 지금 우리가 작성한 테스트 케이스에서는 경계를 벗어난 값이 이런 손상을 일으키지는 않고 단지 엉뚱한 결과가 나올 뿐이다.

테스트를 통과시키기 위해 LedDriver_TurnOn()와 LedDriver_TurnOff()에 아래와 같은 보호 절(guard clause)을 추가한다.

Download src/LedDriver/LedDriver.c

```c
void LedDriver_TurnOn(int ledNumber)
{
    if (ledNumber <= 0 || ledNumber > 16)
        return;

    ledsImage |= convertLedNumberToBit(ledNumber);
    updateHardware();
}
void LedDriver_TurnOff(int ledNumber)
{
    if (ledNumber <= 0 || ledNumber > 16)
        return;

    ledsImage &= ~(convertLedNumberToBit(ledNumber));
    updateHardware();
}
```

makefile을 실행하고 테스트가 통과하는지 보자.

```
« make
  compiling LedDriverTest.c
  Linking BookCode_Unity_tests
  Running BookCode_Unity_tests
  Unity test run 1 of 1
  .........
```

탐구 정신과 LedDriver_TurnOn(3141)

나는 왜 그런지 알고 싶었다. 실험 삼아 TEST_ASSERT_EQUAL_HEX16(0, virtualLeds)을 곳곳에 넣어보았다. 내 컴퓨터에서는 3141번 LED를 켜는 동작이 실제로 5번 LED와 연결된 비트를 설정한다. 5는 3141을 32로 나눈 나머지이다. 내가 추측하기로는 시프트 연산이 실제로 32비트 정수 비트를 기준으로 순환시키는 것으로 보인다. 따라서 다른 잘못된 값들은 아무런 영향을 미치지 않는다.

내 예상이 맞는지 확인하기 위해 33번 LED 33을 켜 보았다.

`Download unity/LedDriver/LedDriverTest.c`

```
TEST(LedDriver, OutOfBoundsChangesNothing)
{
    LedDriver_TurnOn(-1);
    TEST_ASSERT_EQUAL_HEX16(0, virtualLeds);
    LedDriver_TurnOn(0);
    TEST_ASSERT_EQUAL_HEX16(0, virtualLeds);
    LedDriver_TurnOn(17);
    TEST_ASSERT_EQUAL_HEX16(0, virtualLeds);
    LedDriver_TurnOn(33);
    TEST_ASSERT_EQUAL_HEX16(0, virtualLeds);
    LedDriver_TurnOn(3141);
    TEST_ASSERT_EQUAL_HEX16(0, virtualLeds);
}
```

32비트 기준으로 순환시킨다는 나의 가설이 옳다면 최하위 비트가 1이 되어야 한다. 내가 예상한 대로 결과가 나왔다.

```
« make
  compiling LedDriverTest.c
  Linking BookCode_Unity_tests
  Running BookCode_Unity_tests
  Unity test run 1 of 1
  .........
  TEST(LedDriver, OutOfBoundsChangesNothing)
      LedDriver/LedDriverTest.c:99: FAIL
      Expected 0x0000 Was 0x0001
  -----------------------
  9 Tests 1 Failures 0 Ignored
  FAIL
```

테스트는 여러분의 코드를 대상으로 실험을 해보려 할 때 매우 편리한 수단이 된다. 실험이 끝나면 테스트 곳곳에 잡다하게 넣은 확인문(check/assert)을 남겨놓지 마라.

```
------------------------
9 Tests 0 Failures 0 Ignored
OK
```

여기서 잠깐! 방금 우리는 테스트를 작성하기 전에 코드를 작성했다. (다음 쪽의 '이 코드에 대한 테스트가 있나요?'라는 글의 조언을 참고하면 테스트 없이 제품 코드를 작성하지 않는 데 도움이 될 것이다.) LedDriver_TurnOff()에 추가한 보호 절에 대한 테스트가 없다. LedDriver_TurnOn()에서 복사한 코드는 TEST(LedDriver, OutOfBoundsChangesNothing)에서 테스트되기는 하지만 새로 붙여넣은 곳에서는 테스트되지 않는다.

물론 여러분은 테스트된 코드를 복사했으니 완전히 안전하다고 느끼겠지만 조심해야 한다. 추후에는 두 개의 복사본이 서로 다르게 바뀌어 나갈 수도 있다. 테스트의 목적은 처음부터 올바른 코드를 얻기 위한 것이라기보다는 오랫동안 올바른 상태로 코드를 유지하기 위한 것이다. 따라서 붙여넣은 코드를 지우거나 주석 처리한 다음 LedDriver_TurnOff()에 대해 경계를 벗어나는 경우의 테스트를 추가한다. 먼저 실패하는 테스트를 보기 위해서다.

테스트의 이름을 TEST(LedDriver, OutOfBoundsChangesNothing)에서 TEST(LedDriver, OutOfBoundsTurnOnDoesNoHarm)으로 변경하자. 새 이름은 이 테스트가 경계를 벗어나는 경우에 대한 LedDriver_TurnOn()의 동작에 초점을 맞추고 있다. 복사/붙여넣기/편집 방법을 써서 금방 LedDriver_TurnOff()에 대한 테스트를 만들 수 있다.

Download unity/LedDriver/LedDriverTest.c

```
TEST(LedDriver, OutOfBoundsTurnOffDoesNoHarm)
{
    LedDriver_TurnOff(-1);
    LedDriver_TurnOff(0);
    LedDriver_TurnOff(17);
    LedDriver_TurnOff(3141);
    TEST_ASSERT_EQUAL_HEX16(0, virtualLeds);
}
```

테스트가 실패해야 하는데 통과했다!

```
« make
compiling LedDriverTest.c
Linking BookCode_Unity_tests
Running BookCode_Unity_tests
```

> **이 코드에 대한 테스트가 있나요?**
>
> 테스트 주도 개발은 익스트림 프로그래밍(Extreme Programming)에 뿌리를 두고 있다. 또 다른 XP 프랙티스인 짝 프로그래밍은 두 명의 개발자가 나란히 앉아서 TDD를 하는 것이다. 재미있고 생산적인 작업 방식이다. 짝 프로그래밍은 개발을 순조롭게 진행하면서도 높은 품질을 유지하고, 또 서로에게서 배움을 얻을 수 있는 유용한 기술이다. 짝 프로그래밍은 본질적으로 실시간 코드 리뷰이자 문제 해결 과정이다.
>
> 테스트를 만들기 전에 제품 코드를 작성하는 것은 흔히 하는 실수이다. 여러분이 TDD를 배우는 중에는 특히 더 그렇다. 그래서 켄트 벡은 이럴 경우에 대비한 기술을 가르쳐 줬다. 만약 파트너가 테스트를 만들기 전에 제품 코드를 작성하고 있으면 "이 코드에 대한 테스트가 있나요?"라고 물어보라는 것이다. 만약 여러분이 이 말을 듣게 되면 변명하지 말고 테스트를 작성해라. 혹은 빼먹은 테스트를 작성하도록 키보드를 파트너에게 넘겨라. 만약 여러분이 혼자 프로그래밍을 한다면, 수시로 여러분 자신에게 이 질문을 던져라.

```
Unity test run 1 of 1
..........
-----------------------
10 Tests 0 Failures 0 Ignored
OK
```

복사/붙여넣기는 대부분 문제를 일으킨다. 여기서도 그렇다. LED는 처음에 모두 꺼진 상태다. LedDriver_TurnOff()을 테스트하려면 LED를 모두 On 상태로 만들어 놓아야 한다. 아래와 같다.

Download unity/LedDriver/LedDriverTest.c

```
TEST(LedDriver, OutOfBoundsTurnOffDoesNoHarm)
{
    LedDriver_TurnAllOn();
    LedDriver_TurnOff(-1);
    LedDriver_TurnOff(0);
    LedDriver_TurnOff(17);
    LedDriver_TurnOff(3141);
    TEST_ASSERT_EQUAL_HEX16(0xffff, virtualLeds);
}
```

이제 실패를 확인하고 보호 절을 복사하여 붙여넣어도 된다.

이제 런타임 오류로 돌아가자. 아무런 알림이 없는 런타임 오류보다는 드라이버가 오류에 대해서 어떻게든 알림을 주도록 해야 한다. RUNTIME_ERROR() 매크로를 호출해 보자. RUNTIME_ERROR()는 파일과 해당 줄 번호뿐만 아니라 입력한 메시지에 대해 로그를 남긴다. 매크로 선언은 아래와 같다.

> Download include/util/RuntimeError.h

```
void RuntimeError(const char * message, int parameter,
                  const char * file, int line);

#define RUNTIME_ERROR(description, parameter)\
    RuntimeError(description, parameter, __FILE__, __LINE__ )
```

제품에서는 RuntimeError()가 이벤트 로그에 오류 메시지를 추가한다. 테스트 중에는 RuntimeError()를 스텁으로 만들어서 마지막으로 발생한 오류를 저장했다가 확인할 수 있게 한다. 스텁 헤더는 아래와 같다.

> Download mocks/RuntimeErrorStub.h

```
void RuntimeErrorStub_Reset(void);
const char * RuntimeErrorStub_GetLastError(void);
int RuntimeErrorStub_GetLastParameter(void);
```

스텁 구현은 아래와 같다.

> Download mocks/RuntimeErrorStub.c

```c
#include "RuntimeErrorStub.h"
static const char * message = "No Error";
static int parameter = -1;
static const char * file = 0;
static int line = -1;

void RuntimeErrorStub_Reset(void)
{
    message = "No Error";
    parameter = -1;
}
const char * RuntimeErrorStub_GetLastError(void)
{
    return message;
}
void RuntimeError(const char * m, int p, const char * f, int l)
{
    message = m;
    parameter = p;
    file = f;
    line = l;
}
int RuntimeErrorStub_GetLastParameter(void)
{
    return parameter;
}
```

보다시피 RuntimeError()의 스텁 버전은 오류 정보를 저장하기만 한다. 다른 세 함수는 스텁을 초기화하고 저장된 정보에 접근한다.

테스트 중에는 RuntimeError()의 스텁 버전이 링크된다. 이로써 테스트 케이스가 경계를 벗어나는 경우에 RuntimeError()가 호출되는지 여부를 확인할 수 있다. 다음 코드와 같다.

```
Download unity/LedDriver/LedDriverTest.c
TEST(LedDriver, OutOfBoundsProducesRuntimeError)
{
    LedDriver_TurnOn(-1);
    TEST_ASSERT_EQUAL_STRING("LED Driver: out-of-bounds LED",
        RuntimeErrorStub_GetLastError());
    TEST_ASSERT_EQUAL(-1, RuntimeErrorStub_GetLastParameter());
}
```

테스트가 실패하는 것을 보자.

```
« make
compiling LedDriverTest.c
Linking BookCode_Unity_tests
Running BookCode_Unity_tests
Unity test run 1 of 1
..........
TEST(LedDriver, OutOfBoundsProducesRuntimeError)
    unity/LedDriver/LedDriverTest.c:138: FAIL
    Expected 'LED Driver: out-of-bounds LED' Was 'No Error'
-----------------------
11 Tests 1 Failures 0 Ignored
FAIL
```

이제 RUNTIME_ERROR( ) 호출을 추가하자. 테스트가 통과한다.

```
« make
compiling LedDriver.c
Linking BookCode_Unity_tests
Running BookCode_Unity_tests
Unity test run 1 of 1
..........
-----------------------
11 Tests 0 Failures 0 Ignored
OK
```

실행 가능한 알리미

우리는 경계를 벗어난 LED 번호가 들어오면 런타임 오류를 발생시키기로 결정했다. 그런데 만약 우리가 어떻게 처리할지 아직 결정할 수 없다면 어떻게 할까? 테스트 목록에 새 항목을 추가하여 나중에 결정할 수도 있다. 아니면 '실행 가능한 알리미'를 추가하는 방법도 있다.

대부분의 단위 테스트 하니스는 특정 테스트를 무시하고 건너뛰는 방법을 제공한다. Unity와 CppUTest에서는 TEST()를 IGNORE_TEST()로 변경하면 된다. 무시된 테스트는 컴파일되지만 실행되지는 않는다. 여러분은 무시된 테스트들을 실행 가능한 알리미로 사용할 수 있다. 실행 가능한 알리미가 좋은 점은 잃어버릴 리가 없다는 것이다. 매번 테스트를 실행할 때마다 흔적을 보게 된다.

`Download unity/LedDriver/LedDriverTest.c`

```
IGNORE_TEST(LedDriver, OutOfBoundsToDo)
{
    /* TODO: 런타임 중에 어떻게 해야 하나? */
}
```

아래의 연속된 점들 가운데 느낌표(!)가 보이는가? 그리고 요약줄을 보면 무시된 테스트 개수가 1이다. 알리미가 눈에 잘 보이지 않을 수도 있겠지만 분명히 존재한다.

```
« make
compiling LedDriverTest.c
Linking BookCode_Unity_tests
Running BookCode_Unity_tests
Unity test run 1 of 1
..........!
-----------------------
12 Tests 0 Failures 1 Ignored
OK
```

어떤 테스트가 무시되었는지 보려면 -v 옵션을 주어 테스트를 실행한다. -v 옵션이 주어지면 무시된 테스트들을 포함하여 모든 테스트들이 실행되기 전에 화면에 표시된다.

```
« $ ./BookCode_Unity_tests -v
TEST(LedDriver, LedsOffAfterCreate) PASS
TEST(LedDriver, TurnOnLedOne) PASS
TEST(LedDriver, TurnOffLedOne) PASS
TEST(LedDriver, TurnOnMultipleLeds) PASS
TEST(LedDriver, TurnOffAnyLed) PASS
TEST(LedDriver, AllOn) PASS
TEST(LedDriver, LedMemoryIsNotReadable) PASS
TEST(LedDriver, UpperAndLowerBounds) PASS
TEST(LedDriver, OutOfBoundsTurnOnDoesNoHarm) PASS
TEST(LedDriver, OutOfBoundsTurnOffDoesNoHarm) PASS
```

```
TEST(LedDriver, OutOfBoundsProducesRuntimeError) PASS
IGNORE_TEST(LedDriver, OutOfBoundsToDo)
12 Tests 0 Failures 1 Ignored
OK
```

4.2 코드를 깔끔하게 유지하기 – 자주 리팩터링하기

여러 상황에서 우리는 일부 작은 문제들을 제거하기 위해 리팩터링을 했다. 리팩터링할 것이 있으면 리팩터링하라. 일찍 발견된 코드상의 문제가 더 크고 심각한 문제로 자라날 기회를 제거해야 한다. 여러분 중 일부가 지금도 싸우고 있을지 모를 레거시 코드의 심각한 문제들도 처음에는 작은 문제에서 출발한다. 하지만 먼저 기억해야 할 것이 있다. 테스트가 통과하는 경우에만 코드를 리팩터링하라. 그렇지 않으면 더 많은 문제를 야기하게 된다.

LedDriver_TurnOn()과 LedDriver_TurnOff()에는 중복 코드와 매직 넘버가 있다. 하드 코딩된 상수값을 복사/붙여넣기 하는 것은 원하는 동작의 코드를 얻는 데는 도움이 되지만 장기적으로는 중복과 매직 넘버라는 부채를 낳는다. 12장 「리팩터링」에서 이 주제에 대해 좀 더 깊게 논의하기로 하고, 지금은 중복 코드를 추출해서 도움 함수로 만들고 매직 넘버 대신 상수 정의를 도입하여 두 가지 냄새를 제거해 보자.

잘라내기 대신 복사하기

새로운 함수를 추출할 때, 중복 코드에 잘라내기(cut) 대신 복사하기(copy) 편집 명령을 이용해야 한다. 새로 만들 함수의 정의를 뼈대만 추가하고, 복사한 코드를 함수의 몸통에 붙여넣는다(paste). 새 함수에 인자나 반환 값이 필요하면 이를 추가한 다음 컴파일한다. 되돌리기(undo) 쉬운 방법을 사용하여 기존 코드 대신 새 함수가 호출되도록 한 다음 테스트가 통과하는지 본다. 만약 예전 코드를 코멘트 처리 했다면 이제 지우도록 한다.

테스트가 통과하면 중복 코드가 사용되고 있는 다른 곳들도 새로 만든 도움함수 호출로 치환한다.

추출한 함수를 호출하기 전에 먼저 컴파일 되도록 하는 이유는 우리가 실수를 할 경우에 잘 동작하는 코드로 되돌리기 쉽게 하기 위해서다. 우리는 새 다리가 제대로 놓이기 전에 오래된 다리, 즉 잘 동작하는 현재의 코드를 허물고 싶지 않다.

새 도움 함수가 적용되고 테스트가 모두 통과한 다음에는 매직 넘버를 기호 상수(symbolic constant)로 치환한다. 아래에 기호 상수와 추출한 함수가 있다.

Download src/LedDriver/LedDriver.c

```c
enum {FIRST_LED = 1, LAST_LED = 16};
static BOOL IsLedOutOfBounds(int ledNumber)
{
    return (ledNumber < FIRST_LED) || (ledNumber > LAST_LED);
}
```

드라이버를 사용하는 코드에서는 IsLedOutOfBounds()가 필요하지 않다. 따라서 .h 파일에는 선언을 추가하지 않는다. 그리고 static으로 선언하여 전역 네임스페이스에 노출되지 않게 한다.

리팩터링된 LedDriver_TurnOn()과 LedDriver_TurnOff()는 아래와 같다.

Download src/LedDriver/LedDriver.c

```c
void LedDriver_TurnOn(int ledNumber)
{
    if (IsLedOutOfBounds(ledNumber))
        return;

    ledsImage |= convertLedNumberToBit(ledNumber);
    updateHardware();
}
void LedDriver_TurnOff(int ledNumber)
{
    if (IsLedOutOfBounds(ledNumber))
        return;

    ledsImage &= ~(convertLedNumberToBit(ledNumber));
    updateHardware();
}
```

비트 조작 코드는 리팩터링된 함수들과 추상화 수준이 맞지 않다. 일관성을 유지하도록 도움 함수를 두 개 더 추출해 보자. 물론 한 번에 하나씩. 리팩터링한 결과는 아래와 같다.

Download src/LedDriver/LedDriver.c

```c
static void setLedImageBit(int ledNumber)
{
    ledsImage |= convertLedNumberToBit(ledNumber);
}
void LedDriver_TurnOn(int ledNumber)
{
```

```
    if (IsLedOutOfBounds(ledNumber))
        return;

    setLedImageBit(ledNumber);
    updateHardware();
}

static void clearLedImageBit(int ledNumber)
{
    ledsImage &= ~convertLedNumberToBit(ledNumber);
}
void LedDriver_TurnOff(int ledNumber)
{
    if (IsLedOutOfBounds(ledNumber))
        return;

    clearLedImageBit(ledNumber);
    updateHardware();
}
```

중복이 더 제거되었다. 왜 내가 이렇게까지 중복 제거를 강조할까? 중복 코드는 소프트웨어에서 큰 골칫거리다. 소프트웨어 개발의 대가들이 중복 코드에 대해서 어떻게 이야기하는지 알고 싶다면 "**DRY(Don't Repeat Yourself) - 반복하지 마라 (82쪽)**"를 읽어보기 바란다.

한 번에 하나씩 문제 해결하기

작은 단계를 밟아가는 것은 여러분이 한 번에 하나씩 문제를 해결하는 데 집중하도록 도와준다. 사람은 한 번에 하나의 문제만 해결할 때 일을 더 잘 한다.

예를 들어, 추출한 코드를 호출하기 전에 먼저 컴파일 해 보면서 "추출한 함수는 어떤 모양일까?"와 같은 설계 문제를 해결한다. 문법 오류가 없는 적절한 API를 만드는 것은 동작을 올바르게 만드는 것과는 다른 문제다.

또한 IsLedOutOfBounds()를 호출하는 코드를 한 번에 하나씩만 변경하면 사소한 실수를 더 빨리 찾을 수 있다. 코드가 적게 바뀔수록 문제가 쉽게 눈에 띈다.

리팩터링 결과로 이전에 동작하던 테스트가 실패하면 디버깅을 하지 말라고 강조하고 싶다. 되돌리기(undo) 한 다음 여러분이 작업한 내용을 꼼꼼하게 살펴보아라. 문제가 정말 명확하다면 바로 고쳐보는 것도 좋지만, 다시 녹색 상태로 돌아가려면 되돌리기를 얼마나 해야 하는지 의식하고 있어야 한다. 만약 한두 군데 고쳐봐서 테스트가 통과하지 않는다면 여러분은 스스로의 구멍을 파고 있는 꼴이다. 파는 것을 멈춰라.

4.3 완료될 때까지 반복하기

드라이버의 핵심 기능이 갖춰졌다. 켜기/끄기 기능이 제대로 동작한다. 이제 여러분은 뼈대에 살을 다 붙일 때까지 테스트와 제품 코드를 계속 추가할 수 있다. '그림 4.1 LedDriver 테스트 목록 - 발전한 모습'에서 업데이트된 테스트 목록을 보자.

그림 4.1 LedDriver 테스트 목록 – 진화된 모습

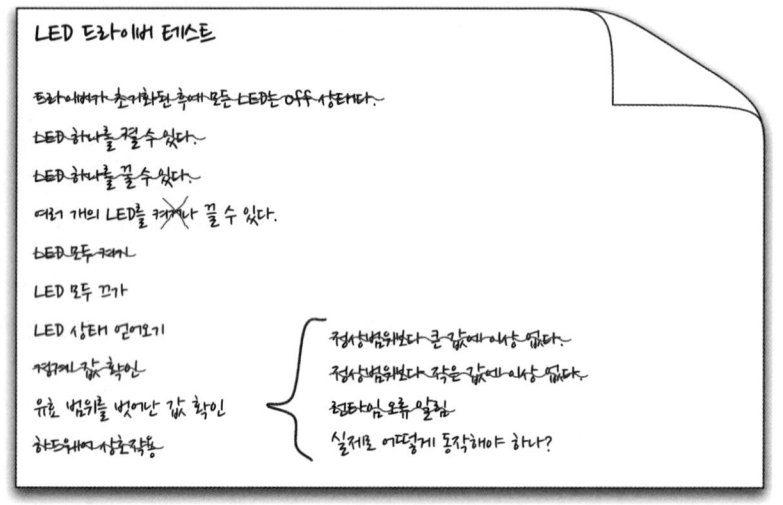

완료된 테스트에 가로줄을 그어서 지웠고, 처음에 예상하지 못했던 테스트들을 추가시켰다. 하지만 TDD로 얻게 된 것만큼은 상세하지 못하다. 테스트 목록은 진화해 나간다. 당연히 그렇게 되어야 하고 문제가 되지 않는다. 깊이 파고들수록 더 많은 것을 배우고 이해도가 향상되면서 새로운 테스트 아이디어들이 생각난다.

이제 LED 상태를 가져오는 기능을 추가하자. 하드웨어는 LED의 상태를 읽을 수 없게 설계되었다는 점을 상기하자. 이 기능은 드라이버에서 구현된다.

```
Download unity/LedDriver/LedDriverTest.c
TEST(LedDriver, IsOn)
{
    TEST_ASSERT_FALSE(LedDriver_IsOn(11));
    LedDriver_TurnOn(11);
    TEST_ASSERT_TRUE(LedDriver_IsOn(11));
}
```

이 테스트에서 LED는 처음에 모두 Off상태이다. 하나를 켜고 나서 On 상태인지를 확인한다. 컴파일하면 오류가 나온다. 헤더 파일에 아래 프로토타입을 추가하여 컴파일 오류를 고친다.

`Download include/LedDriver/LedDriver.h`

```
BOOL LedDriver_IsOn(int ledNumber);
```

아래의 하드 코딩된 구현을 추가하여 링크 오류를 고치자. 이렇게 하면 테스트가 실패할 것이다.

`Download src/LedDriver/LedDriver.c`

```
BOOL LedDriver_IsOn(int ledNumber)
{
    return FALSE;
}
```

이제 테스트가 통과하도록 반환 코드를 작성하자.

`Download src/LedDriver/LedDriver.c`

```
BOOL LedDriver_IsOn(int ledNumber)
{
    return ledsImage & (convertLedNumberToBit(ledNumber));
}
```

```
« make
  compiling LedDriver.c
  Linking BookCode_Unity_tests
  Running BookCode_Unity_tests
  Unity test run 1 of 1
  ...........!.
  -----------------------
  13 Tests 0 Failures 1 Ignored
  OK
```

왜 TEST(LedDriver, IsOn)에서 더 많은 LED를 테스트하지 않는지 궁금할지도 모르겠다. 테스트에 무엇을 넣을지는 여러분의 주관적인 판단으로 결정된다. 테스트를 실패하게 만들 만한 것이 생각나면 그것을 테스트에 추가하면 된다. 테스트를 더 많이 해도 실패하지 않는다면 완료한 것이다.

우리 테스트는 블랙박스 테스트 측면이 있다. 외부 인터페이스를 이용하여 테스트하기 때문이다. 화이트박스 테스트 측면도 있다. 여러분이 구현을 알고서 테스트하기 때문이다. TDD의 단위 테스트는 대부분 그레이박스(gray-box) 테스트에 가깝

> ### DRY(Don't Repeat Yourself) - 반복하지 마라
>
> 중복된 경계 확인 코드는 DRY 원칙에 어긋난다. DRY 원칙은 데이브 토마스(Dave Thomas)와 앤디 헌트(Andy Hunt)의 『실용주의 프로그래머』[HT00]에 나오며, 다음과 같이 설명되어 있다.
>
> "어떤 지식 조각이라도 하나의 시스템 안에서는 모호하지 않고, 권위 있고, 단 하나로 표현되어야 한다." — 『실용주의 프로그래머』[HT00]에서
>
> 중복 코드가 있는 경우 동일한 개념이 여러 군데 표현된다. 무슨 대수냐고? 아래 몇 가지 사항을 생각해 보자.
>
> 첫째, 동일한 개념의 코드가 여러 군데 있으면 유지보수 부담이 커진다. 우리 예제에서는 LED 상태를 가져오는 함수까지 구현했을 때 경계값 확인이 모두 네 군데 나타날 것이다. 아마 다른 곳에도 더 필요할지 모른다. 이런 중복의 형태는 유지보수 문제를 일으키기 쉽다. 요구사항이나 구현을 바꾸려면 해당 부분을 모두 찾아서 수정해야 한다. 하나라도 빼 먹으면 버그가 생긴다. 이 경우에는 큰 문제가 안 될 수도 있겠지만 조심성 있게 모든 중복을 제거하여 동작의 일관성이 깨질 가능성을 사전에 예방하는 것이 최선이다.
>
> 둘째, 중복을 그대로 두면 코드가 더 지엽적이게 되고 추상화 수준이 떨어진다. 결과적으로 개발자는 추가적인 부담을 안게 된다. 중복을 잘 이름 붙여진 함수로 추출하지 않으면 코드를 읽는 사람은 해당 코드를 해석하고 분석하는 작업을 한 곳에서만 하는 것이 아니라 중복이 나타나는 부분마다 해야 한다.
>
> 셋째, 중복을 제거하면 전체적인 코드 메모리 사용량이 줄어들 수 있다. 이득은 경우마다 다를 수 있다.
>
> 단점으로, 코드를 함수로 추출하면 실행 속도가 느려질 수 있다. 실행 속도가 절대로 중요하지 않다는 것은 아니지만, 추출한 코드가 특정 성능 문제에 영향을 미친다는 증거가 없다면 성능보다는 설계 개선이나 가독성에 더 무게를 두자. 이 주제에 대해서는 '12.5 성능과 크기 문제'에서 더 이야기하도록 하자.

다. 테스트를 얼마나 완벽하게 할 것인가라는 부분에 회색 영역이 존재한다. 나는 구현을 알고 있기 때문에, 이 정도의 테스트로도 아주 좋다고 생각한다.

　LED 제어 함수들처럼 LedDriver_IsOn()에서도 유효하지 않은 LED 번호가 들어오는 경우를 처리해야 한다. 결정해야 할 사항이 있다. 유효하지 않은 LED는 On 상태로 보아야 하나, Off 상태로 보아야 하나? 아니면 On도 Off도 아니어야 하나? 나는 On도 Off도 아닌 방법은 마음에 들지 않는다. 드라이버를 사용하는 입장에서 이런 불확실한 상태를 원할지 모르겠다. 좋다, 이렇게 정하자. 적어도 지금은, 범위를 벗어난 LED를 Off 상태로 보자. 아래에 테스트가 있다.

Download unity/LedDriver/LedDriverTest.c

```c
TEST(LedDriver, OutOfBoundsLedsAreAlwaysOff)
{
    TEST_ASSERT_FALSE(LedDriver_IsOn(0));
    TEST_ASSERT_FALSE(LedDriver_IsOn(17));
}
```

```
« make
  compiling LedDriver.c
  Linking BookCode_Unity_tests
  Running BookCode_Unity_tests
  Unity test run 1 of 1
  ...........!..
  ----------------------
  14 Tests 0 Failures 1 Ignored
  OK
```

아주 흥미롭게도 보호 절이 없는데 이 테스트가 통과한다. 테스트를 테스트 러너에 추가하지 않아서도 아니다. 나는 장치에 따라 결과가 다르지 않을까 의심된다. 테스트 케이스가 정말 잘못된 동작을 검출할 수 있는지 확신하기 위해 하드 코딩으로 TRUE를 반환해 보자.

Download src/LedDriver/LedDriver.c

```c
BOOL LedDriver_IsOn(int ledNumber)
{
    return TRUE;
    /* return 0 != (ledsImage & convertLedNumberToBit(ledNumber)); */
}
```

여러분은 아래와 같은 결과를 보게 된다.

```
« make
  compiling LedDriver.c
  Linking BookCode_Unity_tests
  Running BookCode_Unity_tests
  Unity test run 1 of 1
  ...........!.
  TEST(LedDriver, IsOn)
      LedDriver/LedDriverTest.c:193: FAIL
          Expected FALSE Was TRUE
  .
  TEST(LedDriver, OutOfBoundsLedsAreAlwaysOff)
      LedDriver/LedDriverTest.c:211: FAIL
          Expected TRUE Was FALSE
  ----------------------
  14 Tests 2 Failures 1 Ignored
  OK
```

이제 테스트가 실패하므로 필요한 제품 코드를 추가하자.

`Download src/LedDriver/LedDriver.c`

```c
BOOL LedDriver_IsOn(int ledNumber)
{
    if (IsLedOutOfBounds(ledNumber))
        return FALSE;

    return ledsImage & (convertLedNumberToBit(ledNumber));
}
```

빌드가 잘 되고 테스트가 모두 통과한다.

LedDriver_IsOff()를 구현해서 질의 함수의 짝을 맞추자. .h 파일을 따로 보여주지는 않겠다. 중복을 최소화하기 위해서 LedDriver_IsOn() 결과 값을 부정하여 LedDriver_IsOff()를 구현한다.

`Download src/LedDriver/LedDriver.c`

```c
BOOL LedDriver_IsOff(int ledNumber)
{
    return !LedDriver_IsOn(ledNumber);
}
```

"이 코드에 테스트가 있나요?"라고 말했는가? 여러분은 참 빨리 배운다. 나는 또 다시 잘라내기/붙이기에 흥분한 나머지 LedDriver_IsOff()에서의 경계값 테스트를 깜빡했다. 테스트를 작성하여 경계를 벗어나는 경우를 확인해야겠다. 좋은 지적이다. 이번에는 어떤 영향도 없다.

`Download unity/LedDriver/LedDriverTest.c`

```c
TEST(LedDriver, IsOff)
{
    TEST_ASSERT_TRUE(LedDriver_IsOff(12));
    LedDriver_TurnOn(12);
    TEST_ASSERT_FALSE(LedDriver_IsOff(12));
}
```

테스트를 실행하기 전에 LedDriver_IsOff()에 오류를 넣자.

`Download src/LedDriver/LedDriver.c`

```c
BOOL LedDriver_IsOff(int ledNumber)
{
    return FALSE; /* !LedDriver_IsOn(ledNumber); */
}
```

오류를 보여주면서 새 테스트가 실패한다.

```
» make
 compiling LedDriver.c
 compiling LedDriverTest.c
 Linking BookCode_Unity_tests
 Running BookCode_Unity_tests
 Unity test run 1 of 1
 ............!...
 TEST(LedDriver, IsOff)
     LedDriver/LedDriverTest.c:202: FAIL
     Expected TRUE Was FALSE
 -----------------------
 15 Tests 1 Failures 1 Ignored
 FAIL
```

LedDriver_IsOff()를 마무리 짓기 위해 경계를 벗어난 LED 번호들은 항상 Off 상태라는 것만 확실히 해두면 된다.

Download unity/LedDriver/LedDriverTest.c

```
TEST(LedDriver, OutOfBoundsLedsAreAlwaysOff)
{
    TEST_ASSERT_TRUE(LedDriver_IsOff(0));
    TEST_ASSERT_TRUE(LedDriver_IsOff(17));
    TEST_ASSERT_FALSE(LedDriver_IsOn(0));
    TEST_ASSERT_FALSE(LedDriver_IsOn(17));
}
```

당연히 잘 동작한다. 앞의 테스트는 추가할 필요가 없다는 주장이 있을 수도 있다. 아무런 코드를 추가하지 않고도 이 테스트가 통과하기 때문이다. 하지만 나는 완결성과 문서화의 목적으로 이런 테스트를 추가한다.

```
» make
 compiling LedDriver.c
 compiling LedDriverTest.c
 Linking BookCode_Unity_tests
 Running BookCode_Unity_tests
 Unity test run 1 of 1
 ............!....
 -----------------------
 16 Tests 0 Failures 1 Ignored
 OK
```

테스트 목록에 두 개가 남았다. 여러 LED를 끄는 것과 LED를 모두 끄는 것이다. 여러 LED를 끄는 것은 아래와 같다.

```
Download unity/LedDriver/LedDriverTest.c
```
```c
TEST(LedDriver, TurnOffMultipleLeds)
{
    LedDriver_TurnAllOn();
    LedDriver_TurnOff(9);
    LedDriver_TurnOff(8);
    TEST_ASSERT_EQUAL_HEX16((~0x180)&0xffff, virtualLeds);
}
```

이미 일반적인 경우를 고려한 LedDriver_TurnOff()가 있으므로 이 테스트는 통과할 것으로 예상된다. 그러나 테스트가 잘 추가되었는지 확인하기 위해 오류를 집어넣는다.

테스트 파일을 살펴보면 TurnOnMultipleLeds 테스트 아래에 TurnOffMultipleLeds 테스트가 추가되어 있을 것이다. 나는 비슷한 테스트들끼리 모아 둔다. 이번 경우처럼 연관성이 있는 경우가 아니라면 보통은 개발하는 순서대로 테스트를 유지한다. 나는 두 테스트를 유사한 구조로 만들어서 조금이나마 더 쉽게 해석할 수 있게 하였다.

테스트 목록의 마지막 테스트는 아래와 같다.

```
Download unity/LedDriver/LedDriverTest.c
```
```c
TEST(LedDriver, AllOff)
{
    LedDriver_TurnAllOn();
    LedDriver_TurnAllOff();
    TEST_ASSERT_EQUAL_HEX16(0, virtualLeds);
}
```

같은 훈련을 다시 반복하자. 새로운 테스트가 실패하는 것을 확인하고, 구현을 완성한다.

```
Download src/LedDriver/LedDriver.c
```
```c
void LedDriver_TurnAllOff(void)
{
    ledsImage = ALL_LEDS_OFF;
    updateHardware();
}
```

```
« make
  compiling LedDriver.c
  Linking BookCode_Unity_tests
  Running BookCode_Unity_tests
```

```
Unity test run 1 of 1
............!....
----------------------
18 Tests 0 Failures 1 Ignored
OK
```

이제 모두 끝난 것인가? 완료했다는 생각이 들 때가 한 걸음 물러서서 볼 때이다.

4.4 완료 선언 전에 한 걸음 물러서기

여러분이 '완료'를 선언하기 전에, 결과물을 잘 살펴보고 정리가 필요한지를 알아보자. 짧게 검토해 보니 제품 코드가 깔끔해 보인다. 함수들은 짧고 초점이 잘 맞다. 이름이 읽기 쉽고 매직 넘버가 제거되었다.

경계값을 테스트하느라 LedDriverTest.cpp파일에는 매직 넘버가 있다. 이들도 제거할 수는 있지만 지금은 그냥 남겨둘 것이다. 지금 그대로 두는 것이 테스트를 좀 더 읽기 쉽게 만든다고 생각한다. 이것도 주관적인 판단이다.

설계가 진화하면서 우리의 테스트 전략도 진화했다. 이것도 되짚어 볼 필요가 있을 것 같다. 초기 테스트는 virtualLeds의 값에 의존했다. 나중의 테스트는 상태 질의 함수에 의존했다. 기존 테스트들을 리팩터링하여 더 많은 테스트들이 드라이버에 추가된 질의 함수에 의존하도록 만들 수도 있다. 물론 그렇다 하더라도 올바른 비트 패턴이 하드웨어로 전달되는지를 검증하는 테스트 케이스가 몇 개는 필요할 것이다.

리팩터링을 얼마나 많이 해야 하는가는 주관적 판단의 문제다. 이 판단은 코드에서 냄새가 나는지, 혹은 코드의 더 나은 형태가 그려지는지에 근거해야 한다. 우리는 리팩터링 주제를 12장 「리팩터링」에서 다룰 것이다.

4.5 지금까지 우리는

여러분의 첫 번째 TDD 세션이 끝났다. TDD를 상세하게 살펴보았다. 여러분은 무엇이 TDD이고, 무엇이 TDD가 아닌지에 대해 잘 알게 되었을 것이다.

추가한 테스트까지 모두 포함하면(나는 테스트를 추가하면서 목록에 추가하지는 않는다. 대신 나중에 테스트하기로 할 때는 그것을 목록에 추가해 둔다.) 테스트 목록이 '그림 4.2 LedDriver 테스트 목록 - 최종'과 같을 것이다. 우리가 처음 예상했던 테스트 목록이 꽤 많이 진화한 것을 알 수 있다. 이것은 자연스러운 것이고, 또 여러분이 점차 세부 사항들을 다루다 보면 발전해 나가는 것이 당연하다. 테스트 목록에 테스트를 추가하면서 점점 노력 대비 이득이 줄어들기 시작할 때 테스트 목록 작성을 그만두고 테스트를 구현하는 단계로 넘어 갔다.

그림 4.2 LedDriver 테스트 목록 - 최종

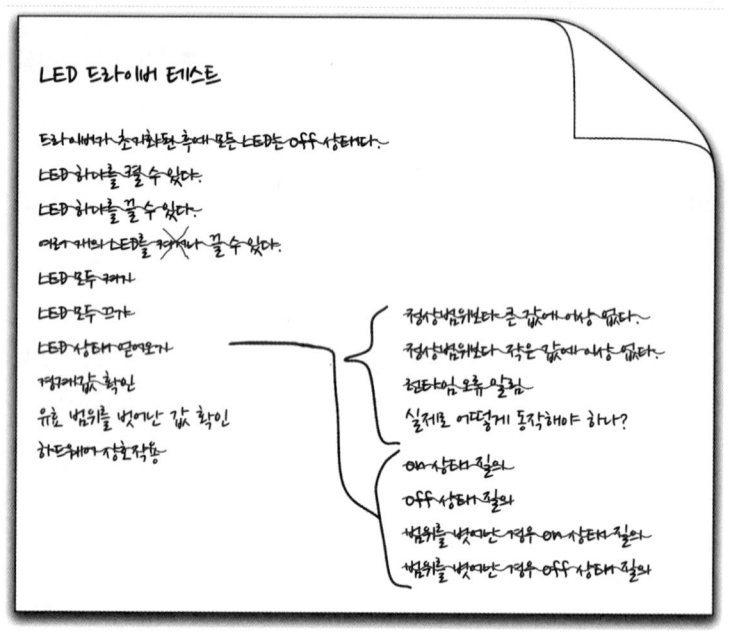

여러분은 이 책의 코드를 다운로드 하는 페이지에서 LedDriver와 테스트의 전체 소스 코드를 얻을 수 있다. 테스트 코드에는 CppUTest와 Unity 버전이 모두 있다. 테스트 케이스와 테스트 픽스처에서 Unity와 CppUTest가 어떻게 다른지 잠깐 동안 살펴봐라. 둘은 매우 유사하다.

나는 다음 코드 예제부터 CppUTest를 사용하겠다. '6.9 C를 테스트하는데 왜 C++ 테스트 하니스가 필요한가?'에서 나를 비롯하여 다른 사람들이 왜 임베디드 C 환경에서 TDD를 할 때 C++ 테스트 하니스를 더 선호하는지 설명하겠다. 물론 여러분이 하는 일에 딱 맞는 테스트 하니스를 선택하는 것은 여러분에게 달려있다.

TDD에 대해서, 혹은 TDD가 임베디드 개발 환경에 얼마나 효과적으로 사용될 수 있는지에 대해 물어보고 싶은 것들이 있으리라 예상된다. 5장, 6장에서 TDD 소개가 끝났을 때 공통적으로 나오는 질문들에 답하겠다. 여러분 자신의 경험을 통해 답을 얻어야 하는 질문들도 있을 것이다. 질문들에 답한 다음 우리는 다시 TDD와 코드로 더 깊이 들어가 볼 것이다.

처음에 TDD는 낯설다. 코드를 작성하기 전에 테스트가 있어야 한다는 규칙을 내세운다. 여러분의 경험이 늘어날수록 TDD로부터 얻게 되는 피드백 그 자체가 보상이 된다. 나중에는 테스트 자체와 테스트가 제공하는 빠른 피드백에 중독된 자신을 발견하게 될 것이다. 아마 테스트 결과를 기다리는 파블로프의 프로그래머가 될지도 모른다. 테스트 없이는 마음이 편하지 않을 것이다.

배운 것 적용하기

1. 여러분 스스로 LED 드라이버 예제를 처음부터 끝까지 진행해 봐라. 앞 장의 연습문제가 어디서부터 시작하면 되는지를 보여준다.
2. 앞 장의 마지막에 시작했던 CircularBuffer를 마무리하라.
3. 하드웨어 엔지니어가 LED에 인버티드 로직(inverted logic)을 사용하여 보드당 0.12달러를 절약할 수 있었다고 알려줬다. 인버티드 로직을 사용하도록 LedDriver와 테스트를 수정하자.
대부분의 테스트에서 인버티드 로직을 신경 쓰지 않으려면 테스트와 설계를 어떻게 개선해야 할까?
4. 우리 회사는 막 인버티드 LED 로직의 보드를 완성했다. 하지만 아직 이전 버전을 사용하는 고객도 있다. LedDriver와 테스트가 2가지 하드웨어 버전을 모두 지원하려면 어떻게 수정해야 할까? 조건부 컴파일은 정답이 아니다. 우리는 단일 바이너리를 원한다.
5. 양산 보드의 인쇄가 잘못되었다! 1번 LED가 16으로, 2번이 15로, … 이렇게 반대로 인쇄되었다. 실제 하드웨어와 동작하려면 테스트와 코드를 어떻게 수정해야 할까?

5장

TDD for Embedded C

임베디드 TDD 전략

문제와 거리가 멀어질수록 이상주의가 늘어난다.

– 존 골즈워디(John Galsworthy)

이전 장에서 하드웨어 의존 코드인 LED 드라이버를 TDD를 이용해서 개발하고 타 깃이 아닌 호스트 개발 시스템에서 테스트하는 방법을 보았다. 테스트들이 타깃 하 드웨어에서 실행되지 않는데도 과연 유효할지 궁금할 것이다. 이런 테스트들은 나름 가치가 있지만, 장점과 더불어 위험도 있기에 여러 가지를 충분히 고려해야만 한다.

타깃 하드웨어를 벗어나서 테스트를 하면 일부러 발생시키기 어려운 오류를 주 입시키기도 한결 쉬워진다. 일부러 오류 상황을 주입시킬 수 없다면, 많은 코드가 테스트되지 않은 상태로 진행되다가 결국은 예상되는 하드웨어 오류가 발생했는 데 알고 보니 이를 처리하기 위해 작성해 둔 코드가 사실은 잘못되었다는 것을 발 견하게 될지도 모른다.

이번 장에서 일반적인 임베디드 소프트웨어 개발에서 진행을 방해하는 것들과 시 간을 낭비시키는 것에 대해 알아보자. 그리고 타깃 하드웨어 병목을 제거하기 위해 TDD를 어떻게 적용해야 하는지 알아보자.[1]

---

[1] 이 장은 이미 발간된 「Agile Times」[Gre04], 「Embedded Systems Conference」[Gre07a], 「IEEE」[Gre07b]을 기 초로 한다.

5.1 타깃 하드웨어 병목

많은 임베디드 프로젝트에서 하드웨어/소프트웨어가 동시에 개발되는 것이 현실이다. 만약 소프트웨어가 타깃에서만 실행되면 여러분은 아래의 시간 낭비들을 불필요하게 겪게 될 가능성이 크다.

- 프로젝트 후반이 되어서야 타깃 하드웨어가 준비가 되어 소프트웨어 테스트를 지연시킨다.
- 타깃 하드웨어는 비용이 많이 들고 수량이 부족하다. 이로 인해 개발자들이 기다리게 되고 그 동안 검증되지 않은 작업이 쌓이게 된다.
- 타깃 하드웨어가 마침내 이용할 수 있는 시점이 되어도 하드웨어에 버그가 있을 수 있다. 물론 테스트를 미뤄왔던 소프트웨어에도 버그가 있을 것이다. 둘을 붙여놓으면 디버깅이 어렵고, 일정이 지연되고, 서로를 손가락질 하는 일도 많아질 것이다.
- 긴 타깃 빌드 시간은 수정/컴파일/로드/테스트 사이클 동안 귀중한 시간을 낭비하게 한다.
- 긴 타깃 업로드 시간은 수정/컴파일/로드/테스트 사이클 동안 귀중한 시간을 낭비하게 한다.
- 긴 타깃 업로드 시간은 한 번의 빌드에 너무 많은 수정 내용을 포함시키게 만든다. 이렇게 되면 문제가 더 많이 생기고, 결국 디버깅이 많아지게 된다.
- 타깃 하드웨어 컴파일러는 대개 일반 컴파일러보다 가격이 상당히 비싸다. 개발팀이 사용 가능한 라이선스 수가 제한되어 있을 수도 있다. 결국 비용과 시간이 추가된다.

모든 개발에서 위의 모든 문제점을 겪게 되는 건 아니다. 하지만 모든 임베디드 개발에서 위의 문제들 중 일부 문제를 겪게 되고 이 문제들은 소프트웨어 개발 진행을 방해한다. 밥 마틴(Bob Martin)의 가장 기본 지침은 '우리는 방해 받지 않는다'[2] 이다. 타깃 하드웨어가 부족해서 일 진행을 방해 받지 않도록 하라. 긴 툴-체인(tool chain)의 작업이 끝날 때까지 기다리지 마라. 긴 업로드 시간을 기다리지 마라. 코드를 테스트하기 위해 줄 서 기다리지 마라.

---

[2] http://butunclebob.com/ArticleS.UncleBob.ThePrimeDirectiveOfAgileDevelopment

임베디드 개발자들은 전통적으로 타깃 하드웨어 병목의 원인 중 하나를 제거하기 위해 평가보드(evaluation board)를 사용한다.[3] 평가보드는 타깃이 나오기 전 혹은 타깃 하드웨어가 너무 비싸서 모두가 가질 수 없는 경우에 실행 환경을 제공한다. 평가보드는 임베디드 개발자들이 지연되거나 결함투성이인 프로젝트로부터 자신을 보호할 수 있는 매우 유용한 무기이다. 하지만 이것도 정말 충분하지는 않다. 평가보드는 빌드와 업로드 시간이 길다. 다만 잘 동작하고 상대적으로 싼 플랫폼을 제공한다. 개발 초기에 개발자마다 하나씩 가질 수도 있다.

개발 시스템에서의 개발과 '듀얼 타기팅(dual-targeting)'은 타깃 하드웨어 병목에 대처하기 위한 효과적인 방법이 될 수 있다.

5.2 듀얼 타기팅의 장점

듀얼 타기팅은 코드를 작성하기 시작하는 날부터 적어도 2개의 플랫폼(최종 타깃 하드웨어와 개발 시스템)에서 동작하도록 설계하는 것을 말한다. LED 드라이버 예제의 코드는 궁극적으로 임베디드 타깃에서 실행되는 것을 목표로 한다. 하지만 먼저 개발 시스템에서 작성하고 테스트한다. 난해하거나 학문적인 목적 때문이 아니다. 단지 개발을 일정한 속도로 진행해 나가기 위한 실용적인 기술이다. 검증되지 않은 작업 내용을 쌓아나갈 때 발생하는 낭비와 위험을 피하는 것이다. 다음 이야기에서 낸시와 론이 그들의 프로젝트에서 듀얼 타기팅을 어떻게 성공적으로 적용했는지 설명한다.

발췌: 임베디드 호랑이 길들이기(Taming the Embedded Tiger)[SM04]
— 낸시 반 스훈데르부르트(Nancy Van Schooenderwoert), 론 모르시카토(Ron Morsicato)

새로 작성한 소프트웨어를 여러분의 임베디드 플랫폼에서 실행시키려 하면 여러분은 여러 가지 변수를 동시에 다뤄야 한다. CPU회로, 커넥터, 케이블 연결과 같은 보드상의 어떠한 문제도 마치 소프트웨어 버그처럼 보일 수 있어서 여러분은 많은 시간을 낭비하게 될 것이다. 지금까지 완벽하게 동작했던 하드웨어도 금방 버그투성이처럼 동작할 수 있다. 이러한 간헐적인 하드웨어 버그는 처리하기가 무척 어렵다. 우리는 하드웨어와 소프트웨어를 동시에 디버깅하는 것을 피하기 위해 테스트 하고자 하는 소프트웨어를 완전히 격리시키기 위한 실용적인 방법이 필요했다.

---

3 평가보드는 타깃 시스템과 동일한 프로세서 구성과 원칙적으로 동일 I/O를 가지는 개발용 회로 보드를 말한다.

> 우리 애플리케이션은 타깃 CPU 뿐만 아니라 데스크톱 PC에서도 실행되었다. 이미 잘 동작하는 하드웨어가 나온 이후에도 이런 상태를 개발기간 내내 유지했다. 개발 초기 단계에는 하드웨어의 많은 컴포넌트들이 여전히 개발 진행 중이기 때문에 우리는 여러 변수를 한 번에 해결해야만 하는 위험을 떠안을 수는 없었다. 하드웨어와 직접 상호작용해야 하는 것은 애플리케이션의 극히 일부분이었다.
> 이러한 테스트 기법을 적용하기 위해서는 팀원 모두가 순수 코드(pure code)와 하드웨어 특화 코드(hardware-specific code) 사이의 경계를 명확히 이해해야 했다. 그것만으로도 소프트웨어 설계와 모듈화에 효과적이었다. 듀얼 타기팅 전략을 계속 유지함으로써 마침내 자동화가 가능한 환경을 유지할 수 있게 되었다.

듀얼 타기팅은 여러 가지 문제를 해결한다. 하드웨어가 준비되기 전에 코드를 테스트할 수 있고, 개발 사이클 전반에서 하드웨어 병목을 피할 수 있다. 하드웨어와 소프트웨어를 동시에 디버깅하면서 생기는 다툼을 피할 수도 있다. 이것은 당신이 빠른 움직임을 유지할 수 있게 해주는 기법이다.

TDD와 마찬가지로 듀얼 타기팅은 설계에 영향을 준다는 또 다른 장점이 있다. 소프트웨어와 하드웨어 사이 경계부분에 유의하면 모듈화가 더 잘 된 설계, 즉 하드웨어에 독립된 설계를 얻을 수 있다. 만약 여러분이 단 하나뿐인 제품을 만들고 있는 것이 아니라면, 하드웨어에 독립적인 것은 미래에 플랫폼을 옮기는 것에 드는 부담을 덜어준다. 하드웨어는 변경될 것이다. 이것은 당연하다. 그때가 오면 여러분은 이미 여러 타깃 플랫폼에서 실행되는 코드와 자동화된 단위 테스트를 가지고 있기 때문에 만반의 준비가 된 상태일 것이다.

듀얼 타깃의 또 다른 이점들

테스트에 있어 듀얼 타기팅의 또 다른 이점은 코드를 향후 다른 하드웨어 플랫폼에 이식하기가 더 쉬워진다는 것이다. 여러분 중에 여러 플랫폼으로 포팅된 10-15년 된 코드로 일하는 사람이 얼마나 있을까? 임베디드에서 이것은 중요한 이슈다. 하드웨어 변경은 일어난다. 그것도 대개는 우리가 통제할 수 없는 형태로. 듀얼 타기팅 코드로 시작하면 생전 보지 못한 타깃 하드웨어 플랫폼으로 여러분의 코드를 옮기는 일도 더 쉬울 것이다. 추가적으로, 여러분의 코드를 다른 플랫폼으로 이식해야 할 때 여러분의 이식 작업을 도와줄 테스트를 갖게 된다. 테스트 덕분에 기존 동작을 계속 유지하는 일이 수월할 것이다.

5.3 듀얼 타기팅의 위험 요소들

개발 시스템에서 코드를 테스트하는 것은 타깃에 올리기 전에 코드에 대한 자신감을 가지게 한다. 하지만 듀얼 타기팅 접근 방법에도 근본적인 위험이 있다. 이런 위험들의 대부분은 개발 시스템과 타깃의 환경 차이에서 비롯된다.

- 컴파일러들마다 언어의 지원 범위가 다를 수 있다.
- 타깃 컴파일러와 개발 시스템의 컴파일러가 서로 다른 버그들을 가지고 있을 수 있다.[4]
- 런타임 라이브러리가 다르게 동작할 수 있다.
- 인클루드 파일명과 기능이 다를 수 있다.
- 기본 데이터 형의 크기가 다를 수 있다.
- 바이트 순서와 구조체 정렬방식이 다를 수 있다.

이런 위험들 때문에 어떤 환경에서는 실패 없이 잘 동작하던 코드가 다른 환경에서는 실패하는 것을 볼 수 있다.

실행 환경이 다를 수 있다는 사실 때문에 여러분이 듀얼 타기팅을 주저해서는 안 된다. 반대로 이런 것들은 더 많은 것을 이루어내기 위한 과정에서 처리 가능한 수준의 장애들이다. 하지만 앞으로 어떤 장애물들이 나타날지 알고 주의를 기울이며 길을 나서는 것이 최선이다.

어떤 이득과 위험이 있는지 열거해봤으니, 이제는 임베디드 TDD 사이클이 어떻게 이득을 살리면서도 장애를 극복하는지 살펴보자.

5.4 임베디드 TDD 사이클

임베디드 TDD 사이클은 '1.4 TDD 마이크로 사이클'에서 설명한 기본적인 TDD 마이크로 사이클을 확장한 것이다. 이 사이클은 타깃 하드웨어 병목을 극복하는 방향으로 설계되었다.

빌드하고 테스트하는 사이클이 몇 초 내에 이뤄져야 TDD는 가장 효과적이다. 일반적으로 빌드와 테스트 시간이 길어지면 더 큰 보폭을 취하게 된다. 보폭이 커지

---

[4] 이 글을 쓰는 시점을 기준으로, 어느 유명한 오픈 소스 컴파일러는 3,427개의 미해결 버그를 가지고 있다. 지난주에 74개가 새로 추가되었고, 54개가 해결되었다. 버그가 20개씩 늘어나는 셈이다.

면 문제가 될만한 것들이 더 많아져서 테스트가 실행 가능하게 될 때까지 더 많은 디버깅이 필요하게 된다. 피드백 루프가 빨라야 한다는 필요성에 따라 TDD 마이크로 사이클을 타깃이 아닌 개발 시스템에서 실행하게 된다. '그림 5.1 임베디드 TDD 사이클'에서와 같이 TDD 마이크로 사이클은 임베디드 TDD 사이클의 첫 단계이다.

그림 5.1 임베디드 TDD 사이클

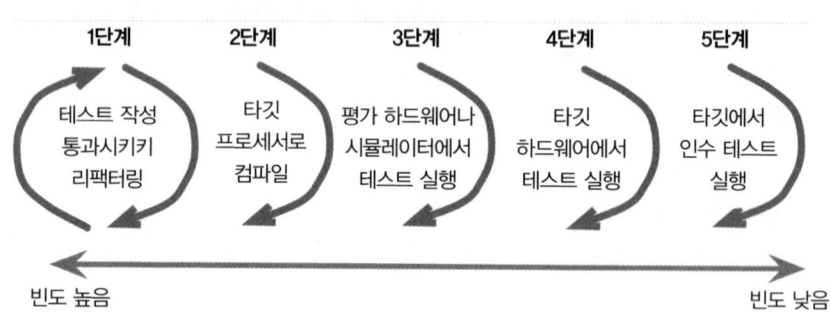

2에서 4단계까지는 단위 테스트를 개발 플랫폼에서 실행하는 데 따르는 위험을 완화시키기 위한 것이다. 5단계에서는 완전히 통합된 시스템이 실제로 동작하는 기능을 제공하는지 확인한다. TDD 방법을 사용하지 않는다면, 5단계가 임베디드 테스팅을 시작하는 단계에 해당한다.

좀 더 상세히 각 단계를 들여다보자.

1단계 - TDD 마이크로 사이클

1단계는 가장 자주 실행된다. 보통은 몇 분 단위로 실행된다. 이 단계에서는 개발 시스템에서 코드를 작성하고 테스트한다. 개발 시스템에서 이뤄지는 테스트는 피드백이 빠르다. 하드웨어의 신뢰성이나 가용성의 제한을 받지 않기 때문이다. 피드백을 지연시키는 타깃 컴파일이나 시간이 오래 걸리는 업로드가 없다. 개발 시스템은 안정적인 실행 환경이다. 그리고 대개는 타깃보다 더 풍부한 디버깅 환경이 제공된다. (하지만 여러분은 그다지 많이 사용하지 않게 될 것이다.[5] 여러분은 valgrind,

---

[5] 여러분이 실수를 하면 TDD가 실수를 드러내기 때문에 디버거를 많이 사용하지 않게 될 것이다. 일반적으로 실수의 원인이 명백하게 드러나서 디버거가 필요 없다.

profil, gcov 같은 도구와 함께 실행시켜 볼 수도 있을 것이다. 게다가 개발자마다 개발 시스템을 하나씩 가지고 있다. 당장 내일 새로 구할 수도 있다.

이 단계에서 여러분은 플랫폼 독립적인 코드를 작성한다. 실제 적용 가능한 수준에서 최대한 하드웨어로부터 소프트웨어를 분리시킨다. 하드웨어와 소프트웨어 간의 경계가 명확해지고 테스트 케이스에 기록한다.

이미 언급했듯이 결국에는 다른 실행 환경에서 실행될 코드를 개발 시스템에서 실행하는 데에는 위험이 따른다. 그러한 위험은 규칙적으로 마주하는 것이 최선이다. 그 이유는… 2단계로 넘어가자.

2단계 - 컴파일 호환성 확인

주기적으로 타깃 대상으로 컴파일한다. 최종적 제품 컴파일에 사용하게 될 크로스 컴파일러를 이용한다. 이 단계는 컴파일러 호환성에 문제가 있을 때를 대비한 조기 경보 시스템이다. 헤더 파일이 없다거나, 언어 지원이 상이한 경우, 혹은 특정 언어 기능을 지원하지 않는 것과 같은 이식성 문제점을 알려준다. 이로써 코드는 양쪽 개발 환경에서 모두 유효한 기능만을 사용하여 작성된다.

임베디드 개발 프로젝트의 초반에는 아직 툴 체인(tool chain)이 결정되지 않아서 이 단계를 실행할 수 없다고 생각할 수 있다. 어떤 툴 체인을 사용하게 될 것인지 여러분이 추측해보고, 그 컴파일러로 컴파일하라. 컴파일러 평가 기준의 하나로 테스트들을 사용해 볼 수도 있다. 컴파일러 시장이 변하면서, 새로운 컴파일러의 제조사 혹은 새로운 버전을 평가해야 할 때 테스트들을 사용해 볼 수도 있다.

코드를 변경할 때마다 2단계를 실행할 필요는 없다. 새로운 언어 기능, 새로운 헤더 파일이나 새로운 라이브러리를 사용할 때마다 타깃 크로스 컴파일을 해야만 한다.

즉 심야 빌드나 체크인을 할 때마다 빌드하는 지속적 통합 빌드의 일부로써 자동 실행된다면 최고다. 99쪽의 관련 글 '지속적 통합'을 읽어 보라.

단계 3 - 평가보드에서 단위 테스트 실행

컴파일된 코드는 호스트 개발 시스템과 타깃 프로세서에서 다르게 실행될 수 있다는 위험이 있다. 이런 위험을 감소시키기 위해, 평가보드에서 단위 테스트를 실행시킨다. 평가보드에서 실행시켜보는 것으로 개발 시스템과 타깃 프로세서상에서의 동작에 차이가 나는지 여부를 알 수 있다. '5.5 런타임 라이브러리 버그'에서는 이런 위험이 실제로 존재한다는 것을 실 사례를 들어 보여줄 것이다.

이상적으로는 이미 타깃 하드웨어를 가지고 있어서 평가용 하드웨어를 사용할 필요가 없어야 한다. 개발 사이클의 후반부라면 신뢰할 수 있는 타깃을 가질 수 있어서 이 단계가 불필요해 보일 수도 있다. 따라서 모든 개발자가 타깃 하드웨어를 얻을 수 있고 하드웨어에 확신을 가질 수 있다면 이 단계는 필요 없다. 하지만 이런 결정을 경솔하게 내리지는 말자.

평가보드에서 실행시킬 수 있는 능력은 타깃이 준비된 이후에도 유용하다. 타깃의 동작이 의심스럽다면 평가용 플랫폼에서 테스트를 실행시켜 봄으로써 타깃 하드웨어의 문제점을 빠르게 처리할 수 있다.

이 테스트는 지속적 통합 빌드 시스템을 이용해서 적어도 하루 단위로는 실행되어야만 한다.

단계 4 - 타깃 하드웨어에서 단위 테스트 실행

실제 하드웨어에서 실행된다는 점만 빼면 이 단계의 목적은 3단계와 동일하다. 이 단계에서 한 가지 추가된 점은 타깃 하드웨어 특성에 맞는 테스트를 실행할 수 있다는 것이다. 이런 테스트들을 통해 여러분은 타깃 하드웨어 동작 방식의 특징을 드러내거나 배울 수 있다.

이 단계에서 어려운 점은 타깃의 메모리에 제한이 있다는 점이다. 모든 테스트를 한 번에 타깃에 올리기에는 메모리가 부족할 수도 있다. 이런 경우에는 테스트들을 메모리에 올라갈 수 있게 몇 개의 테스트 그룹으로 분리해야 한다. 빌드 자동화가 다소 복잡해진다.

단계 5 - 타깃에서 인수 테스트 실행

최종적으로, 제품의 각 기능이 제대로 동작하는지 확인하기 위해 타깃으로 자동/수동 인수 테스트를 실행한다. 완전히 자동화할 수 없는 하드웨어 의존적인 코드가 있다면 수동으로 테스트를 실시해야 한다. 그것이 무엇인지는 여러분이 이미 알고 있을 것이다.

프로젝트 생명 주기의 여러 시점마다 어떤 단계는 아예 불가능하거나 그다지 중요하지 않을 수도 있다. 예를 들어 프로젝트 초기에 하드웨어가 없을 때는 4, 5단계가 불가능하다. 타깃이 나오고 신뢰할 수 있을 경우에는 다시 타깃의 신뢰성에 의문이 생길 때까지 평가보드 테스트를 보류할 수 있다. 1단계의 타깃 밖에서 행하는 TDD는 타깃의 가용성과 관계없이 여전히 대부분의 코드를 작성하고 테스트하는 단계이다.

> **지속적 통합(Continuous Integration)[6]**
>
> 지속적 통합은 TDD와 단짝이라고 할 수 있는 중요한 프랙티스다. 지속적 통합을 실천하는 팀에서는 팀원들이 버전 관리 시스템의 주요 브랜치에 정기적으로, 보통은 하루에도 여러 번, 변경 사항을 통합하고 체크인 한다. 체크인의 사전조건으로 모든 테스트들이 통과해야만 한다.
>
> 빌드 자동화는 성공적인 CI를 위해서 필요하다. 시스템은 빌드하기 쉬워야 한다. 빌드 작업이 수많은 마우스 클릭과 파일 복사로 이뤄지는 지겨운 수작업이라면 여러분은 빌드를 자주하지 않을 것이다. 목표는 단일 명령으로 빌드가 되는 것이다.
>
> 이번 장에서 제안한 듀얼 타기팅 접근 방식에서 테스트 빌드는 반드시 자동화되어야 한다. 하지만 이게 끝은 아니다. 제품 빌드도 역시 자동화되어야 한다. 마우스를 많이 사용하는 최근 IDE에서는 작업이 좀 필요하다.
>
> 단일 명령 빌드가 되면 빌드 실행을 자동화할 수 있다. 현재 이를 위한 최선의 방법은 지속적 통합 서버를 이용하는 것이다. CI 서버는 코드 저장소에 새로운 체크인이 있는지 감시하여 체크인이 있으면 전체를 빌드하고 테스트한다. 빌드가 깨지거나 테스트가 실패하면 보통 이메일로 이 사실을 팀원들에게 통지한다. 빌드를 수정하는 것은 팀의 최우선 책임이 된다.
>
> 임베디드 개발에서는 빌드가 두 단계로 수행된다. 첫 단계는 개발 시스템에서의 테스트를 위한 것이다. 이것이 성공하면 타깃 빌드가 실행된다. 타깃 플랫폼이 여러 개라면 각각에 대해서 빌드가 필요할 수 있다.
>
> CI는 위험을 줄이는 전략이며 시간을 아껴준다. 개발자가 통합 없이 오랜 시간 작업하다 보면 통합에 드는 어려움과 위험이 증가하게 된다. TDD에서 말하는 '테스트가 어렵다면 항상 테스트를 하라. 그러면 쉬워질 것이다'라는 정신이 CI에서도 비슷하다. 통합이 어려우면 항상 통합하라. 오래 걸리고 실수하기 쉬운 코드 머지 작업을 피하게 된다. 소스 머지 양이 더 작고, TDD를 하면서 만들었던 자동화된 테스트가 머지(merge)를 도와줄 것이다.
>
> 허드슨(Hudson), 크루즈컨트롤(CruiseControl)과 같은, CI 빌드와 오류 통지를 자동화하는 데 도움이 되는 훌륭한 오픈 소스 도구들이 있다.

5.5 듀얼 타깃 비호환성

세상은 이상이 아니라 현실이다. 결과적으로 타깃 내부와 외부에는 차이점이 존재한다. 양쪽 환경에서 제품 코드를 테스트하기 위해서는 양쪽 환경에서 동일하게 동작하는 코드가 필요하다. 여러분이 겪을 수 있는 이식성 문제점들을 살펴보자.

---

[6] (옮긴이) 지속적 통합에 대해 더 알아보려면 『허드슨을 이용한 지속적 통합』(2012, 장윤기, 인사이트)을 읽기 바란다.

런타임 라이브러리 버그

충격적이지만 사실이다. 런타임 라이브러리에도 버그가 있다. 몇 년 전에 TDD를 도입하려는 고객과 일할 때였다. 새로운 타깃 프로세서에 테스트 하니스를 이식하다가 작은 문제와 부딪혔다. strstr()의 타깃 버전이 strstr()의 이전 버전들과 동일하게 동작하지 않는 문제였다.

CppUTest는 문제없이 컴파일되었다. CppUTest는 자체적인 단위 테스트들을 가지고 있어서, 이 테스트들을 타깃에서 실행해 보는 것이 첫 번째 작업이었다. 업로드 되기를 기다렸다가 테스트를 실행했다. 이상한 테스트 실패 결과를 얻었다. 음…… 개발 시스템에서 테스트는 실패하지 않았는데 타깃에서는 실패했다. 무엇이 문제일까?

우리는 타깃 디버거를 이용해서 코드의 각 단계를 검토하기 시작했다. 얼마간 살펴본 뒤에 우리는 표준 라이브러리의 strstr()이 빈 문자열을 적절하게 처리하지 못한다는 것을 알아냈다. 다른 라이브러리들의 strstr()은 빈 문자열이 모든 문자열에 포함되는 것으로 동작하는데, 문제가 되었던 버전에서는 빈 문자열이 임의의 문자열에 포함되지 않는 것으로 처리했다. 우리가 표준 라이브러리 함수인 strstr()의 타깃 컴파일러 구현의 버그를 발견한 것이었다!

일단 호환이 되지 않는다는 것을 알고 strstr() 버그를 감싸서 양쪽 시스템에 통과시키기 위해서 코드를 수정했다. PlatformSpecificStrStr()이라는 새로운 플랫폼 특정 함수를 도입했다. GCC 측 구현은 아래와 같다.

```
int PlatformSpecificStrStr(const char * s, const char * other) const
{
    return strstr(s, other) != NULL;
}
```

타깃 컴파일러의 구현은 모든 플랫폼에서 동일하게 동작하기 위해서 버그를 감싸서 숨긴다. 아래와 같다.

```
int PlatformSpecificStrStr(const char * s, const char * other) const
{
    // XXXX 프로세서 라이브러리의 strstr이 ""를 제대로 처리 못함.
    // ""는 임의의 문자열에 포함되는 것으로 동작해야 함.
    // 이 문제를 우회하기 위해 조건문 추가
    if (strlen(other) == 0)
        return TRUE;
    else if (strlen(s) == 0)
```

```
            return FALSE;
    else
            return strstr(s, other) != NULL;
}
```

조건문의 의도가 명확히 드러나지 않아 주석을 추가했다. 표준 C 라이브러리를 아는 사람에게는 조건문이 불필요하다고 보인다. 주석은 겉보기에 불필요한 조건문이 왜 여기 있는지를 설명해준다.

아주 흥미롭게도 타깃 라이브러리 구현에 있는 버그를 우회하기 위해 현재 제품 코드 곳곳에 이와 같은 임시 해결책이 적용되어 있었다. 누군가 오래 전에 수정했어야 했던 버그이다.

헤더 파일 비호환성

헤더 파일 호환성은 심각한 이식성 문제가 될 수 있다. 본질적으로 동일한 기능에 대해서 서로 시그니처, 함수 이름, #define 정의, 경로 등이 다를 수 있다. 이런 종류의 비호환성을 보여주는 사례로는 sprintf()의 안전 버전이 있다. 유닉스에 snprintf(), 윈도에 _snprintf()가 있는데 이 두 함수는 거의 동일한 일을 한다.

많은 C 개발자들이 플랫폼마다 달라지는 코드를 처리할 때 조건부 컴파일을 이용한다. 나는 여러분에게 조건부 컴파일을 피하라고 제안한다. 코드를 지저분하게 만들기 때문이다. 또한 특정 상황에서 어떤 코드가 실제로 컴파일 되는지 알아보기 어렵게 만든다.

조건부 컴파일 대신에 플랫폼 종속 헤더 파일을 이용하여 다음처럼 이름을 매핑할 수도 있다.

```
#define snprintf _snprintf
```

이 방법도 동작하기는 하지만 역시 보기 흉하다. 여기 더 나은 방법이 있다.

CppUTest의 개발 과정에서 우리는 플랫폼 특정 코드를 한 군데로 모아서 분리시키기로 결정했다. 각 플랫폼에 해당하는 디렉터리를 만들었다. 플랫폼마다 따로 구현될 함수들의 프로토타입을 정의하는 헤더 파일을 만들었다. 그런 다음 각 플랫폼 구현을 해당 디렉터리에 넣어서 분리시켰다. 우리는 전처리기 대신에 컴파일러와 링커를 사용했다.

그리고 이렇게 정의한 함수들이 어떻게 동작해야 하는지 설명하는 테스트 케이스를 플랫폼 독립적으로 만들었다. 예를 들어 다음 테스트는 snprintf()가 어떻게 동작하는지를 정의하는 많은 테스트 케이스들 중 하나다.

```
TEST(PlatformSpecificSprintf, OutputFitsInBuffer)
{
    char buf[10];
    int count = PlatformSpecificSprintf(buf, sizeof buf, "%s", "12345");
    STRCMP_EQUAL("12345", buf);
    LONGS_EQUAL(5, count);
}
```

헤더 파일에는 다른 플랫폼 특정 프로토타입들과 함께 아래의 프로토타입이 선언되어 있다.

```
int PlatformSpecificSprintf(char *str, size_t size, const char *format, ...);
```

Visual C++ 구현부터 살펴보면, 가변 길이 인자 목록을 이용하여 아래와 같이 구현한다.

```
int PlatformSpecificSprintf(char *str, size_t size, const char *format, ...)
{
    int result;
    va_list args;
    va_start(args, format);
    memset(str, 0, size);
    result = _vsnprintf( str, size-1, format, args);
    va_end(args);
    return result;
}
```

gcc 코드는 '_'가 빠진 것만 빼고 위 코드와 동일하다.

양쪽 빌드에서 모두 테스트를 통과했다. 새로운 코드로 넘어가기 전에 버퍼가 전체 문자열을 포함할 만큼 크지 않을 때도 양쪽 구현이 동일하게 동작하는지를 확인하는 테스트를 추가했다. 우리는 CppUTest가 버퍼 침해 문제를 일으키는 것을 원치 않았다. vsnprintf()의 동작에 관하여 유닉스에 정의된 것을 보자면, 출력 버퍼 공간이 부족한 경우에 출력하고자 하는 문자열(마지막 '\0' 문자 제외)의 문자 개수를 반환한다. 이 내용에 따라 다음 테스트를 작성하였고, 잘 통과했다. …… 적어도 gcc에서는.

```
TEST(SimpleString, PlatformSpecificSprintf_doesNotFit)
{
```

```
    char buf[10];

    int count = PlatformSpecificSprintf(buf, sizeof buf, "%s",
"12345678901");
    STRCMP_EQUAL("123456789", buf);
    LONGS_EQUAL(11, count);
}
```

그러나 Visual C++에서는 테스트가 실패했다. Visual C++과 GNU는 일치하지 않는다. Visual C++에서는 버퍼 공간이 충분하지 못한 경우 -1을 반환한다.

처음에 우리는 유닉스 방식의 반환값이 가지는 의미에 관심이 없었고, CppUTest의 다른 코드에서도 그 값이 필요 없었다. 그래서 아래와 같이 Visual C++ 버전을 흉내 내어 gcc 버전을 덜 똑똑하게 만들었다.

```
int PlatformSpecificSprintf(char *str, size_t size, const char *format, ...)
{
    va_list args;
    va_start(args, format);
    size_t count = vsnprintf( str, size, format, args);
    if (size < count)
        return -1;
    else
        return count;
}
```

나중에 CppUTest의 새로운 기능에서 유닉스 방식의 반환값이 필요했고, PlatformSpecificSprintf()를 새 필요에 맞추어 변경해야 했다.

이런 비호환 문제는 각 플랫폼 종속 함수들과는 독립적인 공통 인터페이스를 만들고 플랫폼 별로 해당 함수를 구현하는 방법으로 해결되었다.

앞의 두 예제에서는 비호환성 문제의 해결책으로서 C 언어로 어댑터(adapter)의 한 형태를 구현하였다. 어댑터는 클라이언트가 사용하는 인터페이스를 서버가 제공하는 인터페이스로 변환한다. 이 패턴은 플랫폼 독립성 문제를 해결하는 일반적인 패턴이다. 이 패턴은 『디자인 패턴』[GHJV95] 책에 잘 설명되어 있다. 어댑터 패턴은 여러분이 통제하는 코드와 통제하지 못하는 코드 사이의 의존성을 관리하는 데 매우 유용하다.

5.6 하드웨어로 테스트하기

가능하기만 하다면 하드웨어로 테스트하는 것도 자동화 되어야만 한다. 우리가 만들 수 있는, 하드웨어와 상호작용하는 3가지 종류의 테스트를 살펴보자.

- 자동화된 하드웨어 테스트
- 부분 자동화된 하드웨어 테스트
- 외부 장치로 자동화된 하드웨어 테스트

자동화된 하드웨어 테스트

아마도 여러분의 임베디드 하드웨어에는 테스트를 자동화하기에 적합한 영역이 있을 것이다. 그 이외 영역은 하드웨어 기능을 테스트하기 위해서 특수한 장치가 필요할 수도 있다. 가능한 영역에서는 테스트를 작성하여 여러분이 하드웨어의 동작을 더 잘 이해하고 하드웨어가 잘 동작하고 있음을 확신할 수 있어야 한다. 부득이한 하드웨어 변경이 일어남에 따라, 테스트는 새로운 하드웨어 설계에 문제가 생겼을 때 이를 알아차리는 데 도움이 된다. 이런 테스트들의 일부는 양산 중에도 가치가 있다고 판단하여 내장 테스트의 일부로 제품에 포함시키고 싶을 것이다.

업계 규격인 CFI(Common Flash-Memory Interface)를 따르는 플래시 메모리 장치를 사용하는 설계가 있다고 가정하자. 여기에는 플래시 메모리 장치가 적절히 반응하는지 조사하는 데 사용할 수 있는 기능이 정의되어 있다. 예를 들면 플래시 메모리의 0x55 주소에 0x98 값(질의 명령 코드)을 쓰면 CFI 호환 플래시 메모리 장치는 이에 대한 반응으로 0x10, 0x11, 0x12 주소에서 'Q', 'R', 'Y'를 읽을 수 있다. 질의 후에는 0xff 값을 써서 장치를 초기화해야 한다. 타깃에서 실행되는 아래의 간단한 테스트는 장치가 적절히 응답하면 통과할 것이다. 완전한 테스트는 아니지만 간단한 정상동작 테스트(sanity test)이다.

```
TEST(Flash, CheckCfiCommand)
{
    FlashWrite(0x55, 0x98);
    CHECK( FlashRead(0x10) == 'Q');
    CHECK( FlashRead(0x11) == 'R');
    CHECK( FlashRead(0x12) == 'Y');
    FlashWrite(0, 0xff);
}
```

다음 이야기는 코드를 테스트하기 위해 소프트웨어 개발자가 작성한 테스트들이 하드웨어 개발자에게 아주 중요한 도구가 된 사례다.

변경에 대한 자신감
랜디 쿨먼(Randy Coulman), 엠베디드 소프트웨어 개발 엔지니어

우리가 새로 시작한 프로젝트에서는 직접 개발하는 하드웨어 장치가 몇 개 있었는데, 장치들은 모두 임베디드 프로세서와 FPGA로 구성되었다. 우리는 과거에 버그투성이의 FPGA 설계 때문에 다른 기능이 잘 돌아가지 않아서 겪었던 문제를 피하기로 했다. 하드웨어와 소프트웨어가 동시에 개발되는 다른 대부분의 프로젝트들처럼 우리도 하드웨어가 나오기 훨씬 전부터 소프트웨어 개발을 시작해야만 했다. 우리에겐 이미 하드웨어에 관한 거의 완벽한 스펙이 있었다.

우리는 하드웨어에 대한 테스트를 작성하는 것이 최선의 방법이라고 결정했다. 하드웨어의 가장 기본이 되는 기능부터 시작해서 테스트를 작성했다. 우리는 이것을 '하드웨어 인수 테스트'라고 불렀다. 하드웨어가 아직 없었기 때문에 테스트를 통과하는 간단한 시뮬레이션도 구현했다. 하드웨어 기능에 대한 테스트를 작성하고 이 테스트를 통과하는 시뮬레이션을 만드는 방식으로 계속 진행했다. 우리가 작성하는 소프트웨어에 대해서는 단위 테스트를 작성하면서 TDD로 개발했다.

하드웨어가 나왔을 때 통합에 들어간 노력은 과거에 비해 짧고 간단했다. 우리는 3가지 문제점과 부딪쳤다.

- 임베디드 프로세서에서 언어의 특정 요소가 우리 개발 시스템에서 동작하는 것과 다르게 동작하는 경우
- FPGA가 지원하지 않는 메모리 접근 코드를 컴파일러가 생성한 경우
- 우리가 하드웨어 스펙을 잘못 해석한 경우

처음에는 하드웨어 인수 테스트가 소프트웨어 팀을 위한 것이었다. 시간이 지나면서 EE 쪽에서 우리가 만든 테스트를 점점 더 신뢰하게 되었다. 우리가 구축한 자동 빌드 환경에서는, 데스크톱 플랫폼에서 소프트웨어를 컴파일하고 하드웨어 시뮬레이션으로 모든 테스트까지 실행한 다음, 최신 소프트웨어와 FPGA 바이너리를 타깃 하드웨어에 설치하여 하드웨어 인수 테스트(그리고 다른 테스트들까지)를 실행하고 결과를 출력했다. EE의 요청으로 우리는 새로운 FPGA 바이너리를 넣어 자동 테스트를 실행하는 '샌드박스 빌드(sandbox build)'를 추가했다. 먼저 이 테스트를 통과한 다음에야 그들은 시스템 통합을 위한 바이너리를 우리에게 전달하였다. 이로써 그들은 소프트웨어 개발자들이 집에서 자고 있는 한밤중에도 자신들의 작업물을 검증할 수 있었다.

이러한 하드웨어 인수 테스트들이 FPGA상의 회귀 문제를 잡아주면서부터 EE에서는 자신들의 툴셋을 업그레이드한 다음 설계를 재컴파일 했을 때에도 문제가 없다는 확신을 가질 수 있었다. 전체적으로는, 통합에 소요되는 노력이 과거보다 훨씬 적게 들었고 시간이 지나도 새 기능을 계속 추가하는 데 자신감을 가질 수 있었다.

부분 자동화된 하드웨어 테스트

앞 장에서 완성한 LedDriver 예제는 하드웨어 의존적인 코드를 타깃 외부에서 테스트하는 방법을 보여주었다. 하지만 LED가 실제로 켜지는지 어떻게 알 수 있을까? LedDriver 입장에서는 분명히 LED들을 제대로 제어하고 있다고 보인다. 하지만 갖가지 실수로 인해 소프트웨어 입장에서는 제대로 동작하고 있다고 생각했는데 실제로는 아무런 동작을 하지 않는다거나 심각한 오동작을 일으킬 수도 있다. 따라서 여러분은 하드웨어와 연결되는 마지막 코드가 정말 제대로 동작하는지 확인해야만 한다.

LedDriver에서는 어떤 문제가 생길 수 있을까? 잘못된 LED 주소로 초기화 될 수 있다. 스펙을 잘못 읽어서 비트를 반대로 해석했을 수 있다. 회로 설계와 보드 인쇄가 서로 맞지 않을 수 있다. 보드에서 연결 일부가 맞지 않을지도 모른다. 여러분은 단지 소프트웨어만 테스트하는 것이 아니다. 임베디드 시스템을 테스트하고 있는 것이다. 따라서 LedDriver가 실제로 제때 올바른 LED를 켜는지 확신하려면 직접 눈으로 확인해야만 한다.

이는 부분 자동화 테스트를 적용하기 좋은 예이다. 부분 자동화 테스트는 작업자가 시스템과 수동으로 상호작용하거나 시스템 출력을 확인할 수 있도록 단서를 제공한다. 이 경우 특정 LED가 On인지 Off인지를 우리가 확인해야 한다. 각 LED에 대해서 테스트를 반복하게 된다. 부분 자동화 테스트도 제품과 함께 출하되는 내장 테스트의 일부가 되거나 혹은 제품 생산을 지원하는 데 사용될 수도 있다.

수동 테스트는 자동 테스트보다 실행하는 데 비용이 많이 들지만 완전히 피할 수는 없다. 만약 하드웨어에 의존하는 코드를 효과적으로 최소화하면 하드웨어 의존 코드가 심하게 자주 바뀌지는 않을 것이다. 결과적으로 수동 인수 테스트는 자주 재실행될 필요가 없을 것이다. 언제 실행할 것이냐는 여러분이 결정해야만 한다. 새로운 하드웨어 리비전이 나오거나 하드웨어 의존 코드가 수정되면 수동 테스트를 다시 해야 할 것이다. 부분 자동화 테스트를 시간이 짧게 걸리는 버전과 길게 걸리는 버전으로 나누어서 짧은 버전을 자주 실행하고 긴 버전은 비교적 덜 실행하거나 변경이 발생하여 필요한 경우에만 실행하는 전략도 고려할 수 있다.

외부 장치를 이용한 테스트

특수한 목적의 외부 테스트 장비는 하드웨어 의존 테스트를 자동화하는 데 사용할 수 있다. 다음 이야기는 정말 시대를 앞서간 것이었다.

1980년대 후반에 우리는 1.544 Mbps(T1) 신호를 모니터링하는 디지털 통신 모니터링 시스템을 개발했다. 동작의 대부분이 ASIC(주문형 집적회로)에 의존하고 있었다. ASIC는 T1 신호를 실시간으로 모니터링했다. 우리가 만든 임베디드 소프트웨어는 ASIC에 신호를 보내며 필요 시 성능 정보와 발생한 알람 조건을 리포팅했다. 이 시스템을 테스트하려면 T1 신호를 생성하고 실제 발생할 수 있는 오류를 신호에 주입시킬 수 있는 특수 테스트 장비가 필요했다.

T1 신호 생성기 버튼을 직접 누르는 수동 테스트에 질려버린 후, 우리 팀의 테스트 엔지니어였던 디(Dee)가 테스트 장비의 기능을 파고들어 장비를 시리얼 포트로 제어 가능하다는 사실을 알아냈다. 디는 테스트 스크립트를 작성하기 시작했다. 그녀가 만든 스크립트는 외부 신호 생성기에 명령을 내려 특정 비트 오차율로 디지털 전송을 꼬이게 만들었다. 그런 다음 테스트 중인 시스템이 올바른 진단을 리포트 하는지 보기 위해 시스템에서 정보를 얻어왔다. 그녀는 점차 수동 테스트 절차를 자동화시켜 나갔고, 하루하루 자동화된 테스트 케이스가 늘어났다. 회귀 테스트의 기능 커버리지가 넓어졌다. 이런 활동 덕분에 디는 결함이 발생하면 하루 내에 발견하여 그 사실을 팀에 알려줄 수 있었다.

디는 처음에 평판이 좋지 않았다. 언제나 새로 나온 버그 목록을 가지고 미소를 띠며 연구실을 걸어 나왔으니까. 얼마 뒤 개발 팀이 어려운 상황에 처하게 되자 점점 아침 버그 리포트에 의존하게 되었다. 건전한 경쟁이 일어났다. 개발자는 버그 없는 코드를 작성하기 위해 열심히 일했다. 그들은 릴리스 전에 자신들의 코드를 확인하기 위해 테스트 스크립트를 사용했다. 품질이 개선되었다.

제품이 수천 개 설치되었지만 결함이 하나도 보고되지 않았다. 수동으로 테스트 하는 팀에서 비슷한 시기에 개발한 다른 많은 제품들은 버그 목록이 길었으며 사후 비용이 매우 높았다. 우리는 테스트에 투자하여 큰 이득을 본 셈이다.

5.7 빨리 가기 위해 속도 늦추기

TDD로 임베디드 소프트웨어를 개발하는 일은 만만치 않다. 여러분의 개발 환경에만 있는 특별한 어려움도 있을 것이다. 이런 어려움에도 불구하고 임베디드 개발에 TDD를 적용하기 위해 노력할만한 충분한 가치가 있다.

하드웨어와 요구사항이 변경되어도 보통은 기존 기능을 그대로 유지해야 한다.

다음 버전의 제품 스펙은 대부분 "이 제품은 기존 제품의 모든 기능에 추가로……"
와 같이 시작된다. TDD를 통해 만들어진 자동화된 테스트들은 안전망이 되어 제품
이 진화하는 동안 제품 코드의 동작이 원치 않게 바뀌는 것을 검출해 준다.

TDD는 여러분이 더 빨리 갈 수 있게 돕는다. 곡예를 하듯이 개발하던 방식에서
TDD에 둘러싸여 더 조심하고 깊이 생각하는 프로세스로 바뀌다 보니 TDD 때문에
속도가 느려진 것처럼 느낄 수 있다. 속도를 늦추는 것은 빠르게 가기 위해서 꼭 필
요한 것이다. 주의 깊고, 사려 깊고, 검증된 작업으로 고품질을 얻는다.

5.8 지금까지 우리는

이번 장에서 우리는 크로스 플랫폼(cross-platform) 개발과 너무나도 흔한 하드웨어
부족에 따르는 문제점을 살펴봤다. 하드웨어 의존성을 분리시켜야 할 필요성을 논
의했다. 성공적으로 분리할수록 여러분이 작성하는 코드와 테스트의 유효 수명은
더 길어진다. 하드웨어 의존성이 코드에 스며들면, 하드웨어 진화(혹은 퇴화)에 따
라 여러분의 코드 역시 노화 속도가 빨라지고 유효 수명이 단축될 것이다. 노화된
코드를 살려 놓느라 스트레스를 받다 보면 여러분의 수명도 단축될지 모른다.

임베디드 TDD 사이클을 살펴봤고, 크로스 플랫폼 개발에서 발생하는 이슈에 영
향을 받지 않고 개발 속도를 유지하는 방법도 살펴봤다. 듀얼 타기팅의 장점과 타
깃 밖에서 테스트하는 데 따르는 위험을 방지하기 위한 방법도 알아봤다.

흔히 임베디드 개발자의 머리에 가장 먼저 떠오르는 의문은 크로스 플랫폼 개발
환경에서 어떻게 하면 효과적으로 TDD를 적용할 것인가이다. 물론 다른 이슈들도
더 있다. 다음 장에서 임베디드 개발자들이 TDD를 자신들의 개발 업무에 적용하고
자 할 때 가지게 되는 다른 일반 관심 사항들에 대해서 알아보자.

배운 것 적용하기

1. 타깃 밖에서 여러분의 코드 중 일부를 테스트 해 보아라. 외부 의존이 거의 없
   는 단순한 부분을 선택하라.
2. 여러분의 타깃에서 CppUTest 혹은 Unity를 컴파일하고 각각에 딸린 단위 테스
   트를 실행해 보아라.
3. 테스트 실행 파일을 업로드하고, 실행하여 성공/실패를 보여주는 스크립트를
   작성하라.

/ for Embedded C

6장
TDD for Embedded C

좋아, 하지만……

처음 TDD를 논의하다 보면 항상 현실의 걱정을 반영한 몇 가지 질문이 제기된다. 이번 장에서는 여러분이 가지고 있을 법한 질문과 염려되는 부분에 대해 알아보자. 내가 여러분을 완전히 확신시킬 수 있으리라고 기대하지는 않지만 무엇이 가능한지 보여줄 수 있기를 희망한다. 여러분 자신을 정말로 확신시키고 싶다면 여러분이 직접 TDD를 경험해 봐야 할 것이다.

6.1 우린 시간이 없어요

우리 모두는 시간이 더 필요하다. 이 많은 테스트 코드를 작성할 시간이 대체 어디 있나? 필요한 제품 코드를 작성하는 데도 시간이 충분하지 않다. LedDriver를 보면 제품 코드보다 테스트 코드가 더 길다. 테스트 코드가 정말 중요한 것인가?

 만약 사람들이 오류 없이 일정한 속도로 프로그래밍을 한다면 이런 걱정이 타당하다. 하지만 사람들은 그렇게 하지 못한다. 프로그래밍에서 시간을 잡아먹는 것은 고민하고 문제를 풀고 답을 확인하는 작업들이다. 답을 확인하는 방법에는 여러 가지가 있을 수 있다. 두 가지만 말하자면 Debug-Later Programming과 TDD가 있다. 정말 중요한 질문은, 테스트를 작성해서 개발 속도가 지연되느냐 혹은 향상되느냐이다. TDD를 실천하고 있는 많은 사람들은 TDD가 업무 속도를 향상시킨다고 주장한다. 생산적이고 유지 가능한 속도를 낸다고 한다. 속도 향상은 현재와 미래의 디버그 시간이 줄어들고 실행 가능한 문서(executable documentation) 역할을 하는 테스트를 통해 코드가 더 깔끔하게 유지되기 때문이다.

만약 TDD가 시간이 더 걸린다면 어떨까? 개발 소요 시간 외에도 여러 가지 비용이 있다. 고객 불만족, 판매 손실, 보증 수리, 결함 관리, 고객 서비스 등등. 좀 더 시간을 쓰더라도 더 적은 결함을 가진 제품을 내놓는 것이 여러분이나 여러분 고객에게 더 가치 있을 것이다. 또한 여러분도 TDD로 더 높은 생산성을 보이는 사람이 될지도 모른다.

여러분이 제품 코드를 작성하는 데 걸린 시간만 따진다면 전체 작업의 관점을 놓치고 있는 것이다. 여러분은 여전히 버그를 제거해야만 한다. 여러분은 코드를 테스트하고 디버깅하는 데 쓰는 시간이 얼마나 되는가? 내가 지금까지 들은 가장 일반적인 대답은 50%이다(어느 컨퍼런스 참가자들에게서 설문 조사한 것이다). 이는 엄청난 시간이다. TDD를 하기 위한 시간을 찾으려면 우선 여러분이 현재 일하는 방식을 들여다봐야 한다. 뒤늦게 대응하는 디버깅 시간의 일부를 앞서 대처하는 TDD 방법으로 맞바꿀 수 있을 것이다. 지금부터 일반적인 단위 테스트 방법들이 최소한 부분적으로라도 TDD로 대체 가능하다는 것을 살펴보겠다.

수동 테스트

만약 여러분이 수동으로 단위 테스트를 하고 있다면 이 시간의 일부를 TDD에 활용하라. 레거시 코드 환경에서 작업하고 있다면 수동 테스트를 완전히 배제시킬 수 없다. 하지만 새로운 코드를 TDD로 개발하거나 테스트되지 않은 레거시 코드의 일부에 대해서 테스트를 작성하는 것은 시작할 수 있다.

수동 테스트의 초기 투자는 테스트를 자동화하는 것보다 적을지 모르지만 지속적이지 않다. 미래 이득이 거의 제로에 가깝다. 수동으로 테스트한 코드가 변경되면 이전에 했던 수동 테스트는 수포로 돌아간다. 여러분은 테스트를 다시 수행해야만 한다. 테스트를 수동으로 수행하므로 테스트의 일부만 수행하는 것으로 스스로를 합리화하는 경향이 있다. 필요한 테스트를 재수행하지 않으면 테스트가 빨리 끝나서 좋기는 하겠지만 향후 버그에 대한 비용도 함께 떠안아야 한다.

자체적인 테스트 하니스

우리 모두는 가끔씩 새로 작성하는 코드에 대해서 테스트 main()과 테스트 스텁을 몇 개쯤은 작성해 봤다. 테스트 main()에서 테스트 대상 코드(CUT)를 실행하고, 스텁은 간접적인 입력을 제공하고 인자값들을 기록하는 식으로 우리는 해당 동작을 점검할 수 있다. 결국 여러분은 자체적인 테스트 하니스를 만든 것이다.

이런 테스트들은 매우 유익하다. 코드 품질이 향상되어 더욱 잘 동작하는 코드를 제품에 통합시킬 수 있다. 하지만 일단 통합되고 나면 테스트 초점이 통합된 시스템으로 옮겨가면서 기존에 만든 단위 테스트들은 방치되기 일쑤다. 테스트들이 제품 코드와 일치하지 않게 되고 투입노력 대비 이득이 줄어든다. 여러분이 자체적으로 만든 테스트 하니스는 잠시 동안만 도움이 되었다.

자체적인 테스트 하니스들은 투자 수익이 나쁜 경우가 많다. 서로 호환되지 않아서 몇 번 사용한 다음에 버려지는 경우가 많다. 또, 자체적으로 테스트 main()을 제작하는 것은 CppUTest나 Unity같은 테스트 하니스에 테스트를 작성하여 끼워 넣는 것보다 더 많은 노력이 든다.

한 스텝씩 실행하는 단위 테스트

또 다른 수동 단위 테스트 방법은 디버거를 사용해서 대상 코드를 한 스텝씩 실행해 보는 것이다. 이것은 느린 데다가 당연히 반복 불가능한 프로세스다. 언제나처럼 변경이 발생하면 한 스텝씩 실행하는 단위 테스트를 다시 반복해야만 한다. 오래 걸리고 지루한 과정이라 두 번, 세 번, ……, 반복하면서 점점 더 대충 실행하게 된다. 우리는 인간이므로 진행하다가 실수를 하거나 미묘한 상호작용들을 놓칠 수도 있다.

이런 테스트의 유효 수명은 직접 만든 테스트 main()보다도 짧다. 하나라도 변경되면 이전에 테스트했던 것들은 무용지물이 되고 만다. 여러분은 다시 처음부터 시작해서 같은 것을 반복해야만 한다. 따라서 수동 테스트에 드는 노력은 시간이 지나면서 점점 증가한다. 하지만 여러분은 이런 시간적 여유가 없어서 필요한 모든 단계의 테스트를 수행할 수 없다. 그러면 무슨 일이 발생할까? 버그가 유입되고 향후에 드는 노력도 증가한다.

단위 테스트 프로세스의 문서화와 리뷰

매우 잘 정의된 프로세스가 있는 회사를 컨설팅한 적이 있다. 프로세스를 이야기할 때 잘 정의되어 있다는 것은 크다는 것과 같은 의미인 경우가 많다. 그 회사의 프로세스 매뉴얼은 컸다. 그 회사는 프로세스 경찰의 힘도 컸다.

그 회사는 CMM 레벨3 인증을 받았다. 프로세스를 잘 지켰고, 또 그렇게 요구되었다. 그 회사의 프로세스에는 단위 테스트도 포함되어 있었다. 먼저 단위 테스트 절차를 문서화한 다음 절차를 리뷰하고 승인하는 것으로 프로세스가 구성되어 있었다. 그리고 프로세스를 수행하면서 증거를 기록해야만 했다. 나는 데이브라는 엔지니어에게 이런 절차를 어떻게 이용하는지 물어봤다. 대화 내용은 아래와 같다.

제임스: 단위 테스트를 어떻게 하나요?

데이브: 우리는 단위 테스트 표준이 있어요. 각 함수에 대한 단위 테스트 계획을 작성합니다.

제임스: 단위 테스트 계획을 리뷰하나요?

데이브: 네, 계획에 대해 공식 기술 리뷰를 합니다.

제임스: 단위 테스트 계획을 언제 실행하나요?

데이브: 코드에 대해 공식 기술 리뷰를 받기 전에 하죠.

제임스: 그럼 테스트 계획에 구멍이 있으면 리뷰어는 구멍을 메우기 위한 제안이나 개선안을 만들겠군요.

데이브: 네, 그런 식으로 운영됩니다.

제임스: 단위 테스트 계획은 어떤 형태인가요?

데이브: 표준 템플릿에 따라 소스 코드에 모든 함수 앞에 주석으로 계획을 추가해요. 계획이 코드의 일부분이 되는 거죠. 해당 코드의 여러 가지 조건들을 확인하기 위해 적용할 연산을 나열합니다. 우리는 조건 분기를 모두 검사해야 합니다.

제임스: 테스트 실행은 어떻게 하나요?

데이브: 디버거나 에뮬레이터를 이용하여 한 줄씩 실행하면서 제대로 동작하는지

를 검증합니다. 정말 꼼꼼하게 합니다.

제임스: 그렇군요. 분명 엄청나게 많은 시간이 걸릴 텐데요.

데이브: 물론 그렇죠.

제임스: 나중에 그 함수를 변경하면 어떻게 되나요?

데이브: (자신있게) 변경 내용에 근거하여 테스트들의 일부를 다시 실행하죠.

제임스: (질문의 답을 알면서) 이런 변경이 매우 자주 있겠군요?

데이브: (비난하면서) 네, 시스템 엔지니어들은 절대로 인정을 안 하더군요.

제임스: 변경이 더 많아지면 어떻게 되나요?

데이브: 단위 테스트 중에서 변경에 영향을 받는 테스트들을 재실행합니다.

제임스: 어떤 부분을 재실행해야 하는지 어떻게 판단하나요?

데이브: 알아서 판단하는 거죠.

이런 큰 프로세스는 많은 노력이 필요했다. 소프트웨어 품질에 투자가 이뤄진다는 사실에 모두가 만족했다. 불행하게도 이런 노력은 투자 소득이 거의 없는 경우가 허다하다. 수동 단위 테스트가 반복되면 프로세스가 따분해지고 자연스럽게 절차를 간소화하면서 버그가 코드에 주입된다.

나는 테스트를 문서화하기보다는 자동화할 것을 제안한다. 테스트 자동화는 받고 또 받아도 계속 주어지는 선물과 같다. 여러분이 데이브의 회사와 비슷한 프로세스를 사용하고 있다면 이제는 멈춰야 한다. 차라리 단위 테스트에 들이는 노력을 다른 곳에 사용하라. 부연하자면 테스트도 문서다. 데이브의 회사에는 제품 안전에 관한 요구사항이 있었는데, 우리는 테스트 케이스들을 리뷰함으로써 해당 케이스들이 충분한지 확인하자고 합의했다.

단위 테스트에 들인 비용은 어디로 가는가?

TDD를 진행하면서 단위 테스트를 작성하는 데 얼만큼 비용이 들지를 따져 볼 때는 여러분의 현재 프로세스를 솔직하게 살펴보자. 아마 여러분의 현재 프로세스는, 임시변통이거나, 테스트 main()을 직접 작성하거나, 단위 테스트 절차를 문서화하거나, 코드를 한 스텝씩 실행시켜보는 것 중의 하나일 것이다. 이런 활동들은 실행 비용이 엄청나지만 돌려받는 것은 극히 한정적이다.

여러분은 이미 앞서 언급한 방식들로 단위 테스트를 하면서 직접 비용을 들이고,

또 디버깅을 길게 하면서 간접 비용도 들이고 있다. 여러분의 현재 프로세스상에서 단위 테스트에 들이는 비용 중의 일부를 TDD에 들이는 것을 고려해 보라. TDD에서는 변경이 있을 때마다 테스트를 실행하고, 코드와 함께 테스트도 발전하기 때문에 투자에 대한 이득을 훨씬 많이 얻게 된다.

6.2 코드 작성 후에 테스트를 작성하면 왜 안 되나?

DLP에서 TDD로 옮겨가는 것은 어렵다. 따라서 "테스트를 나중에 작성하자"라는 반응이 일반적이다. 이렇게 하는 것에도 이름이 있다. 개발 후 테스트(Test-After Development)이다. 테스트를 나중에 작성하는 것도 효과가 있기는 하지만 테스트 주도로 코드를 작성하는 것에는 미치지 못한다. TAD는 테스트 활동에 가깝지만 TDD는 그 이상의 것이다. TAD로는 얻을 수 없는 이득의 예를 몇 가지 들어보자.

- TDD는 설계에 영향을 미친다. 테스트를 나중에 작성하는 경우에는 TDD가 설계에 미치는 긍정적 효과를 얻을 수 없다. TDD는 더 나은 API와 낮은 결합도, 높은 응집도를 가져온다.
- TDD는 결함을 방지한다. 작은 실수를 하면 TDD는 바로 그것을 찾아낸다. 테스트를 나중에 작성할 때도 많은 실수를 찾아낼 수 있겠지만, TDD라면 발견할 수 있는 것들의 일부는 놓칠 수 있다. 이런 실수들은 결국 여러분의 버그 데이터베이스를 채울 것이다.
- 테스트를 나중에 작성하면 테스트 실패의 근본 원인을 찾는 데 소중한 시간을 낭비하게 된다. 하지만 TDD에서는 보통 근본 원인이 명백하게 드러난다.
- TDD가 더 엄격하고 테스트 커버리지도 높다. 테스트 커버리지가 TDD의 목적은 아니지만 테스트를 나중에 작성하면 테스트 커버리지가 낮아진다.

6.3 테스트를 유지 보수해야 할 것이다

맞다. 알다시피 여러분은 테스트를 유지 보수해야만 한다. 테스트가 없다면 유지 보수할 필요도 없겠지만, 대신 지루한 수동 테스트를 반복해야만 한다. 여러분이 테스트로 인해 얻게 되는 가치는 유지 보수에 들어가는 노력을 보상할 것이다.

테스트들은 깔끔하고 의도가 잘 드러나며 중복이 없도록 유지해야만 한다. 이런 기술을 익히는 데에는 시간이 필요하다. TDD와 테스트 케이스 설계 기술을 익히고 나면 테스트들을 유지 보수하는 일이 어렵지 않다는 것을 알게 될 것이다.

6.4 단위 테스트가 모든 버그를 찾아낼 수는 없다

사실이다. TDD가 모든 버그를 예방할 수는 없다. 하지만 이것이 TDD를 하지 않을 이유는 못 된다. 나는 TDD를 하면서 코드의 한 줄 한 줄이 우리가 기대하는 대로 동작한다는 것을 확신할 수 있고 이를 통해 정말 견고한 단위 기능들을 만드는 데 도움이 된다고 생각한다. 각 기능 단위들을 기대하는 대로 동작하게 함으로써 시스템 전체를 우리가 기대하는 대로 동작하게 하는 것이 가능하다.

여전히 통합 테스트, 인수 테스트, 탐색적 테스트, 부하 테스트 등이 필요하다. TDD로 인해 문제들이 많이 제거되어 상위 수준의 테스트에서는 걸맞는 문제들을 찾게 된다. 통합 테스트는 통합에 관련된 문제를 찾고, 인수 테스트는 코드가 요구 사항을 만족하는지 보여주며, 부하 테스트는 시스템이 설계상의 수용 한계를 충족하는지 판별하는 데 도움이 된다. 변경이 일어날 때 단위 테스트의 효과가 드러난다. TDD 테스트를 통해 변경이 정확하게 의도했던 결과만 가져왔는지 확인할 수 있다.

단 1비트의 오류가 소프트웨어 제어 시스템에서는 재앙을 초래할 수 있다. 소프트웨어는 굉장히 복잡해서 실수하기도 굉장히 쉽다. 몇 해 전에 내 동료 조(Joe)는 우리 제품 플랫폼의 일부인 멀티프로세서 통신 인프라를 설계했다. 가끔씩 재현이 어려운 버그가 생겨서 조는 찾기 어려운 버그를 추적하느라 몇 주 동안 보이지 않았다. 마침내 조가 자신의 자리에서 벌떡 일어나며 "이건 버그가 아니었어. 철자가 틀렸을 뿐이잖아!"라고 외쳤다.

나는 그 당시 TDD를 몰랐지만 이는 확실히 기초적인 수준에서 코드가 프로그래머의 의도대로 동작하지 않은 사례이다. 조의 실수는 사소했지만 결과로 나온 버그는 결코 사소하지 않았다. 작은 실수가 작은 버그를 의미하지는 않는다. 실수가 크든 작든 많은 노력을 낭비하게 한다. TDD가 모든 버그를 예방하지 못할지라도 버그가 될 수 있는 많은 실수들을 예방하는 데 아주 효과적이다.

6.5 빌드가 오래 걸린다

큰 규모의 임베디드 프로젝트에서 전체 빌드에 몇 시간씩 걸리는 것은 일반적이다. 내가 함께 작업했던 어느 휴대폰 제조사는 빌드하는 데 6시간이 걸렸다. 하지만 수정/빌드/단위 테스트의 사이클 시간은 몇 시간이 아니라 몇 초로 얘기할 수 있어야 한다. TDD 리듬을 타기 위해서는 빠른 증분 빌드(incremental build)가 필요하다. TDD를 하면서 전체 시스템을 빌드할 필요는 없다. 의존성을 잘 관리하면 시스템의 부분들을 독립적으로 빌드할 수 있다.

빌드 시간이 너무 오래 걸린다면 증분 빌드 시간을 줄이기 위해 단위 테스트 빌드를 여러 개로 나눌 필요도 있다. 단위 테스트를 여러 개의 빌드로 나누는 설정이 어렵지 않을 것이다. 왜냐하면 여러분은 이미 제품을 라이브러리, 컴포넌트, 서브시스템 등으로 구조화 해 놓았을 것이기 때문이다. 각각의 빌드를 설정하는 정확한 방법은 여러분의 개발 환경이나 사용하는 단위 테스트 하니스에 따라 달라진다. 핵심은, 각각의 테스트 실행 파일을 만들기 위해 Makefile을 추가로 만들거나 make 타깃을 추가하는 것이다.

하나의 모듈을 테스트하거나 혹은 모듈 여러 개를 함께 테스트할 때 진짜 어려운 것은 여러분의 코드가 모듈화되어야 한다는 것이다. 구조체와 함수가 아무나 접근 가능(data structure and function call free-for-all)과 같은 안티패턴이 난무하면 테스트하기 위해 시스템을 분리하기가 어렵다. 다음 장부터 더 작고 초점이 잘 맞춰진 테스트 빌드를 만드는 데 도움이 되는 의존성 제거 기법들을 살펴보자.

6.6 우리에겐 기존 코드가 있다

이 책을 읽고 있는 여러분의 대다수는 이미 매일 개발하고 있는 기존의 제품 코드가 있을 것이다. 그리고 대부분은 자동화된 단위 테스트가 적거나 하나도 없을 것이다. 그렇다고 해서 TDD를 할 수 없는 것일까? 물론 그렇지 않다. TDD를 시작하려면 먼저 기존 코드 전부에 대해 테스트를 작성해야 할까? 자, 현실적으로 보자. 단위 테스트가 있으면 정말 좋겠지만 제품 개발을 멈추면서까지 원칙을 좇아 모든 테스트를 작성하는 것은 실용적이지 않다.

레거시 코드(테스트가 없는 코드)에 대한 추천 처방은 제품에 새 기능을 추가하면서 테스트도 함께 추가하는 점진적 방법이다. 이 주제에 대해서는 13장 「레거시 코드에 테스트 추가하기」에서 상세하게 다루겠다. 미리 조금만 설명하자면, 기존 제품에 테스트를 추가하면서 TDD를 적용해 나가는 기법들은 아래와 같다.

- 새로운 함수와 모듈에 TDD 사용하기
- 기존 코드를 변경할 때 테스트 추가하기
- 버그를 수정할 때 테스트 추가하기
- 미래를 위한 전략적 테스트들에 투자하기

6.7 메모리 용량이 제한되어 있다

제한된 메모리 용량은 많은 임베디드 개발자들이 직면한 현실이다. 개발 시스템에서 테스트를 실행하면 타깃에서와 같은 메모리 제약 사항이 드러나지 않는다. 제한된 메모리 상황에서 TDD에 도움이 될 만한 것들을 살펴보자.

- 여러분의 코드 대부분을 타깃 아닌 환경에서도 테스트할 수 있도록 듀얼 타기팅을 사용하라.
- 크기가 작은 테스트 하니스를 찾아라. Unity라면 괜찮다.
- 제품 코드와 테스트 케이스를 모두 넣을 수 있을 만큼 메모리가 여유 있는 실험실 버전의 타깃을 만들어라.
- '6.5 빌드가 오래 걸린다'에서 설명한 것과 마찬가지로 제한된 메모리에 맞추어 테스트 러너를 여러 개로 나누고, 각각이 테스트의 부분 집합을 실행하게 하라.
- 타깃 빌드에서의 메모리 사용량을 추적하라.

메모리 사용량을 추적하는 것과 관련하여 좀 더 이야기 해 보자. 여러분의 타깃 시스템에 1MB 크기의 플래시 메모리가 있다고 하면 '그림 6.1 플래시 사용량 그래프'처럼 각 이터레이션이 끝날 때 메모리 사용량을 그래프로 그릴 수 있다.

여러분이 구축한 지속적 통합 시스템이 타깃 플래시 메모리의 바이너리 이미지를 빌드하면서 맵 파일을 생성할 수도 있다. 간단한 셸 스크립트로 맵 파일을 읽어서 코드 영역의 크기를 계산할 수 있다. 이 팀은 각 이터레이션이 끝날 때 빌드 결과로부터 해당 값을 가져와서 자신들의 Big Visible Chart(BVC)로 보여준다. 7번째 이터레이션에서 갑자기 메모리 사용량이 증가하는 것을 보고 이 팀은 문제를 인식할 수 있다. 빌드 이력을 살펴보면 메모리 사용량이 급증한 것이 언제, 어떤 변경 때문이

그림 6.1 플래시 사용량 그래프

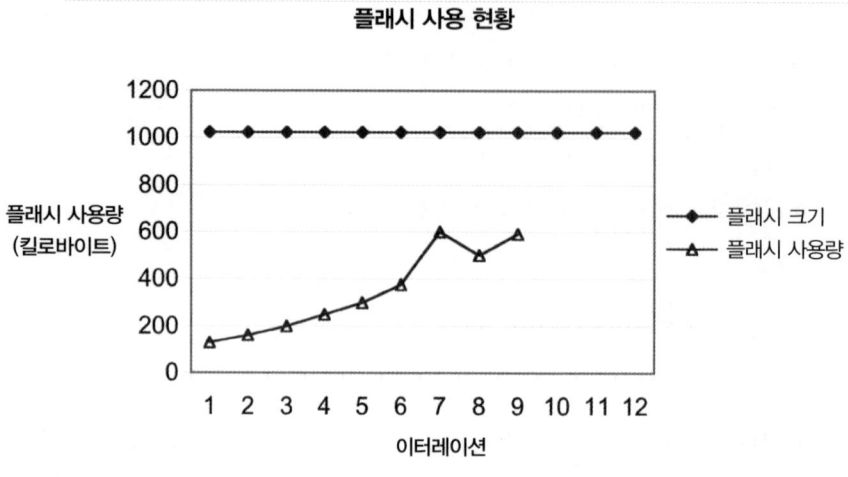

었는지 알 수 있을 것이다. 차트에서는 플래시 사용량이 다시 떨어지는 것이 보이는데, 이 팀은 플래시를 잡아먹는 녀석을 찾아내서 다이어트를 시킨 것이 분명하다.

이터레이션마다 혹은 기능마다 플래시나 램 사용량에 대한 예산 계획을 수립하여 CI 빌드에 그 값을 설정할 수도 있을 것이다. 각 사용량이 해당 예산을 초과하면 빌드를 실패로 간주하여 이터레이션 중간에도 팀이 즉각 그 사실을 알게 할 수 있다. BVC는 매우 편리한 도구이며 CPU 유휴 시간이나 I/O 데이터 속도와 같은 주요 자원을 추적하는 데 사용할 수 있다. 자원이 어떻게 사용되는지 BVC를 통해 미리 경고를 얻을 수 있다.

6.8 우리는 HW와 상호작용해야 한다

하드웨어와 맞물려서 동작하는 테스트들도 타깃 없이 테스트할 수 있다. 이건 중요한 주제라서 설명하는 데 시간을 많이 할애하겠다. 3장 「C모듈 시작하기」의 LedDriver를 떠올려 보자. 그 자체만으로는 코드가 하드웨어에서도 제대로 동작하리라는 것을 증명하지 못했다. 하지만 테스트들은 해당 코드가 우리가 이해한 수준에서 하드웨어 동작 방식에 맞게 동작한다는 것을 보여준다. LedDriver가 하드웨어와 통합될 때, 우리가 잘못 이해했던 것들을 제품 코드나 테스트에서 수정할 수 있다.

LedDriver는 단순한 드라이버다. 많은 드라이버들이 하드웨어와 더 복잡하게 상호작용한다. 이 책의 여러 장들에 걸쳐(7장 「테스트 대역 도입하기」부터 시작하여) 소프트웨어와 하드웨어의 상호작용뿐만 아니라 모듈 간의 상호작용을 TDD로 개발하기 위해서 필요한 테스트 스텁 사용 방법을 탐구해 볼 것이다.

우리는 시스템 클록(clock)을 제어해 볼 것이다. 클록은 중요한 HW 상호작용 중의 하나다. 시간이란 것도 단지 함수 호출의 결과에 불과하다. 우리는 그 시간을 통제함으로써 시간에 의존적인 코드를 철저하게 그리고 실용적으로 테스트할 수 있다.

10장 「목(Mock) 객체」에서는 디바이스 드라이버와 하드웨어 사이의 복잡한 상호작용을 시뮬레이션해 봄으로써 여러분이 마치 디바이스를 직접 사용하는 듯한 느낌을 얻게 될 것이다. '시뮬레이션'이라는 용어가 그릇된 인상을 주지 않기를 바란다. 시뮬레이션한다는 것이 소프트웨어, 심지어 하드웨어까지 만드는 것을 의미하는 경우가 많다. 이는 시뮬레이션 대상을 만드는 것만큼이나 복잡할 수도 있다. 테스트 대역(test double)이나 목(mock)은 시뮬레이터가 아니다. 단지 특정 상호작용 시나리오만을 시뮬레이션할 뿐이다. 상호작용의 순서를 시뮬레이션하는 것은 시스템 전체를 시뮬레이션하는 것보다는 간단하며 매우 효과적이다.

6.9 C를 테스트하는데 왜 C++ 테스트 하니스가 필요한가?

CppUTest의 많은 부분을 C로 작성할 수도 있었다. 하지만 C만으로는 자가 설치형 테스트 케이스를 만들 수가 없다. Unity나 그밖의 C만으로 작성된 테스트 하니스에서는 테스트 케이스를 설치하는 데 2단계(가끔은 3단계) 절차를 거쳐야 한다. 이로 인해 실수하기가 쉽다. 예를 들면 테스트 케이스를 작성하고 나서 설치하는 것을 잊어버리면 테스트 케이스가 실행되지도 않았는데 테스트가 통과한 것처럼 보일 수 있다.

테스트 하나가 여러 군데 이름이 노출되면 테스트를 리팩터링하기가 더 어려워진다. 만약 여러분이 테스트를 두 개로 나누거나 이름을 변경하려고 하면 중복 작업이 생긴다. 이름을 변경하기가 어려우면 좋지 않은 이름을 그대로 남겨둘 확률이 높아진다. 따라서 올바른 일을 쉽게 할 수 있는 테스트 하니스를 사용하는 것이 최선이다.

Unity 설계자들은[1] Ruby 스크립트로 테스트 케이스를 읽어서 테스트를 호출하

---

1 그렉 윌리엄즈(Greg Williams), 마크 카를스키(Mark Karlesky), 마크 반데르 보오드(Mark Vander Voord,)

는 코드를 자동 생성하는 방법으로 테스트 설치 문제를 해결했다.

CppUTest의 설계자들은[2] 다른 방법을 택했다. 우리는 C++가 제공하는 기능을 사용하여 각 테스트를 전체 테스트 목록에 자동으로 설치되도록 했다. 여러분이 C++에 익숙하지 않다면 설명이 이해하기 힘들 것이다. C++의 중요한 기능 중 하나가 객체 초기화를 언어 차원에서 지원하는 것이다. 파일 범위로 선언된 객체는 main()이 실행되기 전에 객체의 생성자를 통해 초기화된다. 생성자는 구조체를 초기화하는 함수와 같다. 기본적으로 TEST() 매크로는 파일 범위의 C++ 객체를 생성하는데, 이 객체의 생성자에서 TEST()를 전체 테스트 목록에 설치한다.

만약 여러분의 타깃이 C 컴파일러만 지원하더라도 나는 CppUTest를 버리지 않을 것이다. 가끔 다른 컴파일러로 컴파일하면서 이전에 발견하지 못했던 문제를 찾을 수 있다. 개발 시스템에서 테스트하면 이식성 문제를 발견하는 데 도움을 준다. 자가 설치형 테스트 덕분에 테스트 케이스를 설치하지 않는 실수를 피할 수 있다. C++ 테스트 하니스를 사용하다 보니 C++ 사용을 탐탁지 않게 여기던 것이 누그러 졌다고 말하는 사용자도 있다. 그들은 테스트 케이스에서 C++를 실험해 볼 수 있었고 이제는 그들의 제품 코드에서도 C++를 사용하게 되었다.

만약 여러분의 타깃이 C++ 컴파일러를 지원하지 않거나 여전히 CppUTest를 사용하기가 꺼려진다면 CppUTest에 포함된 Ruby 스크립트를 살펴봐라. 이 스크립트는 CppUTest로 작성된 테스트를 Unity 테스트로 변환해 준다. 이를 이용하면 개발 시스템에서 C++ 컴파일러로 먼저 작업하고 타깃에서 실행할 때는 테스트 케이스를 Unity로 자동 변환할 수 있다.

6.10 지금까지 우리는

아마 아직까지도 여러분이 개발하는 환경에 TDD를 도입하는 방법과 관련하여 질문이 남아 있을 것이다. LedDriver 예제는 드라이버가 가진 의존성이 하나뿐이어서 간단했다. 여러분이 TDD를 느껴보는 데 도움이 되었을 것이다. 여러분이 일을 하다보면 이렇게 쉬운 코드가 분명 있을 것이다. 처음부터 엄청나게 어려운 문제를 해결해야 한다고 생각할 필요가 없다. 단순한 문제들을 해결하면서 더 큰 과제를 해결하기 위해 필요한 테스트 기법이나 점진적 개발과 같은 실력을 쌓을 수 있다.

---

[2] 마이클 페더스(Michael Feathers), 바스 보드(Bas Vodde), 제임스 그레닝(James Grenning)

걱정하지 마라. TDD가 그저 쉬운 것들만 테스트하기 위한 것은 아니다. 시스템의 복잡성은 시스템 내의 다른 부분들에 의존하는 것에서 기인한다. 이 책의 2부에서는 자동화 테스트 작성을 어렵게 만드는 의존성 있는 모듈들에 TDD를 적용해 볼 것이다.

배운 것 적용하기

1. TDD가 여러분에게는 절대 효과가 없을 것 같은 100가지 이유를 생각해 보라. 그리고 여러분의 버그 목록을 다시 살펴보라.
2. 버그의 근본 원인들을 나열해보고 이것들 중에서 TDD로 예방할 수 있었을 법한 것들은 무엇인지 찾아보라.
3. TDD가 여러분에게 효과가 있을 것이라고 치고서 한번 시도해 보라.

2부
협력자를 가진 모듈 테스트하기

Test-Driven Development for Embedded C

7장

TDD for Embedded C

테스트 대역 도입하기

모든 국민을 잠시 속이거나 소수의 국민을 항상 속일 수는 있다. 그러나 모든 국민을 항상 속일 수는 없다.

— 에이브러햄 링컨(Abraham Lincoln)

지금까지는 의존성이 없는 독립적인 코드를 개발하면서 테스트를 작성했다. 언제나 그렇지만 이런 코드는 시스템을 개발하는 데 있어서 쉬운 부분에 해당한다. 공유하기도 쉽고 재사용하기도 쉽다. TDD에 있어서 좀 더 다루기 힘든 과제는 중간 코드, 즉 해당 기능을 수행하려면 다른 모듈이나 함수, 혹은 데이터 저장소를 거쳐야 되는 모듈들을 테스트하는 일이다. 2부에서는 중간 코드를 효과적으로 테스트하는 방법들을 주로 소개한다.

7.1 협력자

협력자(collaborator)는 테스트 대상 코드(code under test, CUT)의 외부에 있으면서 CUT가 동작하는 데 필요한 함수, 데이터, 모듈, 혹은 디바이스이다. LedDriver에서 이미 매우 간단한 협력자를 다루었다. 처음 보면 협력자가 없는 독립적인 모듈로 보인다. 첫인상은 우리를 속이기도 한다. 분명 LedDriver에는 '그림 7.1 LedDriver

그림 7.1 LedDriver 테스트

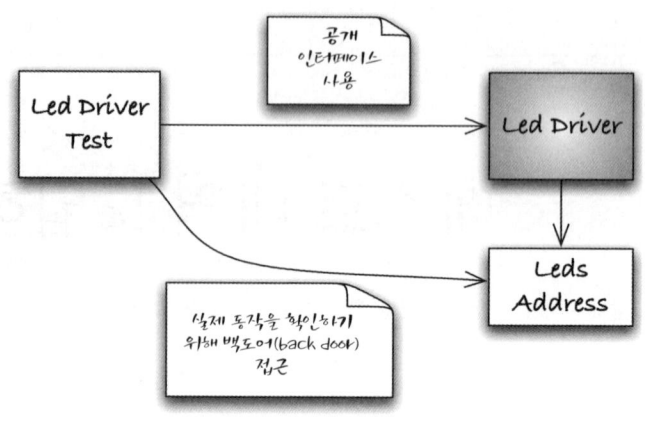

테스트'처럼 협력자가 있다. 실제 동작 환경에서는 LED 주소 변수(ledsAddress)가 메모리 매핑된 I/O 주소를 가리키면서 하드웨어와 연결된다. 테스트 환경에서는 LedDriver에 virtualLeds 변수, 즉 실제 하드웨어를 대신하는 메모리의 주소를 전달한다. 테스트 케이스에서는 기능을 실행한 다음 virtualLeds를 살펴보는 방식으로 드라이버의 정상 동작 여부를 간접 확인한다.

virtualLeds는 간단한 '테스트 대역(test double)'[1]이다. 테스트 대역은 테스트가 진행되는 동안 특정 함수, 데이터, 모듈, 혹은 라이브러리 역할을 맡는다. CUT 입장에서는 자신이 대역과 상대하는지 모르고, 진짜 협력자와 하듯이 그대로 대역과 상호 작용한다.

여러분은 이미 테스트 대역을 사용해 봤을 것이다. 가장 단순한 형태의 테스트 대역은 실제 제품 코드가 들어갈 자리를 대신 차지하는 스텁(stub)이다. 여러분은 스텁을 작성해 보긴 했겠지만, 아마도 실제 코드가 없어서 어쩔 수 없이 사용하는 임시방편으로만 생각했을 것이다. 그래서 실제 코드가 준비되면 여러분은 스텁을 더 이상 사용하지 않는다. TDD에서는 제품 코드가 유지 보수되는 한 계속 테스트 대역을 사용하고 관리하면서 단위 테스트 자동화를 쉽게 만든다.

---

[1] '테스트 대역'은 제라드 메스자로스(Gerard Meszaros)의 책 『xUnit Testing Patterns』 [Mes07]에 설명되어 있다.

7.2 의존성 끊기

실제 코드에는 의존성이 있다. 하나의 모듈은 특정 기능을 수행하기 위해 여러 다른 부분들과 상호작용한다. 운영체제, 하드웨어 디바이스, 때로는 다른 모듈과 상호작용하게 되는데 이로 인해 코드는 테스트 자동화가 더 어려워진다. 나쁜 소식은 이렇게 문제가 되는 의존성 때문에 테스트 자동화가 어려워지거나 혹은 엄청난 비용을 치를 수 있다는 것이다. 좋은 소식은 이런 코드라도 테스트 가능하도록 설계를 바꿀 수 있다는 것이다. 다시 말해 우리는 의존성을 끊을 수 있다.

의존성을 끊을 때 핵심이 되는 것은 인터페이스, 캡슐화, 데이터 은닉을 철저히 더 많이 사용하는 한편 보호되지 않은 전역 데이터에는 덜 의존하는 것이다. C 언어로 모듈화가 잘 되고 테스트 가능하게 설계하기 위한 방법으로서, 우리는 헤더 파일을 이용하여 모듈의 인터페이스를 공개하는 방법을 쓸 것이다. 모듈이 테스트 가능하려면 인터페이스를 통해서만 다른 모듈과 상호작용해야 한다.

모듈 간의 상호작용이 인터페이스를 통해 이뤄지면, 협력자를 교체할 수 있도록 설계하는 것도 가능하다. 테스트 버전의 협력자를 대신 사용할 수도 있게 된다. 우리는 꼭 필요한 경우에만 대체 협력자를 사용한다. 만일 여러분이 실제 제품 코드를 협력자로 사용하면서 테스트할 수 있다면 그것을 직접 이용하라. 협력자 때문에 여러분이 테스트를 자동화하기가 어려워진다면 그때가 바로 테스트 대역을 사용할 때다.

협력자의 동작을 제어하기가 어렵다면 테스트가 어려워진다. 예를 들어, 네트워크 장애를 적절히 처리하는지 테스트하려면 테스트 케이스로 확인하려는 바로 그 순간에 필요한 장애를 발생시킬 수 있어야 할 것이다. 네트워크 장애는 우리가 바라는 때에 발생하지 않고, 다른 순간에 발생할 수도 있다. 네트워크로 통신하는 코드를 테스트하려면 네트워크 통신 API의 테스트 버전과 함께 동작시킬 수 있어야 한다.

테스트 대역을 이용하면 테스트 목적으로 네트워크 장애가 발생하는 순간을 정확히 조절해야 하는 문제가 해결된다. 네 개의 메시지를 순차적으로 처리해야 하는 경우를 가정해보자. 요구사항에 따르자면 네트워크 장애가 발생했을 때, 마지막으로 송신한 메시지에 따라 복구 동작이 달라져야 한다. 코드가 이러한 요구사항을 만족시키는지 확신하려면 다양한 장애 상황을 테스트해 봐야 한다. 세 번째 메시지를 송신한 뒤 장애가 발생하면 복구 동작이 제대로 실행될까? "지금 플러그를 뽑아!"라고 외치는 방법도 있겠지만 그런 식으로 재연하기 쉽지 않다. 이 시나리오를 테스트하려면 협력자(네트워크)를 제어하여 정확한 순간에 오류를 발생시킬 수 있어야 한다.

아래 그림의 왼쪽을 보면 많은 모듈들 간의 의존관계가 복잡하게 얽혀있는 것을 볼 수 있다.

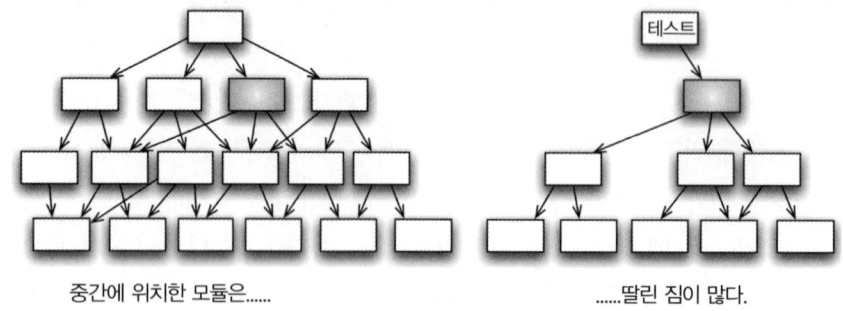

중간에 위치한 모듈은…… ……딸린 짐이 많다.

여러분에게 주어진 미션은 중간에 있는 회색 모듈을 테스트하는 것이다. 의존성을 조사해 봤더니 회색 모듈에 딸린 짐이 많다. 오른쪽에 있는 의존관계 그래프는 테스트 대상 모듈을 테스트 하니스에 넣기 어렵게 만드는 복잡한 의존관계를 보여준다. 그림에는 드러나지 않지만 런타임 의존성이나 초기화 관련 문제도 있을 것이다. 이러한 것들은 미리 예상하거나 쉽게 발견하기 어렵다. 의존 관계가 어디까지 이어질지 알 수 없다. 하지만 우리는 자신 있게 미션을 수락할 수 있다. 테스트 대역을 한두 개 이용하면 문제가 되는 의존성의 고리들을 끊을 수 있기 때문이다.

그림 7.2 문어발처럼 뻗은 테스트 의존성

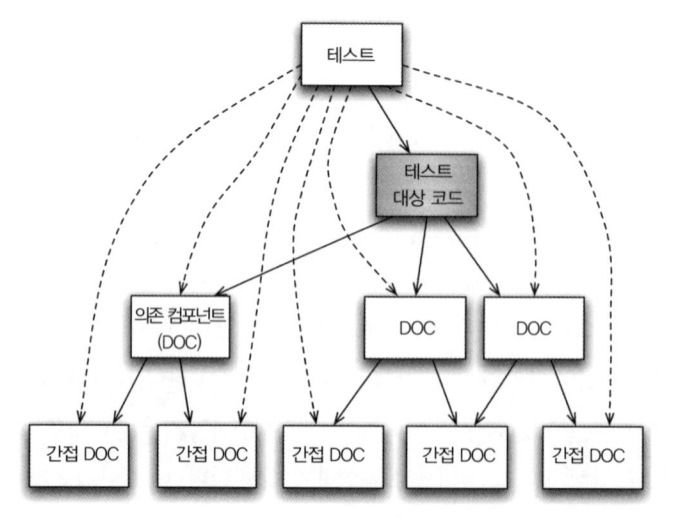

'그림 7.2 문어발처럼 뻗은 테스트의 의존성'은 테스트 대역 없이 엉망으로 꼬여 있는 의존성을 보여준다. 맨 위에 있는 테스트 케이스는 CUT의 클라이언트 역할을 한다. 테스트 케이스에서 시작된 의존 관계가 마치 문어발 같다. 테스트 케이스에서 뻗어나간 점선은 CUT와 협력하는 모듈 혹은 자료 구조들까지 닿아있다. 제라드는 이러한 것들을 '의존 컴포넌트(Depended on Component, DOC)'라고 부른다.

'2.5 네 단계 테스트 패턴'에서 다룬 것처럼 테스트는 설정, 실행, 확인, 정리의 네 단계를 밟아야 한다. 테스트 의존성이 복잡하면 네 단계 테스트 패턴을 제대로 따르기가 어렵다. 설정 단계에서 테스트 케이스가 DOC를 설정하고 정리해야 하는데, 여기에는 간접 DOC들을 초기화하는 것도 포함된다.[2] 여러분이 중도에 포기하지만 않는다면 하나의 테스트 케이스를 위해 시스템 전체를 초기화하게 될 지도 모른다. 테스트 케이스가 CUT를 실행한 뒤에는 CUT가 정상적으로 동작했는지 확인하기 위해 DOC나 간접 DOC를 살펴봐야 할 것이다. 간단한 문제가 아니다.

테스트를 복잡하게 만드는 것은 차치하더라도 테스트가 직간접적인 의존성을 알고 있어야 하므로 테스트가 깨지기 쉽다. 나중에 설계를 수정하면 의존 관계도 바뀌어서 테스트가 깨질 확률이 높다. 테스트 코드에 그대로 노출된, 관리되지 않

그림 7.3 테스트 대역으로 테스트 의존성 관리하기

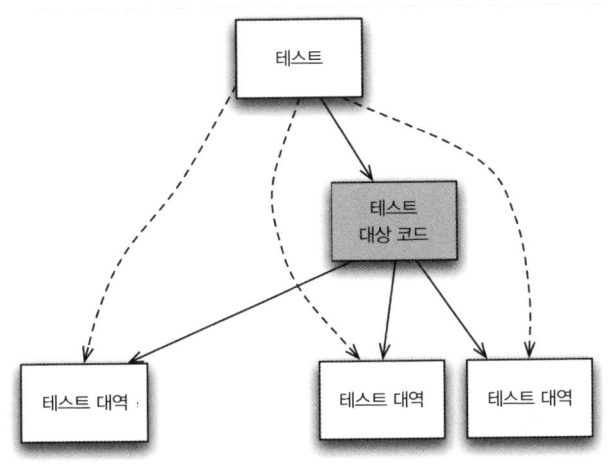

---

[2] A가 B에 의존적이고 B가 C에 의존적이면, A도 C에 의존적이라는 점에서 의존성은 추이적(transitive) 특성을 지닌다.

은 의존성은 제품 코드에서와 마찬가지로 위험하다.

'그림 7.3 테스트 대역으로 테스트 의존성 관리하기'는 테스트 대역을 이용하여 간접적으로 의존하는 컴포넌트에 대한 정보를 감추고 테스트를 단순화할 수 있음을 보여준다. 테스트 대역이 진짜 협력자 자리에 위치한다. CUT는 그 차이를 알 수 없다. CUT 입장에서는 테스트 대역이 협력자이다.

테스트 대역은 진짜에 대한 완전한 시뮬레이션이 아니다. 영화 속의 스턴트 배우가 진짜 배우와 똑같지 않은 것과 마찬가지다. 스턴트를 맡은 대역은 자신에게 맡겨진 부분이 무엇인지 알고 있다. 어떤 대역은 빌딩에서 정말 멋지게 뛰어내리는 것이 그에게 주어진 역할이다. 달리는 말에서 떨어지는 장면에서는 다른 대역이 필요할지도 모른다. 이렇게 아주 특수한 상황에서 대역이 주연 배우를 대신한다. 이런 관계를 잘 이해했다면 테스트 대역을 단순하게 유지할 수 있을 것이다. 대역은 대체하려고 하는 진짜보다 훨씬 단순해야 한다.

테스트 대역은 우리가 원하는 값을 CUT의 입력값으로 전달하거나(테스트 대역의 함수 반환값), CUT에서 테스트 대역으로 전달하는 출력값을 가로챌 수 있다(테스트 대역의 함수 인자값). 가로챈 출력값을 기대와 비교 검사하기도 한다.

테스트 대역은 여러 가지 변형이 있다. 그중 몇 가지를 '테스트 대역의 변형들' 관련 글에 정리했다.

테스트 대역의 변형들

제라드는 자신의 책에서 테스트 대역의 각기 다른 형태를 구분 지었다. 우리는 그 중에서 스파이, 스텁, 목, 폭탄 페이크를 사용할 것이다. 테스트 대역에는 다른 종류도 있음을 알아두면 좋을 것이다.

이름	변형
테스트 더미(dummy)	빌드 문제를 해결해 준다. 더미는 실제로는 호출되지 않는 단순한 스텁이다. 컴파일, 링크, 실행 시간 의존성을 만족시키기 위해서 사용된다.
테스트 스텁(stub)	테스트 케이스가 지정한 대로 특정 값을 반환한다.
테스트 스파이(spy)	CUT로부터 넘어오는 인자를 가로챈다. 테스트는 올바른 인자값이 스파이로 전달되었는지 검증할 수 있다. 스파이는 테스트 스텁처럼 반환값을 CUT에 전달하기도 한다.
목(mock) 객체	함수가 호출되었는지, 호출 순서가 올바른지, CUT에서 DOC로

	전달된 인자값이 올바른지 등을 확인한다. 특정 값을 CUT로 반환하도록 설정할 수도 있다. 목 객체는 목 객체로의 호출이 여러 번 발생하는 경우, 특히 호출될 때마다 목 객체의 반응이 달라지는 경우에 주로 사용한다.
페이크(fake) 객체	대체하려는 컴포넌트의 일부 기능 구현을 제공한다. 페이크는 보통 대체하는 구현에 비해 상대적으로 단순하게 구현된다.
폭탄 페이크	호출되면 테스트가 실패하게 만든다.

이러한 용어들은 테스트 대역을 사용하면서 필요한 동작이나 기능이 조금씩 다른 경우에 명확한 의사소통을 도와준다. 하지만 대개는 명확히 구분 지을 필요가 없다. 실제에서는 용어에 너무 매달리지 않기를 바란다. 사람들은 일반적으로 페이크, 목, 스텁이란 용어들을 섞어서 사용한다.

7.3 테스트 대역을 언제 사용하나?

모든 상호작용마다 테스트 대역을 사용하지는 않을 것이다. 나의 첫 번째 규칙은 '가능하다면 진짜 코드를 사용하고, 어쩔 수 없는 경우에만 테스트 대역을 사용한다'이다. 언제 대역을 쓰고, 언제 쓰지 말아야 할지 결정하려면 여러분의 판단력을 발휘해야 할 것이다.

예를 들어, 연결 리스트가 CUT의 협력자들 중 하나라면 굳이 가짜 연결 리스트를 사용할 필요가 없다. 진짜를 사용하라. 진짜 연결 리스트를 사용하여 네 단계 테스트 패턴의 '확인(verify)' 단계에서 올바르게 추가, 삭제, 수정되었는지 확인하면 된다.

테스트 대역을 사용할만한 이유를 몇 개 정리해보았다.

하드웨어 독립적으로 테스트한다

하드웨어와의 상호작용에 테스트 대역을 사용하면 해당 하드웨어로부터 독립적으로 테스트하는 것이 가능해진다. 게다가 다양한 입력값으로 시스템을 실험할 수도 있다. 이런 일을 실험실이나 실제 환경에서 하드웨어로 직접 한다면 매우 어렵거나 시간이 많이 걸릴 수도 있다.

만들어내기 어려운 입력값을 주입한다

계산이 필요하거나 하드웨어에서 생성되는 이벤트 시나리오는 만들어내기가 어려울 수 있다. 테스트 대역의 반환값을 조정하는 것만으로 CUT의 예외적 실행 경로를 테스트하기 위한 입력값을 제공할 수 있다.

느린 협력자의 속도를 개선한다

테스트 실행이 느리다면 여러분은 필요한 만큼 테스트를 자주 실행하지 않게 될 확률이 높다. 데이터베이스, 네트워크 서비스, 복잡한 계산과 같은 느린 협력자가 있다면 테스트 케이스에서 가짜 값을 반환하는 방식으로 속도 개선이 가능하다.

휘발성에 의존하는 경우

휘발성을 가진 협력자의 대표적인 케이스는 시간이다. 정확히 오전 8시 42분에 발생해야 하는 이벤트가 있다고 하면, 여러분이 테스트할 수 있는 기회는 하루에 단 한 번 밖에 없다. 아니면 매번 시간을 재설정해야 한다. 하지만 시간을 테스트 대역으로 바꾸면 지금 시간이 오전 8시 42분이 될 수도 있고 혹은 윤년의 마지막 날처럼 여러분이 원하는 어느 때든지 될 수 있다.

의존 컴포넌트가 아직 개발 중이다

설계에 아직 결정되지 않은 내용이 있는 경우가 더러 있다. 특히 하드웨어와 소프트웨어가 동시에 개발되는 경우라면 더욱 그러하다. 개발을 진행하다가 아직 결정되지 않은 영역에 다다르면 CUT가 필요로 하는 인터페이스를 정하고 그것에 맞춰 테스트 대역을 개발하라. CUT 개발을 계속 진행하면서 동시에 아직 구현되지 않은 서비스에 대해서 CUT가 어떤 기능을 필요로 하는지 미리 탐색할 수 있다.

의존 컴포넌트를 설정하기 어렵다

DOC를 원하는 상태로 설정하기 어려운 경우에는 그것을 테스트 대역으로 대체하는 것이 최선일 수도 있다. 테스트에 직접 사용할 수는 있지만 설정하기 어려운 DOC의 좋은 예가 바로 데이터베이스이다.

어떤 CUT에 대해서 테스트 대역을 사용하기로 결정했다고 해서 CUT의 협력자 전부를 대역으로 교체할 필요는 없다. 대개의 경우 여러분은 '그림 7.4 테스트 대역과 진짜 협력자를 같이 사용하기'처럼 진짜와 가짜 협력자를 다양하게 혼합하여 사용할 것이다. 또 어떤 테스트에서는 실제 협력자(제품 코드)를 사용하고 다른 테스

그림 7.4 테스트 대역과 진짜 협력자를 같이 사용하기

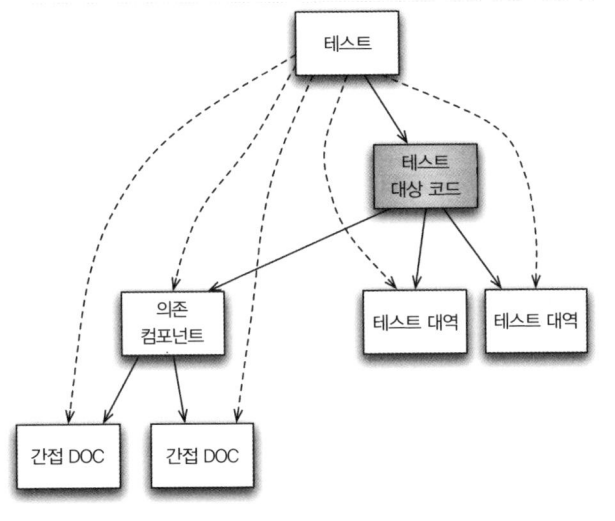

트에서는 테스트 대역을 사용하는 경우도 있을 수 있다.

7.4 C로 페이크 만들기, 그 다음은?

테스트 대역을 통해 해결하고자 하는 문제들을 개념적인 수준에서 이야기했다. 여러 가지 필요에 따라 테스트 대역을 여러 가지 형태로 정의했다. 테스트 대역을 사용해야 하는 상황들도 열거해 보았다. 이제 남은 것은 제품 코드 자리에 테스트 대역을 치환해 넣을 기술적 방법이다.

C에서 테스트 대역을 치환하는 방법에는 링크타임 치환, 함수 포인터 치환, 전처리기 치환이 있다. 각각의 치환 방법을 언제 사용하고 언제 사용하지 말아야 하는지 알아보자.

링크타임 치환

단위 테스트 실행 파일 전체에 대해 DOC를 교체하려 한다면 링크타임 치환을 사용해라. 여러분이 인터페이스를 고칠 수 없는 모듈을 치환하고자 할 경우에도 링크타임 치환이 필요할 것이다. 이 방법은 타깃에 올리지 않고 테스트하거나 써드파티 라이브러리, 하드웨어 의존적인 모듈, 운영체제로의 의존성을 제거하고자 할 때 특히

유용하다. 다음 장에서 이 방법의 예제를 다룰 것이다.

DOC도 테스트해야 하는 경우에는 테스트 대역을 빼고 DOC를 포함하는 별도의 테스트 실행 파일을 만들어야 한다. 다음 장에서 링크타임 테스트 대역을 사용할 것이다.

함수 포인터 치환

전체 테스트 케이스 중 일부에 대해서만 DOC를 대체하고 싶은 경우에는 함수 포인터 치환 방법을 사용해라. 여러분이 직접 인터페이스를 수정할 수 있는 곳 어디라도 함수 포인터 치환 방법을 사용할 수 있다. 다만 조금 더 복잡해지고, 램을 더 사용하며, 함수 선언부의 가독성이 저해된다(적어도 여러분이 익숙해질 때까지는). 함수 포인터를 이용하면 어떤 함수를 바꿔치울지, 어떤 함수를 그대로 사용할지 등을 세밀하게 조절할 수 있다. 함수 포인터 치환 방법은 9장 「런타임 연결 테스트 대역」에서 자세히 다룰 것이다.

전처리기 치환

링크타임 치환이나 함수 포인터 치환으로도 불가능한 경우에는 전처리기 치환을 사용하라. 전처리기를 이용하면 원하지 않는 인클루드 연결고리를 끊을 수 있다. 선택적으로 혹은 임시로 특정 이름을 재정의하는 것도 가능하다. CppUTest는 전처리기 치환 방법을 사용하여 표준 함수인 free(), malloc(), calloc(), realloc() 함수를 재정의하였으며, 이를 통해 힙 메모리 사용을 모니터링한다. CppUTest는 GCC의 -include 명령줄 옵션을 사용하여 모든 파일의 시작 위치에 자동으로 인클루드를 포함시킨다. 다음 코드는 CppUTest에서 힙 메모리를 모니터링하기 위해 자동으로 포함시키는 인클루드 파일이다.

```
#include <stdlib.h>

void* cpputest_malloc(size_t size, const char *, int);
void* cpputest_calloc(size_t count, size_t size, const char *, int);
void* cpputest_ralloc(void *, size_t, const char *, int);
void cpputest_free(void* mem, const char *, int);

#define malloc(a) cpputest_malloc(a, __FILE__, __LINE__)
#define calloc(a, b) cpputest_calloc(a, b, __FILE__, __LINE__)
#define realloc(a, b) cpputest_realloc(a, b, __FILE__, __LINE__)
#define free(a) cpputest_free(a, __FILE__, __LINE__)
```

전처리기 치환 방법은 최후의 선택이어야 한다. 이 방법이 가진 문제점은 컴파일되는 CUT 코드가 실제와 다르다는 점이다. 이 방법을 쓰면 코드 변경이 넓고 깊게 퍼져나간다. 전처리기 치환 방법을 사용하기로 결정하기 전에 먼저 다른 대안을 고려해봐라. 링크타임 치환이나 함수 포인터 치환이 가능하도록 새로운 인터페이스로 해당 코드를 감싸는 대안도 있다.

링크타임 치환과 함수 포인터 치환의 조합

링크타임 치환과 함수 포인터 치환을 조합할 수도 있다. 링크타임 스텁에 함수 포인터를 포함하는 방법이다. 함수 포인터는 처음에 NULL로 초기화되지만 여기서는 아무 일도 하지 않는 기본 스텁에 연결된다. 테스트 케이스에서 테스트에 필요한 스텁 함수를 포인터에 지정할 수 있다. 이 방법은 함수 포인터의 유연성이 필요하지만 DOC의 인터페이스를 바꾸고 싶지 않은 경우에 유용하다.

7.5 지금까지 우리는

이번 장에서 우리는 의존성의 문제를 개념적으로 다루었다. 테스트 대역을 사용하여 테스트 대상 코드를 협력자로부터 분리하는 방법에 대한 몇 가지 아이디어를 살펴보았다. 테스트 대역에는 여러 가지 변형들이 있으며, C에서 사용할 수 있는 대역 치환 방법들도 몇 가지 있다.

다음에 이어지는 장들에서 우리는 중간에 있거나 혹은 하드웨어에 가까운 모듈들을 TDD로 개발하면서 여러 가지 테스트 대역과 치환 방법을 실제로 적용해 볼 것이다. 여러분은 여러 방법들 중에서 실제로 동작하면서도 설계를 깔끔하게 유지할 수 있는 가장 단순한 방법을 취하라.

여러분의 레거시 코드가 가진 의존성 문제는 아마도 여기서 살펴본 것보다 훨씬 더 심각할 것이다. TDD는 이러한 의존성 문제를 드러냄으로써 미리 회피할 수 있도록 도와준다. 13장 「레거시 코드에 테스트 추가하기」에서 레거시 코드를 길들이는 방법을 다룰 것이다.

배운 것 적용하기

여러분의 시스템에 대해 블록 다이어그램을 그려 보아라. 자동화된 테스트를 만드는 데 걸림돌이 되는 모듈 간의 의존 관계를 식별하라.

8장

TDD for Embedded C

제품 코드에 스파이 심기

이전 장에서 시스템의 다른 부분들과 상호작용하는 모듈을 테스트할 때의 어려운 점들을 살펴봤다. C 언어에서 이런 어려움을 극복하기 위해서 필요한 몇 가지 기술들을 설명했다. 이번 장에서는 하드웨어와 운영체제에 의존하는 예제 모듈을 살펴볼 예정이다. 의존성 문제를 해결하기 위해 인터페이스, 테스트 대역, 링크타임 치환을 이용할 것이다.

실행 환경에 대한 의존성을 관리하기 위해 CUT에서 실행 환경을 접근할 때는 반드시 따로 정의한 인터페이스를 이용할 것이다. 인터페이스를 통해 호출하게 하면 문제가 되는 DOC를 테스트 대역으로 대체하여 호출을 가로채고 내용을 검사할 수 있다. 테스트 케이스에서는 테스트 대역의 반환값을 제어할 수 있으며 간접적으로 CUT를 조정한다. 핵심 아이디어는 테스트 케이스와 테스트 대역이 함께 테스트 픽스처가 되어 CUT를 둘러싸서 입력값을 조정하고 출력값을 감시하고 확인하는 것이다.

테스트 케이스는 CUT에 직접 입력값을 전달하면서 CUT의 클라이언트 역할을 하며, 테스트 대역은 DOC 역할을 수행한다. 테스트 대역은 DOC로 전달되는 데이터를 감시하고 테스트 케이스가 지정하는 반환값을 CUT에 전달하면서 간접 입력값을 제공할 수 있다.

이번 장에서 우리는 하드웨어나 운영체제와 상호작용해야 하는 기능을 만들어 볼 것이다. 우리가 만들게 될 코드는 하드웨어나 운영체제를 직접 접근하지 않을 것이다. 대신 얇은 계층을 거쳐서 접근하게 만들어서, 그 계층을 스파이(spy)로 대체하여 CUT의 동작을 확인할 것이다.

임베디드 소프트웨어 개발자라면 아마 OS 추상화 계층(OS abstraction layer)과 하드웨어 추상화 계층(hardware abstraction layer)이라는 용어를 들어봤을 것이다. 이 계층들은 여러 실행 환경들 사이의 이식성을 높여준다. 우리는 테스트 가능한 시스템의 핵심 로직을 만들기 위해 추상화 계층이라는 동일한 개념을 이용한다. 이제 여러분은 코드에 추상화 계층을 도입해야 하는 합당한 이유가 하나 더 생긴 것이다.

이전 장의 말미에서 여러분은 테스트 대역을 테스트 러너에 추가하는 세 가지 방법을 봤고, 그 중 하나가 링크타임 치환이었다. 우리는 이번에 링크타임 치환 방법을 사용할 것이다. 테스트 실행파일에서 운영체제 및 하드웨어 의존성을 완전히 제거하기 위해서다.

그리고 이 책의 나머지 부분에서는 CppUTest 테스트 하니스를 사용할 것이다. CppUTest로 작성된 테스트는 Unity 테스트와 유사하다. '2.3 CppUTest - C++ 단위 테스트 하니스'나 부록 A3「CppUTest 레퍼런스」를 참고하자.

8.1 LightScheduler 테스트 목록

우리는 지금 홈오토메이션(Home Automation) 시스템의 조명 예약 조절 기능을 개발하고 있다. 일차적으로 작성한 테스트 목록은 '그림 8.1 LightScheduler 테스트 목록'과 같다.

테스트 목록은 테스트를 구현해 나갈 순서와 대략 일치한다. 하지만 테스트 순서를 정확하게 맞추려고 너무 걱정하지 마라. 진행하다 보면 순서가 바뀔 것이다. 잊고 있던 테스트가 생각날 수도 있고 테스트 항목 하나가 실제로는 여러 가지 테스트라는 것을 알게 될 수도 있다. 테스트 목록에 너무 많은 시간을 쓰지 말기 바란다. 완벽하게 만들겠다고 덤비면 너무 많은 시간을 낭비하게 된다.

그림 8.1 LightScheduler 테스트 목록

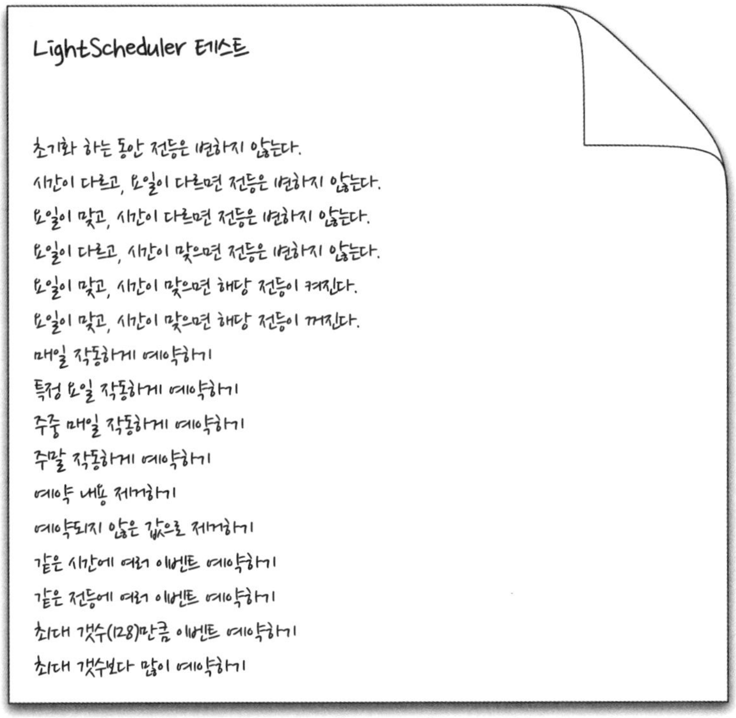

> **LightScheduler 테스트**
>
> 초기화 하는 동안 전등은 변하지 않는다.
> 시간이 다르고, 요일이 다르면 전등은 변하지 않는다.
> 요일이 맞고, 시간이 다르면 전등은 변하지 않는다.
> 요일이 다르고, 시간이 맞으면 전등은 변하지 않는다.
> 요일이 맞고, 시간이 맞으면 해당 전등이 켜진다.
> 요일이 맞고, 시간이 맞으면 해당 전등이 꺼진다.
> 매일 작동하게 예약하기
> 특정 요일 작동하게 예약하기
> 주중 매일 작동하게 예약하기
> 주말 작동하게 예약하기
> 예약 내용 제거하기
> 예약되지 않은 값으로 제거하기
> 같은 시간에 여러 이벤트 예약하기
> 같은 전등에 여러 이벤트 예약하기
> 최대 갯수(128)만큼 이벤트 예약하기
> 최대 갯수보다 많이 예약하기

8.2 하드웨어와 운영체제 의존성

홈오토메이션 시스템의 조명 예약 조절 부분을 어떻게 설계하고 테스트할 수 있는지 살펴보자. 조명 예약 조절을 담당할 컴포넌트는 LightScheduler이며 '그림 8.2 LightScheduler의 초기 설계'와 같은 상황이다. LightScheduler는 하드웨어와 운영체제에 간접적으로 의존성을 가진다. 이 의존성을 깨지 않으면 LightScheduler를 타깃 하드웨어에서만 테스트할 수 있다는 이야기다.

이 설계는 다음처럼 동작한다. LightScheduler의 클라이언트는 AdminConsole 서브시스템에 있다. AdminConsole은 LightScheduler에게 주중 특정 시간에 전등을 켜거나 끄도록 명령을 내린다. LightScheduler는 TimeService를 이용하여 1분마다 OS 콜백 호출을 받는다. 콜백이 호출되면 LightScheduler는 자체적으로 관리하는 전등 제어 동작 스케줄을 검사한다. 적절한 때가 되면 LightScheduler는

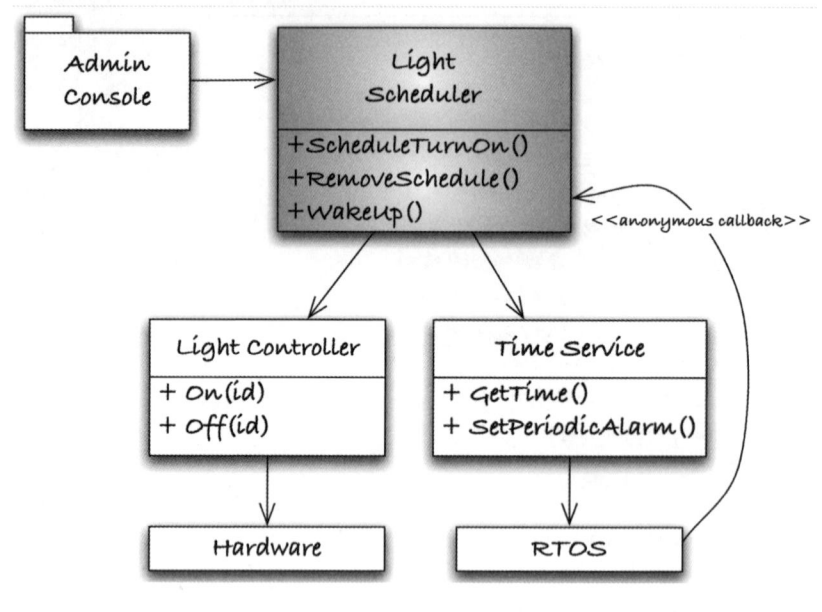

그림 8.2 LightScheduler의 초기 설계

LightController에게 전등 id를 전달하여 켜거나 끄도록 명령한다.

설계상의 구성 요소들은 제각기 명확한 책임을 진다. LightScheduler는 애플리케이션의 전체 로직을 담당하고, LightController와 TimerService는 하드웨어 및 OS와 상호작용한다. LightController와 TimerService는 더 큰 하드웨어 및 OS 추상화 계층의 일부분이다.[1]

의존성 화살표를 따라가면 LightScheduler가 간접적으로 하드웨어와 OS에 의존한다는 것을 알 수 있다. 의존성 때문에 LightScheduler를 타깃에서만 테스트 가능하다고 볼 수도 있다. 하지만 우리는 책임을 분리시켰기 때문에 테스트를 위해 문제가 되는 의존성을 끊기가 쉽다. 링커를 사용하여 하드웨어와 OS의 간접 의존성을 깨는 방법을 살펴보자.

---

[1] UML 다이어그램에는 인터페이스 함수들을 전부 표시하지 않고 대표적인 함수 몇 개만 표시했다. 보통 UML을 약식으로 사용할 때 이렇게 한다.

8.3 링크타임 치환

제품 코드에서 의존성을 깨기 위해서는 협력자를 인터페이스로만 따져야 한다. '그림 8.3 LightScheduler는 인터페이스를 통해 협력자들에게 명령한다'에서 구현과 인터페이스를 분리시켜 놓은 것을 확인할 수 있다. 구현은 소스 파일로 보면 된다. LightScheduler는 링크할 때 제품 코드의 구현부와 연결된다. 『Working Effectively with Legacy Code』의 저자인 마이클 페더스는 이를 링크 봉합(link seam)이라 부른다. 그리고 우리는 봉합 부분의 유연성을 이용한다.

그림 8.3 LightScheduler는 인터페이스를 통해 협력자들에게 명령한다.

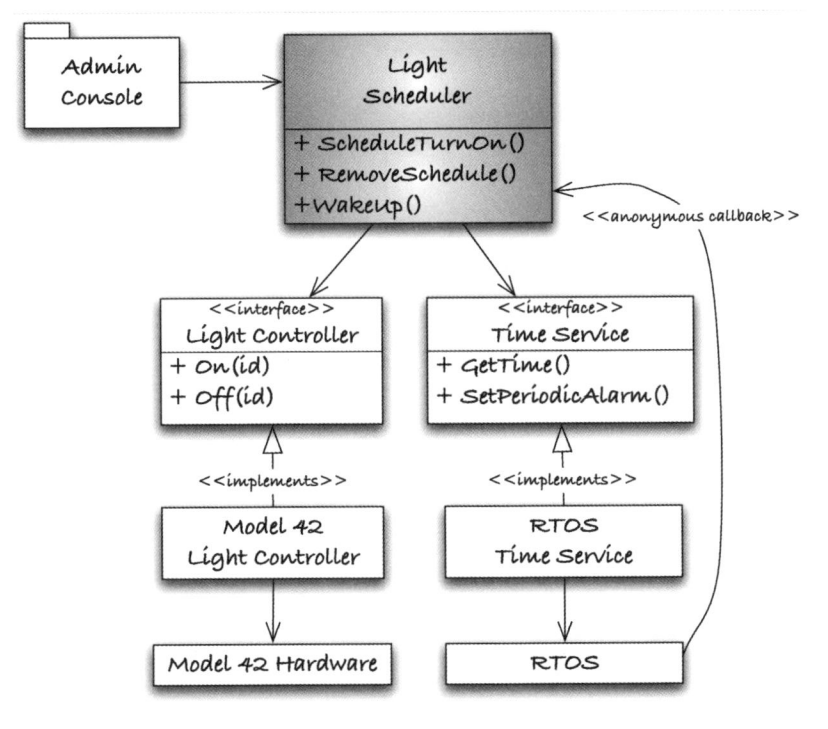

'그림 8.4 LightScheduler 단위 테스트 구조'에서 단위 테스트는 LightController와 TimeService의 또 다른 구현을 제공하는 방법으로 링크 봉합을 이용한다.

링크타임 치환을 하는 방법은 여러 가지가 있지만, 모든 제품 코드를 라이브러

그림 8.4 LightScheduler 단위 테스트 구조

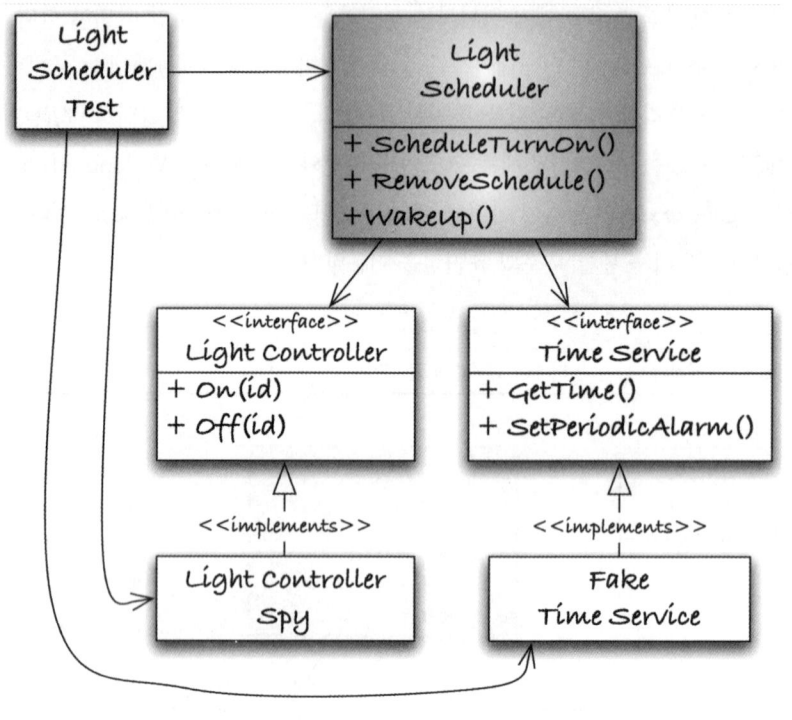

리로 컴파일하는 것이 테스트 빌드를 구성하는 좋은 방법이다. 테스트 대역은 오브 젝트 파일(.o)로 남겨둔다. 테스트 빌드를 만들 때, Makefile에서 명시적으로 제품 코드 라이브러리보다 테스트 대역의 오브젝트 파일을 먼저 링크한다. 이렇게 하면 테스트 대역이 동일한 이름의 제품 코드를 오버라이드한다. 더 자세한 사항은 부록 A1 「개발 시스템의 테스트 환경」을 참고하자.

8.4 테스트 대상 코드에 스파이 심기

비밀 작전에 스파이가 투입된다. 스파이는 원래 제품 코드로 전달되어야 하는 입력값을 가로챈 다음 나중에 그 값을 테스트 케이스에 전달한다. 비밀 임무의 일부로서 반환값을 클라이언트 코드에 넘겨주어 CUT가 테스트의 지령을 따르도록 할 수도 있다. 매우 은밀한 작전이다.

우선 LightScheduler의 최초 파일들을 만든 다음(나는 초기 파일들을 생성할 때

CppUTest 배포본에 포함된 셸 스크립트를 이용한다) 테스트 케이스를 작성한다. LightScheduler를 테스트하는 데 사용할 LightControllerSpy와 FakeTimeSource가 어떤 역할을 맡아야 하는지 그려보는 데 도움이 될 것이다. 테스트 픽스처에 어떤 기능이 필요한지를 결정하는 데에도 도움이 된다.

```
Download tests/HomeAutomation/LightSchedulerTest.cpp
TEST(LightScheduler, ScheduleOnEverydayNotTimeYet)
{
    LightScheduler_ScheduleTurnOn(3, EVERYDAY, 1200);
    FakeTimeService_SetDay(MONDAY);
    FakeTimeService_SetMinute(1199);
    LightScheduler_Wakeup();

    LONGS_EQUAL(LIGHT_ID_UNKNOWN, LightControllerSpy_GetLastId());
    LONGS_EQUAL(LIGHT_STATE_UNKNOWN, LightControllerSpy_GetLastState());
}
```

이 테스트 케이스를 한 줄 한 줄 살펴보자. 테스트는 id가 3인 전등을 매일 1,200 분(오후 8시)에 켜지도록 예약한다. 테스트는 FakeTimeService를 설정하여 현재 시간이 월요일 오후 7시 59분이라고 보고하게 함으로써 시간을 제어한다. 그런 다음 테스트는 LightScheduler_Wakeup()을 호출하여 실제 제품의 TimeService가 1분마다 콜백을 호출하는 것을 시뮬레이션한다. 마지막으로 테스트는 예상되는 결과를 확인한다. EVERYDAY, MONDAY와 같은 문자 상수들도 LightScheduler 인터페이스의 일부가 될 것이다.

현재 시간에 예정된 이벤트가 없기 때문에 LightController 쪽 함수가 호출되면 안 된다. 테스트 케이스는 LightControllerSpy_GetLastId()와 LightControllerSpy_GetLastState()로 이뤄진 테스트만을 위한 비밀 인터페이스를 호출하여 스파이로부터 비밀 임무의 결과를 보고 받는다. LightControllerSpy_GetLastId()는 마지막으로 제어 동작이 있었던 전등의 id를 반환한다. 만약 제어 동작이 없었다면 LIGHT_ID_UNKNOWN을 반환한다. LightControllerSpy_GetLastState()는 LIGHT_OFF, LIGHT_ON, LIGHT_STATE_UNKNOWN 값 중 하나를 반환한다. LIGHT_STATE_UNKNOWN은 전등이 초기화된 이후로 아무 변화가 없었다는 것을 뜻한다. 만약 임무가 성공적이라면, 결과 보고에서 어떤 전등 제어 명령도 없었다고 나와야 한다.

TEST(LightScheduler, ScheduleOnEverydayNotTimeYet)는 적절한 테스트로 보

이지만 첫 번째 테스트 치고는 너무 크다. 이 테스트를 동작시켜 보려면 테스트 대역 두 개와 제품 코드의 뼈대 코드라도 작성해야 한다. 게다가 모든 부분이 서로 잘 연결되어야 한다. 그래도 이런 뚜렷한 목표를 갖는 것은 바람직하다. 이 테스트는 주석으로 처리하여 나중을 위해 남겨 두기로 하자.

좀 더 자연스러운 첫 번째 테스트는 아래와 같이 초기화가 어떻게 되어야 하는지를 기술하는 것이다.

Download tests/HomeAutomation/LightSchedulerTest.cpp

```
TEST(LightScheduler, NoChangeToLightsDuringInitialization)
{
    LONGS_EQUAL(LIGHT_ID_UNKNOWN, LightControllerSpy_GetLastId());
    LONGS_EQUAL(LIGHT_STATE_UNKNOWN, LightControllerSpy_GetLastState());
}
```

이 테스트는 더 빨리 실행시켜 볼 수 있고 피드백을 빨리 얻을 수 있다. LightScheduler 관련해서는 아무것도 필요하지 않기 때문에 테스트 대역에만 집중할 수 있다.

만약 OS를 아직 선택하지 못했거나 전등 제어 하드웨어가 아직 설계 중인 상태라면 어떨까? 결정이 내려지는 동안 손 놓고 기다려야만 하나? 아니, 그렇지 않다. 우리는 두 영역을 DOC로 취급하여 CUT의 필요에 완벽히 부합하는 인터페이스를 정의할 수 있다. 인터페이스를 이용하면 미지의 영역에 대한 의존성을 깰 수 있다. 우리는 미지의 영역 바로 직전까지 개발을 진행하면서 미지의 영역으로부터 우리가 원하는 것이 무엇인지 정의한다. 테스트가 설계를 이끌어 내도록 도와준다.

세부사항을 모두 알지 못한 상태로 프로그램을 작성할 때 얻을 수 있는 긍정적 효과가 있다. 좀 더 추상적인 인터페이스를 유도하게 된다는 점이다. 인터페이스가 하위 수준의 구현 방법에 영향을 받지 않는다. 인터페이스에 구현부가 드러나지 않기 때문에 다른 타깃에서 다르게 구현하는 것도 가능하다.

페이크(fake)를 유도해 내기 위해 테스트를 몇 개 더 작성한다. 페이크가 잘 동작하는지 확인하기 위해 그렇게 많은 테스트가 필요하지는 않다. 보통 페이크에는 문제가 될 만한 것이 별로 없기 때문에 페이크의 동작을 문서화한다는 차원에서 테스트를 작성한다. 페이크를 제품 코드로부터 도출해 낼 수도 있을 것이다. 그렇다 하더라도 테스트를 작성함으로써 페이크의 동작을 문서화하는 효과를 얻을 수 있다.

여러분이 C++ 프로그래머가 아니라면 C++에 관한 내용을 잠깐 다룰 필요가 있

으니 참아주기 바란다. CppUTest로 C 코드를 테스트하려면 extern "C" 블록으로 C
함수 선언을 감싸줘야만 한다. 다음 예제에서, 컴파일러는 extern "C" 블록 내부의
함수들에 C 호출 규약을 적용한다. extern "C" 블록을 사용하지 않으면 해당 함수
들을 찾을 수 없다는 링크 오류가 발생한다. 여러분이 보기에는 함수 이름이 똑같
지만 링커 입장에서는 다르게 보이기 때문이다.

Download tests/HomeAutomation/LightControllerSpyTest.cpp

```
#include "CppUTest/TestHarness.h"

extern "C"
{
#include "LightControllerSpy.h"
}

TEST_GROUP(LightControllerSpy)
{
    void setup()
    {
        LightController_Create();
    }

    void teardown()
    {
        LightController_Destroy();
    }
};

TEST(LightControllerSpy, Create)
{
    LONGS_EQUAL(LIGHT_ID_UNKNOWN, LightControllerSpy_GetLastId());
    LONGS_EQUAL(LIGHT_STATE_UNKNOWN, LightControllerSpy_GetLastState());
}

TEST(LightControllerSpy, RememberTheLastLightIdControlled)
{
    LightController_On(10);
    LONGS_EQUAL(10, LightControllerSpy_GetLastId());
    LONGS_EQUAL(LIGHT_ON, LightControllerSpy_GetLastState());
}
```

스파이의 헤더 파일은 그것이 대체하려는 인터페이스의 헤더 파일을 인클루드한
다. 스파이는 LightController 인터페이스를 구현한다. LightController의 헤더를 인
클루드하여 이 점을 강조한다.

```
Download tests/HomeAutomation/LightControllerSpy.h
```

```c
#include "LightController.h"

enum
{
    LIGHT_ID_UNKNOWN = -1, LIGHT_STATE_UNKNOWN = -1,
    LIGHT_OFF = 0, LIGHT_ON = 1
};

int LightControllerSpy_GetLastId(void);
int LightControllerSpy_GetLastState(void);
```

전등 상태를 나타내는 문자 상수를 제품 코드의 헤더 파일이 아니라 왜 스파이의 헤더 파일에서 정의하는지 궁금할 것이다. 이 값들은 테스트를 하는 동안 스파이로부터 정보를 얻기 위해 사용된다. 제품 코드의 헤더 파일에 정의하면 제품 코드의 이름 공간을 오염시킬 수도 있다.

스파이의 구현부에는 데드드롭을 정의한다. 데드드롭은 파일 범위 변수이며 스파이가 비밀 임무를 수행하는 동안 얻은 중요한 정보를 저장하는 곳이다.[2]

```
Download tests/HomeAutomation/LightControllerSpy.c
```

```c
#include "LightControllerSpy.h"

static int lastId;
static int lastState;
```

Create() 함수는 스파이의 데드드롭을 초기화한다.

```
Download tests/HomeAutomation/LightControllerSpy.c
```

```c
void LightController_Create(void)
{
    lastId = LIGHT_ID_UNKNOWN;
    lastState = LIGHT_STATE_UNKNOWN;
}
```

스파이는 임무를 수행하면서 자신이 대체하는 협력자 인터페이스를 통해 전달되는 중요 정보를 가로챈다.

```
Download tests/HomeAutomation/LightControllerSpy.c
```

```c
void LightController_On(int id)
{
```

---

2 스파이가 정보 전달을 위해 자료를 두는 비밀 장소를 '데드드롭(dead drop)'이라고 한다.

```
        lastId = id;
        lastState = LIGHT_ON;
    }

    void LightController_Off(int id)
    {
        lastId = id;
        lastState = LIGHT_OFF;
    }
```

스파이는 어떤 의심도 받지 않는다. CUT를 실행한 다음 비밀 접근 함수를 통해서 데드드롭의 정보를 가져올 수 있다.

Download tests/HomeAutomation/LightControllerSpy.c

```
    int LightControllerSpy_GetLastId(void)
    {
        return lastId;
    }

    int LightControllerSpy_GetLastState(void)
    {
        return lastState;
    }
```

보다시피 이 스파이는 작성하기가 매우 간단하다. 다음 절에서는 시계 제어와 같이 좀 어려운 것에 도전해 보자.

8.5 시계 제어하기

일반적으로 임베디드 시스템에서 시간은 아주 중요하다. 시간은 휘발성을 가진 입력값이기 때문에 테스트를 어렵게 만든다. 테스트에서 시간 관련 이벤트를 기다리게 하면 테스트 실행이 너무 오래, 실제 필요한 것보다 훨씬 오래 걸린다. 테스트에서는 반드시 시계를 제어해야만 한다.

시계를 추상화하는 것도 중요하다. 실시간 운영체제는 가끔 비표준 시간 함수를 정의하는데, 이는 이식성 문제를 야기한다. 여러분의 코드가 하나 이상의 플랫폼에서 실행되기를 원한다면 시계를 추상화해라. 시계를 추상화하면 가짜 시계를 끼워넣을 완벽한 장소가 생긴다. 제품 코드에서는 얇은 어댑터를 사용하여 추상화된 시간 API를 하위 단의 OS 호출로 변환한다. 이식성을 쫓으면 테스트하기도 쉬워진다.

TimeService에 필요한 테스트 스텁은 LightControllerSpy와 상반된다. 테스트는 CUT가 TimeService로 전달하는 값에 관심이 없다. 대신 TimeService가 CUT로 반

환하는 값을 제어하는 데 관심이 있다. 알다시피 이것은 간접적인 입력값이다. 페이크가 어떻게 동작하는지 보여주는 아래 테스트를 살펴보자.

Download tests/HomeAutomation/FakeTimeServiceTest.cpp

```
TEST(FakeTimeService, Create)
{
    Time time;
    TimeService_GetTime(&time);
    LONGS_EQUAL(TIME_UNKNOWN, time.minuteOfDay);
    LONGS_EQUAL(TIME_UNKNOWN, time.dayOfWeek);
}

TEST(FakeTimeService, Set)
{
    Time time;
    FakeTimeService_SetMinute(42);
    FakeTimeService_SetDay(SATURDAY);
    TimeService_GetTime(&time);
    LONGS_EQUAL(42, time.minuteOfDay);
    LONGS_EQUAL(SATURDAY, time.dayOfWeek);
}
```

이제 테스트 대역 두 개가 만들어졌다. 139쪽의 '그림 8.1 LightScheduler 테스트 목록'을 다시 보자. 이미 언급한 대로 이 목록은 우리가 구현해나갈 대략적인 순서이다. 가장 쉬운 테스트부터 시작하자.

8.6 없는 경우 처리한 다음, 하나 있는 경우 처리

구현이 완료되고 나면 LightScheduler는 여러 개의 일정 예약 항목을 관리해야 할 것이다. 여러 개의 일정 예약 항목을 다루는 테스트 케이스부터 시작하려면 너무 많은 코드를 작성해야 한다. 이런 문제를 공략하는 바람직한 방법은 일정 예약 항목이 없는(no) 경우부터 시작하여, 그 다음에는 항목이 하나(one)인 경우를 처리하고, 여러(many) 항목을 다루는 것은 제일 나중에 처리하는 것이다. 이 방법은 TDD로 집합과 관련된 동작을 개발할 때의 일반적인 접근 방식이다.

'아무것도 하지 않음'을 확인하는 테스트는 통과시키기가 가장 쉽다. 제품 코드를 호출하는 데 필요한 인터페이스 정의만 있으면 된다. 테스트 되는 것이 아무것도 없다고 걱정하지 마라. 여기서의 목적은 경계 테스트를 올바르게 만드는 것이다. 나중에 구현이 완성된 다음에도 이 테스트들을 통해 경계값에 대해서도 올바르게 동작하는지 확인해 줄 것이다. 함수를 비어 있는 상태로 두지 못하고 거기에 어떻게든 코드를 더 넣고 싶을 것이다. 하지만 그렇게 하지 마라. 테스트되지 않는 코드를 만드는 길이다.

LightScheduler를 테스트하는 데에는 두 가지 영역이 있을 것 같다. 주로 시간과 날짜가 일치하는지 확인하는 테스트들이 많이 필요할 것이고, 여러 개의 예약 이벤트를 잘 관리하는지 확인하는 테스트들도 필요할 것이다. 앞으로 전개될 전체 테스트의 경로를 미리 결정할 필요는 없지만 집합과 관련된 동작이 있을 때는 '0-1-N 패턴'을 따르면 도움이 된다. 먼저 예약 이벤트가 없어서 동작할 것도 없는 '0개' 경우를 처리한다. 그런 다음에 이벤트가 '1개'이면서 요일이나 시간이 다양한 경우를 처리한다. 다양한 조합으로 요일과 시간을 잘 처리한 다음에 'N개' 경우로 초점을 옮겨 예약 이벤트가 여러 개 있는 경우를 TDD로 개발한다.

예약 항목이 '0개'인 테스트는 아래와 같다.

Download tests/HomeAutomation/LightSchedulerTest.cpp

```
TEST(LightScheduler, NoScheduleNothingHappens)
{
    FakeTimeService_SetDay(MONDAY);
    FakeTimeService_SetMinute(100);
    LightScheduler_Wakeup();
    LONGS_EQUAL(LIGHT_ID_UNKNOWN, LightControllerSpy_GetLastId());
    LONGS_EQUAL(LIGHT_STATE_UNKNOWN, LightControllerSpy_GetLastState());
}
```

FakeTimeService의 요일과 분을 설정할 필요가 없을 것 같기도 하다. 예약된 이벤트가 하나도 없기 때문에 시간이 언제든 상관없다. 하지만 적어도 시간 정보가 유효한 값이 되게끔 요일과 분을 설정하겠다. 이 테스트를 통과시키려면 LightScheduler_Wakeup()의 뼈대 코드만 있어도 충분하다.

다음은 TEST_GROUP()의 최초 모습이다.

Download tests/HomeAutomation/LightSchedulerTest.cpp

```
TEST_GROUP(LightScheduler)
{
    void setup()
    {
        LightController_Create();
        LightScheduler_Create();
    }
```

```
        void teardown()
        {
            LightScheduler_Destroy();
            LightController_Destroy();
        }
    };
```

이제 드디어 처음에 만들었던 테스트(테스트 픽스처에 필요한 기능이 무엇인지 그려보기 위해서 만들었던 테스트)에 대한 준비가 되었다.

Download tests/HomeAutomation/LightSchedulerTest.cpp

```
TEST(LightScheduler, ScheduleOnEverydayNotTimeYet)
{
    LightScheduler_ScheduleTurnOn(3, EVERYDAY, 1200);
    FakeTimeService_SetDay(MONDAY);
    FakeTimeService_SetMinute(1199);

    LightScheduler_Wakeup();

    LONGS_EQUAL(LIGHT_ID_UNKNOWN, LightControllerSpy_GetLastId());
    LONGS_EQUAL(LIGHT_STATE_UNKNOWN, LightControllerSpy_GetLastState());
}
```

앞 테스트에서는 실제로 아무 전등도 제어하지 않기 때문에 제품 코드에는 단지 빈 구현부만 있으면 된다. 이 테스트를 통해서 테스트 픽스처를 개발하고 전등을 켜는 예약 동작에 필요한 API를 도출한다. 게다가 LightScheduler_ScheduleTurnOn()는 아래와 같은 뼈대 구현만 있어도 충분할 것 같다.

Download src/HomeAutomation/LightScheduler.c

```
void LightScheduler_ScheduleTurnOn(int id, Day day, int minuteOfDay)
{
}

void LightScheduler_Wakeup(void)
{
}
```

이제 기다려왔던 순간이 왔다. 전등을 켜 보자. 아직 초기 단계이기 때문에 제품 코드를 조금만 작성해도 테스트를 통과시킬 수 있도록 매일(EVERYDAY) 전등을 켜는 테스트 케이스를 선택했다.

Download tests/HomeAutomation/LightSchedulerTest.cpp

```
TEST(LightScheduler, ScheduleOnEverydayItsTime)
```

```
{
    LightScheduler_ScheduleTurnOn(3, EVERYDAY, 1200);
    FakeTimeService_SetDay(MONDAY);
    FakeTimeService_SetMinute(1200);

    LightScheduler_Wakeup();

    LONGS_EQUAL(3, LightControllerSpy_GetLastId());
    LONGS_EQUAL(LIGHT_ON, LightControllerSpy_GetLastState());
}
```

LightScheduler를 어떻게 구현할지 잠깐 생각해보자. 전등 제어 예약 정보를 보관하려면 구조체가 필요할 것이다. 128개의 독립된 예약 이벤트를 보관하려면 구조체의 배열을 생성할 것이다. (여기서 128이라는 숫자는 요구사항에 명시된 설계상의 최대 값이다.) LightScheduler_ScheduleTurnOn()은 배열에서 아직 사용되지 않은 빈 칸을 사용할 것이다. LightScheduler_Wakeup()은 배열을 순차적으로 확인하여 예약 정보가 일치하는 경우를 찾을 것이다.

앞으로 어떻게 진행할 것인지 대한 구상을 바탕으로 매일 켜지도록 예약된 전등을 켜 보자. 아래와 같은 구조체와 초기화가 필요하다.

Download src/HomeAutomation/LightScheduler.c

```
typedef struct
{
    int id;
    int minuteOfDay;
} ScheduledLightEvent;

static ScheduledLightEvent scheduledEvent;

void LightScheduler_Create(void)
{
    scheduledEvent.id = UNUSED;
}
```

왜 ScheduledLightEvent 구조체에 id와 minuteOfDay 필드만 있는지 궁금할 것이다. 그리고 다른 예약 이벤트들을 저장하기 위한 배열은 어디에 있는가? 왜 그런지 알아보기 전에 구현부를 살펴보자. 더 이상의 다른 내용들은 아직 필요하지 않다는 것을 알 수 있다.

```
Download src/HomeAutomation/LightScheduler.c
```

```c
void LightScheduler_ScheduleTurnOn(int id, Day day, int minuteOfDay)
{
    scheduledEvent.id = id;
    scheduledEvent.minuteOfDay = minuteOfDay;
}

void LightScheduler_Wakeup(void)
{
    Time time;
    TimeService_GetTime(&time);

    if (scheduledEvent.id == UNUSED)
        return;
    if (time.minuteOfDay != scheduledEvent.minuteOfDay)
        return;

    LightController_On(scheduledEvent.id);
}
```

ScheduledLightEvent 구조체에 필드를 더 추가하고 scheduledEvent를 배열로 만들고 싶은 생각이 굴뚝같을 것이다. 하지만 아직 필요하지 않다. Debug-Later Programming에서는 필요하다고 생각하는 기능들을 당장에 모두 추가한다. "곧 이것이 필요할 거야"라는 생각은 사실 끝이 없다. 그래서 TDD에서는 일반적으로 현재 테스트에 꼭 필요한 것만 추가한다.

이런 식으로 따지자면 ScheduledLightEvent 구조체는 어떤 테스트에 필요해서 도입된 것인지 묻고 싶을 것이다. 구조체를 정의하여 필드를 묶는 것은 문법적으로 별다른 추가 비용이 발생하지 않으며 나중에 배열로 바꾸기에도 더 용이하기 때문에 구조체를 도입하기로 결정했다. 생각은 미리 하지만 실제 행동에 옮기는 것은 일부분이다.

그럼 왜 배열은 추가하지 않느냐고? 나는 LightScheduler에서 집합과 관련된 측면을 분리하여 다루어서 배열의 인덱스 문법이 여기저기 나타나도록 하고 싶지 않다. 이런 내용들은 개인적인 판단이다.

이제 코드로 돌아가보자. 구조체가 .h 파일이 아닌 .c 파일에 정의되어 있다. 우리는 LightScheduler에서 관리하도록 의도적으로 세부 사항들을 감추었다.

이미 작성한 테스트의 세부 사항을 추가하고 완료된 테스트를 제거하고 나면 테스트 목록은 '그림 8.5 LightScheduler 테스트 목록 - 수정 1'처럼 될 것이다.

다음 테스트를 통해 전등을 끄도록 예약하는 API가 추가된다.

그림 8.5 LightScheduler 테스트 목록 – 수정 1

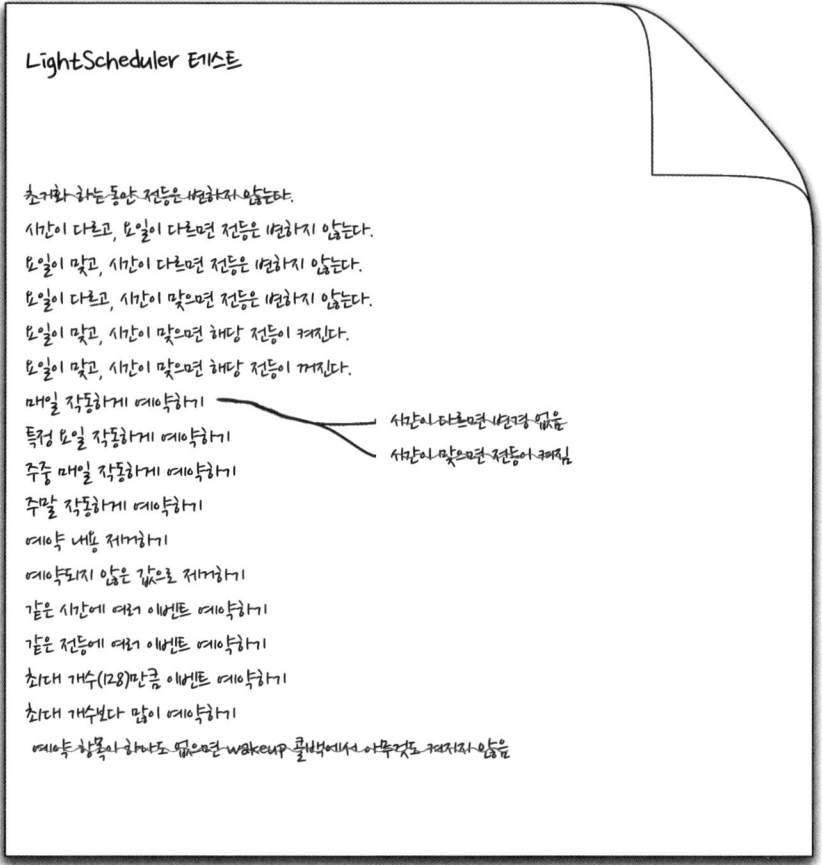

Download tests/HomeAutomation/LightSchedulerTest.cpp

```
TEST(LightScheduler, ScheduleOffEverydayItsTime)
{
    LightScheduler_ScheduleTurnOff(3, EVERYDAY, 1200);
    FakeTimeService_SetDay(MONDAY);
    FakeTimeService_SetMinute(1200);
    LightScheduler_Wakeup();

    LONGS_EQUAL(3, LightControllerSpy_GetLastId());
    LONGS_EQUAL(LIGHT_OFF, LightControllerSpy_GetLastState());
}
```

지금까지의 테스트만 놓고 보면 LightScheduler_Wakeup()은 매일(EVERYDAY)

켜거나 끄도록 예약된 정보에 따라 실제로 전등 하나를 켜거나 끌 수 있다. 우리는 계속해서 전등 조작 예약 시나리오를 추가하면서 개발을 진행할 것이다.

현재 상태의 LightScheduler_Wakeup()은 아래와 같다.

Download src/HomeAutomation/LightScheduler.c

```c
void LightScheduler_Wakeup(void)
{
    Time time;
    TimeService_GetTime(&time);

    if (scheduledEvent.id == UNUSED)
        return;
    if (time.minuteOfDay != scheduledEvent.minuteOfDay)
        return;

    if (scheduledEvent.event == TURN_ON)
        LightController_On(scheduledEvent.id);
    else if (scheduledEvent.event == TURN_OFF)
        LightController_Off(scheduledEvent.id);
}
```

쌍을 이루는 LightScheduler_ScheduleTurnOn()과 LightScheduler_ScheduleTurnOff()는 다음과 같으며, 둘은 거의 똑같다.

Download src/HomeAutomation/LightScheduler.c

```c
void LightScheduler_ScheduleTurnOn(int id, Day day, int minuteOfDay)
{
    scheduledEvent.minuteOfDay = minuteOfDay;
    scheduledEvent.event = TURN_ON;
    scheduledEvent.id = id;
}

void LightScheduler_ScheduleTurnOff(int id, Day day, int minuteOfDay)
{
    scheduledEvent.minuteOfDay = minuteOfDay;
    scheduledEvent.event = TURN_OFF;
    scheduledEvent.id = id;
}
```

지금까지 진행한 LightScheduler의 인터페이스는 다음과 같다.

Download include/HomeAutomation/LightScheduler.h

```c
#ifndef D_LightScheduler_H
#define D_LightScheduler_H
enum Day {
```

```
    NONE=-1, EVERYDAY=10, WEEKDAY, WEEKEND,
    SUNDAY=1, MONDAY, TUESDAY, WEDNESDAY, THURSDAY, FRIDAY, SATURDAY
};

typedef enum Day Day;

void LightScheduler_Create(void);
void LightScheduler_ScheduleTurnOn(int id, Day day, int minuteOfDay);
void LightScheduler_ScheduleTurnOff(int id, Day day, int minuteOfDay);
void LightScheduler_Wakeup(void);
#endif /* D_LightScheduler_H */
```

중복 제거 리팩터링

테스트가 모두 통과하고 있으니 우리는 LightScheduler_ScheduleTurnOn/Off( )에 나타난 중복을 추출하여 리팩터링을 할 수 있다. 그런 다음 LightScheduler_Wakeup( )을 조금 깔끔하게 정리할 것이다.

먼저 중복 코드를 추출해서 별도의 static 함수로 만든다.

Download src/HomeAutomation/LightScheduler.c

```
static void scheduleEvent(int id, Day day, int minuteOfDay, int event)
{
    scheduledEvent.minuteOfDay = minuteOfDay;
    scheduledEvent.event = event;
    scheduledEvent.id = id;
}
```

컴파일이 성공하고 나면 LightScheduler_ScheduleTurnOn( )에서 scheduleEvent( )를 사용하도록 바꾼다. 그런 다음 LightScheduler_ScheduleTurnOff( )도 동일하게 리팩터링한다.

Download src/HomeAutomation/LightScheduler.c

```
void LightScheduler_ScheduleTurnOn(int id, Day day, int minuteOfDay)
{
    scheduleEvent(id, day, minuteOfDay, TURN_ON);
}

void LightScheduler_ScheduleTurnOff(int id, Day day, int minuteOfDay)
{
    scheduleEvent(id, day, minuteOfDay, TURN_OFF);
}
```

왜 scheduleEvent( )를 직접 외부에 노출시키지 않고 LightScheduler_ScheduleTurnOn/Off( ) 함수를 만드는 것일까? 내 이유는 이렇다. 파라미터 목록이 이미 충분히 길고, 여기에 다른 파라미터를 추가하면 더 길어질 것이다. 그러면 클라이언트 코드에 부담이 가중된다. 그리고 나는 열거형 값을 함수에 전달하는 것보다 함수를 직접 열거하는 방법을 선호한다. 이 방법이 더 안전하고 의도를 잘 표현한다.

책임 리팩터링

다음 코드에서 여러분은 LightScheduler_Wakeup()의 책임을 분리시키는 리팩터링을 볼 수 있다. 의도를 잘 표현하는 코드를 얻기 위해 두 개의 함수를 추출했다.

Download src/HomeAutomation/LightScheduler.c
```c
void LightScheduler_Wakeup(void)
{
    Time time;
    TimeService_GetTime(&time);

    processEventDueNow(&time, &scheduledEvent);
}
```

LightScheduler_Wakeup()은 주기적으로 호출되는 콜백 함수로 TimeService에 전달된다. 당장은 이벤트 하나만 처리하지만 추후에는 예약 이벤트들의 집합을 처리할 것이다.

Download src/HomeAutomation/LightScheduler.c
```c
static void processEventDueNow(Time * time, ScheduledLightEvent * lightEvent)
{
    if (lightEvent->id == UNUSED)
        return;
    if (lightEvent->minuteOfDay != time->minuteOfDay)
        return;

    operateLight(lightEvent);
}
```

processEventDueNow()는 이벤트 하나에 대해서 조건에 따라 작동시키는 책임을 진다. 여러 개의 이벤트들에 대한 지원을 추가할 때 이 함수를 반복문에서 호출하면 될 것이다.

Download src/HomeAutomation/LightScheduler.c
```c
static void operateLight(ScheduledLightEvent * lightEvent)
```

```
{
    if (lightEvent->event == TURN_ON)
        LightController_On(lightEvent->id);
    else if (lightEvent->event == TURN_OFF)
        LightController_Off(lightEvent->id);
}
```

operateLight()는 if/else 체인을 담당한다.

테스트 리팩터링

테스트에 있는 중복을 놓치지 마라. 테스트 케이스가 실제로 그리 길지 않지만 해석해야 할 각종 세부 사항들 때문에 읽기 어렵다. 반복되는 연산과 검사(check)를 도움 함수로 추출하여 테스트를 더 읽기 쉽게 만든다.

> Download tests/HomeAutomation/LightSchedulerTest.cpp

```
TEST(LightScheduler, ScheduleWeekEndItsMonday)
{
    LightScheduler_ScheduleTurnOn(3, WEEKEND, 1200);
    setTimeTo(MONDAY, 1200);
    LightScheduler_Wakeup();
    checkLightState(LIGHT_ID_UNKNOWN, LIGHT_STATE_UNKNOWN);
}
```

도움 함수는 TEST_GROUP(LightScheduler)의 일부이며 세부 사항들을 격리시킨다. 코드는 아래와 같다.

> Download tests/HomeAutomation/LightSchedulerTest.cpp

```
void setTimeTo(int day, int minuteOfDay)
{
    FakeTimeService_SetDay(day);
    FakeTimeService_SetMinute(minuteOfDay);
}
void checkLightState(int id, int level)
{
    LONGS_EQUAL(id, LightControllerSpy_GetLastId());
    LONGS_EQUAL(level, LightControllerSpy_GetLastState());
}
```

세부 사항들을 테스트 그룹의 도움 함수로 격리시키고 나면 테스트들을 개선하기가 쉬워진다. 예를 들면 테스트와 가짜 LightController가 상호동작하는 방식을 완전히 변경하더라도 도움 함수만 맞춰서 변경하면 된다.

복잡한 조건 로직

지금까지의 테스트는 모두 EVERYDAY에 관한 테스트였고 아직 제품 코드에서는 요일 설정을 확인할 필요도 없었다. 다음 테스트부터 한 번에 하나씩 요일이 일치하는지 확인하는 조건 로직을 완성해나갈 것이다. 첫 번째 테스트는 아래와 같다.

Download tests/HomeAutomation/LightSchedulerTest.cpp

```
TEST(LightScheduler, ScheduleTuesdayButItsMonday)
{
    LightScheduler_ScheduleTurnOn(3, TUESDAY, 1200);
    setTimeTo(MONDAY, 1200);
    LightScheduler_Wakeup();
    checkLightState(LIGHT_ID_UNKNOWN, LIGHT_STATE_UNKNOWN);
}
```

이 테스트는 처음에 실패한다. 왜냐하면 LightScheduler에서 EVERYDAY를 확인하지 않기 때문이다. 그러니 이를 고쳐보자.

Download src/HomeAutomation/LightScheduler.c

```
static void processEventDueNow(Time * time, ScheduledLightEvent * lightEvent)
{
    if (lightEvent->id == UNUSED)
        return;
    if (lightEvent->day != EVERYDAY)
        return;
    if (lightEvent->minuteOfDay != time->minuteOfDay)
        return;

    operateLight(lightEvent);
}
```

이제 테스트를 추가하여 요일 조건이 일치하는 경우를 살펴보자.

Download tests/HomeAutomation/LightSchedulerTest.cpp

```
TEST(LightScheduler, ScheduleTuesdayAndItsTuesday)
{
    LightScheduler_ScheduleTurnOn(3, TUESDAY, 1200);
    setTimeTo(TUESDAY, 1200);
    LightScheduler_Wakeup();
    checkLightState(3, LIGHT_ON);
}
```

이 테스트는 요일이 일치하는지 확인해야 통과할 것이다.

Download src/HomeAutomation/LightScheduler.c

```c
static void processEventDueNow(Time * time, ScheduledLightEvent * lightEvent)
{
    int reactionDay = lightEvent->day;
    if (lightEvent->id == UNUSED)
        return;
    if (reactionDay != EVERYDAY && reactionDay != today)
        return;
    if (lightEvent->minuteOfDay != time->minuteOfDay)
        return;

    operateLight(lightEvent);
}
```

여러분이 제품 코드를 알고 있다는 사실을 고려할 때, 과연 모든 요일에 대해서 테스트할 필요가 있을까? 그럴 필요가 없다. 왜냐하면 어느 요일이든 비교하는 코드가 동일하기 때문이다.

이제 주말(WEEKEND) 예약 동작을 추가해보자. 코드 변경 사항을 일일이 보여주지 않겠다. 하지만 조건 로직은 실패하는 테스트에 대응하는 필요한 조건절만 추가하면서 점진적으로 완성해 나가야 한다.

Download tests/HomeAutomation/LightSchedulerTest.cpp

```cpp
TEST(LightScheduler, ScheduleWeekEndItsFriday)
{
    LightScheduler_ScheduleTurnOn(3, WEEKEND, 1200);
    setTimeTo(FRIDAY, 1200);
    LightScheduler_Wakeup();
    checkLightState(LIGHT_ID_UNKNOWN, LIGHT_STATE_UNKNOWN);
}
```

첫 번째 테스트 케이스는 경계 조건을 확인한다. TEST(LightScheduler, ScheduleWeekEndItsFriday)를 통과시키기 위해서 제품 코드를 변경할 필요는 없었다. 왜냐하면 설정된 요일이 주말(WEEKEND)이 아니기 때문이다.

Download tests/HomeAutomation/LightSchedulerTest.cpp

```cpp
TEST(LightScheduler, ScheduleWeekEndItsSaturday)
{
    LightScheduler_ScheduleTurnOn(3, WEEKEND, 1200);
    setTimeTo(SATURDAY, 1200);
    LightScheduler_Wakeup();
    checkLightState(3, LIGHT_ON);
}
```

TEST(LightScheduler, ScheduleWeekEndItsSaturday)가 실패하는 것을 확인한 다음 WEEKEND와 SATURDAY를 검사하도록 제품 코드를 변경한다. SUNDAY를 검사하는 코드는 아직 추가하지 않는다.

Download tests/HomeAutomation/LightSchedulerTest.cpp

```
TEST(LightScheduler, ScheduleWeekEndItsSunday)
{
    LightScheduler_ScheduleTurnOn(3, WEEKEND, 1200);
    setTimeTo(SUNDAY, 1200);
    LightScheduler_Wakeup();
    checkLightState(3, LIGHT_ON);
}
```

TEST(LightScheduler, ScheduleWeekEndItsSunday)를 통과시키려면 조건식에 SUNDAY 를 추가해야 한다.

Download tests/HomeAutomation/LightSchedulerTest.cpp

```
TEST(LightScheduler, ScheduleWeekEndItsMonday)
{
    LightScheduler_ScheduleTurnOn(3, WEEKEND, 1200);
    setTimeTo(MONDAY, 1200);
    LightScheduler_Wakeup();
    checkLightState(LIGHT_ID_UNKNOWN, LIGHT_STATE_UNKNOWN);
}
```

TEST(LightScheduler, ScheduleWeekEndItsMonday)는 통과한다. 경계 조건은 이미 만족되었다. 다른 모든 요일에 대해서 테스트를 추가할 수도 있겠지만 구현부를 이미 알고 있으므로 그렇게 할 필요가 없다.

요일 일치 조건식에 관련된 테스트를 모두 완성한 시점으로 건너뛰자. 여러분은 책에서 제공하는 코드를 다운로드하면 다른 테스트들도 확인할 수 있을 것이다.

이제 processEventDueNow()에는 꽤나 복잡한 조건식이 생겼다. 복잡한 것을 격리시키고, 코드의 가독성을 향상시키며, 조건 로직을 도움 함수 DoesLightRespondToday()로 추출하자. 도움 함수를 추출하고 나니 processEventDueNow()가 더 깔끔해졌다.

Download src/HomeAutomation/LightScheduler.c

```
static void processEventDueNow(Time * time, ScheduledLightEvent * lightEvent)
{
    if (lightEvent->id == UNUSED)
        return;
    if (!DoesLightRespondToday(time, lightEvent->day))
```

```
            return;
    if (lightEvent->minuteOfDay != time->minuteOfDay)
            return;

    operateLight(lightEvent);
}
```

DoesLightRespondToday()는 명확하면서 초점도 잘 맞다.

```
Download src/HomeAutomation/LightScheduler.c
```
```
static int DoesLightRespondToday(Time * time, int reactionDay)
{
    int today = time->dayOfWeek;

    if (reactionDay == EVERYDAY)
        return TRUE;

    if (reactionDay == today)
        return TRUE;

    if (reactionDay == WEEKEND && (SATURDAY == today || SUNDAY == today))
        return TRUE;

    if (reactionDay == WEEKDAY && today >= MONDAY && today <= FRIDAY)
        return TRUE;

    return FALSE;
}
```

DoesLightRespondToday()에 나열된 if 문은 처음에 커다란 if 문 하나였다. 너무 지저분했다. 각 로직 별로 if 문을 분리하고 나니 훨씬 읽기 쉬워졌다. 코드를 읽기 쉽게 만드는 데 노력을 기울이되 여러분의 눈을 믿지 마라. 조건을 완전히 테스트하는 것을 잊지 마라.

연결 테스트하기

TimeService가 1분마다 LightScheduler_Wakeup()을 호출한다고 했다. 상호 관계는 140쪽의 '그림 8.2 LightScheduler의 초기 설계'와 같다. 테스트 케이스는 LightScheduler_Wakeup()을 직접 호출했다. LightScheduler는 LightScheduler_Wakeup() 함수 포인터를 TimeService에 전달하여 콜백으로 등록했다.

다음 테스트는 시스템이 적절히 연결되었는지 확인한다.

```
Download tests/HomeAutomation/LightSchedulerTest.cpp
```

```cpp
TEST_GROUP(LightSchedulerInitAndCleanup)
{
};

TEST(LightSchedulerInitAndCleanup, CreateStartsOneMinuteAlarm)
{
    LightScheduler_Create();
    POINTERS_EQUAL((void *)LightScheduler_Wakeup,
            (void *)FakeTimeSource_GetAlarmCallback());

    LONGS_EQUAL(60, FakeTimeSource_GetAlarmPeriod());
    LightScheduler_Destroy();
}
```

콜백 함수 등록을 테스트하기 위해서, FakeTimeService는 TimeService_SetPeriodicAlarmInSeconds()에 대한 호출을 감시해야 한다. 이로써 테스트는 적절하게 콜백이 설정되었는지 검사할 수 있다.

이 TEST()가 새로운 TEST_GROUP()을 사용한다는 것을 주목하자. 초기화 및 정리 테스트는 LightScheduler의 다른 테스트들과는 매우 다른 요구사항을 갖고 있다. 이것이 TEST_GROUP()을 새로 만든 이유다. TEST_GROUP()에는 아무것도 없다. 왜냐하면 TEST()가 직접 모든 내용을 포함하고 있기 때문이다. 여기에는 제거할 중복이 없다.

LightScheduler_Create()는 아래와 같이 콜백을 등록한다.

```
Download src/HomeAutomation/LightScheduler.c
```

```c
static ScheduledLightEvent scheduledEvent;
void LightScheduler_Create(void)
{
    int i;
    scheduledEvent.id = UNUSED;

    TimeService_SetPeriodicAlarmInSeconds(60,
            LightScheduler_Wakeup);
}
```

다음 테스트는 LightScheduler_Destroy()에서 콜백 호출을 취소했는지를 검사한다.

```
Download tests/HomeAutomation/LightSchedulerTest.cpp
```

```cpp
TEST(LightSchedulerInitAndCleanup, DestroyCancelsOneMinuteAlarm)
{
    LightScheduler_Create();
```

```
        LightScheduler_Destroy();
        POINTERS_EQUAL(NULL, (void *)FakeTimeSource_GetAlarmCallback());
}
```

LightScheduler_Destroy()에서 콜백 호출을 취소한다.

> Download src/HomeAutomation/LightScheduler.c

```
void LightScheduler_Destroy(void)
{
    TimeService_CancelPeriodicAlarmInSeconds(60,
            LightScheduler_Wakeup);
}
```

주기적인 콜백 호출을 생성하고 취소하는 것은 다음과 같이 TimeService가 제공한다.

> Download include/HomeAutomation/TimeService.h

```
typedef void (*WakeupCallback)(void);

void TimeService_SetPeriodicAlarmInSeconds(
        int seconds, WakeupCallback);

void TimeService_CancelPeriodicAlarmInSeconds(
        int seconds, WakeupCallback);
```

페이크는 단순히 콜백 함수 포인터를 저장하고 필요에 따라 저장했던 값을 알려준다.

> Download tests/HomeAutomation/FakeTimeService.c

```
void TimeService_SetPeriodicAlarmInSeconds(int seconds, WakeupCallback cb)
{
    callback = cb;
    period = seconds;
}

void TimeService_CancelPeriodicAlarmInSeconds(
        int seconds, WakeupCallback cb)
{
    if (cb == callback && period == seconds)
    {
        callback = NULL;
        period = 0;
    }
}
```

우리가 밟아온 과정을 되짚어 보자. LightScheduler의 제품 코드와 필요한 인터페이스들을 서로 잘 연결했고 점진적으로 발전시키고 있다. 테스트 픽스처는 효과적으로 핵심 애플리케이션 로직을 테스트할 수 있다. 요일이 일치하는지 따지는 로직 부분을 빠르게 지나쳤으며 이제는 뭔가 다른 일을 할 준비가 되었다. 이제 LightScheduler가 여러 개의 예약 이벤트를 처리할 수 있게 만들 차례다.

8.7 여러 항목 처리하기

여러 개의 예약 항목들을 처리하기 위해서는 여러 전등의 상태를 확인할 수 있어야 한다. 지금의 LightControllerSpy로는 그렇게 할 수 없다. LightControllerSpy를 개선하여 다음처럼 각 전등의 상태를 기억할 수 있게 만들자.

```
Download tests/HomeAutomation/LightControllerSpyTest.cpp
```

```
TEST(LightControllerSpy, RememberAllLightStates)
{
    LightController_On(0);
    LightController_Off(31);
    LONGS_EQUAL(LIGHT_ON, LightControllerSpy_GetLightState(0));
    LONGS_EQUAL(LIGHT_OFF, LightControllerSpy_GetLightState(31));
}
```

각 전등의 상태를 검사하기 위해 LightControllerSpy 헤더 파일에 새로운 접근자를 추가하자.

```
Download tests/HomeAutomation/LightControllerSpy.h
```

```
int LightControllerSpy_GetLightState(int id);
int LightControllerSpy_GetLastId(void);
int LightControllerSpy_GetLastState(void);
```

마지막으로 전등을 조작한 내용을 기억하는 것과 더불어 이제는 LightControllerSpy가 내부 배열에 각 전등 ID별로 상태 기록을 유지해야 한다. 테스트 도움 함수인 checkLightState()는 LightControllerSpy_GetLightState()를 사용하도록 수정한다. 이제는 이벤트가 여러 개인 경우에도 checkLightState()가 동작한다. 만약 여러분이 기존 테스트 전부에 LightControllerSpy_GetLightState()를 일일이 적용하려고 했으면 얼마나 많은 수정이 필요했을지 상상해보라.

도움 함수들을 만들어서 리팩터링이 잘 된 테스트 케이스는 테스트 전략이나 페이크와의 상호작용에 변경이 있는 경우에도 수정을 최소화할 수 있다.

```
Download tests/HomeAutomation/LightSchedulerTest.cpp
```

```cpp
void checkLightState(int id, int level)
{
    if (id == LIGHT_ID_UNKNOWN)
    {
        LONGS_EQUAL(id, LightControllerSpy_GetLastId());
        LONGS_EQUAL(level, LightControllerSpy_GetLastState());
    }
    else
        LONGS_EQUAL(level, LightControllerSpy_GetLightState(id));
}
```

스파이는 여러 이벤트를 처리할 수 있도록 코드를 유도하는 새로운 임무를 부여받았다. 실패하는 테스트 케이스는 다음과 같다.

```
Download tests/HomeAutomation/LightSchedulerTest.cpp
```

```cpp
TEST(LightScheduler, ScheduleTwoEventsAtTheSameTIme)
{
    LightScheduler_ScheduleTurnOn(3, SUNDAY, 1200);
    LightScheduler_ScheduleTurnOn(12, SUNDAY, 1200);

    setTimeTo(SUNDAY, 1200);

    LightScheduler_Wakeup();

    checkLightState(3, LIGHT_ON);
    checkLightState(12, LIGHT_ON);
}
```

여러 이벤트를 처리하는 코드를 추가하는 과정에서 '다리를 허물지 말라'는 원칙을 따르면 기존 테스트가 실패하는 것을 피할 수 있다. 단일 이벤트를 계속 지원하면서 동시에 다중 이벤트 기능을 새로 추가하라. LightScheduler_Create() 함수는 아래와 같이 단일/다중 이벤트 초기화를 모두 처리한다.

```
Download src/HomeAutomation/LightScheduler.c
```

```c
static ScheduledLightEvent scheduledEvent;
static ScheduledLightEvent scheduledEvents[MAX_EVENTS];

void LightScheduler_Create(void)
{
    int i;

    scheduledEvent.id = UNUSED;
```

```
        for (i = 0; i < MAX_EVENTS; i++)
            scheduledEvents[i].id = UNUSED;
    TimeService_SetPeriodicAlarmInSeconds(60,
            LightScheduler_Wakeup);
}
```

이렇게 조심스럽게 접근하면 여러분이 다른 실수를 하지 않는 한 단일 이벤트에 대한 테스트들이 계속 통과하는 상태를 유지할 수 있다. 여러 이벤트에 대한 지원이 완성되면 한 번에 한 함수씩 단일 이벤트와 관련된 코드를 지울 수 있다. 여전히 모든 테스트가 통과해야 한다. scheduleEvent()가 여러 이벤트를 지원하게 만들 때도 같은 접근 방법을 사용한다. 배열은 for 루프에서 초기화되고 단일 이벤트는 루프 바깥에서 초기화된다.

Download src/HomeAutomation/LightScheduler.c

```
static void scheduleEvent(int id, Day day, int minuteOfDay, int event)
{
    int i;

    for (i = 0; i < MAX_EVENTS; i++)
    {
        if (scheduledEvents[i].id == UNUSED)
        {
            scheduledEvents[i].day = day;
            scheduledEvents[i].minuteOfDay = minuteOfDay;
            scheduledEvents[i].event = event;
            scheduledEvents[i].id = id;
            break;
        }
    }

    scheduledEvent.day = day;
    scheduledEvent.minuteOfDay = minuteOfDay;
    scheduledEvent.event = event;
    scheduledEvent.id = id;
}
```

기존의 다리들은 전혀 손대지 않았고, 단일 이벤트 테스트는 모두 통과한다. 다중 이벤트 테스트는 여전히 실패한다. 하지만 거의 끝나간다. 마지막으로 LightScheduler_Wakeup()에 루프를 추가하면 새 테스트도 통과한다. 이제 오래된 다리를 불지를 수 있다.

Download src/HomeAutomation/LightScheduler.c

```
void LightScheduler_Wakeup(void)
{
```

```
    int i;
    Time time;
    TimeService_GetTime(&time);

    for (i = 0; i < MAX_EVENTS; i++)
    {
        processEventDueNow(&time, &scheduledEvents[i]);
    }

    processEventDueNow(&time, &scheduledEvent);
}
```

LightScheduler_Wakeup()에서 불필요해진 단일 이벤트 관련 코드를 삭제할 수 있다. 한 번에 함수 하나씩, 편집 명령 하나로 불필요한 코드를 삭제하는 것이 최선이다. 테스트를 실행시켜 보자. 문제가 발생하더라도 되돌리기(undo) 명령 하나면 테스트가 모두 통과하는 상태로 돌아갈 수 있다.

단일 이벤트 코드를 삭제한 후의 LightScheduler_Wakeup()은 아래와 같다.

Download src/HomeAutomation/LightScheduler.c

```
void LightScheduler_Wakeup(void)
{
    int i;
    Time time;
    TimeService_GetTime(&time);

    for (i = 0; i < MAX_EVENTS; i++)
    {
        processEventDueNow(&time, &scheduledEvents[i]);
    }
}
```

경계 값 조건과 예외 상황을 처리하면서 LightScheduler를 마무리하자. 다음 테스트는 코드가 최대 128개까지 예약 이벤트를 처리하는지 검증한다.

Download tests/HomeAutomation/LightSchedulerTest.cpp

```
TEST(LightScheduler, RejectsTooManyEvents)
{
    int i;
    for (i = 0; i < 128; i++)
        LONGS_EQUAL(LS_OK,
                    LightScheduler_ScheduleTurnOn(6, MONDAY, 600+i));
    LONGS_EQUAL(LS_TOO_MANY_EVENTS,
                LightScheduler_ScheduleTurnOn(6, MONDAY, 600+i));
}
```

이 테스트를 통과시키기 위해서 우리는 LightScheduler_ScheduleTurnOn()과 LightScheduler_ScheduleTurnOff()가 값을 반환하도록 수정했다. 헤더 파일을 수정하고 조건 검사를 구현부에 추가하는 정도의 간단한 수정이었다. LightScheduler 인터페이스에 enum 상수값을 추가하여 각 동작의 결과를 반환할 수 있게 했다. 오류 상황들을 추가하면서 상수값도 추가될 것이다.

이제 예약 이벤트를 제거하는 테스트를 구현하기에 좋은 기회다. 다음 테스트는 예약 항목이 제거될 때 해당 이벤트 슬롯이 비워지는 것을 보여준다.

Download tests/HomeAutomation/LightSchedulerTest.cpp

```
TEST(LightScheduler, RemoveRecyclesScheduleSlot)
{
    int i;
    for (i = 0; i < 128; i++)
        LONGS_EQUAL(LS_OK,
                    LightScheduler_ScheduleTurnOn(6, MONDAY, 600+i));

    LightScheduler_ScheduleRemove(6, MONDAY, 600);

    LONGS_EQUAL(LS_OK,
                LightScheduler_ScheduleTurnOn(13, MONDAY, 1000));
}
```

해당 이벤트가 제대로 제거되었는지 확인하고 싶다. 다음 테스트가 맞게 동작하는지를 검증한다.

Download tests/HomeAutomation/LightSchedulerTest.cpp

```
TEST(LightScheduler, RemoveMultipleScheduledEvent)
{
    LightScheduler_ScheduleTurnOn(6, MONDAY, 600);
    LightScheduler_ScheduleTurnOn(7, MONDAY, 600);
    LightScheduler_ScheduleRemove(6, MONDAY, 600);

    setTimeTo(MONDAY, 600);

    LightScheduler_Wakeup();

    checkLightState(6, LIGHT_STATE_UNKNOWN);
    checkLightState(7, LIGHT_ON);
}
```

마지막으로 LightScheduler가 유효하지 않은 전등 ID를 거부하는지 확인하는 테스트가 필요하다.

```
Download tests/HomeAutomation/LightSchedulerTest.cpp
```

```
TEST(LightScheduler, AcceptsValidLightIds)
{
    LONGS_EQUAL(LS_OK,
                LightScheduler_ScheduleTurnOn(0, MONDAY, 600));
    LONGS_EQUAL(LS_OK,
                LightScheduler_ScheduleTurnOn(15, MONDAY, 600));
    LONGS_EQUAL(LS_OK,
                LightScheduler_ScheduleTurnOn(31, MONDAY, 600));
}
TEST(LightScheduler, RejectsInvalidLightIds)
{
    LONGS_EQUAL(LS_ID_OUT_OF_BOUNDS,
                LightScheduler_ScheduleTurnOn(-1, MONDAY, 600));
    LONGS_EQUAL(LS_ID_OUT_OF_BOUNDS,
                LightScheduler_ScheduleTurnOn(32, MONDAY, 600));
}
```

여러분은 이러한 조건 검사들이 너무 단순해서 문제를 일으키지 않을 것이라고 생각할 수도 있다. 물론 그럴 수도 있겠지만 이런 경우에 있어서 나의 모토는 "제품 코드에서 조건을 검사해야 할 만큼 중요하다면 그것을 테스트할 만큼 중요하기도 하다"이다.

8.8 지금까지 우리는

이번 장에서 우리는 겉보기에 타깃에 의존하는 모듈을 생성하면서 링크타임 테스트 대역을 사용하여 하드웨어와 OS에 대한 의존성을 깨뜨렸다. 스파이와 페이크를 사용했다. 테스트는 유용했고, 하드웨어 없이도 진척이 있었다.

우리는 테스트 목록을 구성하는 것부터 시작했다. 이 활동은 우리 생각을 체계화하는 데 도움이 된다. 완벽한 테스트 목록을 만들 것으로 기대하지 않는다. 어떤 테스트라도 생각나는 것부터 시작하고 여러분이 더 많이 배우면서 테스트 목록을 발전시켜 나가자.

LightScheduler를 어떻게 구현할 것인지 생각해봤다. 하지만 전체를 한 번에 구현하지는 않았다. 테스트가 우리를 이끌도록 하면서도 머릿속에는 설계에 대한 목표를 세워 놓았다.

집합과 관련된 동작이 있을 때 0-1-N TDD 패턴을 사용해라. 0과 1에 대한 테스트 케이스는 보통 인터페이스, 협력자, 다른 경계 동작들에 대한 생각을 정의하고 명확히 하는 데 도움이 된다. 이 테스트들은 더 어려운 도전을 위한 디딤돌을 제공하고 TDD 리듬을 타는 데 도움이 된다.

테스트를 하나 통과시킨 다음 한숨 돌리고 나면 가끔씩 방향 감각을 잃고 어느 길로 가야 할지 모를 수도 있다. 테스트 목록은 여러분이 물을 많이 밟지 않고 올바른 방향으로 가는 데 도움이 될 것이다.

링크타임 테스트 대역이 도움이 되지만 가끔은 유연성이 더 필요할 때도 있다. 그럴 때에는 일부 직접적인 의존성을 런타임 의존성으로 전환할 필요가 있다. 이는 다음 장의 주제이기도 하다. 또한 링크타임 테스트 대역을 쓰면 원래의 제품 코드가 필요한 경우에 테스트 빌드를 여러 개 만들어야 한다.

배운 것 적용하기

1. code/test 디렉터리의 예제를 빌드하고 실행한 다음 리뷰해 보라.
2. 여러 개의 콜백 목록을 유지하는 알람시계 서비스를 테스트 주도로 만들어라. 실제 제품에서는 타이머 인터럽트에 의해 100ms마다 타임 서비스가 호출될 것이다. 예약된 때가 되면 콜백 함수를 호출한다.
3. 여러분 배우자에게 RFID가 붙어 있어서 배우자가 집에 돌아오거나, 집을 떠나는 경우에 그 사실을 여러분에게 이메일로 알려주는 홈오토메이션 시스템이 있다. RFID 이벤트(일정 범위 내로 들어오거나 벗어나는)가 여러분의 모바일로 보내진다. 집에 있는 사람이 바뀔 때 여러분의 이메일로 메일을 보내주는 WhoIsHome 모듈을 테스트 주도로 만들어 보자. RFID 태그 별로 이메일 주소를 설정할 수 있다. 여러분은 아직 이메일 서비스가 어떻게 동작하는지 확신할 수 없지만 이메일을 구성하는 핵심이 수신자, 제목, 본문이라는 것은 알고 있다.

9장

TDD for Embedded C

런타임 연결 테스트 대역

케이크를 먹으면서 동시에 가지고 있으려 하느냐?

— 존 헤이우드(John Heywood)

이전 장에서 우리는 링커를 이용하여 테스트 대역으로 대체했다. 이런 접근법은 테스트 대역으로 대체되는 코드가 테스트 빌드에서 필요하지 않을 때에는 아무 문제 없다. 만일 어떤 코드가 일부 테스트에서는 필요하지만 다른 테스트에서는 문제가 되기 때문에 스텁으로 대체되어야 한다면 어떻게 할까? 우리는 링커가 제공하는 것보다 더 유연한 방법이 필요하다. 함수 포인터를 도입하여 하나의 테스트 빌드 안에서 특정 함수를 테스트하기도 하고 다른 것으로 대체할 수도 있게 만들 것이다.

우리가 LightScheduler에 추가할 새로운 기능이 바로 이런 문제를 야기한다. 지금까지 개발한 스케줄러는 오후 8시에 켜지도록 예약해 놓으면 정각 오후 8시에 켜진다. 무엇이 문제일까? 시스템은 집에 아무도 없더라도 마치 누군가 있는 것처럼 보이도록 작동해야 한다. 이웃에 사는 도둑이 집을 관찰하다가 시계처럼 정각 8시만 되면 거실 불이 켜지는 것을 보면 집에 아무도 없다는 것을 눈치채고 집을 털지도 모른다. 랜덤화 기능이 필요하다.

9.1 무작위성 테스트

전등을 예약하면서 사용자가 랜덤화 기능을 선택할 수 있다. 랜덤화 기능은 전등 예약 시간의 전후 30분 내에서 임의의 시간에 예약된 제어 기능을 실행하는 것이다. 이를 위해 우리는 -30 ~ +30 범위에서 난수를 생성하는 기능이 필요하다.

전등 제어를 랜덤화하면 이를 어떻게 테스트 할까? 전등이 언제 켜져야 할까? 가능한 범위인 한 시간을 모두 검사해봐야 할까? 무작위성이 버그 때문인지 랜덤화 때문인지 확신할 수 있을까?

우리는 두 개의 독립된 문제를 가지고 있는 듯하다. 첫 번째 문제는, 난분(random minute) 생성기가 올바른 범위 내에서 난수를 생성하는가? 두 번째 문제는, LightScheduler가 난분 생성기를 제대로 사용하는가?

이 테스트는 런타임 연결의 유연성이 필요하다. 우리는 난분 생성기를 테스트하면서, 또한 난분 생성기를 다른 테스트들에서 배제해야 한다.

먼저 난분 생성기를 만들어보자. 여기서 우리는 생성된 값이 범위를 벗어나지 않는다는 것을 확인할 것이다.

Download t0/tests/HomeAutomation/RandomMinuteTest.cpp

```
TEST(RandomMinute, GetIsInRange)
{
    for (int i = 0; i < 100; i++)
    {
        minute = RandomMinute_Get();
        AssertMinuteIsInRange();
    }
}
```

앞의 테스트가 돌아가려면 다음과 같은 TEST_GROUP이 필요하다. 테스트를 좀 더 읽기 쉽도록 리팩터링하여 도움 함수인 AssertMinuteIsInRange()를 만들었다.

Download t0/tests/HomeAutomation/RandomMinuteTest.cpp

```
enum { BOUND=30 };

TEST_GROUP(RandomMinute)
{
    int minute;
    void setup()
    {
        RandomMinute_Create(BOUND);
        srand(1);
```

```
    }
    void AssertMinuteIsInRange()
    {
        if (minute < -BOUND || minute > BOUND)
        {
            printf("bad minute value: %d\n", minute);
            FAIL("Minute out of range");
        }
    }
};
```

setup()에서는 srand()를 호출하여 표준 라이브러리의 난수 생성기를 초기화한다. 이렇게 하는 이유는 난수 생성기로 인해 테스트가 무작위적으로 실패하는 경우를 막기 위해서다. RandomMinute_Create()를 호출한 다음에 난수 생성기를 초기화하는 이유는 RandomMinute_Create()에서 설정하는 seed 값을 무효화하기 위해서다.

정해진 범위를 벗어나지 않는 아무 값이나 고정값을 반환하기만 하면 앞의 테스트를 통과시킬 수 있다. 범위 내의 값들이 모두 생성되는지 확인하는 테스트가 있으면 더 좋겠다.

Download t0/tests/HomeAutomation/RandomMinuteTest.cpp

```
TEST(RandomMinute, AllValuesPossible)
{
    int hit[2*BOUND + 1];
    memset(hit, 0, sizeof(hit));
    int i;
    for (i = 0; i < 300; i++)
    {
        minute = RandomMinute_Get();
        AssertMinuteIsInRange();
        hit[minute + BOUND]++;
    }
    for (i = 0; i < 2* BOUND + 1; i++) {
        CHECK(hit[i] > 0);
    }
}
```

나는 약간의 실험을 통해 반복 횟수를 225로 설정했다. 여러분이 더 큰 표본 집단을 대상으로 특정 확률 분포의 난수를 생성해야 하는 게임을 만드는 경우라면 더 철저한 테스트가 필요할 것이다. 이것은 슬롯 머신이 아니므로 이 정도의 간단한 테스트면 충분하다.

9.2 함수 포인터로 속이기

스케줄러의 랜덤화 기능을 구현하기 위해 우리가 만든 난분 생성기를 사용해 보자. RandomMinute_Get()으로부터 예측 불가능한 값을 받기 때문에 스케줄러의 결과를 예측할 수가 없어졌다. 제품 코드가 예측 불가능한 값에 의존하면 테스트 대역으로 대체할 때가 된 것이다. 그런데 문제가 있다. RandomMinute의 인터페이스를 보면 LightScheduler가 링커에 의해 RandomMinute_Get()과 연결된다.

Download t0/include/HomeAutomation/RandomMinute.h

```
void RandomMinute_Create(int bound);
int RandomMinute_Get(void);
```

함수 포인터 대체가 가능하도록 인터페이스를 리팩터링하기에 앞서 랜덤화 기능을 어떻게 테스트할지 설계해 보자.

Download t0/tests/HomeAutomation/LightSchedulerRandomizeTest.cpp

```
TEST(LightSchedulerRandomize, TurnsOnEarly)
{
    FakeRandomMinute_SetFirstAndIncrement(-10, 5);
    LightScheduler_ScheduleTurnOn(4, EVERYDAY, 600);
    LightScheduler_Randomize(4, EVERYDAY, 600);
    setTimeTo(MONDAY, 600-10);
    LightScheduler_WakeUp();
    checkLightState(4, LIGHT_ON);
}
```

테스트의 첫 번째 줄에서 FakeRandomMinute_SetFirstAndIncrement()를 호출하여 생성되는 값이 '난수가 아니도록' 만든다. 생성되는 값은 -10에서 시작해서 5씩 증가한다. 테스트는 켜짐을 예약한 다음 이를 랜덤화한다. 그런 다음 전등이 예약된 시간에서 난수가 반영된 시간에 켜지는지 확인한다. 반영되는 난수는 -10이다.

이제 테스트 목적이 명확해졌다. RandomMinute을 FakeRandomMinute으로 대체할 수 있도록 설계를 리팩터링하자. 함수를 직접 호출하는 부분이 함수 포인터로 변환되어야 한다. 헤더 파일 선언은 아래와 같다.

Download t0/include/HomeAutomation/RandomMinute.h

```
void RandomMinute_Create(int bound);
extern int (*RandomMinute_Get)(void);
```

여기서 포인터는 반드시 extern으로 선언해야 다중 정의(multiple definition) 링크 오류를 피할 수 있다. 이 선언은 인자가 없고 int형을 반환하는 RandomMinute_Get()이라는 함수 포인터가 있음을 알려준다.

.c 파일에는 난분 생성기의 기본 동작에 해당하는 제품 코드를 구현한다. 그 아래에는 전역 함수 포인터 RandomMinute_Get()의 인스턴스를 정의한다. RandomMinute_Get()을 RandomMinute_GetImpl()의 포인터로 초기화한다는 점을 눈여겨보라.

```
Download t0/src/HomeAutomation/RandomMinute.c
```
```
int RandomMinute_GetImpl(void)
{
    return bound - rand() % (bound * 2 + 1);
}

int (*RandomMinute_Get)(void) = RandomMinute_GetImpl;
```

이제 어떤 TEST()나 TEST_GROUP()에서든 기본 함수 포인터를 FakeRandomMinute 포인터로 오버라이드 할 수 있다. 테스트를 실행한 후에는 함수 포인터를 원래 값으로 복구해 놓아야 한다. setup()과 teardown()은 함수 포인터를 오버라이드하고 복원하기에 가장 적당한 위치다.

```
Download t0/tests/HomeAutomation/LightSchedulerRandomizeTest.cpp
```
```
TEST_GROUP(LightSchedulerRandomize)
{
    int (*savedRandomMinute_Get)();

    void setup()
    {
        LightController_Create();
        LightScheduler_Create();
        savedRandomMinute_Get = RandomMinute_Get;
        RandomMinute_Get = FakeRandomMinute_Get;
    }
    void teardown()
    {
        LightScheduler_Destroy();
        LightController_Destroy();
        RandomMinute_Get = savedRandomMinute_Get;
    }
};
```

함수 포인터를 복원하는 일은 흔히 발생하기 때문에 CppUTest는 함수 포인터를 설정하고 복원하는 내장 매크로를 가지고 있다. 함수 포인터를 (setup()이나 TEST() 중 어디서든) UT_PTR_SET()으로 설정하면 teardown()이 완료된 후에 그 포인터가 자동으로 복원된다.

```
Download t0/tests/HomeAutomation/LightSchedulerRandomizeTest.cpp
TEST_GROUP(LightSchedulerRandomize)
{
    void setup()
    {
        LightController_Create();
        LightScheduler_Create();
        UT_PTR_SET(RandomMinute_Get, FakeRandomMinute_Get);
    }

    void teardown()
    {
        LightScheduler_Destroy();
        LightController_Destroy();
    }

    void checkLightState(int id, int level)
    {
        if (id == LIGHT_ID_UNKNOWN)
        {
            LONGS_EQUAL(id, LightControllerSpy_GetLastId());
            LONGS_EQUAL(level, LightControllerSpy_GetLastState());
        }
        else
            LONGS_EQUAL(level, LightControllerSpy_GetLightState(id));
    }

    void setTimeTo(int day, int minute)
    {
        FakeTimeService_SetDay(day);
        FakeTimeService_SetMinute(minute);
    }
};
```

함수 포인터를 통해서 테스트가 CUT에서의 함수 호출을 가로챌 수 있게 되었다. 이 방법은 특정 함수들에 대한 호출을 외과수술적으로 분리하는 데 매우 효과적이다.[1] 나는 이 방법을 남용한 사례를 본 적이 있는데, 어느 순간 모든 함수가 함수 포인터로 바뀌어 있었다. 꼭 필요할 때만 이 방법을 적용하라. 언제나처럼 여러분의 판단에 맡긴다.

---

[1] (옮긴이) '외과수술적으로'란 표현이 자주 등장한다. 코드를 수정하여 적절한 봉합을 만든다는 의미로 사용된다.

포인터를 통해 함수를 호출하는 코드는 호출이 포인터를 통해 이뤄진다는 사실이 명시적이어야 한다. 쉽게 할 수 있다. 함수를 호출하는 쪽에서는 그 함수의 선언을 반드시 알고 있어야 하는데 만약 그렇지 않으면 컴파일러가 경고를 띄우면서 함수에 대한 몇 가지 가정을 해 버린다. (여러분이 경고를 신경 쓰지 않는다면 눈치채지 못 할 수도 있다.[2]) 미리 선언되지 않은 함수를 호출하는 것은 모두 직접 호출로 가정한다. 직접 호출하듯이 함수 포인터로 호출하면 문제가 생긴다. 여러분은 실패가 빨리 드러나길 바랄 수밖에 없다.

함수 포인터를 이용하면 무엇을 스텁으로 바꾸고 무엇을 바꾸지 않을지 상세하게 조정할 수 있다. 프린트 출력을 테스트하는 코드를 살펴보면서 어떻게 단일 함수를 페이크로 바꿀 수 있는지 알아보자.

9.3 외과수술로 삽입된 스파이

시스템이 프린트 출력을 하면 보통은 직접 검사한다. 프린트 출력을 검증하는 것은 매우 지루한 작업이기 때문에 더 자주 검사해야 하는데도 불구하고 그렇게 하고 싶지 않을 것이다. 우리는 프린트 출력을 직접 검사하는 일을 완전히 떨쳐내지는 못하더라도 원하는 동작을 고정시킴으로써 다시 검사해야 하는 일을 없앨 수는 있다.

여러분에게 이미 FormatOutput()이라고 하는 printf()처럼 동작하는 출력 함수가 있다고 하자. FormatOutput()은 직접 호출되는 함수로서 다른 유틸리티 함수들과 함께 헤더 파일에 선언되어 있다. 여러분은 FormatOutput()을 대신하는 스파이를 만들고 싶지만 FormatOutput()과 같은 파일에 선언된 모든 함수들까지 스텁으로 만들고 싶지는 않다. 하나의 컴파일 단위 내에서 단 하나의 함수에 대해서만 호출을 가로챌 수 있는 외과수술적인 접근 방법이 필요하다. 직접 함수 호출을 위한 FormatOutput()의 프로토타입은 아래와 같다.

```
Download include/util/Utils.h
int FormatOutput(const char *, ...);
```

함수 포인터는 FormatOutput()에 대한 호출을 외과수술적으로 가로채기 위한

---

[2] 부끄러운 줄 아세요 :-)

적절한 도구다. FormatOutput()을 호출하는 위치마다 잠입해 들어가기 위해 먼저 FormatOutput() 프로토타입을 함수 포인터로 변환한다.

Download include/util/Utils.h

```
extern int (*FormatOutput)(const char *, ...);
```

.c 파일에서 FormatOutput()의 이름을 FormatOutput_Impl()로 바꾼다. 그런 다음 FormatOutput 함수 포인터의 인스턴스를 정의하고 FormatOutput_Impl()의 주소로 초기화한다. 외부에서 FormatOutput_Impl()를 직접 호출하는 것을 막고자 한다면 이 함수를 static으로 만들어야 한다.

Download src/util/Utils.c

```
static int FormatOutput_Impl(const char * format, ...)
{
    /* 생략 */
}

int (*FormatOutput)(const char * format, ...) = FormatOutput_Impl;
```

.h와 .c 파일을 이렇게 바꾼 다음 다시 빌드한다. FormatOutput()을 호출하는 코드를 변경할 필요가 없다. 왜냐하면 직접 호출이나 함수 포인터를 통한 호출이나 호출 문법이 같기 때문이다.

여러분이 printf()를 바로 사용한다 하더라도 똑같이 할 수 있다. FormatOutput()을 아래와 같이 초기화하면 된다.

Download src/util/Utils.c

```
int (*FormatOutput)(const char * format, ...) = printf;
```

여러분의 make가 다시 빌드할 파일들을 결정할 때 #include 의존성을 사용하지 않는다면 클린 빌드를 하라. (나중에는 여러분의 빌드 환경을 개선하여 의존성에 기초해서 적절히 증분 빌드가 되도록 만들어라.) FormatOutput()에 대한 모든 호출 코드가 재컴파일되지 않는다면 직접 호출하듯이 함수 포인터를 호출하여 문제가 생길 것이다.

이제 FormatOutputSpy를 어떻게 사용하는지 보여주는 테스트를 작성해 보자. FormatOutputSpy는 프린트하는 내용을 모두 기록하고 테스트 케이스는 기록된 내용을 꺼내어 검사를 수행한다.

```
Download mocks/FormatOutputSpyTest.cpp
```
```cpp
TEST(FormatOutputSpy, HelloWorld)
{
    FormatOutputSpy_Create(20);
    FormatOutput("Hello, World\n");
    STRCMP_EQUAL("Hello, World\n", FormatOutputSpy_GetOutput());
}
```

스파이를 생성할 때 프린트 내용을 얼마나 기록으로 남길 것인지 길이를 지정한다. FormatOutput( ) 호출이 FormatOutputSpy( )로 대체되었으면 FormatOutputSpy_GetOuput()을 호출하여 기록된 내용에 접근할 수 있다.

다음 코드에서 TEST_GROUP()은 FormatOutput()을 대체하고 테스트가 실행된 다음 정리하는 책임을 수행한다.

```
Download mocks/FormatOutputSpyTest.cpp
```
```cpp
extern "C"
{
#include "FormatOutputSpy.h"
}

TEST_GROUP(FormatOutputSpy)
{
    void setup()
    {
        UT_PTR_SET(FormatOutput, FormatOutputSpy);
    }

    void teardown()
    {
        FormatOutputSpy_Destroy();
    }
};
```

다음 테스트는 FormatOutputSpy_Create()에 지정한 길이만큼만 스파이가 기록하는 상황을 보여준다.

```
Download mocks/FormatOutputSpyTest.cpp
```
```cpp
TEST(FormatOutputSpy, LimitTheOutputBufferSize)
{
    FormatOutputSpy_Create(4);
    FormatOutput("Hello, World\n");
    STRCMP_EQUAL("Hell", FormatOutputSpy_GetOutput());
}
```

진짜 FormatOutput()과 마찬가지로 스파이는 여러 번 호출될 수 있다. 다음 테스트는 FormatOutput()이 호출될 때마다 스파이가 출력 문자들을 붙여나가는 것을 보여준다.

Download mocks/FormatOutputSpyTest.cpp

```
TEST(FormatOutputSpy, PrintMultipleTimes)
{
    FormatOutputSpy_Create(25);
    FormatOutput("Hello");
    FormatOutput(", World\n");
    STRCMP_EQUAL("Hello, World\n", FormatOutputSpy_GetOutput());
}
```

다음의 마지막 테스트에서는 스파이가 기록할 수 있는 출력보다 더 많이 출력되도록 스파이를 여러 번 호출한다. 이 테스트는 출력을 기록할 때 지정한 최대 문자열 길이로 제한되는지를 검증한다.

Download mocks/FormatOutputSpyTest.cpp

```
TEST(FormatOutputSpy, PrintMultipleOutputsPastFull)
{
    FormatOutputSpy_Create(12);
    FormatOutput("12345");
    FormatOutput("67890");
    FormatOutput("ABCDEF");
    STRCMP_EQUAL("1234567890AB", FormatOutputSpy_GetOutput());
}
```

테스트 대역이라고 해서 모두 테스트할 필요는 없다. 하지만 이 경우는 스파이가 복잡하므로 테스트가 필요하다. 테스트는 스파이의 동작 방식을 보여주면서 그것이 정말 잘 동작하는지 검증한다. 이제 스파이가 내부적으로 어떻게 동작하는지 살펴보자.

Download mocks/FormatOutputSpy.c

```
#include <stdlib.h>
#include <stdarg.h>
static char * buffer = 0;
static size_t buffer_size = 0;
static int buffer_offset = 0;
static int buffer_used = 0;

void FormatOutputSpy_Create(int size)
{
```

```c
        FormatOutputSpy_Destroy();
        buffer_size = size+1;
        buffer = (char *)calloc(buffer_size, sizeof(char));
        buffer_offset = 0;
        buffer_used = 0;
        buffer[0] = '\0';
    }

    void FormatOutputSpy_Destroy(void)
    {
        if (buffer == 0)
            return;

        free(buffer);
        buffer = 0;
    }

    int FormatOutputSpy(const char * format, ...)
    {
        int written_size;
        va_list arguments;
        va_start(arguments, format);
        written_size = vsnprintf(buffer + buffer_offset,
                    buffer_size - buffer_used, format, arguments);
        buffer_offset += written_size;
        buffer_used += written_size;
        va_end(arguments);
        return 1;
    }

    const char * FormatOutputSpy_GetOutput(void)
    {
        return buffer;
    }
```

다음 절에서 우리가 TDD로 만드는 코드는 프린트 출력 기능이 있으므로 출력 결과를 검증하기 위해 이 스파이를 이용할 것이다.

9.4 스파이로 출력 검증하기

이 절에서 우리는 CircularBuffer라는 유틸리티 모듈을 살펴보겠다. CircularBuffer는 용량을 지정해서 생성할 수 있다. CircularBuffer에는 정수값을 추가하거나 삭제할 수 있다. FIFO(first-in first-out) 자료 구조처럼 동작한다. '그림 9.1 CircularBuffer'는 CircularBuffer를 사용하는 중에 발생할 수 있는 몇 가지 상황들을 보여준다.

그림 9.1 CircularBuffer

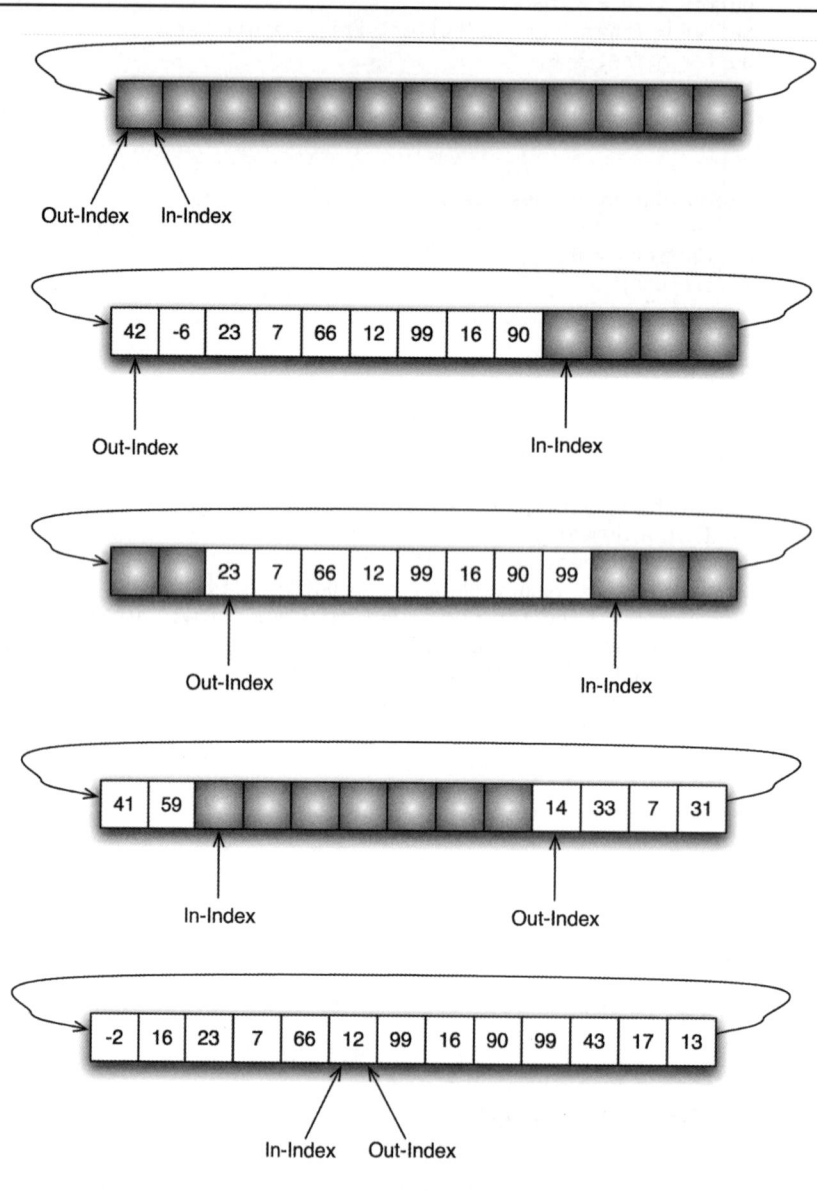

　CircularBuffer는 버퍼의 내용물을 출력할 수도 있어야 한다. 가장 먼저 들어온 것부터 마지막에 들어온 것까지 순서대로 출력해야 한다. 출력하면서 버퍼의 내용물이 훼손되면 안 된다. 특수한 경우들이 모두 주어졌지만 보기만큼 쉽지는 않다. 우리에겐 이미 동작하는 CircularBuffer가 있는 상태이며, 이제부터 내용물을 출력하는 기능을 추가해야 한다. 테스트 픽스처를 갖추기 위해 우선 비어 있는 버퍼를 출력하는 가장 간단한 경우부터 시작하자. 빈 버퍼를 출력하면 아래와 같을 것이다.

« Circular buffer content:
  <>

너무 단순한 경우라서 테스트할 필요가 없어 보이지만 이것은 크래시가 생기면 안 되는 경우에 해당하는 경계 테스트다. 그리고 이런 단순한 경우는 적절한 테스트 픽스처를 만드는 데 도움이 된다. 다음 테스트 케이스는 빈 CircularBuffer를 출력했을 때 원하는 출력값이 나오는지 확인한다.

Download tests/util/CircularBufferPrintTest.cpp

```
TEST(CircularBufferPrint, PrintEmpty)
{
    expectedOutput = "Circular buffer content:\n<>\n";
    CircularBuffer_Print(buffer);
    STRCMP_EQUAL(expectedOutput, actualOutput);
}
```

CircularBuffer 출력 테스트를 지원하는 TEST_GROUP은 다음과 같다.

Download tests/util/CircularBufferPrintTest.cpp

```
TEST_GROUP(CircularBufferPrint)
{
    CircularBuffer buffer;
    const char * expectedOutput;
    const char * actualOutput;

    void setup()
    {
        UT_PTR_SET(FormatOutput, FormatOutputSpy);
        FormatOutputSpy_Create(100);
        actualOutput = FormatOutputSpy_GetOutput();
        buffer = CircularBuffer_Create(10);
    }

    void teardown()
    {
        CircularBuffer_Destroy(buffer);
        FormatOutputSpy_Destroy();
    }
};
```

출력을 기록하기도 전에 setup()에서 actualOutput을 어떤 식으로 할당했는지 살펴보자. 여러분은 actualOutput이 어떻게 이 단계에서 초기화될 수 있는지 의문이 들 것이다. FormatOutputSpy_GetOuput()은 출력 함수가 호출될 때 출력 내용을 기록할 내부 배열의 포인터를 반환할 뿐이다. CircularBuffer_Create()의 인자 10은 버퍼의 용량을 지정한다.

이 TEST_GROUP은 단지 CircularBuffer의 출력 함수만 테스트한다. 이것 말고도 TEST_GROUP이 또 있는데(여기에 보여주지는 않겠다) 그것은 CircularBuffer의 다른 연산들을 개발할 때 사용되었다. TEST_GROUP(CircularBufferPrint)는 공통된 설정을 기준으로 테스트를 조직하는 예시이다.

다음 테스트는 또 다른 경계 테스트이다. 항목 하나짜리 버퍼가 제대로 출력되는지를 검사한다. 버퍼에 17 하나만 있을 때 출력은 아래와 같다.

« Circular buffer content:
  <17>

이 동작을 고정시키는 테스트는 아래와 같다.

Download tests/util/CircularBufferPrintTest.cpp

```
TEST(CircularBufferPrint, PrintAfterOneIsPut)
{
    expectedOutput = "Circular buffer content:\n<17>\n";
    CircularBuffer_Put(buffer, 17);
    CircularBuffer_Print(buffer);
    STRCMP_EQUAL(expectedOutput, actualOutput);
}
```

다음 테스트는 버퍼에 항목이 서너 개 들어 있기는 하지만 아직 용량이 다 차거나 첫 번째 칸이 다시 덮어 쓰여진 상황은 아니다. 버퍼에 10, 20, 30이 들어 있다고 하면 출력은 아래와 같다.

« Circular buffer content:
  <10, 20, 30>

TEST()는 아래와 같다.

Download tests/util/CircularBufferPrintTest.cpp

```
TEST(CircularBufferPrint, PrintNotYetWrappedOrFull)
{
    expectedOutput = "Circular buffer content:\n<10, 20, 30>\n";
    CircularBuffer_Put(buffer, 10);
```

```
    CircularBuffer_Put(buffer, 20);
    CircularBuffer_Put(buffer, 30);
    CircularBuffer_Print(buffer);
    STRCMP_EQUAL(expectedOutput, actualOutput);
}
```

여기 또 다른 경계 테스트가 있다. 용량이 5개인 버퍼가 가득 찬 경우인데 아직 첫 번째 칸이 다시 덮어 쓰여진 상황은 아니다.

Download tests/util/CircularBufferPrintTest.cpp

```
TEST(CircularBufferPrint, PrintNotYetWrappedAndIsFull)
{
    expectedOutput = "Circular buffer content:\n"
                     "<31, 41, 59, 26, 53>\n";
    CircularBuffer b = CircularBuffer_Create(5);
    CircularBuffer_Put(b, 31);
    CircularBuffer_Put(b, 41);
    CircularBuffer_Put(b, 59);
    CircularBuffer_Put(b, 26);
    CircularBuffer_Put(b, 53);

    CircularBuffer_Print(b);

    STRCMP_EQUAL(expectedOutput, actualOutput);
    CircularBuffer_Destroy(b);
}
```

다음 테스트는 버퍼에 순환이 일어난 상황을 다룬다.

Download tests/util/CircularBufferPrintTest.cpp

```
TEST(CircularBufferPrint, PrintOldToNewWhenWrappedAndFull)
{
    expectedOutput =
        "Circular buffer content:\n"
        "<201, 202, 203, 204, 999>\n";

    CircularBuffer b = CircularBuffer_Create(5);
    CircularBuffer_Put(b, 200);
    CircularBuffer_Put(b, 201);
    CircularBuffer_Put(b, 202);
    CircularBuffer_Put(b, 203);
    CircularBuffer_Put(b, 204);
    CircularBuffer_Get(b);
    CircularBuffer_Put(b, 999);

    CircularBuffer_Print(b);

    STRCMP_EQUAL(expectedOutput, actualOutput);
```

```
    CircularBuffer_Destroy(b);
}
```

테스트를 더 많이 작성할 수도 있겠지만 여러분이 큰 그림을 이해했으리라 생각한다.

9.5 지금까지 우리는

테스트 가능한 C 코드를 만드는 데 함수 포인터를 적용한 사례를 두 개 살펴보았다. 첫 번째로 RandomMinute과 같이 일부 테스트 케이스에서만 동적으로 대체하기 위해서 함수 포인터를 사용했다. 그 다음으로 컴파일 단위에서 일부분만 대체하여 외과수술적으로 테스트 대역을 삽입하는 방법을 보았다.

어떤 함수 호출 의존성이라도 함수 포인터로 변환할 수 있다. 여러분은 아마도 테스트를 더 쉽게 하겠다는 이유로 직접 함수 호출을 함수 포인터로 변환하는 것이 타당한지 의문이 들 것이다. 타당하다. 그렇다면 여러분이 직접 함수 호출을 모두 함수 포인터로 바꿔야만 할까? 물론 그렇지 않다.

여느 도구들처럼 여러분도 필요할 때에만 이 방법을 사용하고 싶을 것이다. 만약 링크타임 테스트 대역으로 가능하다면 링크타임 테스트 대역을 사용하라. 타깃 플랫폼 의존성과 가끔은 전체 써드파티 라이브러리를 대체할 때 적합한 도구다. 함수 포인터는 런타임에서 의존성을 깰 수 있는 더 외과적인 도구다. 같은 테스트 실행 파일 안에서 필요한 코드이지만 어떤 테스트에서는 그 코드를 피해야 한다면 함수 포인터를 사용하라.

같은 컴파일 단위 안에서 함수들 중 일부만 스텁으로 대체하고자 하는 경우에도 함수 포인터가 좋은 도구가 된다. 하지만 유일한 도구는 아니다. 컴파일 단위를 나누어서 링크타임 연결을 사용할 수도 있다. 작업에 맞는 적절한 도구를 선택하라.

함수 포인터가 아직 끝나지 않았다. 우리는 코드를 더 테스트하기 쉽게 만드는 경우에 함수 포인터를 쓰지만, 코드를 더 유연하게 만들 때에도 함수 포인터를 이용할 수 있다. 11장 「견고하고(SOLID), 유연하며, 테스트 가능한 설계」에서 이 내용을 다룰 것이다.

FormatOutputSpy를 다루기 전까지 테스트 대역은 매우 간단했다. 테스트 케이스가 진행되는 동안 테스트 대역과의 상호작용은 한 번만 발생했다.

FormatOutputSpy는 여러 번의 상호작용에서 일어난 것들을 기록할 수 있었다. 다음 장에서는 목(mock) 객체를 살펴볼 것이다. 목 객체는 서로 협력하는 모듈들 사이에 발생하는 더 복잡한 상호작용을 테스트에서 모델링할 수 있게 해 준다.

배운 것 적용하기

1. 버퍼의 값들을 열을 맞추어 여러 줄로 출력할 수 있도록 CircularBuffer를 확장하라. 한 줄이 최대 60자를 넘지 않아야 하며, 다섯 자리 십진수만 처리할 수 있으면 된다.
2. 버퍼에서 가장 큰 수보다 두 글자 폭만큼 더 넓게 열 너비를 맞추도록 CircularBuffer 출력 기능을 발전시켜라.
3. 고객이 CircularBuffer 출력 포맷을 결정할 수 없다고 한다. CircularBuffer에서 출력 포맷을 분리시켜라. PrintFormatter 함수는 CircularBuffer를 인자로 받아야 하며, CircularBuffer는 PrintFormatter에 올바른 순서대로 값을 하나씩 전달한다.
4. LightScheduler의 랜덤화 구현과 테스트 코드는 여러분이 다운로드한 예제 코드의 code/t0 디렉터리에 있다. 이 코드는 이제 막 시작한 수준이다. 예외적인 사례들의 테스트 목록을 만들고 TDD로 동작을 완성시켜라. 다음 두 가지 사례를 포함시켜라. 첫째, 랜덤화된 이벤트는 하루에 한 번만 동작해야 한다. 둘째, 자정에 가까운 이벤트가 랜덤화되면 날짜가 변경될 수도 있는데 이를 올바로 처리해야 한다.

10장

TDD for Embedded C

목(Mock) 객체

심야의 종소리를 속이자.

— 윌리엄 셰익스피어(William Shakespeare)

LightScheduler를 테스트 주도로 개발하면서 테스트 픽스처가 TimeService나 LightController에 대한 호출을 가로채어 LightScheduler의 올바른 동작을 검증할 수 있었다. 우리가 사용한 테스트 대역은 아주 간단해서 정적 변수 몇 개와 이에 대한 접근 함수들로 만들 수 있었다. 이런 단순한 상호작용에는 간단한 테스트 대역만으로 충분하다. 하지만 불행히도 소프트웨어의 구성 요소들 사이에 발생하는 상호작용이 모두 그렇게 단순하지는 않다. 간단한 스파이나 스텁이 항상 통하지는 않을 것이다. 더 복잡한 상호작용이 있을 때는 '목(mock) 객체'라는 다른 도구가 필요하다.

목 객체는 테스트 대역이다. 목 객체를 이용하면 테스트 케이스가 한 모듈에서 다른 모듈을 호출하는 상황을 묘사할 수 있다. 테스트가 실행되는 동안 모든 함수 호출이 올바른 순서로 올바른 인자들과 함께 일어나는지를 목 객체가 확인한다. 목 객체가 특정 값을 순서대로 CUT에 반환하도록 설정할 수도 있다. 목 객체가 시뮬레이터는 아니지만 목 객체를 이용하면 테스트 케이스가 특정 시나리오나 일련의

이벤트를 시뮬레이션하게 만들 수 있다.[1]

이번 장에서는 디바이스 드라이버와 하드웨어 사이의 상호작용을 모델링하고 확인하기 위해 목 객체를 사용할 것이다. 하나의 사용 시나리오를 시뮬레이션하기 위해 목 객체가 디바이스로 오고가는 명령을 가로챈다. 「Endo-Testing: 목 객체로 단위 테스트하기」 논문에서 저자들은 목 객체를 이용하면 무엇이든지 테스트할 수 있다고 주장한다. 이번 예제를 통해 목 객체를 이용하면 심지어 하드웨어 의존적인 디바이스 드라이버까지도 완벽히 단위 테스트할 수 있음을 보여줄 것이다.

10.1 플래시 드라이버

TDD를 임베디드 시스템에 적용하는 것을 임베디드 개발자에게 말할 때면 이런 말을 자주 듣는다. "하지만 디바이스 드라이버를 TDD하기는 불가능하죠!" 그러면 나는 "아니요, 가능해요"라고 대답한다. 이번 예제는 일석이조의 효과가 있다. 플래시 메모리 드라이버의 일부를 개발하면서 실리콘에 바짝 다가갈 것이고, 드라이버와 하드웨어 사이의 복잡한 상호작용을 모델링하고 확인하기 위해 목 객체를 이용할 것이다.

예제에서는 ST마이크로일렉트로닉스의 16Mb 플래시 메모리 디바이스(M28W160ECT)를 이용한다. 이것을 선택한 데는 몇 가지 이유가 있다. 플래시 메모리 디바이스는 빈번한 읽기 쓰기로 이뤄지는 전용 프로토콜로 동작한다. 다양한 실패 모드가 있으며 그중 일부는 실제 디바이스에서 발생시키기가 매우 어렵다. 게다가 디바이스 문서화가 잘 되어 있다. 데이터시트는 50페이지며, 여러 가지 플로 차트, 표, 상세 설명이 잘 나와 있다. 마지막으로 업체에서 레퍼런스 설계를 제공하기 때문에 우리 구현을 비교해 볼 수 있다.[2]

'그림 10.1 플래시 드라이버와 테스트 픽스처'는 테스트 케이스, 목 객체, 제품 코드들의 관계를 보여준다. FlashDriver는 IO_Read()와 IO_Write()라는 2개의 간단한 함수로 하드웨어와 통신한다.

Download src/IO/IO.c

#include "IO.h"

---

[1] 목 객체는 「Endo-Testing: 목 객체로 단위 테스트하기」[MFC01] 논문에서 처음으로 소개되었다.
[2] 책에서 다운로드한 코드의 docs/STMicroelectronics 폴더에 디바이스 스펙과 코드가 있다.

그림 10.1 플래시 드라이버와 테스트 픽스처

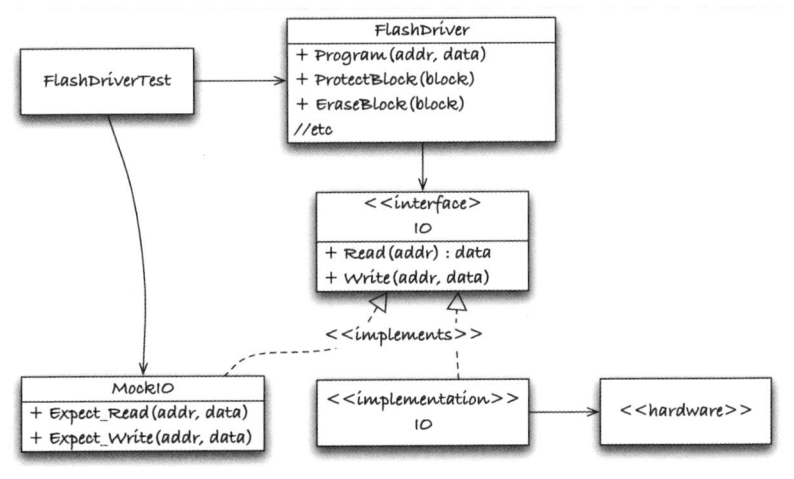

```
void IO_Write(ioAddress addr, ioData data)
{
    ioData * p = 0;
    *(p + addr) = data;
}
ioData IO_Read(ioAddress addr)
{
    ioData * p = 0;
    return *(p + addr);
}
```

여기서 두 함수는 드라이버에서 하드웨어로 통하는 관문이다. 이 함수들은 정적으로 링크된다. 단위 테스트를 하는 동안 IO_Read()와 IO_Write()의 제품 코드는 필요 없기 때문에 링크타임 테스트 대역을 사용할 수 있다. 함수 포인터를 이용한다면 하드웨어상에서 단위 테스트를 실행할 때 IO_Read()와 IO_Write()의 제품 코드를 이용하여 테스트 케이스와 하드웨어가 통신하게 하는 등 추가적인 유연성을 얻을 수도 있다. 나중에 마음이 바뀌어 함수 포인터로 옮겨가고자 해도 조금만 수정하면 된다.

MockIO는 하드웨어에 의존하는 IO 구현을 대신한다. 테스트 케이스는 목 객체에 기대하는 IO_Read()와 IO_Write() 호출을 지정한다. 그런 다음 실행(exercise) 단계에서 목 객체는 실제로 발생하는 호출이 기대했던 것과 같은지 검사한다. 네 단계 테스트 패턴에 기대값 수립이라는 단계가 추가되어 '설정, 기대값 수립, 실행

그림 10.2 플래시 메모리 프로그램 – 플로 차트

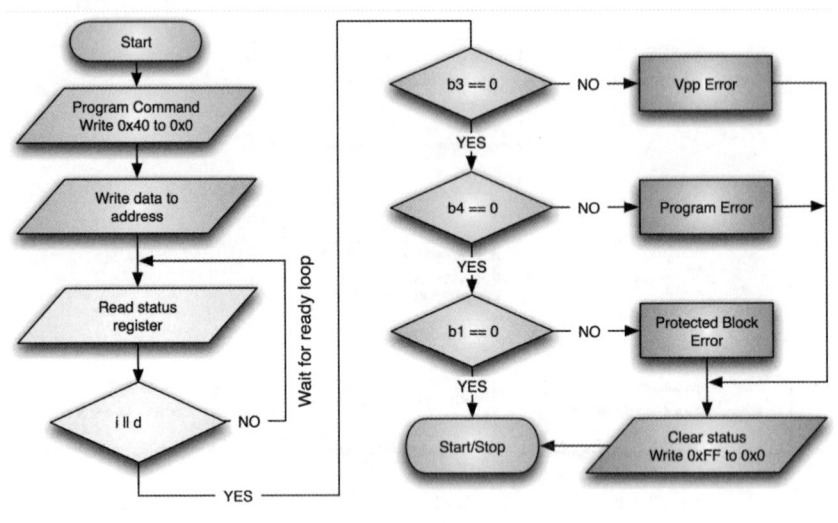

(및 확인), 확인, 정리라고 볼 수도 있다.

'그림 10.2 플래시 메모리 프로그램 - 플로 차트'에서 알 수 있듯이 플래시 동작은 여러 차례에 걸친 상호작용으로 이뤄진다. 이 플로 차트는 디바이스의 특정 위치를 프로그램하는 방법을 보여준다. 플래시에서 특정 위치에 프로그램하면서 발생할 수 있는 실패들도 명시하고 있다.

어떤 메모리 위치를 프로그램하는 것은 두 번의 쓰기(write)로 시작된다. 그런 다음 드라이버는 '준비 대기' 루프에 들어가서 디바이스가 동작을 완료하기를 기다린다. 플로 차트를 보면 네 가지 결과가 나올 수 있으며, 따라서 적어도 네 개의 테스트 케이스가 필요하다. 플로 차트에 드러나지는 않지만, 데이터 쓰기가 성공적으로 수행되었음을 확인하기 위해서 우리 드라이버는 디바이스에서 데이터를 다시 읽어 볼 것이다. 이것도 테스트 케이스로 추가하자. 전혀 응답하지 않는 디바이스를 시뮬레이션하는 테스트 케이스도 추가할 것이다. 초기 테스트 목록은 '그림 10.3 플래시 메모리 프로그램 - 테스트 목록'과 같다.

'그림 10.4 Flash_Write() 시퀀스 차트 - 성공 케이스'의 시퀀스 차트에서와 같이 특정 플래시 위치에 프로그램하기 위해서는 디바이스와의 상호작용을 여러 번 거쳐야 한다. 간단한 스파이나 스텁으로는 복잡한 상호작용을 제대로 확인할 수 없다.

그림 10.3 플래시 메모리 프로그램 - 테스트 목록

바로 이런 경우에 딱 맞는 도구가 목 객체이다.

목 객체가 시뮬레이터라고 오해하는 경우가 많다. 목 객체는 시뮬레이터가 아니다. 목 객체는 특정 사용 시나리오에 필요한 상호작용 순서를 시뮬레이션하고 검증하는 데 사용된다. 목 객체는 플래시 디바이스가 무엇인지 전혀 모른다. 각 테스트 케이스는 필요한 시나리오에 맞춰 목 객체를 프로그램한다. 목 객체는 디바이스 전체를 시뮬레이션하는 것이 아니라 한 번에 하나의 시나리오만 시뮬레이션한다. 플래시 시뮬레이터를 만들지 않아도 된다니 우리에겐 잘 된 일이다. 이런 시뮬레이터는 디바이스 드라이버 자체보다 더 복잡할 것이다.

테스트를 위해 드라이버와 하드웨어의 모든 상호작용은 반드시 IO_Read()와 IO_Write()를 사용해야만 한다. MockIO는 이 함수들의 호출을 가로챈다. MockIO의 IO_Read()와 IO_Write()는 호출을 가로채어 검사한다. 추가로 IO_Read()는 사용 시나리오에서 읽기 동작 시에 특정 값을 반환하도록 프로그램된다.

이제 MockIO를 어떻게 사용하는지 보자. MockIO를 블랙박스로 취급해라. 내부 동작은 나중에 살펴보기로 한다.

목 객체를 이용하는 테스트에 익숙해지려면 조금 시간이 걸린다. 끝 부분에서 기대값을 검사하는 기존의 테스트와는 달리 시작 부분에서 기대 상황(혹은 기대값)들을 미리 기록한다. 다음 테스트는 '그림 10.4 Flash_Write() 시퀀스 차트 - 성공 케이스'의 시나리오 상황에서 MockIO가 기대 상황을 어떻게 설정하는지를 보여준다.

그림 10.4 Flash_Write() 시퀀스 차트 – 성공 케이스

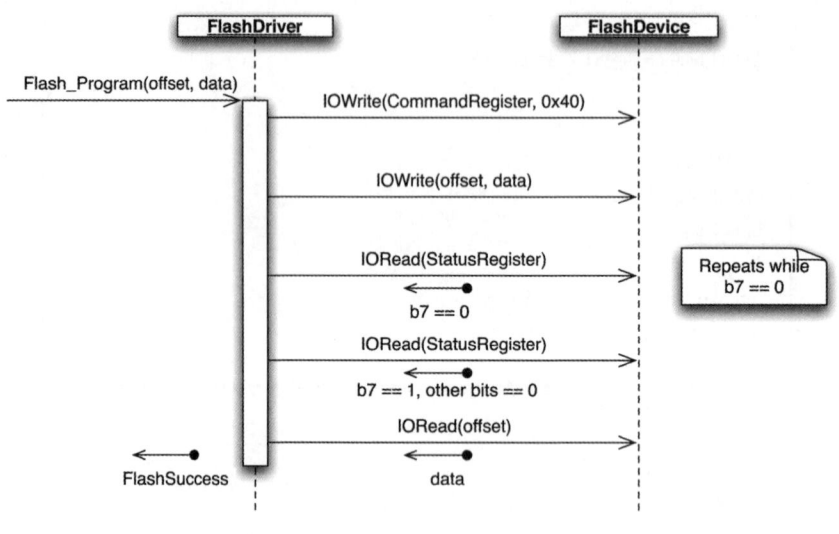

Download tests/IO/FlashTest.cpp

```
TEST(Flash, WriteSucceeds_ReadyImmediately)
{
    int result = 0;
    MockIO_Expect_Write(0, 0x40);
    MockIO_Expect_Write(0x1000, 0xBEEF);
    MockIO_Expect_ReadThenReturn(0, 1<<7);
    MockIO_Expect_ReadThenReturn(0x1000, 0xBEEF);
    result = Flash_Write(0x1000, 0xBEEF);
    LONGS_EQUAL(0, result);
    MockIO_Verify_Complete();
}
```

테스트 케이스는 MockIO의 동작을 프로그램한다. MockIO가 제공하는 함수를 이용하여 I/O 동작이 어떻게 이뤄져야 하는지, 그리고 어떻게 반응해야 하는지를 기술한다. 인자를 잠시 무시하고 보면 이 테스트는 Flash_Write()가 IO_Write()를 두 번 호출한 다음 IO_Read()를 두 번 호출해야 한다고 알려준다. 만약 이러한 기대 상황이 테스트 케이스가 끝날 때까지 (정해진 순서대로) 만족되지 않으면 테스트가 실패한다. 테스트를 통과시키려면 제품 코드인 Flash_Write()가 기대 상황에 기술된 대로 플래시 디바이스와 상호작용해야 한다.

이번 테스트 시나리오는 0x1000위치에 0xBEEF값을 성공적으로 프로그램하는 것이다. '기대값 수립' 단계를 따라가보자. 첫 번째 호출인 MockIO_Expect_Write(0,

0x40)은 처음 발생할 일이 0x0위치에 0x40값을 쓰는 것이라고 목 객체에 알려준다. 플로 차트에 정리된 바에 따르면 이 쓰기를 통해 디바이스가 프로그램 모드로 바뀐다. 드라이버가 두 번째로 해야 하는 일은 0x1000위치에 0xBEEF값을 쓰는 것이다. 그 다음 MockIO_Expect_ReadThenReturn(0, 1 << 7)은 0x0위치에서 읽기가 일어날 것이라고 목 객체에 알려주면서, 읽기의 결과로 목 객체가 7번째 비트를 1로 설정 (디바이스가 쓰기를 성공했다는 의미)한 값을 반환하라는 뜻이다.

실제로 디바이스가 준비 대기 루프의 첫 번째 검사에서 바로 준비 상태가 될 리 없다. 하지만 코드에서는 어떻게든 적절히 처리해야 한다. 오류가 발생하는 시나리오는 금방 마련할 수 있다. 필요한 매직 넘버는 '그림 10.2 플래시 메모리 프로그램 - 플로 차트'에서 찾을 수 있다. 디바이스가 성공적으로 동작했다고 보고한 뒤에 드라이버는 쓰기가 성공했음을 확인하기 위해서 데이터를 다시 읽어 와야 한다. 마지막 MockIO_Expect_ReadThenReturn()이 의미하는 내용이다.

모든 기대값들을 설정한 후에 테스트는 제품 코드의 Flash_Write() 함수를 호출한다. Flash_Write()는 MockIO의 IO_Read()와 IO_Write()에 링크되므로 이 함수들이 호출될 때마다 기대한 호출과 정확히 일치하는지 검사가 이뤄진다. 만약 호출되는 순서가 맞지 않거나 인자가 틀리면 테스트는 즉시 실패한다. 목 객체를 이용하면 확인 단계가 따로 구분되지 않으며 제품 코드가 실행될 때 같이 진행된다.

마지막 확인 단계에서 테스트는 Flash_Write()가 플래시 메모리에 프로그램하는 동작을 성공했다는 의미의 0을 반환하는지 확인한다. 이 확인이 이뤄지는 시점까지 발생한 모든 IO 호출은 이미 정상으로 확인되었다. 테스트 케이스의 마지막 줄은 앞에서 설정한 기대값이 모두 사용되었는지 확인한다. 사용되지 않고 남은 기대값이 있으면 MockIO_Verify_Complete()에서 테스트가 실패한다. TDD로 Flash_Write()를 구현하면서 MockIO가 발생시키는 오류들을 살펴보자. 다음은 첫 번째 구현이다.

`Download src/IO/Flash.c`

```c
int Flash_Write(ioAddress address, ioData data)
{
    return -1;
}
```

어떤 기대값도 만족시키지 않기 때문에 목 객체는 아래와 같은 피드백을 내놓는다.

```
mocks/MockIO.c:139: error: Failure in TEST(Flash, WriteSucceeds_ReadyImmediately)
        Expected 4 reads/writes but got 0
```

이제 다음처럼 구현하여 첫 번째 기댓값을 충족시키자.

Download src/IO/Flash.c

```c
int Flash_Write(ioAddress address, ioData data)
{
    IO_Write(0x40, 0);
    return -1;
}
```

IO_Write()를 호출하면서 인자 순서가 바뀌었다. 따라서 이런 오류를 보게 된다.

```
mocks/MockIO.c:64: error: Failure in TEST(Flash, WriteSucceeds_ReadyImmediately)
        R/W 1: Expected IO_Write(0x0, 0x40)
               But was   IO_Write(0x40, 0x0)
```

MockIO는 아직 사용하지 않은 기댓값을 확인하기 전에 각각의 읽기/쓰기 동작이 기댓값과 정확히 일치하는지를 확인한다. 테스트는 다음과 같은 상황에서 실패한다.

- IO_Write()를 기대하는데 IO_Read()가 호출되는 경우
- IO_Read()를 기대하는데 IO_Write()가 호출되는 경우
- 잘못된 주소나 데이터로 IO_Write()를 호출하는 경우
- 잘못된 주소로 IO_Read()를 호출하는 경우

아래 코드는 테스트 케이스를 통과한다.

Download src/IO/Flash.c

```c
int Flash_Write(ioAddress address, ioData data)
{
    IO_Write(0, 0x40);
    IO_Write(address, data);
    IO_Read(0);
    IO_Read(address);
    return FLASH_SUCCESS;
}
```

아직 루프 로직을 구현하지 않았고 오류 검사도 전혀 하지 않았음을 명심하자. 이전 예제에서 했던 것처럼 테스트를 하나씩 추가하면서 구현하겠다. 계속 진행하기 전에 테스트를 리팩터링하자. 매직 넘버를 제거하고 공통부분을 추출해서 TEST_GROUP()에 넣자. 테스트 그룹이 다음처럼 되었다.

```
Download tests/IO/FlashTest.cpp
```

```cpp
TEST_GROUP(Flash)
{
    ioAddress address;
    ioData data;
    int result;

    void setup()
    {
        address = 0x1000;
        data = 0xBEEF;
        result = -1;

        MockIO_Create(10);
        Flash_Create();
    }

    void teardown()
    {
        Flash_Destroy();
        MockIO_Verify_Complete();
        MockIO_Destroy();
    }
};
```

매직 넘버가 제거된 테스트 케이스는 다음과 같다.

```
Download tests/IO/FlashTest.cpp
```

```cpp
TEST(Flash, WriteSucceeds_ReadyImmediately)
{
    MockIO_Expect_Write(CommandRegister, ProgramCommand);
    MockIO_Expect_Write(address, data);
    MockIO_Expect_ReadThenReturn(StatusRegister, ReadyBit);
    MockIO_Expect_ReadThenReturn(address, data);
    result = Flash_Write(address, data);
    LONGS_EQUAL(FLASH_SUCCESS, result);
}
```

다음과 같이 제품 코드도 리팩터링했다. 여전히 테스트를 통과한다.

```
Download src/IO/Flash.c
```

```c
int Flash_Write(ioAddress address, ioData data)
{
    IO_Write(CommandRegister, ProgramCommand);
    IO_Write(address, data);
    IO_Read(StatusRegister);
    IO_Read(address);
    return FLASH_SUCCESS;
}
```

문자 상수들은 디바이스 용 헤더 파일에 정의했다. 내가 상수들을 Flash.h에 추가하지 않은 이유는 드라이버를 사용하는 개발자가 이 상수들을 알 필요가 없기 때문이다.

```
Download include/IO/m28w160ect.h

typedef enum
{
    CommandRegister = 0x0,
    StatusRegister = 0x0
} Flash_Registers;

typedef enum
{
    ProgramCommand = 0x40,
    Reset = 0xff
} Flash_Command;
```

이 헤더는 제품 코드와 테스트 코드에서 같이 사용되기 때문에 지금의 테스트로는 상수 정의 부분에 오류가 있어도 발견되지 않는다. 정의 부분의 오류는 코드 검토 과정에서 발견되거나 하드웨어와 통합하는 과정에서 분명히 드러날 것이다.

플로 차트에 의하면 디바이스가 프로그램 명령을 마칠 때까지 기다리는 루프가 필요하다. 또한 오류 상황을 해석하여 반환 코드로 변환해야 한다. 테스트 픽스처가 마련되었으니 진행하기가 훨씬 수월해졌다. 하지만 Flash_Write()의 테스트와 제품 코드를 완성하기 전에 MockIO를 좀 더 깊이 들여다보자.

10.2 MockIO

MockIO가 신비한 물건쯤으로 보일지 모른다. 여러분은 이것이 불필요할 뿐만 아니라 오히려 제품 코드에 투자할 시간을 빼앗는 부가적인 작업이라고 생각할 수도 있다. MockIO의 신비를 벗겨보고 MockIO의 전체 인터페이스와 함께 어떻게 구현되어 있는지 일부 구현을 살펴보자. 그렇게 걱정할 만큼 대단한 물건은 아니라고 느낄 수 있기를 바란다.

MockIO의 공개 인터페이스는 이미 익숙한 Create/Destroy 함수와 더불어 기대값을 프로그램하고 모든 기대값이 만족되었는지를 확인하는 함수들로 구성된다.

```
Download mocks/MockIO.h

#ifndef D_MockIO_H
```

```
#define D_MockIO_H
#include "IO.h"
void MockIO_Create(int maxExpectations);
void MockIO_Destroy(void);
void MockIO_Expect_Write(ioAddress offset, ioData data);
void MockIO_Expect_ReadThenReturn(ioAddress offset, ioData returnData);
void MockIO_Verify_Complete(void);
#endif
```

여러분도 이미 예상했겠지만 MockIO.c에는 기대값을 순서대로 저장하는 테이블이 있다. 테이블은 구조체 배열과 지역 변수로 구성된다.

Download mocks/MockIO.c

```
typedef struct Expectation
{
    int kind;
    ioAddress addr;
    ioData value;
} Expectation;

static Expectation * expectations = 0;
static int setExpectationCount;
static int getExpectationCount;
static int maxExpectationCount;
static int failureAlreadyReported = 0;
```

기대값 테이블과 지역 변수들은 아래와 같이 초기화되고 정리된다.

Download mocks/MockIO.c

```
void MockIO_Create(int maxExpectations)
{
    expectations = calloc(maxExpectations, sizeof(Expectation));
    setExpectationCount = 0;
    getExpectationCount = 0;
    maxExpectationCount = maxExpectations;
    failureAlreadyReported = 0;
}

void MockIO_Destroy(void)
{
    if (expectations)
        free(expectations);
    expectations = 0;
}
```

테스트 케이스에서 봤던 것처럼 기대값은 아래 함수를 사용해서 기록된다.

```
Download mocks/MockIO.c
```
```c
void MockIO_Expect_Write(ioAddress addr, ioData value)
{
    failWhenNoRoomForExpectations(report_too_many_write_expectations);
    recordExpectation(FLASH_WRITE, addr, value);
}
void MockIO_Expect_ReadThenReturn(ioAddress addr, ioData value)
{
    failWhenNoRoomForExpectations(report_too_many_read_expectations);
    recordExpectation(FLASH_READ, addr, value);
}
```

failWhenNoRoomForExpectations( ) 함수는 MockIO가 초기화되었는지, 기대값을 추가할 공간이 있는지 확인하는 비공개 함수이다. 확인해서 문제가 있으면 failWhenNoRoomForExpectations()에서 테스트가 실패하기 때문에 반환하지 않는다. 여유 공간이 있으면 recordExpectation()으로 기대값 테이블에 새로운 항목을 추가한다.

IO_Write()는 이름과 달리 실제로는 아무것도 쓰지 않는다. 다만 호출하는 쪽에서 무엇을 쓰려고 하면 그것이 대응하는 MockIO_Expect_Write()에서 설정한 기대값과 일치하는지를 확인한다.

```
Download mocks/MockIO.c
```
```c
void IO_Write(ioAddress addr, ioData value)
{
    setExpectedAndActual(addr, value);
    failWhenNotInitialized();
    failWhenNoUnusedExpectations(report_write_but_out_of_expectations);
    failWhen(expectationIsNot(FLASH_WRITE), report_expect_read_was_write);
    failWhen(expectedAddressIsNot(addr), report_write_does_not_match);
    failWhen(expectedDataIsNot(value), report_write_does_not_match);
    getExpectationCount++;
}
```

IO_Write()는 다음의 경우에 실패한다. MockIO가 초기화되지 않았을 때, 남은 기대값이 없을 때, IO_Read()를 기대하고 있을 때, 주소나 데이터가 일치하지 않을 때.

마찬가지로 IO_Read()는 실제로 아무것도 읽지 않고 IO_Write()와 비슷한 검사를 수행한다. 추가로 MockIO_Expect_ReadThenReturn()의 두 번째 인자로 지정된 값을 결과값으로 반환한다.

Download mocks/MockIO.c

```c
ioData IO_Read(ioAddress addr)
{
    setExpectedAndActual(addr, NoExpectedValue);
    failWhenNotInitialized();
    failWhenNoUnusedExpectations(report_read_but_out_of_expectations);
    failWhen(expectedAddressIsNot(addr), report_read_wrong_address);
    failWhen(expectationIsNot(FLASH_READ), report_expect_write_was_read);

    return expectations[getExpectationCount++].value;
}
```

이 방법을 이용하여 Flash_Write()가 루프를 돌면서 IO_Read()로 특정 비트가 설정되는지 확인할 때 테스트에 필요한 반환값을 얼마든지 만들어 낼 수 있다.

마지막으로 MockIO_Verify_Complete()는 사전에 프로그램한 기대값들이 모두 만족되었는지를 확인한다. MockIO_Verify_Complete()는 TEST()의 실행(exercise) 단계 다음에 호출되어야 한다. teardown()에서 호출해도 된다.

Download mocks/MockIO.c

```c
void MockIO_Verify_Complete(void)
{
    if (failureAlreadyReported)
        return;
    failWhenNotAllExpectationsUsed();
}
```

MockIO_Verify_Complete()는 목 객체가 어떤 오류도 보고하지 않았는지 먼저 확인한다. 목 객체가 실패하면 테스트 케이스가 바로 종료되지만 그래도 teardown()은 실행된다. 따라서 오류 발생 여부를 확인함으로써 teardown()이 진행되는 중에 오류를 중복하여 보고하지 않는다.

목 객체가 어떻게 동작하는지 살펴봤으니 이제 Flash_Write()를 완성하는 일로 돌아가자. MockIO의 전체 코드와 테스트는 다운로드한 코드에 포함되어 있다.

10.3 TDD로 드라이버 구현하기

MockIO 내부를 살펴보기 전에 우리가 작성한 Flash_Write()는 디바이스가 즉시 준비 상태가 되는 단순한 테스트를 통과했었다. 일반적으로 디바이스가 바로 준비 상태에 들어가지는 않는다. 스펙을 보면 이 디바이스는 쓰기 동작에 보통 10마이크로초가 소요된다. 드라이버가 실제 디바이스에서 돌아간다면 상태 레지스터

(StatusRegister)를 수백 수천 번 읽을 수 있는 시간이다. 드라이버는 동작이 완료되기를 기다리는 루프가 필요하며, 루프 로직을 검증하는 데는 몇 번의 읽기만으로도 충분하다.

```
Download tests/IO/FlashTest.cpp
```

```cpp
TEST(Flash, SucceedsNotImmediatelyReady)
{
    MockIO_Expect_Write(CommandRegister, ProgramCommand);
    MockIO_Expect_Write(address, data);
    MockIO_Expect_ReadThenReturn(StatusRegister, 0);
    MockIO_Expect_ReadThenReturn(StatusRegister, 0);
    MockIO_Expect_ReadThenReturn(StatusRegister, 0);
    MockIO_Expect_ReadThenReturn(StatusRegister, ReadyBit);
    MockIO_Expect_ReadThenReturn(address, data);

    result = Flash_Write(address, data);
    LONGS_EQUAL(FLASH_SUCCESS, result);
}
```

다음의 오류를 해결하려면 IO_Read()를 루프로 돌려야 한다.

```
IO/FlashTest.cpp:78: error: Failure in TEST(Flash, SucceedsNotImmediatelyReady)
.../mocks/MockIO.c:83: error:
        R/W 4: Expected IO_Read(0x0) returns 0x0;
               But was   IO_Read(0x1000)
```

이제 Flash_Write()에 루프를 추가하자.

```
Download src/IO/Flash.c
```

```c
int Flash_Write(ioAddress address, ioData data)
{
    ioData status = 0;
    IO_Write(CommandRegister, ProgramCommand);
    IO_Write(address, data);

    while ((status & ReadyBit) == 0)
        status = IO_Read(StatusRegister);

    IO_Read(address);

    return FLASH_SUCCESS;
}
```

Flash_Write()는 성공적으로 동작하는 해피 패스(happy path) 경우를 처리한다. 따라서 이제는 오류 상황들을 처리해 보자. 플로 차트상의 첫 번째 오류는 V_{pp} 오류이다. 디바이스의 프로그램 전압이 잘못되면 V_{pp} 비트가 설정된다. 타깃으로 이 상황을 테스트하려면 하드웨어에 손상을 입혀야만 한다. 즉 보드에 문제가 생기기 전에는 오류 검출 코드를 실행해보지 못한다. 우리는 준비 비트(ReadyBit)와 V_{pp} 오류 비트(VppErrorBit)를 설정하려 한다. 플로 차트에 의하면 드라이버는 반드시 각 오류에 대해서 디바이스를 리셋시켜야 한다.

```
Download tests/IO/FlashTest.cpp
```

```cpp
TEST(Flash, WriteFails_VppError)
{
    MockIO_Expect_Write(CommandRegister, ProgramCommand);
    MockIO_Expect_Write(address, data);
    MockIO_Expect_ReadThenReturn(StatusRegister, ReadyBit | VppErrorBit);
    MockIO_Expect_Write(CommandRegister, Reset);

    result = Flash_Write(address, data);

    LONGS_EQUAL(FLASH_VPP_ERROR, result);
}
```

나머지 발생 가능한 두 가지 디바이스 오류에 대해서도 비슷한 테스트 케이스가 필요하다. (프로그램 오류 비트(ProgramErrorBit)와 블록 보호 오류 비트(BlockProtectionErrorBit)에 대한 테스트는 여기서 보여주지 않겠다.) 테스트를 마친 다음 구현은 스펙에 명시된 모든 오류를 처리한다.

```
Download src/IO/Flash.c
```

```c
int Flash_Write(ioAddress offset, ioData data)
{
    ioData status = 0;
    IO_Write(CommandRegister, ProgramCommand);
    IO_Write(offset, data);

    while ((status & ReadyBit) == 0)
        status = IO_Read(StatusRegister);

    if (status != ReadyBit)
    {
        IO_Write(CommandRegister, Reset);

        if (status & VppErrorBit)
            return FLASH_VPP_ERROR;
        else if (status & ProgramErrorBit)
            return FLASH_PROGRAM_ERROR;
        else if (status & BlockProtectionErrorBit)
            return FLASH_PROTECTED_BLOCK_ERROR;
```

```
        else
            return FLASH_UNKNOWN_PROGRAM_ERROR;
    }
    IO_Read(address);

    return FLASH_SUCCESS;
}
```

드라이버 요구사항에 따르면 드라이버는 쓰기가 성공한 다음 이를 확인하기 위해 다시 읽어 와야 한다. 다시 읽은 값이 쓴 값과 다른 경우의 시나리오를 추가하자.

Download tests/IO/FlashTest.cpp
```
TEST(Flash, WriteFails_FlashReadBackError)
{
    MockIO_Expect_Write(CommandRegister, ProgramCommand);
    MockIO_Expect_Write(address, data);
    MockIO_Expect_ReadThenReturn(StatusRegister, ReadyBit);
    MockIO_Expect_ReadThenReturn(address, data-1);

    result = Flash_Write(address, data);

    LONGS_EQUAL(FLASH_READ_BACK_ERROR, result);
}
```

또 하나, 디바이스 스펙에 의하면 준비 비트(ReadyBit)가 설정될 때까지 다른 상태 비트가 바뀔 수 있으며 이는 무시해야 한다. 다음 테스트는 준비 비트(ReadyBit)가 설정될 때만 드라이버가 루프를 종료시킨다는 것을 검증한다.

Download tests/IO/FlashTest.cpp
```
TEST(Flash, WriteSucceeds_IgnoresOtherBitsUntilReady)
{
    MockIO_Expect_Write(CommandRegister, ProgramCommand);
    MockIO_Expect_Write(address, data);
    MockIO_Expect_ReadThenReturn(StatusRegister, ~ReadyBit);
    MockIO_Expect_ReadThenReturn(StatusRegister, ReadyBit);
    MockIO_Expect_ReadThenReturn(address, data);

    result = Flash_Write(address, data);

    LONGS_EQUAL(FLASH_SUCCESS, result);
}
```

디바이스 드라이버 함수 Flash_Write()를 거의 완성했다. 시간 초과 문제를 다루기 전에 Flash_Write()를 리팩터링하여 오류 처리 부분을 추출하자. 다음은 리팩터링된 Flash_Write() 함수다.

> Download src/IO/Flash.c

```c
int Flash_Write(ioAddress offset, ioData data)
{
    ioData status = 0;
    IO_Write(CommandRegister, ProgramCommand);
    IO_Write(offset, data);

    while ((status & ReadyBit) == 0)
        status = IO_Read(StatusRegister);
    if (status != ReadyBit)
        return writeError(status);
    if (data != IO_Read(offset))
        return FLASH_READ_BACK_ERROR;
    return FLASH_SUCCESS;
}
```

오류 처리를 위한 도움 함수를 추출하여 Flash_Write()가 간결해졌다.

> Download src/IO/Flash.c

```c
static int writeError(int status)
{
    IO_Write(CommandRegister, Reset);
    if (status & VppErrorBit)
        return FLASH_VPP_ERROR;
    else if (status & ProgramErrorBit)
        return FLASH_PROGRAM_ERROR;
    else if (status & BlockProtectionErrorBit)
        return FLASH_PROTECTED_BLOCK_ERROR;
    else
        return FLASH_UNKNOWN_PROGRAM_ERROR;
}
```

이제 시간 초과를 처리할 차례다.

10.4 디바이스 시간 초과를 시뮬레이션하기

일시적인 혹은 영구적인 하드웨어 장애로 인해 플래시 메모리 디바이스가 준비 상태로 들어가지 않는 경우도 가능하다. 실제 디바이스로 시간 초과 경우를 테스트하려면 어렵다. V_{pp} 오류와 같이 보드를 직접 조작해야 할지 모른다. 그러나 테스트 픽스처에 하나만 추가하면 이러한 오류를 안정적으로 테스트할 수 있다.

이 디바이스의 일반적인 응답시간은 10μs라고 디바이스 스펙에 나와 있다. 5ms

가 지나면 오류로 간주하자. 구현 관점에서 보면, 드라이버는 준비 대기 루프를 도는 동안 경과 시간을 알기 위해 실시간시계(RTC)의 틱(tic)을 읽어온다. 시스템의 문맥 교환(context switch) 시간을 무시할 수 없다면 루프에서 딜레이나 프로세서 양보(yield)를 고려할 수도 있다. 시간 초과가 발생하면 Flash_Write()는 FLASH_TIMEOUT_ERROR를 반환한다. 링크타임 페이크로 RTC 틱을 제어한다면 이러한 시간 초과도 제어할 수 있다. 아래와 같다.

Download mocks/FakeMicroTime.c

```c
void FakeMicroTime_Init(uint32_t start, uint32_t incr)
{
    time = start;
    increment = incr;
    totalDelay = 0;
}
uint32_t MicroTime_Get(void)
{
    uint32_t t = time;
    time += increment;
    return t;
}
```

FakeMicroTime_Init()를 이용하여 페이크가 시작할 특정 시간(μs)과 MicroTime_Get()이 호출될 때마다 증가시킬 값을 지정한다. 다음 테스트는 강제로 시간 초과를 발생시킨다.

Download tests/IO/FlashTest.cpp

```cpp
TEST(Flash, WriteFails_Timeout)
{
    FakeMicroTime_Init(0, 500);
    Flash_Create();
    MockIO_Expect_Write(CommandRegister, ProgramCommand);
    MockIO_Expect_Write(address, data);
    for (int i = 0; i < 10; i++)
        MockIO_Expect_ReadThenReturn(StatusRegister, ~ReadyBit);
    result = Flash_Write(address, data);
    LONGS_EQUAL(FLASH_TIMEOUT_ERROR, result);
}
```

먼저 0μs에서 시작하여 500μs씩 증가하도록 FakeMicroTime을 초기화한다. 증가값으로 500μs을 사용하면 결국 루프를 10번 돈 다음에 시간 초과로 빠져나온다. 시간 초과 오류를 반환하기 전에 I/O 읽기가 10번 일어나야 한다.

일단 모든 것이 정상적으로 컴파일되고 나면 기대값이 바닥나서 테스트가 실패한다. 아래와 같다.

```
IO/FlashTest.cpp:210: error: Failure in TEST(Flash, WriteFails_Timeout)
../mocks/MockIO.c:83: error:
     R/W 13: No more expectations but was IO_Read(0x0)
```

이제 시간 초과 검출에 필요한 코드를 추가하자.

Download src/IO/Flash.c

```
int Flash_Write(ioAddress offset, ioData data)
{
    ioData status = 0;
    uint32_t timestamp = MicroTime_Get();

    IO_Write(CommandRegister, ProgramCommand);
    IO_Write(offset, data);

    status = IO_Read(StatusRegister);
    while ((status & ReadyBit) == 0)
    {
        if (MicroTime_Get() - timestamp >= FLASH_WRITE_TIMEOUT_IN_MICROSECONDS)
            return FLASH_TIMEOUT_ERROR;
        status = IO_Read(StatusRegister);
    }

    if (status != ReadyBit)
        return writeError(status);

    if (data != IO_Read(offset))
        return FLASH_READ_BACK_ERROR;

    return FLASH_SUCCESS;
}
```

시계는 결국 한 바퀴를 돌아 0부터 다시 시작하므로 여러분은 이런 경우에도 코드가 잘 동작하기를 원할 것이다. 여기서는 한 바퀴 도는데 136년이나 걸리기 때문에 이 기간 동안은 문제가 없겠지만, 만약 여러분의 하드웨어가 16비트 타이머로 동작한다면 μs 타이머가 한 바퀴 도는데 18시간밖에 걸리지 않는다. 이 상황은 다음처럼 테스트할 수 있다.

Download tests/IO/FlashTest.cpp

```
TEST(Flash, WriteFails_TimeoutAtEndOfTime)
{
```

```
        FakeMicroTime_Init(0xffffffff, 500);
        Flash_Create();
        MockIO_Expect_Write(CommandRegister, ProgramCommand);
        MockIO_Expect_Write(address, data);
        for (int i = 0; i < 10; i++)
            MockIO_Expect_ReadThenReturn(StatusRegister, ~ReadyBit);
        result = Flash_Write(address, data);
        LONGS_EQUAL(FLASH_TIMEOUT_ERROR, result);
    }
```

우리가 생각할 수 있는 수준에서 모든 시나리오를 다루었다. 하드웨어가 통합할 준비가 될 때면 소프트웨어도 이미 준비된 상태다.

10.5 이럴만한 가치가 있을까?

LightScheduler를 개발할 때 만들었던 테스트 대역과는 달리 MockIO는 훨씬 더 복잡하다. 목 객체의 코드는 200줄이 넘는다. 목 객체를 이용하여 작성된 테스트 코드가 150줄 정도이다. 이 코드들이 전부 70줄 정도의 제품 코드를 테스트하기 위한 것이다. 너무 많은 노력이 드는 것처럼 보인다.

그만한 가치가 있다. 우선 MockIO는 단지 플래시 드라이버에만 사용되는 것이 아니다. I/O read/write가 필요한 어떠한 테스트에서든 손쉽게 사용할 수 있는 도구이다. 여기에 들인 노력은 드라이버를 여러 개 만들면서 계속 이득을 본다. 제조사의 레퍼런스 구현 소스를 살펴보면 C코드가 거의 900줄이다. 이 코드의 많은 부분은 Flash_Write()만큼 단순하지 않고 루프와 조건 로직이 많다. 그렇다면 전체 플래시 드라이버의 크기와 하드웨어에서의 디버깅 비용 절약을 감안할 때 목 객체에 들이는 노력은 그리 크지 않다.

드라이버를 하드웨어에 올리면서 통합 문제와 마주치게 될 것이다. 우리는 해당 하드웨어에서만 실행시킬 목적으로 하드웨어 통합 테스트를 작성할 수 있다. 테스트가 하드웨어와 부합하지 않는 통합 문제를 발견하면 테스트와 제품 코드를 실제 환경에 맞춰 수정해야 한다.

나는 이런 테스트를 작성할 근거가 확실하다고 생각한다. 진행 중인 작업물을 잘 테스트하고, 향후 드라이버를 수정할 때를 위한 회귀 테스트 안전망이 갖춰진다. 물론 타이핑할 코드가 더 많기는 하지만 프로그래밍 작업에서는 타이핑이 제약 요인이 아니다. 실제로 시간을 잡아먹는 것은 생각하고, 이해하고, 문제를 해결하고, 실험해보고, 개념을 증명하고, 코드가 계속 동작하게 만드는 것이다.

10.6 CppUMock으로 목 객체 만들기

CppUTest에는 목 객체를 작성할 때 사용할 수 있는 확장 라이브러리 CppUMock이 있다. 여러분도 예상하겠지만 서로 다른 모듈을 위한 목 객체라 하더라도 상당히 많은 코드가 중복된다. 이런 이유로 CppUTest 개발자 중 한 사람인 바스 보드(Bas Vodde)가 CppUMock을 만들게 되었다.

TDD로 플래시 드라이버를 만드는 과정에서 CppUTest의 목 객체 확장 라이브러리를 어떻게 사용하는지 알아보자. 다음 테스트는 이 장 앞부분의 첫 번째 플래시 테스트와 동일하다.

Download t1/tests/IO/FlashTest.cpp

```
TEST(Flash, WriteSuccessImmediately)
{
    mock().expectOneCall("IO_Write")
          .withParameter("addr", CommandRegister)
          .withParameter("value", ProgramCommand);
    mock().expectOneCall("IO_Write")
          .withParameter("addr", (int) address)
          .withParameter("value", data);

    mock().expectOneCall("IO_Read")
          .withParameter("addr", StatusRegister)
          .andReturnValue((int) ReadyBit);
    mock().expectOneCall("IO_Read")
          .withParameter("addr", (int) address)
          .andReturnValue((int) data);

    int result = Flash_Write(address, data);
    LONGS_EQUAL(FLASH_SUCCESS, result);
}
```

테스트의 첫 번째 줄은 첫 번째 기대값을 설정한다. 목 객체는 두 개의 인자를 가지는 IO_Write() 호출을 기대한다. 첫 번째 인자 이름은 addr이고 값은 CommandRegister이다. 두 번째 인자의 이름은 value이고 값은 ProgramCommand이어야 한다.

두 번의 IO_Read() 호출에서는 반환값도 지정한다. IO_Write()는 반환값 타입이 void이기 때문에 .andReturnValue() 절이 없다.

이제 IO_Write()와 IO_Read()의 목 객체 구현을 보자. 목 객체의 IO_Write()는 아래와 같이 작성한다.

> Download t1/tests/IO/FlashTest.cpp

```cpp
void IO_Write(ioAddress addr, ioData value)
{
    mock_c()->actualCall("IO_Write")
            ->withIntParameters("addr", addr)
            ->withIntParameters("value", value);
}
```

기댓값을 설정하는 데 사용된 mock() 설정 코드는 C++이다. 하지만 mock_c() 코드는 조금 독특한 스타일이기는 하지만 순수한 C로 되어 있다. IO_Write()는 단순히 mock_c()에 호출되는 함수의 이름, 각 인자의 이름 및 값을 알려준다. IO_Read()도 비슷하다.

> Download t1/tests/IO/FlashTest.cpp

```cpp
ioData IO_Read(ioAddress addr)
{
    mock_c()->actualCall("IO_Read")
            ->withIntParameters("addr", addr);

    return mock_c()->returnValue().value.intValue;
}
```

IO_Write()와 마찬가지로 IO_Read()는 함수의 이름과 각 인자를 검사한다. 추가로 미리 설정한 값을 반환한다.

TEST_GROUP은 아래와 같다.

> Download t1/tests/IO/FlashTest.cpp

```cpp
TEST_GROUP(Flash)
{
    ioAddress address;
    ioData data;
    int result;

    void setup()
    {
        address = 0xfeed;
        data = 0x1dea;
    }

    void teardown()
    {
        mock().checkExpectations();
        mock().clear();
    }
};
```

teardown()에서 mock().checkExpectations()를 호출하여 설정한 모든 기대값이 만족되었는지 확인한다. .clear()는 해당 목 객체를 정리한다. teardown()이 호출된 뒤에 두 함수를 자동으로 호출하는 CppUTest 플러그인이 있으니 그것을 설치해도 된다.

아무런 I/O 동작을 하지 않는 Flash_Write() 뼈대 코드만 가지고 앞의 테스트를 실행했다면 다음과 같은 결과를 얻게 된다.[3]

```
tests/IO/FlashTest.cpp:105: error: Failure in TEST(CppUTestMockIO,
WriteSuccessImmediately)
        Mock Failure: Expected call did not happen.
        EXPECTED calls that did NOT happen:
                IO_Write -> int addr: <0>, int value: <64>
                IO_Write -> int addr: <65261>, int value: <7658>
                IO_Read  -> int addr: <0>
                IO_Read  -> int addr: <65261>
        ACTUAL calls that did happen:
                <none>
```

만약 제품 코드에서 디바이스를 '명령 모드(command mode)'로 바꾸지 않았다면 CppUMock은 다음과 같은 오류를 보여준다.

```
tests/IO/FlashTest.cpp:105: error: Failure in TEST(CppUTestMockIO,
WriteSuccessImmediately)
        Mock Failure: Expected call did not happen.
        EXPECTED calls that did NOT happen:
                IO_Write -> int addr: <0>, int value: <64>
        ACTUAL calls that did happen:
                IO_Write -> int addr: <65261>, int value: <7658>
                IO_Read  -> int addr: <0>
                IO_Read  -> int addr: <65261>
```

직접 만든 목 객체와는 달리 CppUTest에서 제공하는 목 객체는 기대값으로 설정한 호출 순서가 지켜지지 않더라도 실패하지 않는다. 이런 특징으로 인해 상호작용에 순서 의존성이 없는 경우에는 더욱 유연한 테스트를 만들 수 있지만, 순서 의존성이 있는 경우에는 이 특징이 문제가 된다.

CppUMock을 이용하면 목 객체를 만드는 고통과 노력이 많이 줄어든다. 여기서 논의한 것보다 더 많은 기능이 있으니 그 기능들로 무엇을 할 수 있는지 한번 살펴볼 것을 권한다.[4] 다음 절에서는 헤더 파일로부터 목 객체를 자동 생성하는 방식인

---

[3] t1 디렉터리에서 예제를 실행시켜 볼 수 있다.
[4] CppUMock 문서는 http://www.cpputest.org/node/30에서 얻을 수 있다.

Unity의 CMock을 살펴보겠다.

10.7 목 객체 생성하기

CMock[5]은 Unity와 함께 사용하는 목 객체 생성기다. CMock은 헤더 파일로 정의된 인터페이스에 맞춰 테스트 대역 함수들을 생성한다. CMock에 다음과 같은 IO.h 파일을 전달하면 어떤 내용이 생성되는지 보자.

```
Download include/IO/IO.h
#ifndef D_IO_H
#define D_IO_H
#include <stdint.h>

typedef uint32_t ioAddress;
typedef uint16_t ioData;

ioData IO_Read(ioAddress offset);
void IO_Write(ioAddress offset, ioData data);

#endif
```

CMock은 헤더 파일과 목 객체 구현을 생성한다. .c 파일은 우리가 직접 만든 목 객체와 아주 유사하다.

```
Download mocks/cmock/MockIO.h
/* AUTOGENERATED FILE. DO NOT EDIT. */
#ifndef _MOCKIO_H
#define _MOCKIO_H

#include "IO.h"

void MockIO_Init(void);
void MockIO_Destroy(void);
void MockIO_Verify(void);

void IO_Read_ExpectAndReturn(ioAddress offset, ioData toReturn);
void IO_Write_Expect(ioAddress offset, ioData data);

#endif
```

생성된 .c 파일은 255줄 정도이다. 본질적으로는 생성된 목 객체가 하는 일이 직

---

5 CMock은 http://sourceforge.net/projects/cmock/에서 얻을 수 있다.

접 만든 목 객체와 동일하다. CMock과 같은 도구는 서로 협력하는 C 모듈들끼리의 복잡한 상호작용을 테스트하는 데 아주 도움이 된다. 다음 코드는 생성된 IO_Read()이다.

```
Download mocks/cmock/MockIO.c
ioData IO_Read(ioAddress offset)
{
    Mock.IO_Read_CallCount++;
    if (Mock.IO_Read_CallCount > Mock.IO_Read_CallsExpected)
    {
        TEST_FAIL("Function 'IO_Read' called more times than expected");
    }

    if (Mock.IO_Read_Expected_offset != Mock.IO_Read_Expected_offset_Tail)
    {
        ioAddress* p_expected = Mock.IO_Read_Expected_offset;
        Mock.IO_Read_Expected_offset++;
        TEST_ASSERT_EQUAL_MEMORY_MESSAGE(
            (void*)p_expected, (void*)&(offset), sizeof(ioAddress),
            "Function 'IO_Read' called with unexpected value for argument 'offset'.");
    }

    if (Mock.IO_Read_Return != Mock.IO_Read_Return_Tail)
    {
        ioData toReturn = *Mock.IO_Read_Return;
        Mock.IO_Read_Return++;
        return toReturn;
    }
    else
    {
        return *(Mock.IO_Read_Return_Tail - 1);
    }
}
```

약간만 작업하면 CMock이 생성한 목 객체를 커스터마이징할 수도 있다. 일부 호출을 무시하거나 함수 포인터로 다른 함수를 오버라이드하는 것도 가능하다.

10.8 지금까지 우리는

이번 장에서 우리는 드라이버와 하드웨어 사이의 복잡한 상호작용을 테스트하는 데 MockIO를 사용했다. 하드웨어에 너무 의존적이어서 하드웨어와 분리해서 테스트하기가 어려워 보이는 코드를 테스트할 때 MockIO가 어떻게 사용되는지 보았다. 목 객체는 단지 하드웨어 수준의 테스트에 한정되지 않는다. 상호작용이 복잡한 경우라면 언제든 목 객체가 도움이 된다. 목 객체는 동작이 이뤄지는 중간에 테스트 대역 입장에서 그것이 올바른지 확인하고자 할 때 도움이 된다.

예제에서는 링크타임 목 객체를 선택했다. 목 객체는 함수 포인터로 대체할 수도 있다. 일부 테스트에서 실제 IO_Read()와 IO_Write() 함수를 사용한다면 함수 포인터가 더 적절하다. 만약 일부 테스트가 실제 하드웨어와 상호작용한다면 함수 포인터를 사용하면 된다.

목 객체는 상호작용 순서를 엄격하게 따진다. 이로 인해 상호작용의 정확한 순서가 그다지 중요하지 않은 경우에는 테스트가 깨지기 쉬울 수 있다. 플래시 드라이버 예제의 경우에는 순서가 중요했으니 문제가 되지 않았다. CppUMock과 CMock은 목 객체를 만들 때의 반복적인 작업을 줄여준다. 개념을 충분히 이해한 다음 도구를 익히도록 하자. 직접 작성해 보는 것도 좋다. 항상 그렇지만, 해당 작업에 맞는 도구를 선택하라. 단순한 상호작용에는 단순한 테스트 대역을 사용하고 더 복잡한 상호작용일 경우에 목 객체 사용을 권장한다.

배운 것 적용하기

1. MockIO를 이용하여 디바이스 스펙(docs/STMicroelectronics/m28w160ect.pdf)의 부록 B에 나온 CFI 명령을 구현하라. 여러분이 구현한 것과 docs/StMicroelectronics에 있는 제조사의 레퍼런스 구현을 비교해 보자.
2. docs/STMicroelectronics/m28w160ect.pdf를 읽고 Erase Suspend & Resume 플로 차트를 구현하라.
3. CppUTest/include/CppUTestExt에 있는 CppUMock을 이용하여 MockIO와 동등한 목 객체를 구현하라.
4. 여러분이 현업에서 하는 일이 있다는 것을 알고 있다. 여러분의 디바이스 드라이버 중에서 하나를 선정하고 이것을 테스트 하니스에 넣어라. 그런 다음 수정이 필요한 드라이버의 특징을 묘사하는 테스트를 작성하라. MockIO나 CppUMock, 혹은 CMock을 사용하라.

3부
설계와 지속적인 개선

Test-Driven Development for Embedded C

11장

TDD for Embedded C

견고하고(SOLID), 유연하며, 테스트 가능한 설계

> 좋은 아키텍처가 비싸다고 생각한다면 한번 나쁜 아키텍처를 써 봐라.
> — 브라이언 푸트(Brian Foote)와 조셉 요더(Joseph Yoder)

설계를 잘 하기 위해서는 설계를 평가하는 방법부터 기존의 NIH[1]를 버리고 SOLID 설계 원칙을 이용하는 식으로 바꾸어야 한다. SOLID 설계 원칙은 밥 마틴(Bob Martin)의 책 『Agile Software Development, Principles, Patterns, and Practices』 [Mar02]에서 설명한 다섯 가지 설계 원칙을 말한다.

- S   단일 책임 원칙 (Single Responsibility Principle)
- O   개방-폐쇄 원칙 (Open Closed Principle)
- L   리스코프 치환 원칙 (Liskov Substitution Principle)
- I   인터페이스 분리 원칙 (Interface Segregation Principle)
- D   의존관계 역전 원칙 (Dependency Inversion Principle)

이 장에는 두 개의 큰 주제가 담겨 있다. 첫째, SOLID 설계 원칙들을 살펴본다. 이

---

[1] Not Invented Here.

원칙들은 이미 적용되어 검증된 것들로서 설계를 더 잘 하도록 도와준다. 이 책에 지금까지 다루었던 예제들이 이 원칙들을 어떻게 따르고 있는지 짚어 보겠다. 이 장의 두 번째 큰 주제는 SOLID 원칙을 C 모듈에 적용하면서 살펴볼 고급 C 프로그래밍 기법이다. 견고하고(SOLID), 유연하며, 테스트 가능한 설계를 만들기 위한 함수 포인터의 고급 사용법을 살펴본다.

견고한(SOLID) 설계를 구성하는 것은 중요하다. 왜냐하면 소프트웨어 시스템은 전체 수명에 걸쳐 변경이 필요한 경우가 많이 생기며 시스템을 더 잘 구현하는 방법에 대한 아이디어도 자주 바뀔 것이기 때문이다. SOLID를 잘 알고 있으면 내부 응집도는 더 높고 다른 모듈과는 더 느슨하게 결합된 모듈을 구성하는 데 도움이 된다. 이런 모듈들은 개념들을 서로 분리해 놓아서 코드가 수정되더라도 그 영향이 부분에 국한되는 경향이 있으며 설계를 테스트하기도 더 쉽다.

이런 이야기가 TDD 책에 왜 나오는 것일까? TDD는 설계에 영향을 준다. TDD를 하게 되면 좋았던 설계가 나빠지는 때를 알아차리는 데 도움이 된다. 만약 여러분이 코드를 어떻게 수정하면 될지 알면서도 딱히 그것을 테스트할 방법을 못찾겠다고 해 보자. 이런 경우에 테스트는 설계가 나빠지기 시작했다고 여러분에게 경고를 하는 셈이다. TDD는 코드 부패(code-rot)를 감지하는 레이더이며, SOLID 설계 원칙은 여러분이 부패를 피하고 더 나은 설계를 그릴 수 있도록 도와준다.

11.1 SOLID 설계 원칙

원칙을 하나씩 살펴보자. 새로운 설계뿐만 아니라 이 책에서 이미 다뤘던 예제의 설계에 SOLID가 어떤 영향을 주었는지 살펴보겠다.

단일 책임 원칙

단일 책임 원칙(Single Responsibility Principle)은 모듈이 하나의 책임만 가져야 한다는 것이다. 모듈이 한 가지 일을 하고, 모듈을 수정할 이유가 한 가지여야 한다. SRP를 적용하면 응집도가 높은 모듈을 얻게 된다. 간단하게 말하자면 하나의 작업만 훌륭하게 수행하는 모듈을 얻을 수 있다.

이 책의 모듈에서 이미 SRP가 어떻게 적용되는지 보았다. '9.3 외과수술로 삽입된 스파이'의 CircularBuffer는 정수값들을 담아두는 FIFO 자료구조의 무결성을 유지하는 책임을 진다. 8장 「제품 코드에 스파이 심기」에서 봤던 LightScheduler는 예약 시간에 전등을 켜거나 끄는 일만 한다.

모듈과 그 함수들의 이름을 잘 지었다면 책임이 명확해야 한다. 복잡하게 설명할 필요가 없어야 한다. 모듈과 그 모듈에 달린 테스트를 보면 잘 알 수 있다.

우리는 모듈을 구성하는 함수들에도 SRP를 적용했다. 각 함수들의 책임이 분명하면 요구사항이 바뀔 때 수정할 곳을 쉽게 알아차릴 수 있다. 이 원칙을 따르지 않을 때 전역 함수와 데이터로 어지럽혀진 1,000줄짜리 함수가 만들어진다.

개방-폐쇄 원칙

개방-폐쇄 원칙(Open Closed Principle)은 "모듈은 확장에는 열려 있고 수정에는 닫혀 있어야 한다"라는 의미이다. 메이어(Meyer)의 책 『객체지향 소프트웨어 개발(Object-Oriented Software Construction)』[Mey97]에서 소개되었으며 밥 마틴(Bob Martin)이 설명을 보태었다.

OCP를 비유적으로 설명해 보겠다. USB 포트는 확장할 수 있지만(USB 호환 장치라면 어떤 것이든 포트에 연결할 수 있다) 새로운 장치를 추가하기 위해 포트를 수정할 필요는 없다. 따라서 USB 포트가 있는 컴퓨터는 확장에 열려있지만 USB 호환 장치를 위한 수정에는 닫혀 있다.

OCP를 따라서 설계한 부분은 기존 코드를 수정하는 대신 새로운 코드를 추가하여 기능을 확장할 수 있다. 8장 「제품 코드에 스파이 심기」에 나온 LightScheduler는 새로운 종류의 LightController에 대한 확장에 열려 있다. 인터페이스를 지키기만 한다면 호출하는 코드(클라이언트)는 호출되는 코드(서버)가 무엇이든 신경 쓰지 않는다. OCP는 새로운 서버를 수용하기 위해 클라이언트를 수정할 필요가 없게 하라는 원칙이며, 따라서 서비스 제공자를 쉽게 교체할 수 있게 해 준다.

리스코프 치환 원칙

리스코프 치환 원칙(Liskov Substitution Principle)은 바바라 리스코프(Barbara Liskov)의 논문인 「데이터 추상화와 계층 구조」[Lis88]에서 정의되었다. LSP에 대한 그녀의 설명을 풀어서 설명하자면, 클라이언트 모듈은 상호작용하는 서버 모듈이 실제로 무엇인지 신경 쓰지 않아야 한다. 호출하는 코드에서 인터페이스 외에 특별히 더 아는 내용이 없기 때문에 인터페이스가 같은 모듈이라면 어떤 것이든 교체 가능해야 한다.

우리는 이미 테스트 대역을 다루면서 LSP가 적용된 사례를 보았다. 예를 들자면 클라이언트 코드인 LightScheduler가 서버의 테스트 대역인 LightControllerSpy와 상호작용하면서 특별히 다르게 동작할 필요가 없었다. 클라이언트는 그 차이를 알 수 없다.

리스코프 치환 원칙은 개방-폐쇄 원칙과 아주 비슷한 것처럼 보인다. 왜냐하면 OCP와 LSP가 동전의 양면과 같기 때문이다. 그러나 링크할 수 있는 인터페이스가 있다거나 호환 가능한 함수 포인터 타입이 있다고 해서 LSP가 지켜졌다는 의미는 아니다. 함수 호출의 의미가 항상 동일해야만 한다. 클라이언트와 서버 양쪽의 기대가 서로 맞아 떨어져야만 한다.

부록 A5 「OS 분리 계층 예제」에는 운영체제를 분리하는 계층의 설계에 LSP가 적용된 예가 있다.

인터페이스 분리 원칙

인터페이스 분리 원칙(Interface Segregation Principle)은 클라이언트 모듈이 비만한 인터페이스에 의존하면 안 된다는 원칙이다. 인터페이스는 클라이언트의 요구에 맞게 나눠져야 한다. 예를 들어 '8.3 링크타임 치환'의 TimeService는 초점이 아주 잘 맞춰진 인터페이스다. 아마도 타깃 운영체제에는 시간과 관련된 함수들이 더 많이 있을 것이다. 비록 타깃 운영체제가 많은 애플리케이션을 위해 필요한 모든 함수들을 제공하겠지만 TimeService는 이 시스템이 필요로 하는 기능에만 집중한다. 인터페이스를 잘 나누면 의존성이 제한되기 때문에 코드를 더 쉽게 포팅할 수 있으며 인터페이스를 이용하는 코드를 테스트하기도 훨씬 쉬워진다.

의존관계 역전 원칙

밥 마틴에 의하면 의존관계 역전 원칙(Dependency Inversion Principle)은 상위 수준의 모듈이 하위 수준의 모듈에 의존하면 안 된다는 의미다. 두 모듈이 모두 추상화(abstraction)에 의존해야 한다. 추상화가 세부사항에 의존해서도 안 된다. 세부사항들이 추상화에 의존해야 한다. 추상화와 인터페이스를 사용하면 의존성을 깰 수 있다.

흔히 C에서는 함수 포인터를 이용하여 원하지 않는 직접적인 의존성을 깨는 방식으로 DIP를 구현한다. '그림 11.1 함수 포인터로 의존관계를 역전시키기'의 왼쪽을 보면 LightScheduler가 직접적으로 RandomMinute_Get에 의존한다. 화살표는 의존관계를 뜻한다. 상위 수준에서 직접 세부사항에 의존한다. 그림의 오른쪽은 의존관계가 역전되었다. 상위 수준에서 추상화에 의존한다. 여기서는 함수 포인터로 된 인터페이스가 추상화다. 세부사항 역시 추상화에 의존하며 RandomMinute_Get()은 해당 인터페이스를 구현한다.

그림 11.1 함수 포인터로 의존관계를 역전시키기

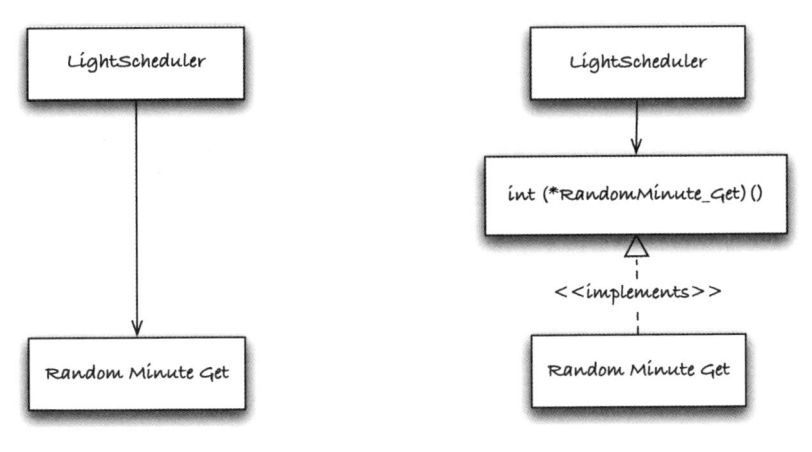

운영체제는 동일한 방식을 이용하여 운영체제의 코드가 직접적으로 여러분의 코드에 의존하지 않도록 한다. 콜백 함수는 의존관계 역전의 한 형태다.

CircularBuffer와 같은 추상 데이터 타입(ADT)을 도입하는 것은 DIP를 적용하는 것이다. CircularBuffer의 내부 동작을 드러내지 않기 때문이다. CircularBuffer의 클라이언트는 세부사항이 아닌 개념이나 추상화에만 의존하게 된다.

C에서 의존관계 역전을 함수 포인터나 ADT에 국한할 필요는 없다. C에서는 마음먹기에 달려 있다. '10.1 플래시 드라이버'에서 플래시 드라이버가 IO_Read()와 IO_Write() 함수를 호출하도록 한 것도 DIP를 적용한 셈이다. 메모리 맵 I/O를 이용하여 장치에 직접 접근할 수도 있었지만 직접 접근하는 것을 인터페이스로 추상화하였다.

다음처럼 한다면 DIP를 적용하는 것이다.

- 구현 세부사항을 인터페이스 뒤로 숨긴다
- 인터페이스가 구현 세부사항을 드러내지 않는다
- 클라이언트가 함수 포인터로 서버를 호출한다
- 서버가 함수 포인터로 클라이언트를 역 호출한다
- ADT가 데이터 타입의 세부사항을 숨긴다

서로 얽혀있는 이 원칙들을 참고하면 C 프로그래밍에서 흔히 볼 수 있는 '구조체와 함수가 아무나 접근 가능'한 문제를 피할 수 있을 것이다. 다음 절에서는 C에서 이런 개념들을 적용하기 위한 기술들을 더 살펴보겠다.

11.2 SOLID C 설계 모델

이어지는 절에서는 C 모듈에 SOLID 원칙을 적용하기 위한 몇 가지 설계 모델을 살펴보겠다. 모든 예제에 SRP와 DIP가 적용되었기 때문에 따로 언급하지는 않겠다. 먼저 소개할 두 가지 모델은 이미 앞에서 예제 코드로 나왔었기 때문에 낯설지 않을 것이다. 끝에 소개할 두 가지 모델은 C의 함수 포인터를 이용하여 OCP와 LSP를 구현하는 방법을 보여줄 것이다.

각 모델은 점차 더 복잡해진다. 각 모델은 좀 더 복잡해지는 대신 특정 설계 문제를 해결한다. 몇 가지 예제를 살펴보면서 복잡하더라도 그만한 가치가 있는지 판단해 보아라. 우리가 다루고자 하는 설계 모델은 아래의 네 가지 모델이다.

단일 인스턴스 모듈
모듈의 인스턴스가 단 하나만 필요할 때 그 모듈의 내부 상태를 캡슐화한다.

다중 인스턴스 모듈
모듈의 내부 상태를 캡슐화하여 그 모듈의 데이터 인스턴스를 여러 개 만들 수 있다.

동적 인터페이스
모듈의 인터페이스 함수를 런타임에 할당할 수 있다.

타입 별 동적 인터페이스
인터페이스가 같은 타입이 여러 개 있으며, 각 타입 별로 자신만의 인터페이스 함수들을 가질 수 있다.

처음 두 가지 모델을 간단히 살펴본 다음 이 책의 앞부분에 있는 예제와 연관 지어 볼 것이다. 그런 다음 마지막 두 가지 모델을 상세히 알아보기로 하자.

단일 인스턴스 모듈

8장 「제품 코드에 스파이 심기」의 LightScheduler가 이 모델이 적용된 사례다. 아무런 상태를 가지지 않는 독립 함수를 제외하면 이 모델이 가장 단순한 형태의 모듈이며 아마도 가장 자주 사용될 것이다. LightScheduler의 인터페이스를 되짚어보자.

```
Download t0/include/HomeAutomation/LightScheduler.h
```

```c
#include "TimeService.h"

enum { LS_OK=0, LS_TOO_MANY_EVENTS, LS_ID_OUT_OF_BOUNDS };

void LightScheduler_Create(void);
void LightScheduler_Destroy(void);
int LightScheduler_ScheduleTurnOn(int id, Day day, int minuteOfDay);
int LightScheduler_ScheduleTurnOff(int id, Day day, int minuteOfDay);
void LightScheduler_Randomize(int id, Day day, int minuteOfDay);
void LightScheduler_ScheduleRemove(int id, Day day, int minuteOfDay);
void LightScheduler_WakeUp(void);
```

단일 인스턴스 모듈은 모듈과 상호작용하는 데 필요한 모든 내용을 헤더 파일에 정의한다. 여기에는 함수 프로토타입 뿐만 아니라 시간 관련 상수들을 지정하기 위한 enum도 포함된다.

LightScheduler가 일을 처리하기 위해 필요한 자료 구조는 .c 파일에만 파일 범위의 변수로서 숨겨진다. LightScheduler의 데이터가 헤더 파일에는 필요하지 않다. 왜냐하면 다른 모듈이 LightScheduler의 내부 데이터를 신경 쓰면 안 되기 때문이다. 이렇게 하면 다른 모듈이 해당 구조에 의존하는 것이 불가능하여 데이터 무결성은 온전히 LightScheduler의 책임이 된다.

다중 인스턴스 모듈

애플리케이션에 모듈의 인스턴스가 여러 개 필요한 경우도 있다. 인스턴스마다 다른 데이터나 상태를 포함한다. 예를 들면, 애플리케이션에 FIFO 자료 구조가 여러 개 필요할 수도 있다. '9.3 외과수술로 삽입된 스파이'에서 봤던 CircularBuffer는 다중 인스턴스 모듈의 예에 해당한다. CircularBuffer의 각 인스턴스는 서로 용량과 내용물이 다를 수 있다. CircularBuffer의 인터페이스는 다음과 같다.

```
Download include/util/CircularBuffer.h
```
```c
#ifndef D_CircularBuffer_H
#define D_CircularBuffer_H

typedef struct CircularBufferStruct * CircularBuffer;

CircularBuffer CircularBuffer_Create(int capacity);
void CircularBuffer_Destroy(CircularBuffer);
int CircularBuffer_IsEmpty(CircularBuffer);
int CircularBuffer_IsFull(CircularBuffer);
int CircularBuffer_Put(CircularBuffer, int);
int CircularBuffer_Get(CircularBuffer);
int CircularBuffer_Capacity(CircularBuffer);
void CircularBuffer_Print(CircularBuffer);
#endif /* D_CircularBuffer_H */
```

이것은 리스코프의 추상 데이터 타입을 기반으로 잘 정의된 설계 모델로서 '3.1 테스트 가능한 C 모듈의 구성 요소'에서 이미 소개하였다. 이미 보았듯이 CircularBufferStruct의 멤버들은 헤더 파일에 나타나지 않는다. typedef 문으로 구조체 이름을 선언하기만 할 뿐 인터페이스 사용자에게는 구조체의 멤버를 감춘다. 이렇게 하면 CircularBuffer의 사용자 측에서 직접적으로 구조체 데이터에 의존하는 것을 막아준다. 이 구조체는 .c 파일에 정의되며 보이지 않게 감춰진다.

11.3 요구사항의 변경과 문제 설계

남은 두 가지 동적 인터페이스 모델을 자세히 보기 전에 먼저 설계상의 문제를 야기하는 요구사항 변경을 살펴보자. 그런 다음 동적 인터페이스 모델을 써서 설계가 어떻게 개선되는지 알아보자.

지금까지 우리가 살펴 본 홈오토메이션 시스템의 설계에는 전등 제어 하드웨어가 등장하지 않았다. '8.2 하드웨어와 운영체제 의존성'에서 우리는 LightScheduler와 해당 테스트를 통해 LightController 인터페이스를 도출했다. LightController 인터페이스는 의도가 잘 드러나며 하드웨어에 독립적이다. 이 인터페이스를 구현하는 테스트 대역을 만들어서 LightScheduler를 실제로 개발해 나갈 수 있었다.

지금 제품 관리자와 하드웨어 설계자가 일부 요구사항을 변경했다. 시스템이 하나의 바이너리로 서로 다른 전등 제어 기술을 지원해야만 한다. 또한 전등 조작 기능은 밝게, 어둡게, 스트로브의 기능을 지원하도록 확장되어야 한다. 시스템 설정 단계에서 홈오토메이션 시스템의 관리자가 시스템이 지원하는 전등 제어 하드웨어 중에서 하나를 선택한다. 훌륭한 방법은 아니지만 이런 상황을 처리하는 일반적인 방법을 살펴본 다음 SOLID 설계를 보자.

비록 문제가 되기는 하지만, C에서 다양한 하드웨어를 처리하는 일반적인 방식은 실행하면서 조건을 검사하는 것이다. 실행 중에 조건을 검사하는 설계는 이해하기 어렵고 유지보수가 힘든 코드가 되는 경우가 많다. 애플리케이션이 해결하고자 하는 문제가 많은 조건 검사 로직에 묻혀버려서 사실상 대부분의 코드가 특별 예외 처리 코드가 되고 만다. LightController 인터페이스와 전등 제어 하드웨어를 실행 중에 선택하는 방법이 어떻게 코드에 추가되었는지 살펴보자. 설계의 문제점을 다루기에 앞서 그럴듯한 부품들을 나열해보자.

LightController 인터페이스

```
Download t1/include/HomeAutomation/LightController.h

void LightController_Create(void);
void LightController_Destroy(void);
BOOL LightController_Add(int id, LightDriver);
void LightController_TurnOn(int id);
void LightController_TurnOff(int id);
```

인터페이스는 따로 설명이 필요하지 않다. LightController_Add()가 LightDriver라는 ADT를 인자로 받아서 내부적으로 저장한다는 정도만 눈여겨보자.

특정 LightDriver

```
Download t1/include/devices/LightDriver.h

typedef struct LightDriverStruct * LightDriver;

typedef enum LightDriverType
{
    TestLightDriver,
    X10,
    AcmeWireless,
    MemoryMapped
} LightDriverType;
```

```c
typedef struct LightDriverStruct
{
    LightDriverType type;
    int id;
} LightDriverStruct;
```

LightDriver는 특정 타입마다 아래와 같이 LightDriverStruct의 인스턴스로 시작하는 구조체를 정의해야 한다.

Download t1/src/devices/X10LightDriver.c

```c
typedef struct X10LightDriverStruct * X10LightDriver;
typedef struct X10LightDriverStruct
{
    LightDriverStruct base;
    X10_HouseCode house;
    int unit;
    char message[MAX_X10_MESSAGE_LENGTH];
} X10LightDriverStruct;
```

이 방법은 하나의 군을 이루는 여러 구조체를 만들 때 사용하는 상당히 일반적인 기술이다. LightDriverStruct를 구조체의 맨 처음에 둠으로써 해당 군을 이루는 구조체들이 공통 데이터에 대한 메모리 구조가 같아진다. LightDriverStruct 자리에 실수로 LightDriver를 사용하는 일이 없도록 하자. LightDriverStruct는 포인터가 아니라 값으로 구조체에 포함되어야 한다.

LightDriverStruct에 이어서 특정 하드웨어에 필요한 인자들을 나열한다. 이 예제에서는 X10 구현을 사용한다.[2] X10에 특화된 데이터는 house code와 unit number이다. house code는 X10_A에서 X10_P까지의 값으로 설정된다. unit number 값의 범위는 0~15이다. 두 값의 조합으로 특정 전등을 식별한다. 이 상수값들은 X10 드라이버 인터페이스의 일부이다.

다음은 특정 인터페이스의 대표적 예제로서 X10 인터페이스를 보여준다.

Download t1/include/devices/X10LightDriver.h

```c
#include "LightDriver.h"
typedef enum X10_HouseCode
{
    X10_A,X10_B,X10_C,X10_D,X10_E,X10_F,
    X10_G,X10_H,X10_I,X10_J,X10_K,X10_L,
    X10_M,X10_N,X10_O,X10_P
```

---

2 X10은 홈오토메이션에서 사용되는 장치 통신 산업 표준의 일종이다.

} X10_HouseCode;

```
LightDriver X10LightDriver_Create(int id, X10_HouseCode code, int unit);
void X10LightDriver_Destroy(LightDriver);
void X10LightDriver_TurnOn(LightDriver);
void X10LightDriver_TurnOff(LightDriver);
```

특정 LightDriver의 생성 함수가 LightDriver ADT를 반환한다. 다른 드라이버 함수들도 모두 ADT를 인자로 받는다.

생성 함수는 아래와 같다.

Download t1/src/devices/X10LightDriver.c

```
LightDriver X10LightDriver_Create(int id, X10_HouseCode house, int unit)
{
    X10LightDriver self = calloc(1, sizeof(X10LightDriverStruct));
    self->base.type = X10;
    self->base.id = id;
    self->house = house;
    self->unit = unit;
    return (LightDriver)self;
}
```

X10LightDriver_Create()는 X10에 특화된 인자들뿐만 아니라 LightDriver로서 필요한 id도 받는다. X10 자료 구조 크기로 메모리를 할당하고 구조체 필드 값들을 채운다. LightDriverStruct를 동적으로 할당하는 것이 중요하다. base 필드는 구조체 형식으로 역참조하고 있음을 알 수 있다.

X10 드라이버 함수는 아래와 같다.

Download t1/src/devices/X10LightDriver.c

```
void X10LightDriver_TurnOn(LightDriver base)
{
    X10LightDriver self = (X10LightDriver)base;
    formatTurnOnMessage(self);
    sendMessage(self);
}

void X10LightDriver_TurnOff(LightDriver base)
{
    X10LightDriver self = (X10LightDriver)base;
    formatTurnOffMessage(self);
    sendMessage(self);
}
```

드라이버 함수의 첫 줄은 일반화된 LightDriver 포인터를 특정 드라이버 타입으로 형변환한다. 그런 다음 필요한 다른 세부 작업들을 할 수 있다. X10의 경우에는 메시지를 만들어서 장치로 메시지를 전송하는 일을 한다.

문제가 되는 switch 문

지금까지 살펴본 구조체나 X10LightDriver 함수들은 별 문제가 없어 보인다. 하지만 다음 함수에서 설계가 무너지기 시작한다. LightController를 살펴보면 switch문으로 현재 설정된 하드웨어 타입에 따라 그것과 일치하는 구현부를 선택한다.

```
Download t1/src/HomeAutomation/LightController.c
void LightController_TurnOn(int id)
{
    LightDriver driver = lightDrivers[id];
    if (NULL == driver)
        return;

    switch (driver->type)
    {
    case X10:
        X10LightDriver_TurnOn(driver);
        break;
    case AcmeWireless:
        AcmeWirelessLightDriver_TurnOn(driver);
        break;
    case MemoryMapped:
        MemMappedLightDriver_TurnOn(driver);
        break;
    case TestLightDriver:
        LightDriverSpy_TurnOn(driver);
        break;
    default:
        /* now what? */
        break;
    }
}
```

문제는 여러분도 예상하겠지만 switch 문이 계속 반복될 것이라는 점이다. 지금의 설계를 좀 더 들여다 본 다음 이 문제를 다시 얘기하자.

앞의 코드에서 사용하는 lightDrivers 변수는 모든 LightDriver 인스턴스를 저장하기 위한 LightController 내부 배열이다.

Download t1/src/HomeAutomation/LightController.c

```c
static LightDriver lightDrivers[MAX_LIGHTS] = { NULL };

void LightController_Create(void)
{
    memset(lightDrivers, 0, sizeof lightDrivers);
}
```

LightController_Create()는 LightDriver 포인터를 모두 NULL로 초기화한다. LightController_Destroy()는 LightDriver의 실제 타입에 따라 해당 destroy함수를 호출한다.

Download t1/src/HomeAutomation/LightController.c

```c
static void destroy(LightDriver driver)
{
    if (!driver)
        return;

    switch (driver->type)
    {
    case X10:
        X10LightDriver_Destroy(driver);
        break;
    case AcmeWireless:
        AcmeWirelessLightDriver_Destroy(driver);
        break;
    case MemoryMapped:
        MemMappedLightDriver_Destroy(driver);
        break;
    case TestLightDriver:
        LightDriverSpy_Destroy(driver);
        break;
    default:
        /* now what? */
        break;
    }
}

void LightController_Destroy(void)
{
    int i;
    for (i = 0; i < MAX_LIGHTS; i++)
    {
        LightDriver driver = lightDrivers[i];
        destroy(driver);
        lightDrivers[i] = NULL;
    }
}
```

이제 중복 문제로 돌아가 보자.

switch 문의 조건 로직은 LightController_TurnOn(), LightController_TurnOff(), LightController_Destroy()에서 반복된다.[3] 앞으로 또 다른 LightDriver 요구사항이 더 있다. 밝게, 어둡게, 스트로브 모드 기능을 추가해야 한다. 이런 패턴이 적어도 3번은 더 중복될 것이다.

이 코드에는 다른 문제가 더 있다. LightDriverSpy_TurnOn()이라는 테스트 코드가 제품 코드와 섞여 있다. 테스트하기에는 좋지만 제품 코드가 테스트 코드를 알아야 하는 상황은 좋지 않다.

중복되는 switch 문이야말로 정확히 OCP가 해결하고자 하는 문제다. '그림 11.2 결합도 높은 LightDriver 설계'를 보면 LightController가 자신이 관리해야 하는 각각의 장치들을 알고 있다. 새로운 LightDriver를 추가하면 모든 switch문을 수정해야 한다. 만약 LightController가 새로운 LightDriver들의 확장에 열려있다면 중복된 switch문에 대한 '산탄총 수술'[4]같은 추가 작업 없이도 새로운 드라이버를 설계에 연결할 수 있을 것이다. SOLID 설계를 이용하면 더 잘 할 수 있다.

그림 11.2 결합도 높은 LightDriver 설계

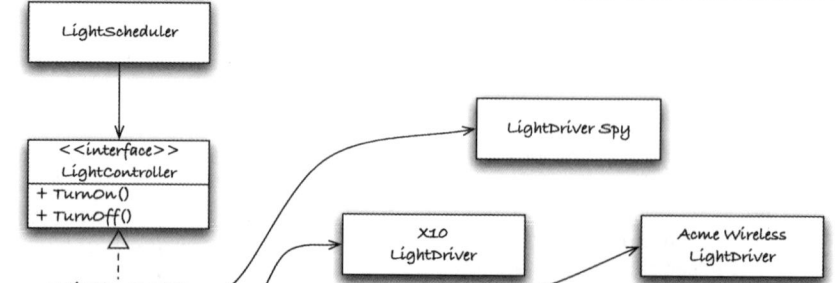

---

[3] 다운로드한 코드에서 찾아볼 수 있다.
[4] 산탄총 수술(Shotgun Surgery)은 마틴 파울러가 얘기한 코드 냄새 중 하나다.

테스트 안전망

이 설계를 개선하기 전에, 현재 설계를 유도했던 테스트를 살펴보자. 이 테스트들은 우리가 리팩터링하는 동안 안전망 역할을 한다. 아래는 LightController_TurnOn()에 대한 테스트와 TEST_GROUP이다.

Download t1/tests/HomeAutomation/LightControllerTest.cpp

```
TEST_GROUP(LightController)
{
    LightDriver spy;

    void setup()
    {
        LightController_Create();
        LightDriverSpy_AddSpiesToController();
    }

    void teardown()
    {
        LightController_Destroy();
    }
};

TEST(LightController, TurnOn)
{
    LightController_TurnOn(7);
    LONGS_EQUAL(LIGHT_ON, LightDriverSpy_GetState(7));
}
```

TurnOn 테스트를 보면 LightController_TurnOn()을 호출하는 쪽에서 직접 LightDriver를 하나하나 신경 쓰지 않아도 된다는 것을 알 수 있다. 보이지 않게 감춰져 있기 때문이다. 이 테스트는 LightDriverSpy를 검사함으로써 LightController가 제대로 동작한다는 것을 간접적으로 확인한다. LightController에는 LightDriverSpy_AddSpiesToController()를 통해서 각 전등 ID별로 하나씩의 스파이가 추가된다.

LightController는 새로운 LightDriver가 이전에 추가한 LightDriver 자리에 추가되면 LightController_Add()에서 새 드라이버를 추가하기 전에 이전 드라이버를 메모리 해제시킨다. 이 동작은 아래 테스트에 설명되어 있다.

Download t1/tests/HomeAutomation/LightControllerTest.cpp

```
TEST(LightController, AddingDriverDestroysPrevious)
{
    LightDriver spy = LightDriverSpy_Create(1);
```

```
        LightController_Add(1, spy);
        LightController_Destroy();
    }
```

이전 드라이버 위치에 그냥 덮어써 버린다면 메모리 누수가 발생하여 이 테스트가 실패할 것이다. 아래에 LightDriverSpy 인터페이스가 있다. 인터페이스만 보더라도 스파이가 어떻게 동작할지 쉽게 이해할 수 있을 것이다. t1/mocks/LightDriverSpyTest.cpp에 있는 테스트에는 스파이가 어떻게 동작하는지 명시적으로 설명되어 있다.

Download t1/mocks/LightDriverSpy.h

```
#include "LightDriver.h"
#include "LightController.h"

LightDriver LightDriverSpy_Create(int id);
void LightDriverSpy_Destroy(LightDriver);
void LightDriverSpy_TurnOn(LightDriver);
void LightDriverSpy_TurnOff(LightDriver);

/* Functions just needed by the spy */
void LightDriverSpy_Reset(void);
int LightDriverSpy_GetState(int id);
int LightDriverSpy_GetLastId(void);
int LightDriverSpy_GetLastState(void);
void LightDriverSpy_AddSpiesToController(void);

enum {
    LIGHT_ID_UNKNOWN = -1, LIGHT_STATE_UNKNOWN = -1,
    LIGHT_OFF = 0, LIGHT_ON = 1
};
```

여느 LightDriver와 마찬가지로 LightDriverSpy도 생성, 해제, 켜기, 끄기를 할 수 있다. 스파이 인터페이스의 첫 부분이 이러한 기능들에 해당한다. 인터페이스의 두 번째 부분은 임무를 마친 스파이로부터 보고를 받기 위한 함수들이다.

SOLID 설계 원칙의 용어로 보자면 이전 설계는 새로운 드라이버를 추가하는 부분에서 OCP를 따르지 않았다. LightController가 각 LightDriver 타입을 알고 있다. 새로운 드라이버 타입이 추가될 때마다 여러분은 산탄총 수술이 필요하다고 예상할 수 있다. 이미 여러 종류의 드라이버가 있다는 사실은 현재 설계를 개선할 필요가 있다는 증거다.

11.4 동적 인터페이스로 설계 개선

기존 설계에 조건 로직이 중복되어 있음을 살펴보았다. 이제 동적 인터페이스를 사용하여 설계를 개선하고 중복을 제거하자.

동적 인터페이스는 함수 포인터를 사용하기 때문에 함수 구현부를 런타임에 선택할 수 있다. 한 단계를 더 거치는 간접 접근으로 인해 런타임의 유연성이 얻어진다.[5] 함수 포인터는 C 언어에서 함수를 호출하는 코드와 호출되는 함수 사이의 컴파일 의존성이나 링크타임 의존성을 피할 수 있게 하는 강력한 기능이다.

OCP와 LSP 적용하기

중복되는 조건 로직을 제거하기 위해 우리는 OCP와 LSP를 적용할 수 있다. 설계를 '그림 11.3 확장 가능한 LightDriver 설계'처럼 고치려고 한다. 새로운 설계에서는 LightController가 새로운 LightDriver에 대한 확장에 열려 있는 반면 수정에 닫혀 있다. 이전 설계와 달리 LightController는 특정 LightDriver에 대해 전혀 모른다.

그림 11.3 확장 가능한 LightDriver 설계

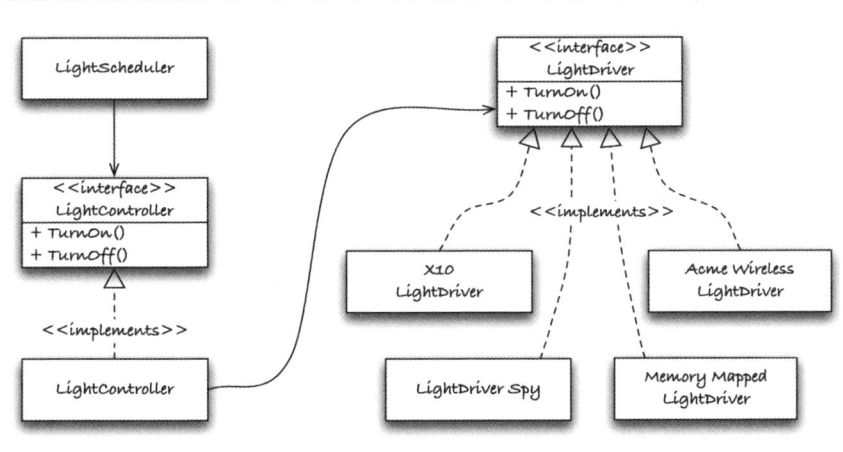

기존 설계의 대부분은 그대로 유지하면서 중복 switch 문만 리팩터링하여 함수 포인터를 사용하는 설계로 바꿀 것이다. 이로써 X10LightDriver_TurnOn()이나

---

5 이는 객체지향 프로그래밍에서 다형성의 기본이다.

LightDriverSpy_TurnOn()과 같은 특정 드라이버 함수에 대한 직접적인 의존관계가 제거될 것이다.

LightDriver를 구성하는 함수들의 프로토타입을 함수 포인터로 모두 바꿀 수도 있다. 이 방법은 '9.1 무작위성 테스트'의 RandomMinute 예제에서 이미 보았다. 하지만 나는 함수 포인터를 외부에 노출하지 않는 방법을 선호하기 때문에 함수 포인터를 LightDriver 내부로 숨겨서 구현할 것이다. 이렇게 하면 인터페이스가 더 간결해지고 오용될 소지가 있는 전역 데이터가 줄어든다.

리팩터링 단계를 일일이 보여주진 않겠지만 설계가 어떻게 점진적으로 변화해나가는지 아이디어를 얻기에는 충분할 것이다. 만약 여러분이 직접 코드를 작성하면서 이 과정을 따라간다면 조금씩 수정할 때마다 반드시 빌드해 보길 바란다.

테스트에서 바뀔 내용을 그려보기

변경된 요구사항에 따르면 관리자가 시스템 설정 단계에서 전등 제어 타입을 선택할 수 있다고 했다. LightDriverSpy를 예제 삼아서 LightDriver의 인터페이스를 TDD로 만들어보자.

```
Download t1/mocks/LightDriverSpyTest.cpp
TEST_GROUP(LightDriverSpy)
{
    LightDriver lightDriverSpy;

    void setup()
    {
        LightDriverSpy_Reset();
        lightDriverSpy = LightDriverSpy_Create(1);
        // LightDriverSpy_InstallInterface();
    }

    void teardown()
    {
        LightDriverSpy_Destroy(lightDriverSpy);
    }
};

TEST(LightDriverSpy, On)
{
    //LightDriver_TurnOn(lightDriverSpy);
    LightDriverSpy_TurnOn(lightDriverSpy);
    LONGS_EQUAL(LIGHT_ON, LightDriverSpy_GetState(1));
}
```

2줄이 주석으로 되어 있다. 아이디어를 시도하려면 새로운 함수가 2개 필요하다. LightDriverSpy_InstallInterface()에서는 스파이의 함수 포인터를 LightDriver에 설치한다. LightDriver_TurnOn()에서는 설치된 함수 포인터를 호출한다. 일단 LightDriver_TurnOn()을 동작시키고 나면, LightDriver의 다른 함수 2개에도 동일한 방법을 적용할 수 있다.

함수 포인터 인터페이스

다음 코드는 드라이버 함수를 저장할 함수 포인터를 가지는 구조체다.

`Download t2/include/devices/LightDriverPrivate.h`

```c
typedef struct LightDriverInterfaceStruct
{
    void (*TurnOn)(LightDriver);
    void (*TurnOff)(LightDriver);
    void (*Destroy)(LightDriver);
} LightDriverInterfaceStruct;
```

구조체가 정의되어 있는 파일의 이름에 주목하자. 파일을 LightDriverPrivate.h라고 이름 붙임으로써 구조체의 세부사항을 외부에 노출할 목적이 아님을 알린다. CircularBuffer와는 달리 구조체를 .c에 정의하지 않은 이유는 구조체 정의를 여러 파일에서 알아야 하기 때문이다.

인터페이스는 아래와 같이 LightDriver에 설정된다.

`Download t2/src/devices/LightDriver.c`

```c
static LightDriverInterface interface = NULL;

void LightDriver_SetInterface(LightDriverInterface i)
{
    interface = i;
}
```

일반화된 LightDriver_TurnOn() 함수는 이 인터페이스 구조체를 통해 특정 드라이버 함수를 호출하면서 LightDriver ADT의 포인터를 전달한다.

`Download t2/src/devices/LightDriver.c`

```c
void LightDriver_TurnOn(LightDriver self)
{
    interface->TurnOn(self);
}
```

드라이버는 바뀌지 않는다

LightDriver 함수 자체는 변경되지 않고 단지 LightController가 드라이버를 처리하는 방법만 바뀐다. 아래는 기존의 LightDriverSpy_TurnOn() 함수다.

`Download t2/mocks/LightDriverSpy.c`

```c
void LightDriverSpy_TurnOn(LightDriver base)
{
    LightDriverSpy self = (LightDriverSpy)base;
    states[self->base.id] = LIGHT_ON;
    lastId = self->base.id;
    lastState = LIGHT_ON;
}
```

스파이는 TurnOn() 함수 포인터가 LightDriverSpy_TurnOn()을 가리키도록 초기화한다. 다른 포인터는 NULL로 남겨둔다.

`Download t2/mocks/LightDriverSpy.c`

```c
static LightDriverInterfaceStruct interface =
{
    LightDriverSpy_TurnOn,
    0,
    0
};
```

일단 LightDriver_TurnOn()에 대한 테스트가 통과되면, LightDriver_TurnOff()와 LightDriver_Destroy()에 대해서 같은 방법을 사용할 수 있다.

작업을 모두 끝낸 다음의 LightDriver 인터페이스는 아래와 같다.

`Download t2/include/devices/LightDriver.h`

```c
typedef struct LightDriverStruct * LightDriver;

typedef struct LightDriverInterfaceStruct * LightDriverInterface;

void LightDriver_SetInterface(LightDriverInterface);
void LightDriver_Destroy(LightDriver);
void LightDriver_TurnOn(LightDriver);
void LightDriver_TurnOff(LightDriver);
const char * LightDriver_GetType(LightDriver);
int LightDriver_GetId(LightDriver);

#include "LightDriverPrivate.h"
```

NULL 포인터에 대한 방어

새로운 LightDriver 함수를 호출하도록 LightController를 수정하기 전에, LightDriver 함수들에 NULL 포인터 방어 코드를 넣자. 우리는 인터페이스가 NULL 인 경우와 드라이버 인스턴스가 NULL인 경우를 테스트해야 한다. 이런 경우를 테스트하는 것은 하찮아 보일 수도 있지만 제품 코드에 들어갈 만큼 중요하다면 테스트할 만큼 중요하기도 하다.

다음과 같은 인터페이스 구조체를 이용하면 NULL 조건을 테스트하기 수월하다.

Download t2/tests/devices/LightDriverTest.cpp

```
#define NONSENSE_POINTER (LightDriver)~0
static LightDriver savedDriver = NONSENSE_POINTER;
static void shouldNotBeCalled(LightDriver self) { savedDriver = self ;}

LightDriverInterfaceStruct interface =
{
    shouldNotBeCalled,
    shouldNotBeCalled,
    shouldNotBeCalled
};

LightDriverStruct testDriver =
{
    "testDriver",
    13
};
```

다음 테스트에서 shouldNotBeCalled() 스텁 함수가 호출되지 않아야 한다. 만약 호출된다면 savedDriver는 NONSENSE_POINTER값에서 NULL로 바뀔 것이다. 드라이버 함수에 전달된 NULL 포인터를 검사하는 테스트는 아래와 같다.

Download t2/tests/devices/LightDriverTest.cpp

```
TEST(LightDriver, NullDriverDoesNotCrash)
{
    LightDriver_SetInterface(&interface);
    LightDriver_TurnOn(NULL);
    LightDriver_TurnOff(NULL);
    LightDriver_Destroy(NULL);
    POINTERS_EQUAL(NONSENSE_POINTER, savedDriver);
}
```

앞의 테스트는 유효한 인터페이스가 설정되었지만 LightDriver 인스턴스가 NULL 값으로 드라이버 함수에 전달된 경우다.

다음 테스트는 인터페이스가 초기화되지 않은 상황에 대한 방어 여부를 확인한다. 초기화되지 않은 기본값은 NULL이다. 이 테스트는 인터페이스를 NULL로 설정한 다음 어떤 드라이버도 호출되지 않는다는 것을 검증한다.

Download t2/tests/devices/LightDriverTest.cpp

```cpp
TEST(LightDriver, NullInterfaceDoesNotCrash)
{
    LightDriver_SetInterface(NULL);
    LightDriver_TurnOn(&testDriver);
    LightDriver_TurnOff(&testDriver);
    LightDriver_Destroy(&testDriver);
    POINTERS_EQUAL(NONSENSE_POINTER, savedDriver);
}
```

이런 테스트들은 각 LightDriver 함수에 유효성 검사를 추가하도록 유도한다. 예를 들어 LightDriver_TurnOn()을 보자.

Download t2/src/devices/LightDriver.c

```c
void LightDriver_TurnOn(LightDriver self)
{
    if (isValid(self))
        interface->TurnOn(self);
}
```

각 드라이버 함수에 조건 검사절이 중복되므로 이를 제거하기 위해 isValid()라는 도움 함수를 추출했다.

Download t2/src/devices/LightDriver.c

```c
static BOOL isValid(LightDriver self)
{
    return interface && self;
}
```

LightDriver에서 NULL 검사를 하므로 특정 드라이버에서는 NULL 검사를 할 필요가 없다.

Switch 제거하기

이제 LightController의 해제, 켜기, 끄기 동작에서 switch 문을 제거할 준비가 거의 됐다. 그 전에 먼저 LightController와 LightScheduler 테스트의 setup() 함수에서 LightDriverSpy_AddSpiesToController()와 LightDriverSpy_InstallInterface()를 호

출한다.

수정된 TEST_GROUP(LightController)은 아래와 같다.

`Download t2/tests/HomeAutomation/LightControllerTest.cpp`

```
TEST_GROUP(LightController)
{
    void setup()
    {
        LightController_Create();
        LightDriverSpy_AddSpiesToController();
        LightDriverSpy_InstallInterface();
        LightDriverSpy_Reset();
    }

    void teardown()
    {
        LightController_Destroy();
    }
};

TEST(LightController, TurnOn)
{
    LightController_TurnOn(7);
    LONGS_EQUAL(LIGHT_ON, LightDriverSpy_GetState(7));
}
```

테스트는 여전히 통과한다. 이제 한 번에 하나씩 switch 문을 제거하면서 적절한 LightDriver 함수를 추가하자. 리팩터링한 다음의 TurnOn, TurnOff 함수는 아래와 같다.

`Download t2/src/HomeAutomation/LightController.c`

```
void LightController_TurnOn(int id)
{
    LightDriver_TurnOn(lightDrivers[id]);
}
void LightController_TurnOff(int id)
{
    LightDriver_TurnOff(lightDrivers[id]);
}
```

이렇게 수정하고 나면 LightController가 하는 일이 별로 없다고 느껴질 수도 있다. 하지만 LightController가 하는 주된 일은 전등 ID를 해당 드라이버와 매핑하는 일이다. 단 하나의 책임에 충실하여 제 몫을 다하고 있다.

세부사항 숨기기

함수 포인터로 드라이버 함수를 호출하므로 각 특정 LightDriver의 구현은 파일 범위로 변경하여 직접 호출할 수 없게 만들어야 한다. 드라이버 함수는 관련 함수 포인터를 통해서만 호출할 수 있어야 한다.

> Download t2/mocks/LightDriverSpy.c

```c
static void destroy(LightDriver base)
{
    free(base);
}
static void update(int id, int state)
{
    states[id] = state;
    lastId = id;
    lastState = state;
}
static void turnOn(LightDriver base)
{
    LightDriverSpy self = (LightDriverSpy)base;
    update(self->base.id, LIGHT_ON);
}
static void turnOff(LightDriver base)
{
    LightDriverSpy self = (LightDriverSpy)base;
    update(self->base.id, LIGHT_OFF);
}
```

다음은 빠짐없이 초기화된 구조체이며, 이제 파일 범위로 선언된 구현을 포인터로 가리킨다.

> Download t2/mocks/LightDriverSpy.c

```c
static LightDriverInterfaceStruct interface =
{
    turnOn,
    turnOff,
    destroy
};
```

이런 스타일의 구조체 초기화는 실수하기 쉽다. 초기화 순서가 구조체 멤버 선언 순서와 반드시 일치해야 하기 때문이다. ANSI를 따르자면 이렇게 구조체를 초기화하는 것이 가장 이식성이 좋다. 만약 C99 호환 컴파일러라면 아래와 같은 방법을 사용할 수도 있다.

```
Download t2/mocks/LightDriverSpy.c
static LightDriverInterfaceStruct interface =
{
    .Destroy = destroy,
    .TurnOn = turnOn,
    .TurnOff = turnOff
};
```

이 방식으로 초기화하면 실수가 적어진다. 게다가 목록에 언급하지 않은 필드는 0으로 설정된다. 이 방법은 DRY 원칙[6]을 적용한 것이라 볼 수 있다. 코드에서 오직 한 군데에서만 구조체 멤버의 순서를 신경 쓰면 된다. 여러분이 ANSI C밖에 쓸 수 없다고 해도 걱정할 필요가 없다. 여러분에게는 안전을 지켜줄 테스트들이 있기 때문이다. C99 방식으로 초기화할 때의 또 다른 장점은, 특정 드라이버에서만 지원되는 함수가 있는 경우에 해당 동작을 지원하지 않는 드라이버에서는 지원하지 않는 동작에 대해 언급조차 할 필요가 없다는 점이다. 아래와 같이 기본적으로 아무것도 하지 않도록 구현하면 된다.

```
Download t2/src/devices/LightDriver.c
void LightDriver_SetBrightness(LightDriver self, int level)
{
    if(isValid(self) && self->brightness)
        self->brightness(self, level);
}
```

마침내 새로운 종류의 드라이버를 추가하는 확장에 열린 설계가 되었다. 각 드라이버들도 LightController가 기대하는 인터페이스에 맞춰 변경했다. 이제 오늘의 요구사항에 대해 충분히 유연한 설계가 갖춰졌다. 하지만 언제나 그렇듯이 그 요구사항이 바뀌면 어떻게 될까?

11.5 타입별 동적 인터페이스로 유연성 향상시키기

마케팅 부서에서 희소식을 전해왔다. 방금 1,000대가 팔렸단다. 다른 제조사들을 지원함으로써 새로운 시장이 열린 것이다!

나쁜 소식은 우리 제품이 여러 제조사를 지원하기는 하지만 연결된 장치들이 모두 같은 종류인 경우만 처리할 수 있다는 메모를 마케팅 부서에서 받지 못했다는

---

6 Don't Repeat Yourself

것이다. 마케팅에서는 우리 제품이 지원하는 벤더라면 하드웨어 장치들이 어떻게 조합되더라도 잘 동작한다는 점을 강조하여 판매했다. 이미 패키징 박스와 사용자 가이드에도 그렇게 인쇄되었다.

왜 좋은 기회는 항상 설계 변경을 수반할까? 걱정하지 말자. 기회가 왔다니 멋진 일이지 않은가. 우리의 깔끔한 설계라면 시장의 요구사항에 맞추어 발전시킬 수 있다.

새로운 요구사항을 충족시키기 위해서 설계를 어떻게 발전시켜 나가는지 살펴보자. 전등마다 드라이버 종류를 다르게 하려면 드라이버 구조체에 관련된 함수 포인터들을 두어야 한다. 동적 인터페이스 모델에서는 드라이버 인터페이스의 포인터가 하나만 있었지만, 이제는 LightDriverStruct마다 인터페이스 함수의 테이블에 대한 포인터가 있어야 한다. 이는 C++에서 가상 함수(virtual function)를 구현하는 방법과 같다. C++에서는 가상 함수를 호출하면 '가상 함수 테이블(vtable)'을 통해서 함수가 호출된다. vtable을 사용하도록 우리 설계를 변경할 것이다.

두 개의 서로 다른 드라이버 테스트

먼저 우리의 작업을 유도할 테스트부터 설계하자. 우리가 목표로 삼은 설계는 함수 포인터 테이블을 동시에 하나 이상 처리할 수 있어야 하므로 LightDriverSpy와 함께 사용할 테스트 대역 모듈이 하나 더 필요하다. TurnOn()과 TurnOff() 호출 횟수를 세는 간단한 테스트 대역을 추가해 보자. CountingLightDriver가 있다면 아래의 테스트를 작성할 수 있다.

```
Download t3/tests/HomeAutomation/LightControllerTest.cpp

TEST(LightController, turnOnDifferentDriverTypes)
{
    LightDriver otherDriver = CountingLightDriver_Create(5);
    LightController_Add(5, otherDriver);
    LightController_TurnOn(7);
    LightController_TurnOn(5);
    LightController_TurnOff(5);

    LONGS_EQUAL(LIGHT_ON, LightDriverSpy_GetState(7));
    LONGS_EQUAL(2, CountingLightDriver_GetCallCount(otherDriver));
}
```

이 테스트는 5번 ID로 CountingLightDriver를 생성하고 이를 LightController

에 추가한다. 이때 이미 5번에 설치되어 있던 기존의 LightDriverSpy 인스턴스가 새 드라이버로 교체된다. 테스트 케이스에서 7번 전등을 켜면 이미 설치되어 있던 LightDriverSpy가 켜진다. 5번 전등을 켰다가 끄면 CountingLightDriver는 자신이 두 번 호출되었다고 보고한다. 이제 새로운 테스트 대역을 살펴보자.

호출 횟수를 세는 테스트 대역

CountingLightDriver는 다른 드라이버들과 똑같은 규약을 따른다.

> Download t3/mocks/CountingLightDriver.c

```c
typedef struct CountingLightDriverStruct * CountingLightDriver;

typedef struct CountingLightDriverStruct
{
    LightDriverStruct base;
    int counter;
} CountingLightDriverStruct;
```

다음 함수는 CountingLightDriver의 counter 변수를 증가시킨다.

> Download t3/mocks/CountingLightDriver.c

```c
static void count(LightDriver base)
{
    CountingLightDriver self = (CountingLightDriver)base;
    self->counter++;
}
```

count()를 CountingLightDriver의 인터페이스 테이블에 설치한다. create() 함수는 이미 정의된 다른 드라이버들의 create() 함수와 비슷하다.

> Download t3/mocks/CountingLightDriver.c

```c
LightDriver CountingLightDriver_Create(int id)
{
    CountingLightDriver self = calloc(1, sizeof(CountingLightDriverStruct));
    self->base.type = "CountingLightDriver";
    self->base.id = id;
    return (LightDriver)self;
}
```

CountingLightDriver에서 호출 횟수를 읽어오는 함수는 아래와 같다.

```
Download t3/mocks/CountingLightDriver.c
```

```c
int CountingLightDriver_GetCallCount(LightDriver base)
{
    CountingLightDriver self = (CountingLightDriver)base;
    return self->counter;
}
```

TDD로 vtable 만들기

변경을 진행하는 동안 새로 작성한 테스트가 계속 실패했다. 이제서야 새로운 요구사항을 충족시키기 위한 코드를 작성할 준비가 되었다. 먼저 vtable 필드를 LightDriverStruct에 추가하자. 각 LightDriver 인스턴스가 드라이버 종류에 따른 LightDriverInterface를 가리키도록 할 예정이다.

```
Download t3/include/devices/LightDriverPrivate.h
```

```c
typedef struct LightDriverStruct
{
    LightDriverInterface vtable;
    const char * type;
    int id;
} LightDriverStruct;
```

CountingLightDriver로 돌아가서 vtable에 인터페이스를 설정하자. 인터페이스 구조체는 아래와 같다.

```
Download t3/mocks/CountingLightDriver.c
```

```c
static LightDriverInterfaceStruct interface =
{
    count, count, destroy
};
```

CountingLightDriver_Create()에서 vtable 멤버를 초기화한다. 같은 종류의 인스턴스는 모두 같은 함수 테이블을 가리킨다는 것에 주목하자.

```
Download t3/mocks/CountingLightDriver.c
```

```c
LightDriver CountingLightDriver_Create(int id)
{
    CountingLightDriver self = calloc(1, sizeof(CountingLightDriverStruct));
    self->base.vtable = &interface;
    self->base.type = "CountingLightDriver";
    self->base.id = id;
    return (LightDriver)self;
}
```

아직까지 LightDriver에서 vtable을 이용하도록 수정하지는 않았다. LightDriver를 수정하기에 앞서 LightDriverSpy에도 vtable 필드를 설정하자.

`Download t3/mocks/LightDriverSpy.c`

```c
LightDriver LightDriverSpy_Create(int id)
{
    LightDriverSpy self = calloc(1, sizeof(LightDriverSpyStruct));
    self->base.vtable = &interface;
    self->base.type = "Spy";
    self->base.id = id;
    return (LightDriver)self;
}
```

컴파일이 문제없이 되었으면 이제 LightDriver 함수들에서 LightDriver에 정의된 하나뿐인 인터페이스 포인터 대신 LightDriver의 vtable 멤버를 통해 처리하도록 수정한다. 한 번에 하나씩 고쳐가는 것이 최선이다. 그래야지 혹시 문제가 발생하더라도 동작하는 상태로 코드를 되돌리기 쉽다. 인터페이스 포인터를 남겨두기만 하면, LightDriverSpy로 호출이 전달되는 상태로 계속 잘 동작할 것이다. 수정한 LightDriver_TurnOn()는 아래와 같다.

`Download t3/src/devices/LightDriver.c`

```c
void LightDriver_TurnOn(LightDriver self)
{
    if (self)
        self->vtable->TurnOn(self);
}
```

유효성 검사가 더 단순해졌다. 드라이버가 NULL이 아니라는 것만 검사하면 된다. 왜냐하면 드라이버들이 자신의 vtable을 초기화하는 책임을 지기 때문이다.

아직 LightDriver_TurnOn()만 vtable을 통해서 실행되도록 수정한 상태에서 테스트를 실행하면 테스트 하나가 실패할 것이다. CountingLightDriver_GetCallCount()에서 호출 횟수가 두 번이 아니라 한 번이라고 나온다.

다음은 나머지 두 개의 드라이버 함수를 동적 호출하도록 수정한 코드다. 이미 첫 번째 함수가 잘 동작한다는 것을 알기 때문에 이번에는 한꺼번에 이 두 함수를 바꾸는 대담함을 발휘해도 좋다. 하지만 문제가 발생하면 코드를 원래대로 되돌린 다음 한 번에 하나씩 바꾸어봐라.

```
Download t3/src/devices/LightDriver.c
```

```c
void LightDriver_TurnOff(LightDriver self)
{
    if (self)
        self->vtable->TurnOff(self);
}

void LightDriver_Destroy(LightDriver self)
{
    if (self)
        self->vtable->Destroy(self);
}
```

여러분은 드라이버들이 자신의 포인터를 제대로 초기화할지 신뢰하기 어렵다고 판단할 수도 있다. 그런 경우라면 다음과 같이 구현하고 이를 확인하는 테스트를 추가하면 된다. (다시 말하지만, 제품 코드에 넣을 만큼 중요하다면 테스트 할 만큼 중요하기도 하다.)

```
Download t3/src/devices/LightDriver.c
```

```c
void LightDriver_TurnOn(LightDriver self)
{
    if (self && self->vtable && self->vtable->TurnOn)
        self->vtable->TurnOn(self);
}
```

이제 타입 별 동적 인터페이스를 가지는 설계가 잘 동작한다. 남은 것은 이 같은 수정 사항들을 다른 드라이버 타입에도 적용한 다음, LightDriver의 인터페이스를 설정하는 함수와 특정 LightDriver마다 있는 인터페이스 설치 함수들을 제거하는 것이다.

11.6 설계는 얼마나 해야 충분한가?

새로 개발을 시작하는 시점에는 불확실한 것들이 아주 많다. 하드웨어, 소프트웨어, 제품의 목표, 요구사항에 이르기까지 아직 모르는 것이 많다. 이 모든 불확실함 속에서 우리는 어떻게 시작해야 할까? 차라리 기다리는 것이 낫지 않을까? 하지만 기다리다 보면 끝이 없다. 왜냐하면 모든 것이 확실해지는 상황은 결코 오지 않기 때문이다. 따라서 조금이라도 더 일찍 시작하는 것이 더 낫다. 비록 일부가 나중에 변경될지라도.

나중을 미리 고려하지 말자는 얘기가 아니다. 그러기는 불가능하다. 하지만 지금 할 것과 나중에 할 것 중에서 선택할 수는 있다. 나중을 고려하는 것과 분석 불능(analysis paralysis) 사이에는 차이가 있다. 추측에 추측을 쌓아나간다 싶으면 너무 멀리 내다보는 것은 아닌지 생각해봐라. 이제 생각을 코드로 구현해 볼 때이다.

하드웨어와 소프트웨어의 경계가 불확실하다면 애플리케이션 수준의 문제를 먼저 해결하는 방식으로 내부에서부터 시작할 수 있다. 이렇게 하면 애플리케이션 코드에서 필요로 하는 하드웨어 기능이 무엇인지 분명하게 드러난다. 애플리케이션이 필요로 하는 하드웨어 서비스를 인터페이스로 만들어라. LightScheduler와 LightController의 관계가 좋은 예다. LightController는 하드웨어 추상화 계층(hardware abstraction layer)의 일부가 되었다.

애플리케이션으로부터 인터페이스를 유도해내는 방법에 따르는 긍정적인 부대효과는 하드웨어 구현의 세부사항들이 애플리케이션 코드를 지저분하게 만들 가능성이 줄어든다는 점이다. LightScheduler가 X10이나 다른 드라이버 종류에 대해서 아무것도 모른다는 점, 이건 잘된 일이다.

LightController에서 LightDriver로 설계가 진화하는 과정을 통해 우리는 요구사항이 더 명확해지면서 설계도 함께 진화해야 한다는 점을 보았다. 설계를 바꾸는 것은 실패가 아니다. 오히려 우리가 더 많이 배웠다는 좋은 소식이다. 오늘날 많은 레거시 코드가 가진 문제는 요구사항이 바뀌어도 변경을 더 자연스럽게 수용하게끔 설계를 개선하지 않았다는 점이다.

앞으로 제품이 어떻게 바뀌게 될지 모두 예상할 수는 없다. 우리가 설계 진화에 능숙해져야 하는 이유이다. 이런 개념의 밑바탕에는 XP(Extreme Programming)의 단순한 설계의 규칙(Rules of Simple Design)(http://c2.com/xp/XpSimplicityRules.html)이 깔려있다. 이 규칙들을 살펴보고 규칙들이 어떻게 현재의 요구사항에 대해서 좋은 설계를 유지할 수 있게 도움을 주는지 알아보자.

단순한 설계의 규칙

1. 모든 테스트를 통과한다.

코드는 필요한 것을 해야만 한다. 필요하지 않은 것에 신경 쓸 필요 없다.

2. 표현할 필요가 있는 모든 아이디어를 표현한다.

코드는 자체적으로 문서 역할을 하며 프로그래머의 의도를 전달해야 한다.

3. 모든 것은 한 번만, 반드시 한 번만 말한다.

중복을 반드시 제거하여 변경이 일어나더라도 하나의 내용을 여러 곳에서 수정하지 않아야 한다.

4. 군더더기가 없다.

아직 필요하지 않은 내용을 추가하면 안 된다.

규칙들은 순서에 따라 적용된다. 1번 규칙은 모든 규칙에 앞선다. 만약 어떤 코드가 의도를 나타내는 테스트를 통과하지 않는다면 그 코드는 쓸모없는 코드다. 2번, 3번 규칙은 코드가 오늘 당장의 요구사항에 딱 맞도록 설계를 깔끔하게 유지하라는 의미이며, 이로써 코드가 유지보수하기 쉬워진다. 앞의 세 규칙은 이해하기 쉽지만 4번 규칙을 이해하기는 조금 어렵다.

4번 규칙은 과잉 설계를 하지 말라는 의미이다. 설계는 현재 구현된 기능에 대해서 완벽해야만 한다. 미리 복잡하게 만들면 기능 구현과 통합이 늦어진다. 미리 준비한 설계가 잘못되었을 때는 시간을 낭비한 꼴이 된다. 아직 사용하지 않거나 불필요한 설계를 가지고 작업하면 진행이 더뎌진다. 설계는 항상 진화한다. 설계를 현재 지원하는 기능에 꼭 맞도록 유지하는 데 익숙해져야 한다.

4번 규칙은 TDD를 처음 접하는 사람들이 따르기 가장 어려울 것이다. 앞에서 말했듯이, 나중을 미리 고민하는 것이 문제되지는 않는다. 다만 테스트에 의해 필요한 경우에만 설계 개선 방향을 고민하도록 노력하라. 테스트라는 안전망을 갖추게 되면 매우 실제적이며 생산적으로 설계를 개선할 수 있다.

11.7 지금까지 우리는

이번 장에서 우리는 SOLID 설계 원칙, C 모듈을 유연하게 만드는 네 가지 설계 모델, 그리고 그것들을 언제 사용하는지 살펴봤다. 책의 앞부분에서 다루었던 설계들이 SOLID 영향을 받았음도 확인했다. 이전 예제를 발전시켜 C 모듈 사이의 결합도를 줄이기 위해서 함수 포인터를 효과적으로 사용하는 방법도 다루었다.

함수 포인터는 중요한 C 기능임에도 프로그래머들이 간과하는 경우가 많다. C에서 SOLID를 적용하여 코드를 더 유연하고 테스트하기 쉽게 만들 때 함수 포인터는 매우 중요한 역할을 한다. 중복되는 조건 로직을 제거할 때에도 유용하다.

동적 인터페이스를 사용하면 시스템이 함수의 특정 구현을 런타임에 선택할 수 있다. 예를 들면, 시스템이 자신을 초기화할 때 소프트웨어가 하드웨어에서 정보를 얻어 와서 하드웨어 환경을 결정할 수도 있다. 그런 다음 읽어 들인 하드웨어 종류에 따라 드라이버 함수를 설치할 수 있다. 조건 판단을 시스템 여기저기에서 하는 대신 한 번만 판단하면 그 결과에 따라 시스템이 설정되도록 한다.

내가 제안한대로, 그리고 XP에서 말하는 단순한 설계의 규칙들이 재차 강조하는 바대로, 현재 작업에 적절한 모델을 선택해라. 아직 필요하기 전에 복잡하게 만들지 마라. 모든 테스트를 통과시키는 가장 단순한 방법을 선택하고, 프로그래머의 의도를 표현하고, 중복이 없게 해라.

배운 것 적용하기

1. 부록 A5「OS 분리 계층 예제」의 MyOS에서 OCP와 LSP가 적용된 것을 보자. Mutex와 Event를 지원하도록 MyOS를 개선하라. Mutex는 획득(acquire)/반환(release)할 수 있다. 쓰레드는 다른 쓰레드로부터의 시그널을 기다릴(wait) 수 있다.

2. Thread_Result()를 호출하여 조인(join)된 쓰레드의 반환 결과를 얻을 수 있는 접근 함수를 추가하라.(t1/tests/MyOS, t1/include/MyOS와 t1/src/MyOS에서 내가 만든 것을 볼 수 있다.)

3. code/t1의 코드를 기반으로 LightDriver에 밝게(brighten), 어둡게(dim), 스트로브(strobe) 기능을 추가하려고 한다. LightDriver에 함수들을 추가하기 위해 필요한 수정 사항 목록을 작성하라.

4. code/t3의 코드를 기반으로 LightDriver와 LightDriverSpy에 밝게, 어둡게, 스트로브 함수를 추가하라.

5. 일부 인터페이스는 밝게, 어둡게를 지원하지 않는다. 이런 장치의 드라이버는 해당 동작이 호출될 때 아무런 동작도 하지 않아야 한다. TDD로 설계를 변경해 보아라.

6. 다른 모듈들에 제각각 RandomMinute 인스턴스가 필요하다. 인스턴스마다

따로 난수 생성기에 시드(seed)를 설정할 수 있도록 RandomMinute의 설계를 바꾸어라.(C 라이브러리의 srand() 참고) 타입 별 동적 인터페이스를 사용하도록 RandomMinute, FakeRandomMinute, 테스트들을 변경하라.

for Embedded C

12장
TDD for Embedded C

리팩터링

험프티 덤프티 담장 위에 앉았네.
험프티 덤프티 떨어지고 말았네.
왕의 말들과 왕의 병사들도
험프티 덤프티를 되돌릴 수 없었네.

— 영어 전래 동요

설계가 잘 된 시스템이라 하더라도 소프트웨어 엔트로피[1] 증가를 막기 위해 지속적인 관심과 노력을 기울이지 않으면 좋은 설계를 유지하지 못한다. 크고 작게 코드를 수정하면서 무질서를 바로잡기 위한 시간을 투입하지 않으면 무질서가 점점 자라나는 것이 당연하다.

이 장의 많은 내용이 마틴 파울러의 책 『Refactoring』[FBB+ 99]에서 나왔다. 리팩터링을 더 깊이 이해하려면 마틴 파울러의 책이 큰 도움이 될 것이다.

마틴 파울러는 "바보라도 컴파일러가 이해하는 코드를 작성할 수 있지만 다른 개발자가 이해할 수 있는 코드를 작성하는 데는 진짜 기술이 필요하다"라고 말한다. 우리가 작성하는 코드의 긴 수명을 고려할 때, 다른 프로그래머가 이해할 수 있도록 코드를 작성하는 것이 제품의 성공에 매우 중요하다.

그렇다면 리팩터링이란 무엇인가? 리팩터링은 컴퓨터 프로그램의 동작을 바꾸지

---

[1] 엔트로피는 시스템 무질서 정도에 대한 척도이다.

않으면서 구조를 변경하는 것이다. 대체 누가 이렇게 한단 말인가? 어차피 중요한 것은 동작 아닌가? 이상주의 소프트웨어 개발자가 아니고서야 누가 프로그램의 구조를 신경 쓸까? 이 질문들에 대답하기 위해서는 소프트웨어의 본질적 가치에 대해서 살펴 보아야한다.

12.1 소프트웨어의 두 가지 가치

소프트웨어 시스템에는 두 가지 본질적인 가치가 있다. 하나는 명확하지만 다른 하나는 그다지 명확하지 않다. 명확한 가치는 소프트웨어가 하는 일에 있다. 여러분이 휴대전화로 전화를 걸 때, 소프트웨어는 많은 일을 한다. 소프트웨어는 통화를 가능하게 한다. 소프트웨어는 여러분이 운전하는 자동차의 엔진이 멈추지 않고 계속 굴러가게 만든다. 소프트웨어는 여러분의 은행 계좌를 관리한다. 코드가 제대로 동작하기만 한다면 코드의 내부 구조는 문제가 되지 않는다. 아니, 그렇지 않다. 코드 구조는 소프트웨어가 가지는 두 가지 가치 중에서 명확하지 않은 두 번째 가치의 핵심 요소다.

소프트웨어는 소프트(soft)해야 한다. 즉, 변경하기 쉬워야 하다. 변경하기 쉬운 것은 비즈니스 가치가 매우 크다. 마케팅 부서의 요청을 별 대수롭지 않게 보았다가 제품에 구현하는 시간이 늦어져서 다음 해 출시까지 미루었던 경험을 돌이켜보라. 이해하기 어렵고, 너무 복잡하고, 일관성 없는 코드 때문이지 않나? 여러분 중 일부는 아마도 지금 고개를 끄덕일 것이다.

그렇게도 아름다웠던 설계에 대체 무슨 일이 일어난 것일까? 코드가 어떤 식으로 부패한 것일까? 기능을 변경하면서 설계를 함께 변경하지 않았기 때문에 서서히 나빠졌다. 코드는 한 번에 한 줄씩 부패한다.

'마케팅이 더 일찍 결정해줬으면 우리는 아름다운 코드를 만들 수 있었다.' 이는 잘못된 생각이다. 세계는 늘 변하고 있다. 그런데 여러분의 요구사항이 왜 바뀌면 안 되는가? 요구사항 변경과 싸워봤자 대개는 지는 싸움일 뿐이다. 오늘의 요구사항을 작년의 요구사항과 비교해 보거나 5년 전과 비교해 보라. 지금의 요구사항을 예상하여 처리하는 코드를 만드는 것이 가능했을까? 아마 그렇지 않을 것이다. 하지만 설령 우리가 그렇게 할 수 있었다 하더라도 지금까지 출시한 제품들이 제 시간에 출시되도록 기울였어야 할 소중한 시간을 낭비했을 것이다.

리팩터링을 통해서 우리는 변경을 당연한 것으로 받아들이고 변경을 다루는 데 능숙해진다. 우리는 코드를 깔끔하게 유지함으로써 잘 드러나진 않지만 소프트웨어의 핵심 가치를 강화한다. 깔끔한 코드란 무엇인가? 밥 마틴의 책 『Clean code』 [Mar08]에서 이 질문에 대한 여러 가지 답을 얻을 수 있다. 간단히 말하자면, 코드는 누구든 이해하고 수정하기 쉬워야만 한다.

12.2 세 가지 핵심 기술

코드를 깔끔하게 유지하는 데 성공하기 위한 3가지 핵심 기술들 사이의 관계를 '그림 12.1 3가지 핵심 리팩터링 기술'에 그려보았다. 첫째, 개발자는 코드 냄새를 잘 맡아야 한다. 하지만 이것만으로는 충분하지 않다. 개발자는 더 나은 설계나 반짝이는 아이디어를 그릴 수 있어야 한다. 마지막으로 필요한 기술은 동작을 유지하고 테스트를 통과하면서 설계 구조를 변형하는 것이다.

각각의 기술에 대해서 좀 더 이야기해보자.

나쁜 코드를 감지하는 코

우리 업계에는 설계나 코드를 평가할 때 '여기서 만들지 않았음(NIH)' 딱지를 붙이려는 경향이 있다. 말하자면 이런 식이다. 이 코드는 내가 만들었으니 마음에 든다. 저 코드는 다른 사람이 만든 것이니 싫다. 이런 평가 방법은 배우기 쉬울지 몰라도 실제로 그리 유용하지는 않다.

'코드에서 악취가 난다' 정도가 아니라 코드 냄새를 구별할 정도로 예민한 감각을 개발해야만 한다. 요리사나 정원사처럼 여러 가지 다른 냄새를 구별할 수 있어야 한다. 특정 코드 냄새를 구별할 수 있다면 그 악취를 제거할 확률이 높아진다.

그림 12.1 세 가지 핵심 리팩터링 기술

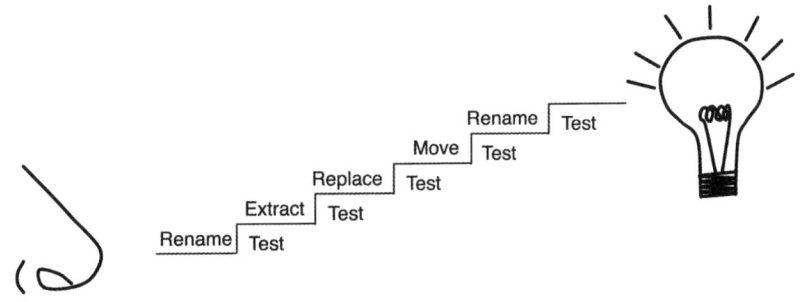

파울러는 자신의 책에 여러 가지 코드 냄새를 설명해 놓았다. '12.3 코드 냄새와 이를 개선하는 방법'에서 여러 코드 냄새를 살펴보기로 하자.

더 나은 코드를 보는 안목

일단 코드에 어떤 문제가 있는지를 감지하고 나면, 코드나 설계에 대한 우리의 지식을 바탕으로 더 나은 해법을 그리게 된다. SOLID 설계 원칙은 구조와 결합도에 관한 가이드를 제공한다. 이 기술은 터득하는 데 오랜 시간이 걸리며 공부와 경험을 요한다. 더 나은 이름을 선택하거나 추출하기 좋은 코드를 발견하는 것과 같은 설계 안목은 좀 더 쉽게 길러진다.

코드 변형하기

코드의 현재 상태를 알고 설계 목표가 그려졌으면 현재의 코드를 개선된 설계로 옮겨가기 위해 일련의 코드 변경(리팩터링)을 실시한다. 간단한 변경이라면 단 한 번의 리팩터링이면 될 것이다. 좀 더 복잡한 변경이라면 여러 단계에 걸쳐 점진적으로 변경해야 할 것이다.

동작하는 설계를 또 다른 설계로 변형하는 능력이 없으면, '그림 12.2 리팩터링과 험프티 덤프티 설계 변경'처럼 높은 담벼락 위에 앉은 험프티 덤프티(Humpty Dumpty)²가 마주친 것과 같은 큰 위험을 피할 수 없다.

그림 12.2 리팩터링과 험프티 덤프티 설계 변경

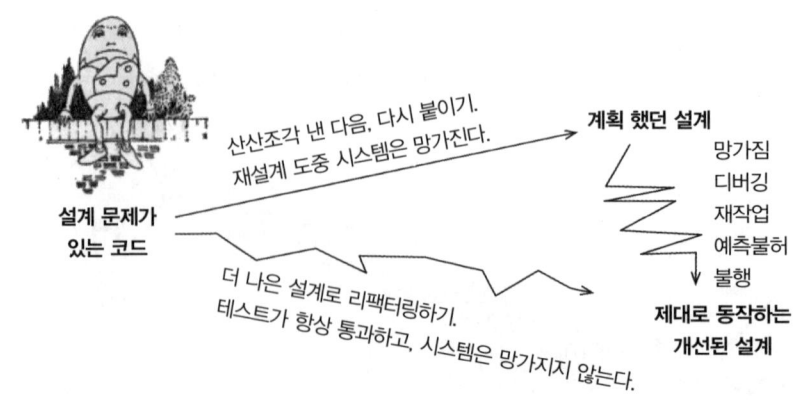

코드를 수정하면서 세부사항들을 더 이해하고 나면 처음 계획했던 설계와 실제로 잘 동작하는 개선된 설계가 서로 다르다는 것을 발견하는 경우가 많다.

리팩터링이 명사 혹은 동사로 사용된 것에 주목하자. "나는 LightScheduler를 리팩터링합니다" 혹은 "나는 함수 추출(Extract Function) 리팩터링을 사용해야 한다고 봅니다"와 같이 쓰일 수 있다.

12.3 코드 냄새와 이를 개선하는 법

이 절에서는 C 코드에서 볼 수 있는 다양한 코드 냄새를 살펴볼 것이다. 이 상황을 호전시킬 수 있는 설계 변경에 대해서도 살펴보겠다. 이미 언급했듯이 파울러의 책에 코드 냄새 목록이 있기는 하지만, 그의 목록은 대체로 객체지향 프로그래밍 언어로 작성된 코드에서 볼 수 있는 냄새들이다. 그의 목록 중 일부는 C 언어에도 적용되지만 C 언어에만 나타나는 냄새도 있다.

중복 코드

중복 코드는 거의 모든 코드 냄새의 근원이다. 중복 문제는 잘 알려져 있으며 'DRY(Don't Repeat Yourself): 반복하지 마라'(82쪽)에서도 이미 논의한 바 있다.

나쁜 이름

좋은 이름은 코드를 더 이해하기 쉽게 만들고 나쁜 이름은 코드를 이해하기 어렵게 한다. C 코드에서 모음(vowel)을 사용하거나 단어를 줄이지 않고 그대로 사용하는 것이 나쁘다고 생각하는 경우가 더러 있다.

『Clean Code』[Mar08]를 보면 팀 오팅거(Tim Ottinger)가 자신이 맡은 장에서 이름 붙이기에 관한 좋은 조언들을 많이 전하고 있다. 그의 조언들이 객체지향 관점으로 작성되기는 했지만 C 코드에도 적용 가능하다. 나중에 코드를 다시 읽기 쉽게, 혹은 처음 읽더라도 더 쉽게 읽을 수 있도록 이름 붙이기에 대해서 간단한 충고를 하겠다.

- 읽을 수 있는 이름이어야 한다. 약어나 두문자어 사용을 피하라. lht_sched보다는 LightScheduler를 사용하라.

---

2 험프티 덤프티 그림은 『The Book of Knowledge』(Vol III, 968쪽. 글로리어 소사이어티, 뉴욕 1911)에서 가져왔다. 공개된 그림은 http://commons.wikimedia.org/wiki/File:HumptyDumpty.jpg에서 볼 수 있다.

- 함수 이름은 내부 동작보다는 의도를 드러내야 한다. BinarySearch()보다는 Find()가 적절하다.

여러 가지 검색 알고리즘을 지원한다면 라이브러리 함수 이름으로 BinarySearch()가 적절할 수도 있다. 하지만 특정 영역의 문제를 해결한다는 맥락에서는 FindScheduledEvent()가 BinarySearchForScheduledEvent()보다 훨씬 낫다.

나쁜 파스타

여러분은 이미 스파게티 코드에 대해서 들어봤겠지만 프로그래밍 식당에 파스타라고 하면 스파게티만 있는 것이 아니다. 스파게티 외에도 라비올리, 라자냐, 미트볼 등이 있다.[3]

알다시피 스파게티 코드는 무엇을 하는지 모를 정도로 지저분하게 엉켜있는 코드를 뜻한다. 이런 코드는 순환 복잡도(cyclomatic complexity)[4]가 높다는 특징이 있다.

반면에 라비올리 코드는 작은 크기의 독립적인 패킷들로 구성된다. 패킷들은 토마토소스로 느슨하게 커플링되어 있다. 코드 관점에서 보면 라비올리는 좋은 파스타다. 일부 사람들은 라비올리 패킷이 너무 작아지면, 작업 처리가 너무 많은 패킷에 흩어지므로 무엇이 어떻게 돌아가는지 알 수 없다고 말한다. 여러분에게 그런 문제가 있을 것 같지는 않다. 대개는 스파게티 덩어리가 커서 문제가 된다.

라자냐 코드[5]는 계층화된 구조를 가지는 특징이 있다. 계층 내부의 응집도는 높으며 계층 간의 결합도는 낮다. 역시 스파게티보다야 더 나은 파스타 코드 구조다. 가끔씩 라자냐 코드이면서 계층 내부적으로 스파게티인 경우가 있다. 그냥 스파게티인 경우보다는 낫지만 그냥 라자냐보다 못하다.

마지막으로 미트볼 스파게티 코드가 있다. 미트볼 스파게티 코드는 지저분하게 얽혀있는 코드와 더불어 지저분한 코드에 의존하는 모듈화된 코드를 함께 말한다. 이상적으로 보자면 더 모듈화 잘 된 코드로 옮겨가는 중에 볼 수 있는 코드 형태이지만 이동 방향은 어느 쪽이든 될 수 있다.

스파게티 코드에서 벗어나는 과정이 꽤 오래 걸릴 수 있다. 이 과정은 보통 큰 함

---

3 http://en.wikipedia.org/wiki/Spaghetti_code
4 순환 복잡도는 하나의 함수 내에서 실행 가능한 경로의 수다. 숫자가 커질수록 나쁜 것이다.
5 이 용어는 1982년에 데이터베이스의 대가 조 셀코(Joe Celko)가 만들었다.

수에서 작은 함수들을 추출하고 관련 데이터를 함께 모으는 것부터 시작한다. 몇 차례 추출을 하고 나면 함수들이 의존하는 데이터의 부분 집합이 명확해진다. 데이터를 그룹으로 나누고 나면 해당 데이터 그룹을 조작하는 함수들과 함께 추출하여 새로운 모듈이나 계층을 만들 수 있다. 여러분은 라비올리와 라자냐 비중을 늘려가면서 스파게티에만 의존하던 식습관을 고쳐나갈 수 있다. 여러분의 코드 구조는 올바른 방향으로 이동할 것이다.

긴 함수

'긴 함수'는 대부분의 C 코딩 냄새에서 파생된다. "함수 길이는 어느 정도가 적당할까?" 한 화면, 25줄, 50줄, 혹은 100줄?

첫 번째 답안, '한 화면'을 이야기하는 코딩 표준이 많다. 이런 코딩 표준은 잘 지켜지지 않는다. 그리고 해상도가 높고 글꼴이 작은 경우에는 측정하기도 어렵다.

함수가 여러분의 머리에 쏙 들어오지 않으면 그 함수는 너무 긴 것이다. 머리에 쏙 들어오는 함수는 한 줄짜리인 경우도 많지만 아무리 글꼴이 크더라도 화면에 가득 차는 경우는 별로 없다. 100줄짜리 switch문이 있는데 단순히 다른 함수로 전달하기만 하는 경우라면 길이가 그다지 문제되지 않는다. 함수가 왜 그런 모양인지 금방 이해할 수 있기 때문이다.

코드가 한 화면을 넘어가면 빨리 이해하기가 매우 어렵다는 데에는 근거가 있다. 히데타케 우와노(Hidetake Uwano)는 『검토자의 안구 운동 관찰을 통한 소스 코드 리뷰의 개인 생산성 분석』[UNMiM07] 연구에서 소스 코드를 이해하려고 노력하는 개발자의 인지 행동을 더 잘 이해하기 위해서 눈의 움직임을 관찰했다. '그림 12.3 코드 리뷰 중의 눈의 움직임 추적'은 코드를 이해하려고 노력하는 동안 시선이 어디에 집중하는지 보여준다.

연구에 따르면 코드 리뷰에 참석한 검토자들은 먼저 코드 전체를 훑어본 다음 세부사항에 집중했다. 시선을 60번 고정하는 동안 재빠르게 훑어보고, 그 뒤로는 세부적인 내용에 집중하고 있다. 코드가 한 페이지를 넘어간다면 변수 선언, 참조, 값 갱신을 찾느라 더 많이 스크롤 하게 될 것이다.

우와노 박사의 데이터로부터 긴 함수를 이해하려면 추가적인 지불이 필요하다는 결론을 얻을 수 있다. 함수가 한 화면을 넘어가도록 방치하면 분명히 그 코드를 여러분의 머리에 담기 어려워질 것이다. 반면에 25줄짜리 함수라 하더라도 조건식이

그림 12.3 코드 리뷰 중 눈의 움직임 추적

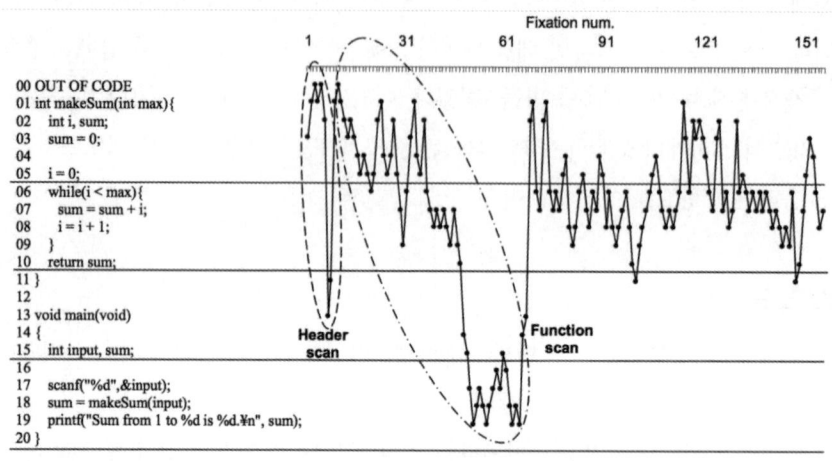

나 반복문이 복잡하고 전역 데이터 참조가 많으면 여러분의 머리에 금방 들어오지 않을 것이다.

LightScheduler를 우리가 개발하는 대신 다음 코드 예제처럼 구현되어 주어진 상황을 가정해보자. (8장 「제품 코드에 스파이 심기」에서 우리가 구현한 것과는 다르다.) 테스트는 통과하지만 문제가 있다.

Download t2/src/HomeAutomation/LightScheduler.c

```c
void LightScheduler_Wakeup(void)
{
    int i;
    Time time;
    TimeService_GetTime(&time);
    Day td = time.dayOfWeek;
    int min = time.minuteOfDay;

    for (i = 0; i < MAX_EVENTS; i++)
    {
        ScheduledLightEvent * se = &eventList[i];
        if (se->id != UNUSED)
        {
            Day d = se->day;
            if ( (d == EVERYDAY) || (d == td) || (d == WEEKEND &&
                    (td == SATURDAY || td == SUNDAY)) ||
                    (d == WEEKDAY && (td >= MONDAY
                                      && td <= FRIDAY)))
            {
```

```c
            /* it's the right day */
            if (min == se->minuteOfDay + se->randomMinutes)
            {
                if (se->event == TURN_ON)
                    LightController_TurnOn(se->id);
                else if (se->event == TURN_OFF)
                    LightController_TurnOff(se->id);

                if (se->randomize == RANDOM_ON)
                    se->randomMinutes = RandomMinute_Get();
                else
                    se->randomMinutes = 0;
            }
        }
    }
}
```

무슨 일을 하는지 알기가 어렵다. 변수 이름이 짧고 암호 같으며 다섯 단계나 중첩되어 있다. LightScheduler_Wakeup() 함수가 맡은 책임이 몇 개인가? 꽤 많다. 단 하나의 책임만 맡은 함수가 의미를 훨씬 잘 전달한다.

Download t2/src/HomeAutomation/LightScheduler.c

```c
void LightScheduler_Wakeup(void)
{
    int i;
    Time time;

    TimeService_GetTime(&time);

    for (i = 0; i < MAX_EVENTS; i++)
    {
        processEventsDueNow(&time, &eventList[i]);
    }
}
```

반복문의 내용을 추출하여 이름을 잘 붙인 함수로 만들고 나니 LightScheduler_Wakeup()의 책임이 예약된 이벤트들 중에서 만기된 이벤트를 처리하는 일이라는 점이 분명해졌다.

고수준의 함수는 고수준처럼 보이고 유스케이스처럼 읽혀야 한다. C 언어에서도 가능하다. 고수준 함수는 더 수준이 낮은 함수로 일을 위임한다. 수준이 딱 두 개만 있다는 의미는 아니다. 이런 패턴을 반복하여 지저분한 일을 하는 코드까지 이르게 된다. 이처럼 작성된 코드는 하위 구현에 대한 인덱스와 마찬가지여서 프로그래머가 관심이 가는 코드의 일부만 찾아볼 수 있게 만든다.

긴 C 함수들에서 볼 수 있는 구구절절 나열된 세부사항들보다는 의도를 드러내는 이름들이 훨씬 이해하기 쉽다. 근거가 필요하다면 '그림 12.3 코드 리뷰 중 눈의 움직임 추적'에서 main()을 봐라. main()은 단 한 번 들여다 볼 뿐이고 거의 100차례의 시선 고정이 저수준 C에 머물러 있지 않은가?

긴 함수의 문제점은 충분히 지적했다. 그럼 우리는 긴 함수를 어떻게 해야 할까? 명백한 답이 정답이다. 짧게 만들어라. 함수가 커지면 더 작게 나누어야 한다.

새 기능을 추가하면서 함수가 너무 길어지기 시작하면 새 기능을 분리하라. 코드 블록에 주석을 달아야겠다고 느낀다면 설명하는 이름을 붙여 새 함수를 만들고 그 코드를 새 함수로 옮겨라.

이 리팩터링에는 이름이 있다. 파울러가 메서드 추출(Extract Method)라고 이름 붙였다. 이 이름은 객체지향에서 사용된다. 함수가 객체의 일부로서 '메서드'라고 불리기 때문이다. C 언어에서는 그냥 함수 추출(Extract Function)이라고 부르자.

긴 함수는 너무 많은 일을 하기 때문에 단일 책임 원칙을 위배한다. 긴 함수는 유용할지도 모를 아이디어가 드러나지 않게 만들고 중복을 감춰버린다. 긴 함수를 제거하려면 근본 원인을 감지할 수 있는 코가 있어야 한다. 다음에 살펴볼 냄새들이 긴 함수에 영향을 주기도 한다.

산만한 추상화

함수는 저마다 추상화 수준이 일정해야 한다. C 함수는 파울러가 '기본 타입에 대한 강박(Primitive Obsession)'이라고 부르는 코드 냄새를 보이는 경향이 있다. 기본 타입과 기본 연산으로 인해 발생하는 노이즈 속에서 고수준의 아이디어가 사라져 버린다.

추상화 수준이 롤러코스터처럼 오르락내리락 한다면 주의를 분산시킨다. 추상화 수준을 이동할 때는 목적이 있어야 한다. '산만한 추상화'를 보이는 코드는 긴 함수를 고칠 때처럼 함수 추출로 고칠 수 있다.

당황하게 만드는 불린(Boolean)

여러분이 지금 어떤 코드를 보고 있다. 그런데 AND, OR, 괄호가 여러분을 멍하게 만든다. "대체 이 조건은 무슨 의미지?" 여러분이 당황했다면 머릿속으로는 이미 '당

황하게 만드는 불린' 냄새를 인지한 것이다. 여러분은 대체 얼마나 더 다음과 같은
코드를 해석하느라 시간을 허비해야 하는가?

```
if (!(day == EVERYDAY || day == today
    ||(day == WEEKEND && (SATURDAY == today
    || SUNDAY == today)) || (day == WEEKDAY
    && today >= MONDAY && today <= FRIDAY)))
    return;
```

아래처럼 의도를 드러내는 코드와 비교해보라.

```
if (!matchesToday(day))
    return;
```

리팩터링된 코드에서는 의존하는 변수가 분명하다. 조건식의 의도가 분명하다. 요일이 일치하는지 확인하는 로직이 궁금하다면 matchesToday() 함수를 들여다 보면 된다. 궁금하지 않다면 복잡한 조건식을 해석하느라 시간을 낭비할 필요가 없다.

switch/case 오용

switch/case가 몇 페이지에 걸쳐있다. 어떤 case는 또 다른 switch나 if 문이 중첩되어 있다. 이런 코드는 쉽게 머리에 들어오지 않는다.

switch/case 문을 가진 함수는 단일 책임 원칙을 따라야 한다. 어떤 case인지만 결정해야 하며, 그런 다음에는 간단한 일만 하거나 다른 함수에 일을 떠넘겨야 한다.

switch/case 중복

switch/case 로직이 중복되지만 취하는 동작이 다르다면 중복된 switch/case 로직 대신 개방 폐쇄 원칙을 적용하는 방법을 생각해봐라. 앞 장에서 다룬 설계 모델 중 하나를 사용하면 된다.

과도한 중첩

깊이 중첩된 코드는 이해하기 어렵다. 대응하는 else 문을 찾아봐야 한다거나 반복문 안에 반복문이 있는 경우라면 특히 어렵다. 심지어 중괄호를 예쁘게 맞춰준다 하더라도 두 단계만 중첩되면 이해하기 어렵다.

중첩 조건 로직을 가진 반복문이라면 함수에 반복문만 남기고 각 반복에서 할 일은 도움 함수로 만드는 방법을 고려해봐라. 이 방법을 적용하면 반복문과 별개로 도움 함수만 테스트할 수 있다는 흥미로운 결과를 얻을 수 있다. 이는 코드를 테스트 가능하게 만드는 데 중요하다.

기능 욕심

마틴 파울러는 객체지향 설계의 관점에서 기능 욕심(Feature Envy)을 설명한다. 설명을 옮기자면 다음과 같다. 어떤 객체가 다른 객체의 데이터를 읽어 와서, 그것을 처리하고, 결과값을 원래의 객체에 다시 전달하거나 또 다른 결과를 산출한다. 이런 경우에 이 객체는 다른 객체의 기능을 욕심 내는 것이다.

C에서는 구조체 데이터가 여기저기 전달되거나 전역으로 접근되는 경우가 기능 욕심에 해당한다. '구조체와 함수가 아무나 접근 가능'한 경우에 해당하는 구조체는 어느 모듈에 속하는지 명확하지 않다.

기능 욕심은 중복을 초래하는 경우가 많다. 구조체 데이터를 다루는 코드를 둘 만한 적당한 위치가 없어서 그 구조체를 사용하는 함수마다 같은 작업을 하기 쉽다. 이런 상황이 통제 불능 상태까지 이른 예가 바로 1990년대가 끝날 때 그렇게 많은 노력을 쏟아 부어야 했던 Y2K 재작업 문제다. 연도를 두 자리 수로 표기하는 코드가 너무 많이 퍼져 있었다.

223쪽의 '다중 인스턴스 모듈'에서 다루었던 객체지향 개념과 자료 구조 추상화를 사용하면 모듈화를 더 잘하면서 결합도를 낮추고 중복을 제거할 수 있다.

긴 파라미터 목록

파라미터가 몇 개면 너무 많은 것일까? 상황에 따라 다르다. 여러 함수에 공통적으로 중복되는 파라미터가 있다면 이는 새로운 구조체가 필요하다는 강력한 징후이다.

코드상의 다른 문제들과 마찬가지로 긴 파라미터 목록(Long Parameter List)은 시간이 경과하면서 생겨나는 경향이 있다. 처음에는 그저 두어 개 정도의 파라미터만 필요하다. 그러다가 또 하나가 추가되고 나중에 또 하나가 추가된다. 함수가 길어지기 시작하면서 누군가는 옳은 일을 하려고 도움 함수를 추출한다. 추출하는 과정에서 긴 파라미터 목록이 그대로 복사된다. 이런 식의 세포분열 과정이 몇 차례

더 진행되면 긴 파라미터 목록이 여러 군데 중복하여 생겨난다.

이 상황을 개선하려면 새로운 모듈이 필요하다. 중복된 파라미터 목록은 새 모듈의 핵심이 된다. 긴 파라미터 목록으로 호출되는 함수 중 하나가 모듈의 초기화 함수가 된다. 다른 함수들은 긴 파라미터 목록 대신 새로 정의한 구조체의 포인터를 받는다.

대강대충 초기화

대강대충 초기화(Willy-Nilly Initialization) 냄새는 여러분이 기존 레거시 코드에 테스트를 추가하려 할 때 여러분의 콧구멍을 간질인다. 테스트가 죽지 않고 실행되도록 하는 데만도 일일이 직접 초기화해 줘야 하는 데이터가 많은 경우가 있다.

이 문제의 근본 원인은 관련된 구조체 데이터에 대한 명시적인 초기화 함수가 없어서 구조체를 대강대충 초기화하기 때문일지도 모른다. 이런 코드는 초기화와 실행이 뚜렷이 구분되지 않는다.

이 냄새를 없애려면 연관된 초기화 코드를 한 곳으로 모아서 초기화가 분명하게 드러나도록 만들어야 한다. 여러분은 레거시 코드에 테스트를 추가하다가 필요에 의해 테스트 코드에 초기화 도움 함수를 작성하게 될지도 모른다. 일단 초기화 함수가 만들어지면 이 함수들을 거꾸로 제품 코드에 이식하여 대강대충 초기화를 제거하는 것을 고려해봐라.

전역적 접근 자유

전역적 접근 자유(Global Free-for-All) 냄새는 전역으로 선언된 수많은 변수와 구조체 데이터에서 발생한다. 데이터의 소유권이 명확하지 않다. 아무 함수에서나 전역 데이터를 접근할 수 있다. 전역 데이터는 대강대충 초기화 문제를 수반하는 경우가 많다. 강한 결합을 유발하기도 한다. 전역 데이터가 많은 코드에 테스트를 추가하기란 힘든 일이다. 테스트 하나가 실행되면서 상태 정보가 전역 데이터에 남고, 전역 데이터에 의존하는 다른 테스트의 실행에 영향을 미치기 때문이다.

파일 영역의 변수도 테스트하기 어렵게 만들 수 있다. static 변수에 담긴 데이터는 테스트가 끝나고 다음 테스트가 시작되어도 계속 그 값이 유지된다. static 혹은 전역 변수의 값이 테스트에 적절한 상태가 아니어서 한 번은 통과하는데 두 번째 실행에서는 실패할 수도 있다. 단일 인스턴스 모듈은 static 변수에 의존하지만 초기화 함수를 제공하기만 하면 데이터가 유지되어서 발생하는 문제를 피할 수 있다.

전역적 접근 자유 문제를 해결하려면 전역 데이터를 함수 호출로 감싸서 보호하는 방법을 고려해봐라. 이런 함수 호출 중 하나는 전역 데이터를 적절히 초기화하는 함수이어야 한다. 전역 데이터가 구조체라면 추상 데이터 타입으로 바꾸는 방법을 고려해봐라.

주석

주석이 필요한 경우도 있지만 문제가 되는 경우가 더 많다. 리팩터링의 목표는 구조화가 잘 되어 코드 스스로 내용을 전달할 수 있도록 하는 것이다. 주석은 도저히 다른 방법이 없을 때를 위해 아껴라. 마틴 파울러는 "주석이 주로 탈취제로 사용된다"라고 말한다.

내가 주석을 무시하는 이유는 주석이 효력을 상실하는 경향 때문이다. 시간이 흐르면서 주석은 관리가 안 되고 방치되어 거짓말이 되는 경향이 있다. 프로그래머들은 주석을 믿지 않는다. 파울러는 "유효기간이 지나면 주석은 코드 냄새가 된다"라고도 말한다.

구조화가 잘 된 코드는 주석이 별로 필요 없다. 게다가 어떤 주석들은 중복이다. 왜 똑같은 아이디어를 두 벌 관리하는가? 나는 주석을 꼭 달도록 강요된 조직에서 중복된 주석을 너무나 많이 봤다. '그림 12.4 강요된 주석 블록'의 코드를 보자. 이렇게 강요된 주석을 유지 보수하느라 노력을 들일 가치가 있을까? 아니다. 이런 주석은 아무런 가치도 없으면서 주석을 작성하는 시간만 빼앗았다.

주석은 언제 사용해야 하는가? 좋은 이름, 좋은 구조로도 코드를 명확히 설명할 수 없을 때 주석을 사용하라. 문제가 있는 API를 사용하느라 코드가 이상해진 경우, 반드시 필요한 최적화를 하느라 더 이상 코드가 명확하지 않은 경우처럼 코드가 스스로 내용을 전달하지 못할 때 주석을 사용해야 한다. 주석에서 왜 다른 방법이 아니라 지금처럼 구현되었는지를 설명하라. 모듈 수준의 주석에서는 모듈이 사용될 문맥과 모듈의 책임을 설명하라.

이미 작성되어 있는 주석은 어떻게 해야 할까? 이미 작성되어 있는 주석은 코드를 재구조화하기 위한 힌트로 사용하라. 주석으로 설명하는 부분을 추출하여 이름을 잘 붙인 함수로 만든 다음 호출하게 만들어보라. 가치 없는 주석은 지워라.

모듈이 단일 책임을 수행하고, 좋은 이름이 붙으면, 그리고 함수들의 의도가 잘

그림 12.4 강요된 주석 블록

```
/*****************************************
 * Function:
 * BOOL Time_IsLeapYear(int year)
 *
 * Parameters
 *   year - the year to test for leap year
 *
 * Returns
 *   TRUE - for leap years
 *   FALSE - for non-leap years
 *
 * Process
 *   years evenly divisible by 4 but not
 *   divisible by 100, except when divisible by
 *   400 return TRUE, otherwise FALSE
 *****************************************/
BOOL Time_IsLeapYear(int year)
{
    if (year % 400 == 0)
        return TRUE;
    if (year % 100 == 0)
        return FALSE;
    if (year % 4 == 0)
        return TRUE;
    return FALSE;
}
```

드러나면 코드 스스로 내용을 훨씬 더 잘 전달할 수 있다. 주석을 달고 싶어질 때에는 함수를 추출하거나 이름을 잘 붙여서 코드 스스로 내용을 말하도록 할 수는 없는지 살펴봐라. 이런 충고를 따른 뒤에 여전히 주석이 필요하다면 그때 주석을 달아라.

주석 처리된 코드

주석 처리된 코드가 여기저기 섞여있으면 그야말로 추악하다. 처음 보든 한참만에 다시 보든 이런 코드를 접한 프로그래머는 주석 처리된 코드를 어떻게 해야 할지 알 수 없다. "코드의 주석을 풀어야 하나?", "이제 필요 없는 코드인가?", "이 코드가 언제, 어떤 상황에서 필요하게 될까?", "왜 그럴까?!"

이 코드 냄새에 대한 해법은 간단하다. 주석 처리된 코드를 지워라. 지워진 코드는 여러분의 소스 저장소에서 언제든지 복구 가능하다.

조건부 컴파일

조건부 컴파일로 지저분해진 코드는 따라가기가 힘들다. 조건부 컴파일을 피할 수 없는 경우가 있다. 하지만 플랫폼 차이에 대응할 때에만 마지막 수단으로 고려해야 한다. 초점을 잘 맞춰서 적용된 조건부 컴파일은 그렇게 문제가 되지 않는다. 하지만 조건부 컴파일로 인해 플랫폼 종속성이 코드 전반에 퍼지는 경우가 많다.

어떤 고객의 코드를 살펴보는데 그 코드에는 조건부 컴파일이 매우 많이 사용되어 있었다. 커다란 코드 덩어리들이 #ifdef BOARD_V1이나 #ifdef BOARD_V2로 감싸져 있었다. 호기심이 발동하여 코드 전체에서 BOARD_V2를 찾아보았다. 천 개 정도 있었다. 코드는 완전히 통제를 벗어나 있었다. 코드 크기는 버전1에서 버전2로 올라가면서 거의 두 배가 되었다. 보통은 보드 버전이 올라가면서 코드가 50% 정도까지는 늘어나더라도 그것을 개선으로 봐 주는 것 같다. 하지만 나는 동의하지 않는다. 그들 역시 두 배나 늘어난 상황이 옳지 않은 것을 알지만 일정이 촉박했다고 한다. 나는 그들이 이처럼 BOARD_V2를 우격다짐하듯 구현한 것이 설계를 개선하여 보드 사이의 공통점은 모으고 차이점만 분리하는 식으로 작업하는 것보다 더 많은 비용을 초래하지 않았을까 생각한다.

나는 플랫폼 종속성을 분리시키는 방법으로 TimeService나 LightDriver에서 했듯이 링커나 함수 포인터를 이용하는 방법을 선호한다. 우리는 플랫폼 종속 코드를 따로 모아서 플랫폼을 바꾸는 작업을 한정지었다. 플랫폼에 종속된 코드와 플랫폼에 독립적인 코드를 분리했다. 플랫폼 독립적인 코드는 여러분의 장기적 투자이다. CppUTest에서도 이러한 예를 찾을 수 있다. Platforms 디렉터리에 있는 PlatformSpecificFunctions.h와 구현을 살펴봐라.

12.4 코드 변형하기

마틴 파울러의 책 절반은 리팩터링 카탈로그이다. 각 리팩터링에는 이름, 해결 대상 문제, 코드 변형을 가이드하는 상세 단계들이 있다. 파울러는 예제에서 Java를 사용했지만 임베디드 C 프로그래머에게도 도움이 되는 조언들이 많다.

여러분에게 리팩터링이 어떤 것인지 그 느낌을 전달하고자 긴 함수 하나를 리팩터링하겠다. 리팩터링하면서 도움될 만한 기법이나 지침으로 삼을 원칙을 소개하겠다.

실제와 마찬가지로 긴 함수에서 함수를 추출하는 데 대부분의 시간을 사용할 것이다. 이름 바꾸기(Rename)를 빼면 가장 많이 사용하는 리팩터링이 함수 추출(Extract Function)이다. 함수를 추출하면 긴 함수가 하는 일이 드러나며 추상화 수준이 올라간다. 이 과정에서 위치가 적당하지 않은 함수가 당연히 나올 것이며, 그 함수는 적당한 위치로 옮기겠다.

아래의 코드는 LightScheduler_Wakeup()의 일부분이며 앞에서 본 적이 있다. 이 함수를 추출하면서 암호 같았던 이름들도 더 나은 이름으로 바꾸었다.

Download t2/src/HomeAutomation/LightScheduler.c

```c
static void processEventsDueNow(Time * time, ScheduledLightEvent * event)
{
    Day today = time->dayOfWeek;
    int minuteOfDay = time->minuteOfDay;

    if (event->id != UNUSED)
    {
        Day day = event->day;
        if ( (day == EVERYDAY) || (day == today) || (day == WEEKEND &&
                (today == SATURDAY || today == SUNDAY)) ||
                (day == WEEKDAY && (today >= MONDAY
                                    && today <= FRIDAY)))
        {
            /* it's the right day */
            if (minuteOfDay == event->minuteOfDay + event->randomMinutes)
            {
                if (event->event == TURN_ON)
                    LightController_TurnOn(event->id);
                else if (event->event == TURN_OFF)
                    LightController_TurnOff(event->id);

                if (event->randomize == RANDOM_ON)
                    event->randomMinutes = RandomMinute_Get();
                else
                    event->randomMinutes = 0;
            }
        }
    }
}
```

무슨 냄새가 나지 않는가? 당연히 '긴 함수' 냄새가 난다. 냄새의 근원은 '당황하게 만드는 불린'과 '과도한 중첩'이다. 이제 이 코드로부터 추출하여 자체적인 함수로 만들 만한 아이디어를 식별해야 한다.

희망하는 코드 구상하기

더 나은 코드 구조를 구상할 때는 마음에 들지 않는 코드 앞에 여러분이 희망하는 코드를 주석 형태로 달아 보면 도움이 된다.

```
Download t2/src/HomeAutomation/LightScheduler.c
static void processEventsDueNow(Time * time, ScheduledLightEvent * event)
{
    Day today = time->dayOfWeek;
    int minuteOfDay = time->minuteOfDay;

    if (event->id != UNUSED)
    {
        Day day = event->day;
        /* if (isEventDueNow()) */
        if ( (day == EVERYDAY) || (day == today) || (day == WEEKEND &&
                (today == SATURDAY || today == SUNDAY)) ||
             (day == WEEKDAY && (today >= MONDAY
                                 && today <= FRIDAY)))
        {
            if (minuteOfDay == event->minuteOfDay + event->randomMinutes)
            {
                /* operateLight(); */
                if (event->event == TURN_ON)
                    LightController_TurnOn(event->id);
                else if (event->event == TURN_OFF)
                    LightController_TurnOff(event->id);
                /* resetRandomize(); */
                if (event->randomize == RANDOM_ON)
                    event->randomMinutes = RandomMinute_Get();
                else
                    event->randomMinutes = 0;
            }
        }
    }
}
```

이런 함수가 있었으면 좋겠다는 생각으로 주석을 몇 개 달았다. 이 주석들은 계속 남겨놓기 위한 것이 아니라 더 나은 코드를 구상하는 데 도움을 얻기 위한 것이다. 주석은 한 번에 하나씩 다는 것이 더 일반적이다. 정말 긴 함수라면 더욱 그러하다. 내가 여러 주석을 한 번에 보여준 이유는 주석들 중에서 어느 것이든 먼저 시작해도 괜찮을 것 같았기 때문이다.

호출하는 쪽의 관점에서 함수의 의도가 드러나는 이름을 선택하라. 함수 내부에 주석이 필요하지 않도록 만들어보라. 코드는 이야기처럼 읽혀야 한다. 물론 그 이야기를 읽으려면 컴퓨터 긱(geek)이어야 하겠지만.

시그니처 평가

함수를 추출할 때가 되면 필요한 파라미터와 반환 타입을 평가하라. 우리가 추출하려고 하는 후보 함수들의 파라미터들을 살펴보자. 나의 결정에 대해 근거를 대 보겠다. 여러분은 다르게 결정할 수도 있다.

- isEventDueNow( )에 시간(time)을 전달해야 할까, 아니면 함수에서 직접 시간을 얻어내도록 할까? 함수가 이벤트(event)를 알아야 할까, 아니면 필요한 요일과 시간만 알면 될까?

  현재 시간을 전달하기로 하자. 모든 이벤트를 같은 시간에 대해 확인하고 싶기 때문이다.

  이벤트도 전달하자. 이렇게 하면 isEventDueNow( ) 함수가 좀 더 높은 추상화 수준을 유지할 수 있다.

  isEventDueNow( )는 '당황하게 만드는 불린'을 대신하기 때문에 BOOL을 반환해야 한다.

- operateLight( )가 이벤트(event)를 알아야 할까, 아니면 전등 동작과 ID만 알면 될까?

  이벤트를 전달해야겠다. 구조체의 멤버 중 두 개가 필요하며 어차피 이 함수는 이 .c 파일에서만 사용되기 때문이다.

  operateLight( )는 반환값이 없다.

- resetRandomize( )는 이벤트(event)를 알아야 할 것 같다. 이벤트를 읽을 뿐만 아니라 수정도 하기 때문이다.

  resetRandomize( )도 반환값이 없다.

파라미터에 대해서 계획을 세웠으니 다음의 중요한 원칙을 따르면서 함수를 추출해보자.

"다리를 허물지 마라" 원칙

쉬운 것부터 추출해보자. opereateLight( )가 좋겠다. 주석에는 시그니처를 평가하면서 결정했던 event 파라미터가 추가되어 있는 것을 눈여겨보라.

Download t2/src/HomeAutomation/LightScheduler.c

```c
/* operateLight(event); */
if (event->event == TURN_ON)
    LightController_TurnOn(event->id);
else if (event->event == TURN_OFF)
    LightController_TurnOff(event->id);
```

operateLight()에 포함되어야 할 코드를 복사(copy)하라. 잘라내기(cut) 하면 안 된다. 복사한 내용을 파일에서 processEventsDueNow()의 앞에 붙여넣기(paste)하라. 그런 다음 반환값, 파라미터, 중괄호를 추가하라. 컴파일이 되도록 만들어라. 다음과 같이 될 것이다.

Download t2/src/HomeAutomation/LightScheduler.c

```c
static void operateLight(ScheduledLightEvent * event)
{
    if (event->event == TURN_ON)
        LightController_TurnOn(event->id);
    else if (TURN_OFF == event->event)
        LightController_TurnOff(event->id);
}
```

반드시 추출한 함수가 문제없이 컴파일되는 것을 확인한 다음에 예전 코드를 지우고 새 함수를 호출한다. 이미 동작하던 예전 코드에서 새로 추출한 코드로 바꾸는 과정은 되돌리기(undo) 쉬워야 한다. 나는 추출한 함수를 호출하는 부분에서 주석을 푼 다음 원래 코드를 선택하여 지우는 방법을 선호한다. 테스트가 모두 통과하면 processEventsDueNow()가 조금 더 나아진 것이고, 테스트가 실패하면 되돌리기를 두 번만 하면 다시 모든 테스트가 통과하는 코드로 복원할 수 있다.

포괄적이고 자동화된 단위 테스트를 갖추고 작업하는 데 익숙하지 않은 프로그래머들은 함수를 추출하면서 코드를 잘라내기(cut) 하려는 것이 일반적이다. 그런 다음 함수를 만들고, 잘라낸 코드를 붙여 넣고, 컴파일 되도록 수정하고, 마지막으로 추출한 함수를 호출한다. 원래 자리에서 코드를 잘라내는 순간 코드는 깨진 상태가 된다. 이 순간에는 코드가 문제없이 컴파일 될 수는 있어도 테스트를 통과하지는 못한다. 여러분의 새 다리는 아직 완성되지 않았는데 예전 다리는 불타고 있는 셈이다.

새 다리를 짓는 동안에는 동작하는 다리를 유지하라. 새 코드로 완전히 옮겨가기 전에 마지막으로 테스트를 실행시켜 통과하는지 확인해라. 문제가 발생했으면 디버깅하고 싶더라도 참아라. 원래 코드를 복원한 다음 통과하는 테스트를 안전망 삼아서 무엇이 잘못되었는지 찾아보라.

여러분이 스스로 위험을 감수하겠다면 이 충고를 무시해도 된다. 만약 한두 군데 고쳐보기로 마음먹더라도 잘 동작하는 코드로 돌아갈 수 있는 다리가 있음을 염두에 두길 바란다.

산만한 추상화 피하기

isEventDueNow(), operateLight(), resetRandomize()를 static 함수로 뽑아내고 나니 processEventsDueNow()가 다음처럼 되었다.

Download t2/src/HomeAutomation/LightScheduler.c

```
static void processEventsDueNow(Time * time, ScheduledLightEvent * event)
{
    if (event->id != UNUSED)
    {
        if (isEventDueNow(time, event))
        {
            operateLight(event);
            resetRandomize(event);
        }
    }
}
```

코드 줄 수를 기준으로 보자면 이 함수를 절대 길다고 말할 수 없다. 하지만 아직도 뭔가 문제가 있다. 서로 다른 추상화 수준이 함께 있기 때문이다. if (event->id != UNUSED) 부분이 함수 내의 다른 부분과 눈에 띄게 다르다. '8.6 없는 경우 처리한 다음, 하나 있는 경우'에서 봤던 scheduleEvent() 함수에도 비슷한 조건식 코드가 있다. 이 코드에 DRY를 적용하여 조건식을 새 함수로 추출하자.

Download t2/src/HomeAutomation/LightScheduler.c

```
static BOOL isInUse(ScheduledLightEvent * event)
{
    return event->id != UNUSED;
}
```

추출한 함수가 컴파일되는지 확인하고 새 함수를 호출하도록 조건식을 바꾸어 테스트를 돌려보자.

Download t2/src/HomeAutomation/LightScheduler.c

```c
static void processEventsDueNow(Time * time, ScheduledLightEvent * event)
{
    if (isInUse(event))
    {
        if (isEventDueNow(time, event))
        {
            operateLight(event);
            resetRandomize(event);
        }
    }
}
```

isInUse( )가 쓰이면서 추상화가 일관성을 갖추었다. 중첩된 내용을 보호 절(guard clause)로 바꾸어 함수를 평평하게 만들자.

Download t2/src/HomeAutomation/LightScheduler.c

```c
static void processEventsDueNow(Time * time, ScheduledLightEvent * event)
{
    if (!isInUse(event))
        return;

    if (isEventDueNow(time, event))
    {
        operateLight(event);
        resetRandomize(event);
    }
}
```

이제 중복된 조건식을 제거하자.

중복 제거

scheduleEvent( )에서 isInUse( )를 사용하여 중복 조건식을 제거한 다음 isEventDueNow()를 살펴보겠다.

Download t2/src/HomeAutomation/LightScheduler.c

```c
static void scheduleEvent(int id, Day day, long int minuteOfDay, int control,
        int randomize)
{
    int i;

    for (i = 0; i < MAX_EVENTS; i++)
    {
        if (!isInUse(&eventList[i]))
        {
```

```
                eventList[i].id = id;
                eventList[i].day = day;
                eventList[i].minuteOfDay = minuteOfDay;
                eventList[i].event = control;
                eventList[i].randomize = randomize;
                resetRandomize(&eventList[i]);
                break;
            }
        }
    }
```

scheduleEvent()는 그다지 잘 읽히지 않는다. 이 함수는 사실 두 개의 아이디어를 담고 있다. 이벤트 테이블에서 빈 칸을 찾는 것과 찾은 빈 칸을 채우는 것이다.

아이디어 분리하기

예약 정보 데이터에서 빈 칸을 찾는 것을 분리하자. 빈 칸을 찾는 것은 따로 함수가 되어야 한다. 하지만 찾기 함수가 인덱스를 반환하도록 할 생각이 아니라면 코드가 아직 함수를 추출할 준비가 안 되었다. 나는 빈 칸의 포인터를 반환하도록 만들고 싶다. 그래서 그 시작으로 먼저 배열 인덱스와 관련된 코드를 모두 제거해보자.

Download t2/src/HomeAutomation/LightScheduler.c

```c
static void scheduleEvent(int id, Day day, long int minuteOfDay, int control,
        int randomize)
{
    int i;
    ScheduledLightEvent * event = 0;

    for (i = 0; i < MAX_EVENTS; i++)
    {
        if (!isInUse(&eventList[i]))
        {
            event = &eventList[i];
            event->id = id;
            event->day = day;
            event->minuteOfDay = minuteOfDay;
            event->event = control;
            event->randomize = randomize;
            resetRandomize(event);
            break;
        }
    }
}
```

포인터 변수를 추가한 다음 배열을 사용하는 코드를 포인터를 사용하도록 바꾸었다. 테스트를 돌려봐라. (솔직히 나는 "너무 간단해서 도저히 실패할 리 없는" 수정을 하는 중에 실수를 했다. 테스트가 실수를 잡아냈다.)

이제 event 변수를 초기화하는 찾기 반복문을 분리할 수 있다.

Download t2/src/HomeAutomation/LightScheduler.c

```c
static void scheduleEvent(int id, Day day, long int minuteOfDay, int control,
        int randomize)
{
    int i;
    ScheduledLightEvent * event = 0;

    for (i = 0; i < MAX_EVENTS; i++)
    {
        if (!isInUse(&eventList[i]))
        {
            event = &eventList[i];
            break;
        }
    }

    if (event)
    {
        event->id = id;
        event->day = day;
        event->minuteOfDay = minuteOfDay;
        event->event = control;
        event->randomize = randomize;
        resetRandomize(event);
    }
}
```

이렇게 수정하고 나면 반복문 코드를 복사하여 findUnusedEvent() 함수로 만들고 컴파일 되도록 만들 수 있다.

Download t2/src/HomeAutomation/LightScheduler.c

```c
static ScheduledLightEvent * findUnusedEvent(void)
{
    int i;
    ScheduledLightEvent * event = 0;
    for (i = 0; i < MAX_EVENTS; i++)
    {
        if (!isInUse(&eventList[i]))
        {
            event = &eventList[i];
            return event;
        }
    }
    return NULL;
}
```

컴파일이 깔끔하게 되었으면 scheduleEvent()에서 findUnusedEvent()를 호출하도록 수정한다.

Download t2/src/HomeAutomation/LightScheduler.c
```c
static void scheduleEvent(int id, Day day, long int minuteOfDay, int control,
        int randomize)
{
    ScheduledLightEvent * event = findUnusedEvent(void);

    if (event)
    {
        event->id = id;
        event->day = day;
        event->minuteOfDay = minuteOfDay;
        event->event = control;
        event->randomize = randomize;
        resetRandomize(event);
    }
}
```

좀 더 나아졌지만 이제 scheduleEvent()의 추상화 수준이 두 개가 되었다. event를 초기화하는 부분을 추출하면 추상화 수준이 같아질 것이다.

Download t2/src/HomeAutomation/LightScheduler.c
```c
static void setEventSchedule(ScheduledLightEvent * event,
        int id, Day day, long int minute, int control, int randomize)
{
    event->id = id;
    event->day = day;
    event->minuteOfDay = minute;
    event->event = control;
    event->randomize = randomize;
    resetRandomize(event);
}
```

추상화 수준을 일관되게 맞춘 scheduleEvent()는 다음과 같다.

Download t2/src/HomeAutomation/LightScheduler.c
```c
static void scheduleEvent(int id, Day day, long int minute, int control,
        int randomize)
{
    ScheduledLightEvent * event = findUnusedEvent();

    if (event)
        setEventSchedule(event, id, day, minute, control, randomize);
}
```

테스트가 모두 통과한다. 이제 findUnusedEvent()를 다음처럼 정리한다.

Download t2/src/HomeAutomation/LightScheduler.c

```c
static ScheduledLightEvent * findUnusedEvent(void)
{
    int i;
    ScheduledLightEvent * event = eventList;

    for (i = 0; i < MAX_EVENTS; i++, event++)
    {
        if (!isInUse(event))
            return event;
    }
    return NULL;
}
```

조금 전의 리팩터링은 코드가 좀 더 잘 읽히도록 임시 변수를 사용했다는 점을 눈여겨봐라.

scheduleEvent()와 도움 함수들이 정리되었으니 다시 isEventDueNow()로 돌아가자.

당황하게 만드는 불린 구조화하기

우리는 아주 지저분한 조건식을 쓸어 담아 매트 아래에 다음처럼 숨겨놓았다.

Download t2/src/HomeAutomation/LightScheduler.c

```c
static BOOL isEventDueNow(Time * time, ScheduledLightEvent * event)
{
    Day today = time->dayOfWeek;
    int minuteOfDay = time->minuteOfDay;
    Day day = event->day;
    if ( (day == EVERYDAY) || (day == today) || (day == WEEKEND &&
        (today == SATURDAY || today == SUNDAY)) ||
        (day == WEEKDAY && (today >= MONDAY
                        && today <= FRIDAY)))
    {
        if (minuteOfDay == event->minuteOfDay + event->randomMinutes)
            return TRUE;
    }
    return FALSE;
}
```

이 함수가 답하고자 하는 본질적인 질문은 "지금이 예약된 요일의 예약된 시간인가?"이다.

복잡한 조건식 내부에 중첩된 조건식을 분리하자. 예약된 시간이 아니면 요일을 따져봐야 소용없다.

Download t2/src/HomeAutomation/LightScheduler.c

```c
static BOOL isEventDueNow(Time * time, ScheduledLightEvent * event)
{
    Day today = time->dayOfWeek;
    int minuteOfDay = time->minuteOfDay;
    Day day = event->day;

    if (minuteOfDay != event->minuteOfDay + event->randomMinutes)
        return FALSE;

    if ( (day == EVERYDAY) || (day == today)
            || (day == WEEKEND &&
                (today == SATURDAY || today == SUNDAY))
            || (day == WEEKDAY && (today >= MONDAY
            && today <= FRIDAY)))
        return TRUE;

    return FALSE;
}
```

복잡한 조건식을 복사하여 새 보금자리에 들여놓아라.

Download t2/src/HomeAutomation/LightScheduler.c

```c
static BOOL daysMatch(Day day, Day today)
{
    if ((day == EVERYDAY) || (day == today)
            || (day == WEEKEND &&
                (today == SATURDAY || today == SUNDAY))
            || (day == WEEKDAY && (today >= MONDAY
            && today <= FRIDAY)))
        return TRUE;
    return FALSE;
}
```

컴파일은 문제없지만 여전히 지저분하다. 추출한 daysMatch()로 완전히 옮겨가기 전에 이 함수를 정리하자.

Download t2/src/HomeAutomation/LightScheduler.c

```c
static BOOL daysMatch(Day scheduledDay, Day today)
{
    if (scheduledDay == EVERYDAY)
        return TRUE;
```

```
        if (scheduledDay == today)
            return TRUE;
        if (scheduledDay == WEEKEND && (today == SATURDAY || today == SUNDAY))
            return TRUE;
        if (scheduledDay == WEEKDAY && (today >= MONDAY && today <= FRIDAY))
            return TRUE;
        return FALSE;
    }
```

더 예쁘고 컴파일도 문제없다. 하지만 많은 테스트가 실패한다. 추출한 코드가 어딘가 잘못되었다. 되돌리기를 두 번 하여 isEventDueNow()를 복구하여 다시 테스트가 모두 통과하도록 만들어라.

어디가 잘못되었는지 찾으면서 기존의 isEventDueNow()와 새로 만든 daysMatch() 함수를 수정해야 할 것이다. 오류가 생겨서 되돌리는 것은 조금 성가신 작업이다. 재빠른 교환(quick swap) 기법을 써 보자.

재빠른 교환

재빠른 교환 기법을 사용하면 두 가지 구현을 재빠르게 교환할 수 있다. 새로 만든 코드의 문제를 고치는 동안 기존의 동작하는 코드를 유지한다. 재빠른 교환 기법은 조건부 컴파일을 이용하여 리팩터링 전과 후의 코드를 전환한다. 다음과 같다.

Download t2/src/HomeAutomation/LightScheduler.c

```c
static BOOL isEventDueNow(Time * time, ScheduledLightEvent * event)
{
    Day today = time->dayOfWeek;
    int minuteOfDay = time->minuteOfDay;
    Day day = event->day;

    if (minuteOfDay != event->minuteOfDay + event->randomMinutes)
        return FALSE;

#if 1
    if (daysMatch(today, day))
        return TRUE;
#else
    if ( (day == EVERYDAY) || (day == today)
            || (day == WEEKEND &&
                (today == SATURDAY || today == SUNDAY))
            || (day == WEEKDAY && (today >= MONDAY
                && today <= FRIDAY)))
        return TRUE;
#endif
    return FALSE;
}
```

사소한 실수를 찾아내니 테스트가 모두 통과한다. 제대로 동작하는 daysMatch()는 다음과 같다.

Download t2/src/HomeAutomation/LightScheduler.c

```c
static BOOL daysMatch(Day today, Day scheduledDay)
{
    if (scheduledDay == EVERYDAY)
        return TRUE;
    if (scheduledDay == today)
        return TRUE;
    if (scheduledDay == WEEKEND && (today == SATURDAY || today == SUNDAY))
        return TRUE;
    if (scheduledDay == WEEKDAY && (today >= MONDAY && today <= FRIDAY))
        return TRUE;
    return FALSE;
}
```

daysMatch()를 추출하면서 실수로 파라미터 순서가 바뀌었다. 안전망이 실수를 잡아줬다. (daysMatch()를 정리하기 전에 isEventDueNow()에서 호출하도록 했더라면 더 나았을 것이다.)

리팩터링을 더 적용하여 각 조건식을 추출할 수도 있다. 각 조건식이 다른 곳에 중복된다면(현재는 그렇지 않지만) 추출하는 것이 최선이다. 리팩터링을 더 할지 말지는 정하기 나름이다. 우리는 여기서 멈추겠다.

재빠른 교환의 마지막 단계를 잊으면 안 된다. 재빠른 교환을 위해 사용된 조건부 컴파일을 지워라. 나중에 또 필요할지 모른다고 남겨두지 마라. 이 코드를 보게 될 미래의 프로그래머에게 혼란만 초래할 뿐이다.

Download t2/src/HomeAutomation/LightScheduler.c

```c
static BOOL isEventDueNow(Time * time, ScheduledLightEvent * event)
{
    Day today = time->dayOfWeek;
    int minuteOfDay = time->minuteOfDay;
    Day day = event->day;

    if (minuteOfDay != event->minuteOfDay + event->randomMinutes)
        return FALSE;
    if (!daysMatch(today, day))
        return FALSE;
    return TRUE;
}
```

daysMatch()를 분리하고 나니 이제 이 함수가 적절한 위치에 있지 않은 것 같다.

이 함수는 명백히 '기능 욕심'에 해당한다. 이제 함수 이동(Move Function) 리팩터링을 적용할 때이다.

함수 이동

daysMatch()는 LightScheduler보다는 TimeService와 더 관련 있다. 참조하는 상수들이 모두 TimeService에 정의되어 있으며 파라미터 중 하나도 Time 구조체에서 가져온다. TimeService를 사용하는 다른 클라이언트 중에서 요일과 메타요일(EVERYDAY, WEEKDAY, WEEKEND)을 비교해야 하는 클라이언트에 daysMatch()의 기능이 중복되거나 나중에라도 중복될 가능성이 있다. TimeService가 자기 할 일을 제대로 하지 않는다. 이것이 바로 기능 욕심의 본질이다.

daysMatch()를 옮기기 전에 이 함수에 오늘의 요일(today)만 넘기는 대신 현재 시간(time)을 넘기는 식으로 TimeService를 더 많이 알게 만들자. 이렇게 하면 LightScheduler에서 Time 구조체의 dayOfWeek 멤버를 알 필요가 없어진다.

시그니처를 바꾸고 테스트가 통과하면 daysMatch()의 복사본을 만든다. TimeService에 어울리도록 이름을 잘 붙이고 컴파일 되는지 확인한다.

Download t2/src/HomeAutomation/LightScheduler.c

```c
BOOL Time_MatchesDayOfWeek(Time * time, Day day)
{
    int today = time->dayOfWeek;
    if (day == EVERYDAY)
        return TRUE;
    if (day == today)
        return TRUE;
    if (day == WEEKEND && (today == SATURDAY || today == SUNDAY))
        return TRUE;
    if (day == WEEKDAY && today >= MONDAY && today <= FRIDAY)
        return TRUE;
    return FALSE;
}
```

새 함수는 Time 구조체에 질문을 던지기 때문에 나는 이 함수 이름에 Time 접두사를 붙였다. 컴파일이 문제없이 되면 isEventDueNow()가 Time_MatchesDayOfWeek()를 사용하도록 수정한다. 테스트를 문제없이 통과해야 한다.

Download t2/src/HomeAutomation/LightScheduler.c

```c
static BOOL isEventDueNow(Time * time, ScheduledLightEvent * event)
```

```
{
    int minuteOfDay = time->minuteOfDay;
    Day day = event->day;
    if (minuteOfDay != event->minuteOfDay + event->randomMinutes)
        return FALSE;
    if (!Time_MatchesDayOfWeek(time, day))
        return FALSE;
    return TRUE;
}
```

이제 daysMatch()가 사용되지 않는다는 컴파일 경고가 나와야 한다. 지금 이 함수를 지워버리자.

일관성을 갖추기 위해 시간(minute)이 일치하는지 확인하는 조건식도 TimeService로 옮겨져야 한다. 이로써 LightScheduler는 Time 구조체의 내부에 대해서 전혀 알 필요가 없어진다. 지금까지와 같은 방법으로 도움 함수를 추출한다.

Download t2/src/HomeAutomation/LightScheduler.c

```
BOOL Time_MatchesMinuteOfDay(Time * time, int minuteOfDay)
{
    return time->minuteOfDay == minuteOfDay;
}
```

테스트를 모두 통과한다. 이제 isEventDueNow()는 아래와 같다.

Download t2/src/HomeAutomation/LightScheduler.c

```
static BOOL isEventDueNow(Time * time, ScheduledLightEvent * event)
{
    int todaysMinute = event->minuteOfDay + event->randomMinutes;
    Day day = event->day;
    if (!Time_MatchesMinuteOfDay(time, todaysMinute))
        return FALSE;
    if (!Time_MatchesDayOfWeek(time, day))
        return FALSE;
    return TRUE;
}
```

테스트를 문제없이 통과하므로 새 함수들을 옮길 준비가 거의 끝났다. 먼저 TimeService.h에 함수 프로토타입을 추가하고 빌드 해 보자.

함수를 옮길 때는 당연히 예전 위치의 함수를 지워야 한다. 지우지 않으면 시스템 내에 함수가 중복된다. 따라서 함수를 이동한 다음 아래의 빌드 오류를 보게 되면 원본을 지우지 않았음을 즉시 의심하면 된다.

```
« make
[...]
Linking t2_tests
ld: duplicate symbol _TimeService_Create in lib/libt2.a(TimeService.o)
                                         and mocks/FakeTimeService.o
```

앞의 오류는 심볼 중복(duplicate symbol) 오류지만 새로 옮긴 함수 때문이 아니다. TimeService 제품 코드와 테스트 대역이 서로 충돌한 것이다. 더 진행하지 말고 테스트가 통과하는 상태로 되돌리는 편이 낫다.

소스 파일 쪼개기

LightScheduler 테스트 픽스처는 OS 종속적인 TimeService 함수를 대신하는 테스트 대역을 사용하기 위해 링크타임 치환 방법을 썼다. 마지막으로 추가한 내용으로 인해 TimeService에는 플랫폼에 종속적인 함수와 독립적인 함수가 모두 있다. Time_MatchesDayOfWeek()와 Time_MatchesMinuteOfDay()는 플랫폼에 독립적인 구현이기 때문에 테스트에서는 이 두 함수를 그대로 사용하고 TimeService_GetTime()은 테스트 대역 버전을 이용해야 한다. 객체지향 프로그래밍에서 보자면 '추상 클래스' 혹은 '부분 추상화'라고 부를 수 있겠다. 부분 추상화 개념을 링크타임 테스트 대역을 사용하는 C에서 흉내 내려면 소스 파일을 두 개로 쪼갤 필요가 있다. 다음처럼 세 개의 파일이 필요하다.

- TimeService.c : 링크할 때 재정의(override)할 수 있는 플랫폼 종속 코드
- FakeTimeService.c : 테스트 대역 구현
- Time.c : 플랫폼 독립적인 Time 함수들

9장 「런타임 연결 테스트 대역」에서 RandomMinute의 함수 하나만 재정의할 때 함수 포인터를 사용했다. 함수 포인터를 이용하면 어떤 함수를 언제 재정의할 것인지 선택할 수 있었다. 소스 파일을 쪼개는 방법은 여러분의 도구상자에서 꺼내어 쓸 수 있는 의존성을 관리하는 또 다른 방법이다. 소스 파일을 쪼개면 시스템 종속적인 코드를 링크할 때 재정의하면서도 시간 비교 함수들은 그대로 유지할 수 있다.

왜 함수 포인터를 사용하지 않았을까? 첫째, OS 의존적인 코드는 호스트에서 테스트할 때에도 중간에 바꿀 필요가 전혀 없다. 둘째, 더 중요한 이유는, 타깃에 의존적인 코드는 개발 시스템에서는 컴파일조차 되지 않을 수 있기 때문이다. 따라서 타깃

의존적인 코드를 독립적인 코드로부터 분리하는 일은 어떻게든 필요했을 것이다.

옮긴 함수에 테스트 추가

Time_MatchesDayOfWeek()를 Time.c에 옮겼으니 이 함수에 대한 테스트가 있어야 한다. 이미 만들어놓은 테스트가 리팩터링하는 동안 안전망 역할을 해줬지만 장기적으로는 새로 만들어진 함수들에 따로 테스트가 있어야 한다. 테스트가 코드의 책임을 문서화해 주며 앞으로 Time 관련 함수에 문제가 생기면 다른 테스트를 통해서 간접적으로 발견되는 것이 아니라 자체 테스트를 통해 바로 검출되도록 해준다.

이제 Time 모듈에 시간을 확인하는 함수가 추가되었으므로 테스트를 더 철저하게 할 수 있다.

```
Download t2/tests/util/TimeTest.cpp
TEST_GROUP(Time)
{
    Time time;
    void setup()
    {
        TimeService_Create();
    }
    void givenThatItIs(Day day)
    {
        FakeTimeService_SetDay(day);
    }
    void CheckThatTimeMatches(Day day)
    {
        TimeService_GetTime(&time);
        CHECK(Time_MatchesDayOfWeek(&time, day));
    }
    void CheckThatTimeDoesNotMatch(Day day)
    {
        TimeService_GetTime(&time);
        CHECK(!Time_MatchesDayOfWeek(&time, day));
    }
};

TEST(Time, ExactMatch)
{
    givenThatItIs(MONDAY);
    CheckThatTimeMatches(MONDAY);
    givenThatItIs(TUESDAY);
    CheckThatTimeMatches(TUESDAY);
    givenThatItIs(WEDNESDAY);
    CheckThatTimeMatches(WEDNESDAY);
    givenThatItIs(THURSDAY);
```

```
        CheckThatTimeMatches(THURSDAY);
        givenThatItIs(FRIDAY);
        CheckThatTimeMatches(FRIDAY);
        givenThatItIs(SATURDAY);
        CheckThatTimeMatches(SATURDAY);
        givenThatItIs(SUNDAY);
        CheckThatTimeMatches(SUNDAY);
    }

    TEST(Time, WeekendDays)
    {
        givenThatItIs(SATURDAY);
        CheckThatTimeMatches(WEEKEND);
        givenThatItIs(SUNDAY);
        CheckThatTimeMatches(WEEKEND);
    }

    TEST(Time, NotWeekendDays)
    {
        givenThatItIs(MONDAY);
        CheckThatTimeDoesNotMatch(WEEKEND);
        givenThatItIs(TUESDAY);
        CheckThatTimeDoesNotMatch(WEEKEND);
        givenThatItIs(WEDNESDAY);
        CheckThatTimeDoesNotMatch(WEEKEND);
        givenThatItIs(THURSDAY);
        CheckThatTimeDoesNotMatch(WEEKEND);
        givenThatItIs(FRIDAY);
    }
```

여러분이 다운로드한 코드에는 WEEKDAY와 EVERYDAY에 대한 테스트도 있다. Time에 대한 테스트까지 추가한 조금 전의 리팩터링을 통해서 예약 요일과 관련된 테스트를 많이 제거할 수 있게 되었다. (제거해야만 한다.) 이상적으로는 제품 코드상에 존재하는 어떤 문제든지 해당 문제를 정확히 지적하는 단 하나의 테스트만 실패해야 한다. 실제에서 그런 이상을 실현할 수는 없겠지만 그렇다고 테스트의 초점을 잘 맞추려는 노력을 게을리해서는 안 된다.

점진적으로 벌목하기

TimeService가 게으른 모듈이었기 때문에 새로 추가한 시간 일치 확인 함수를 사용할 만한 곳이 코드 다른 곳에 또 있을 것이다. 지금이 그런 코드를 찾아내어 점진적으로 수정하기 좋은 때이다. 기존 코드를 수정하여 새로 추가한 함수를 사용하게 만들면서 필요 없어진 테스트 케이스도 지울 수 있다. 이렇게 하여 중복된 테스트를 많이 제거할 수 있다.

구조체 캡슐화

LightScheduler 쪽에서 봤을 때 Time 구조체는 223쪽의 '다중 인스턴스 모듈'에서 살펴본 추상 데이터 타입으로 보인다. LightScheduler는 더 이상 Time 구조체의 어떤 멤버도 접근하지 않기 때문이다. Time 구조체의 멤버들을 직접 접근하는 다른 클라이언트가 없다면 Time 구조체의 내부를 감출 수 있다. Time 구조체의 내부가 보이지 않게 된다.

데이터를 감추는 것이 중요하다. 지난 세기 말의 Y2K 문제가 이를 시사한다. 너무 많은 코드가 날짜 표현 방법에 의존하고 있었다. 잘 알려진 데이터 표현 방법이 바뀌면 심각한 '산탄총 수술'을 초래한다.

12.5 성능과 크기 문제

여러분 중에는 리팩터링의 결과로 나타난 '부가적인' 함수와 함수 호출 때문에 속도나 메모리 크기 문제를 걱정하는 사람도 있을 것이다. 자원 제약이 심한 환경이라면 마지막 1비트까지 짜내면서 성능을 내야 할지도 모른다. 내가 줄 수 있는 충고는 다른 많은 이들의 충고와 마찬가지다. 먼저 명쾌한 구조의 코드를 만들고, 최적화를 뒷받침할 측정값이 있을 때에만 최적화하라.

먼저 동작하게, 그런 다음 올바르게, 그런 다음 빠르게

『익스트림 프로그래밍』[Bec00]에서 켄트 벡이 주장하는 모토는 이렇다.

- 동작하게 만들어라
- 올바르게 만들어라
- 빠르게 만들어라

여러분이라면 다음 두 상황 중에서 어떤 것을 선택하겠는가? 최적화되었지만 까다로운 코드를 디버깅하겠는가, 아니면 깔끔하게 리팩터링 잘 된 코드를 최적화하겠는가? 함정에 빠뜨리려는 질문이 아니다. 깔끔한 코드를 빠르게 만들기가 까다로운 코드를 동작하게 만들기보다 훨씬 쉽다.

첫 문장인 '동작하게 만들어라'는 코드가 정확한 동작을 수행하도록 만드는 것을 말한다. 테스트는 코드를 정확하게 동작하도록 만드는 과정을 도와주며, 코드를 올바르게 그리고 빠르게 만드는 동안에도 정확한 동작을 유지하도록 도와준다. 테스트를 통과하도록 만들기 위해서는 어떤 일이든지 할 수 있다. cut/paste/hack도 허용된다. 이 단계에서만큼은 좋은 설계를 망가뜨려도 좋다. 단, '올바르게 만들어라' 단계를 건너뛰면 안 된다.

'올바르게 만들어라'는 코드를 깔끔하게 정리하는 것을 의미한다. 11장 「견고하고(SOLID), 유연하며, 테스트 가능한 설계」 말미에 논의했던 단순한 설계의 규칙을 따르도록 코드를 손봐야 한다. 코드를 리팩터링하여, 이름을 잘 짓고, 코드의 의도가 명확하게 드러나게 하며, 중복을 제거하고, 설계를 단순하게 유지해야 한다. 중복 제거는 코드의 바이너리 크기를 작게 유지하는 일과도 연관성이 높을 것이다. TDD로 개발하면서 만들어진 테스트 덕분에 코드를 깨뜨리지 않으면서 올바르게 만들 수 있다.

마지막 단계는 (충분할 정도로만) '빠르게 만들어라'이다. 필요한 수준보다 더 빠르게 만들기 위한 노력을 차라리 기능을 더 추가하는 데 기울이는 것이 낫다고 보기 때문에 나는 '충분할 정도로만'이라는 단서를 붙였다. 이번에도 테스트가 외부로 드러나는 동작이 계속 유지되도록 도와준다. 충분히 빠르다는 것을 어떻게 알 수 있을까? 여러분은 코드의 어느 부분이 얼마나 시간을 잡아먹는지 알아야 한다. 즉, 측정값이 필요하다.

모토의 순서는 최적화라는 멍청하고 쓸데없는 일을 회피하지 말아야 한다는 뜻이 아니다. 다만 기능과 깔끔한 코드라는 설계적 특성이 완벽한 속도보다 더 가치 있을 수도 있다는 것이다. 물론 완벽한 속도가 필요한 부분이 있기는 하겠지만 코드 전체가 그렇지는 않다.

코드 최적화에 관한 어떤 전문가의 말을 들어보자.

최적화 전문가의 의견

조셉 M. 뉴커머(Joseph M. Newcomer) 박사는 최적화 전문가다. 「최적화: 최악의 적」이라는 글에서 그는 "하지만 내 경험에 비춰보면 어떤 프로그래머도 데이터 없이 성능의 병목 지점을 예측하거나 분석하지 못했다. 언제나 마찬가지였다. 여러분이 지목한 병목 지점이 어디든 실제로 시간이 많이 잡아먹는 지점이 다른 곳이라는 것을 발견하고 놀랄 것이다."[6]

---
6 http://www.flounder.com/optimization.htm

뉴커머는 핵심 시스템 컴포넌트를 재설계하느라 일 년 동안 노력을 기울였는데 결국은 시스템이 더 느려졌던 사례를 들려준다. 다른 플랫폼으로 이식하는 중에 어리석을 정도의 저수준 최적화로 인해 버그를 찾느라 오랜 시간 고생한 사례도 들려준다.

이메일로 나눈 대화에서 뉴커머 박사는 다음 이야기를 덧붙였다. "구조가 잘 잡힌 코드는 효율적이지 않다'라는 말과 함께 '함수 호출 때문에 불필요한 오버헤드가 생긴다'라는 말을 자주 듣는다. 실제로는, 고급 최적화 컴파일러라면 짧은 코드를 자동으로 인라인해 줄 것이요, 요즘 컴퓨터라면 함수 호출 비용이 0에 가깝다."

여러분 모두가 뉴커머 박사가 말하는 최신 프로세서 환경에 있지는 않겠지만 근본은 같다. 코드를 깔끔하고 표현력 있게 유지하고, 데이터를 근거로 최적화하라.

극소 최적화에 유의하라

극소 최적화보다 대형 최적화를 우선해라. 예를 들어 함수를 직접 호출하는 대신 함수 포인터를 통해 호출하면 메모리 공간과 시간이 더 소요된다. 하지만 switch 문 하나를 남기고 나머지 switch 문들을 함수 포인터 호출로 바꾸면 전체적으로는 메모리 공간과 실행 시간 모두 절감된다. 작은 일에 땀을 빼고 있다면 아마도 더 큰 문제를 놓치고 있을 수 있다.

성능 테스트

시간에 중대한 영향을 미치는 코드가 있으면 측정할 수 있도록 해당 부분만 격리시켜봐라. 어떤 함수가 허용 시간을 초과하면 실패하도록 테스트를 작성할 수 있다.

```
TEST(Performance, PostEventDeadline)
{
    Voltage v;
    unsigned long start = get_tic();
    for (int i = 0; i < 1000; i ++)
        QueueVoltageReading(v);
    unsigned long end = get_tic();

    CHECK(DEADLINE * 1000 >= end - start);
}
```

이런 테스트는 실행 머신에 의존적이라서 개발 시스템에서 실행하는 것이 별로 유익하지 않을 것이다. 이 테스트는 타깃 의존적인 테스트이다.

시스템 수준의 성능 테스트는 이 책의 범위를 벗어나기는 하지만 여러분의 도구 상자에 들어 있어야 한다. 단위 테스트 수준의 테스트 가능성을 높이는 아이디어들을 잘 따른다면 컴포넌트, 서브시스템, 시스템 수준의 테스트를 위한 후크(hook)가 많이 생길 것이다.

> **7월 4일 테스트**
>
> 미국 무선 시스템의 요구사항 중에는 미국 주요 도시에서 7월 4일 독립기념일에 발생하는 과부하를 견딜 수 있어야 한다는 내용이 있다. 시스템 제조사는 이전 몇 해 동안의 조사를 바탕으로 독립기념일 하루 동안의 트래픽에 대한 정확한 모델을 가지고 있다.
> 시스템의 기술 검토 담당자들은 우리가 계획 중인 설계와 쓰레드 모델에 대해 걱정했다. 그들은 설계를 더 분석하고자 했다. 하지만 적당한 위치마다 테스트를 위한 후크가 있었기 때문에 우리는 '7월 4일 테스트'라는 테스트를 만들자고 제안했다.
> 주요 트래픽 문제는 PTT(push-to-talk) 이벤트였다. 우리는 시스템 수용 한계를 초과하도록 PTT 이벤트를 발생시키는 테스트 스크립트를 만들었다. 처음에는 테스트로 인해 동시성 문제가 몇 개 밝혀졌다. 이 문제들은 단위 테스트 수준에서 검출하기 어려운 문제였다. 동시성 문제를 해결한 다음 우리는 부하가 최고치를 기록하는 동안의 시스템 유휴 시간을 측정할 수 있었다. 데이터에 따르면 성능 한계까지 조금 여유가 있었다. 우리는 당시 선택한 아키텍처에 대해 의견이 아닌 측정에 근거하여 자신 있게 계속 진행했다. 로켓 과학자인 베르너 폰 브라운(Werner von Braun)은 "단 하나의 테스트 결과가 천 명의 전문가 의견만큼 가치 있다."라고 말했다.

12.6 지금까지 우리는

리팩터링은 큰 주제다. 더 배우고 싶다면 마틴 파울러의 책과 c2 위키[7]같은 온라인 상의 자료를 살펴봐야 한다.

일반적으로 말하자면 리팩터링이 일상적인 개발의 일부가 되어야 한다. 일정표에 따로 표시한다거나 리팩터링을 하기 위해 누군가로부터 허락을 구할 필요가 없다. 여러분은 코드를 깔끔하게 유지하기 위해서 리팩터링한다. 예전에 본 적 없는 코드를 더 잘 이해하기 위해서 리팩터링한다. 과거의 잘못을 바로잡기 위해서 리팩터링한다.

---

7 http://www.c2.com/cgi/wiki?ExtremeProgrammingRoadmap

리팩터링에 깔린 심리는 프로그래밍이 단지 컴퓨터에게 할 일을 지시 내리는 활동이 아니라 컴퓨터에게 시킬 일을 다른 프로그래머들에게 말하는 활동이기도 하다는 것이다.

이번 장에서 우리는 테스트라는 안전망 덕분에 두려움 없이 리팩터링했다. 하지만 여러분들에게는 테스트가 없는 지저분한 코드, 즉 '레거시 코드'가 상당히 많을 것이다. 레거시 코드를 수정하기란 위험이 따르는 일이다. 다음 장은 레거시 코드를 안전하게 개선시키는 내용을 다룬다.

배운 것 적용하기

1. TimeService가 요일과 메타요일을 비교하는 책임을 가지게 되면서 LightScheduler 테스트 중에서 중복된 것이 많다. 테스트 개수가 많다고 임금을 더 받지는 않을 테니, LightSchdeuler에서 중복된 테스트들을 제거해라.
2. 다운로드한 코드의 code/t0/src/HomeAutomation 디렉터리에 있는 LightScheduler를 리팩터링하라. 여러분이 리팩터링한 코드를 내가 리팩터링한 코드와 비교해보라.
3. 구조체 선언을 공개 헤더 파일에서 빼내어 Time을 추상 데이터 타입으로 바꾸어라. 앞에서 여러분이 리팩터링한 코드를 이용하거나 code/t1/src/HomeAutomation 디렉터리에 있는 소스를 이용하라.

13장

TDD for Embedded C

레거시 코드에 테스트 추가하기

> 프로그램 작성에 대한 지금까지의 태도를 바꿔보자. 우리의 주요 작업이 컴퓨터에게 할 일을 지시하는 것이라고 생각하는 대신, 컴퓨터가 해 줬으면 하는 일을 인간에게 설명하는 데 집중해 보자.
> – 도널드 커누스(Donald Knuth)

테스트 없이 리팩터링하는 것은 위험하다. 신경 써야 할 세부사항들이 많다 보니 실수하기 쉽다. "이미 테스트 했다"라는 이유로 설계를 변경하지 않는 코드 리뷰를 여러분은 얼마나 많이 경험해봤는가? 여러분은 이미 테스트 없이 코드를 변경하는 것이 위험하다는 것을 알고 있다.

기존 C 코드에 테스트를 추가하기란 절대 쉬운 일이 아니라는 것을 여러분은 알게 될 것이다. 기존 코드의 함수나 모듈들은 아마도 다른 함수나 모듈에 대해 너무 많이 알고 있다거나 인지 가능한 수준을 넘을 정도로 덩치가 클지도 모른다(함수가 한 화면을 넘지 않도록 한 코딩 표준이 있었음을 기억하는가?). TDD를 알기 전에 여러분은 코드를 테스트 가능한 상태로 유지하고자 하는 강한 동기가 없었을 것이다. 따라서 이 책 전반에 걸쳐 소개한 것과 같은 방식으로 레거시 코드를 테스트 하기란 만만치 않을 것이 분명하다.

마이클 페더스(Michael Feathers)의 책 『Working Effectively with Legacy Code』 [Fea04]는 레거시 코드와 관련된 문제와 리팩터링 기술에 관한 아주 훌륭한 자료다.

마이클은 '레거시 코드'를 "테스트 없는 코드"라고 정의한다. 이 정의에 대해서 마이클보다 더 잘 설명할 수는 없을 것 같다.

"테스트 없는 코드는 나쁜 코드다. 그 코드가 얼마나 잘 작성되었는지, 얼마나 예쁜지, 얼마나 객체지향적이며 캡슐화가 잘 되었는지는 중요하지 않다. 테스트가 있으면 우리는 신속하게, 그리고 올바른지 검증해가면서 코드의 동작을 변경할 수 있다. 테스트가 없으면 우리 코드가 실제로 더 좋아지는지 나빠지는지 알 길이 없다."

레거시 코드를 개선하는 데 도움이 되는 정책들을 살펴보는 것부터 시작해보자.

13.1 레거시 코드 변경 정책

다음은 레거시 코드를 가진 어떤 팀이 TDD를 도입하면서 취한 정책이다.

- 새로운 코드는 테스트 주도로 개발한다.
- 레거시 코드를 수정하기 전에 테스트를 추가한다.
- 레거시 코드에서 변경되는 것들은 테스트 주도로 개발한다.

여러분은 지금 TDD를 배우는 중이므로 첫 번째 정책이 그다지 놀랍지 않다. 새로운 코드는 테스트 주도로 개발해야만 한다. 완전히 새로운 함수나 모듈, 그리고 서브시스템은 TDD로 개발할 수 있다.

『Working Effectively with Legacy Code』을 보면 싹 틔우기(sprouting)라는 방법이 있다. 레거시 코드의 일부를 변경해야 할 때, 새로운 동작을 수행하는 함수나 모듈을 따로 만들 수 있는지 살펴보라. 이를 테스트 주도로 개발한 뒤 레거시 코드에서 호출한다. 마이클은 "호출하는 쪽을 쉽게 테스트할 수는 없지만 적어도 새로 작성한 코드에 대해서는 테스트를 작성할 수 있다"라고 말한다. 이 접근법을 따르면 우리는 언제나 코드를 조금씩 더 낫게 만드는 셈이다.

싹 틔우기는 새로 싹을 틔운 코드가 이를 호출하는 코드의 제어흐름에 영향을 주지만 않는다면 매우 안전하다. 새 함수의 반환값이 조건식에 사용되거나 구조체 데이터가 변경된다면 싹 틔우기 방법이 적당하지 않을 수도 있다. 이런 경우에는 레거시 코드의 특정 동작이 바뀌지 않는지 확인하는 테스트가 필요하다.

이 정책은 어디에서 나왔을까? 훌륭한 정책은 훌륭한 원칙에서 나오게 마련이다. 이 정책은 '보이스카우트 원칙'에서 나왔다.

13.2 보이스카우트 원칙

보이스카우트는 '캠프를 떠날 때는 처음 왔을 때보다 더 깨끗해야 한다'라는 단순한 원칙을 따른다. 이 말은 당장 모든 쓰레기를 다 치워야 한다는 말이 아니라 더 더럽히면 안되며 적어도 약간은 더 깨끗하게 만들어야 한다는 말이다. 『Clean Code』[Mar08]에서 밥 마틴은 "여러분이 코드를 변경할 때마다 코드가 조금씩 더 깨끗해진다면 어떻게 될까?"라고 질문한다. 내 대답은 이렇다. 우리 산업이 지금 처해 있는 엉망진창의 상황에서 벗어날 것이라고. 우리 산업에서는 변경이 있을 때마다 점점 나빠진다는 인식이 일반적이다. 우리는 이것을 뒤집어야 한다.

대부분의 경우에는 보이스카우트 원칙을 따르는 것이 어렵지 않을 것이다. 원칙이 제안하는 것은 점진적인 전략이며 지속적으로 더 낫게 만들고자 하는 우리의 마음가짐이다. 점진적 변경으로 충분하지 않은 큰 규모의 심각한 레거시 코드를 만날 수도 있다는 사실을 부정하지는 않는다. 우리 스스로 항상 보이스카우트가 될 기회를 찾자는 것이다.

긴 함수에 추가하기

무엇이든 추출하라. 긴 함수에는 따로 뽑아내어 이름을 붙일만한 내용이 많을 것이다. 긴 함수에 새로 세 줄을 추가하고자 한다면 다섯 줄을 추출하라. 결과적으로 원래의 긴 함수는 두 줄 짧아진 셈이다. 아마도 여러분은 이보다 더 잘하리라. 개선하기 시작한 위치 근처에 있는 복잡한 조건식도 바로잡아라. 기억하자. 기존 동작을 보존하기 위해 테스트를 먼저 추가해야 한다.

복잡한 조건식에 추가하기

조건식을 추출하여 이름을 잘 붙인 도움 함수로 만들어라. 도움 함수에 대해 테스트를 작성하라. 눈에 빤히 보이는 맥주 캔을 집어 드는 것처럼 쉽다. 새로 추가한 코드를 주의하여 살펴보라. 조건식이 실제로는 다른 모듈에 속하지는 않는가? 만약 그렇다면 복잡한 조건식이 중복되어 있을 확률이 높으며 새로 추출한 함수는 이동시켜야 마땅하다. 당장 이동시키거나 아니면 이 내용을 기술적 부채(technical debt) 목록에 추가해라.

'복사/붙이기/수정'의 유혹

'복사/붙이기/수정'으로 기능 요구사항을 만족시키려는 유혹을 받을 수 있다. 여러분의 가설을 테스트하는 경우를 제외하고, 복사/붙이기/수정을 하지 마라. 변경하기 전이나 그 후에 여러분은 코드가 여러분에게 원하는 일을 해줘라. 공통된 코드를 도움 함수로 추출하라. 이를 일반화하고 파라미터를 받도록 하여 두 가지 경우를 모두 처리할 수 있게 만들어라. 기존 기능이 훼손되지 않도록 추출하고자 하는 코드 주위에 테스트를 작성하라. 동일한 코드를 다른 곳에도 '잘라내기/붙이기/수정'했었다면 그것들의 목록을 만들어서 나중에라도 바로잡아라.

암호 같은 지역변수 이름

일단 변수의 목적을 이해했다면 다음에 이 코드를 보게 될 여러분과 팀원들을 위해 이름을 바꾸어라.

과도한 중첩

두어 단계 깊이의 중첩을 도움 함수로 만들어라. 조건문이 중첩되어 있으면 보호절(guard clause) 형태로 바꾸어 중첩 깊이를 낮추어라.

13.3 레거시 코드 변경 알고리즘

마이클은 레거시 코드 변경 알고리즘을 아래와 같이 정의한다.

1. 변경점을 식별한다.
2. 테스트 포인트를 찾는다.
3. 의존성을 깨뜨린다.
4. 테스트를 작성한다.
5. 변경하고 리팩터링한다.

1. 변경점 식별

좋은 소식이 있다. 마이클의 알고리즘을 시작하는 첫 단계는 여러분이 레거시 코드를 변경할 때의 첫 단계와 같다. 여러분은 먼저 현재 코드에서 변경이 필요하다고 생각하는 부분을 찾아내야만 한다.

2. 테스트 포인트 찾기

일단 변경점이 식별되었으면, 이것을 어떻게 테스트할지를 고민하라. 코드에서 일어나는 상황을 감지하기 위한 적절한 지점이 어디인가? 해당 코드가 어느 지점에서 입력을 받는가? 테스트 포인트(test point)는 대부분 함수 호출 형태의 봉합(seam)에서 찾을 수 있다.

'13.4 테스트 포인트'에서 살펴보겠지만, 테스트 포인트가 꼭 봉합일 필요는 없다. 우리가 그렇게도 싫어하는 전역 변수를 테스트 포인트로 사용하기도 한다. 함수로 전달되는 구조체가 테스트 포인트가 될 수도 있다.

3. 의존성 깨뜨리기 (혹은 그러지 않기)

레거시 코드를 테스트 하네스에 붙이거나 일부 테스트 포인트에 접근하기 위해서는 의존성을 깨뜨려야 한다. 우리는 이미 링크, 함수 포인터, 전처리기 테스트 대역을 사용하면서 TDD로 새로운 코드를 작성할 때 의존성을 깨뜨리는 방법을 살펴보았다. 레거시 코드에서도 이런 방법을 사용할 것이다.

모놀리스(monolithic) 함수(한 덩어리로 이뤄진 큰 함수)에는 함수 호출의 경계가 없다. 테스트 대역을 사용하려면 먼저 '안전한' 함수 추출 리팩터링을 적용할 필요가 있다. 지금 여러분이 수정하는 코드는 '레거시 코드'이기 때문에 각별히 더 주의를 기울이고 안전하게 코드를 변경할 수 있는 방법을 우선 적용해야 한다. 동료와 함께 작업하는 것도 작은 실수들을 방지하는 데 도움이 될 것이다.

가끔은 의존성을 깨뜨리는 데 따르는 위험이 너무 큰 경우가 있다. 다음 절에서는 의존성을 깨뜨리는 대신에 취할 수 있는 접근법으로서 감지 변수, 기존 디버깅 출력을 감지 지점으로 이용하기, 인라인 모니터 삽입하기 등을 살펴볼 것이다.

전역 데이터에 대한 의존성을 깨뜨리기 위해서는 문제의 전역 데이터를 접근할 때 접근 함수를 통하도록 캡슐화 할 수 있다. 그런 다음에는 테스트를 하는 동안 접근자를 오버라이드하는 방법으로 전역 데이터에 대한 통제권을 확보할 수 있다.

4. 테스트 작성

테스트 포인트를 찾았다면 레거시 코드의 현재 동작을 보존하면서 그 특징이 드러나게 하는 특징 묘사 테스트(characterization test)를 작성하라. 이 단계는 매우 까다로울 것이다. 특히 테스트 대상 코드를 처음으로 테스트 하니스에 연결하는 경우라면 더 그렇다. '13.6 부딪혀가며 통과하기'에서 코드를 테스트 하니스와 연결할 때 사용하는 일반적인 패턴을 살펴보겠다.

5. 변경하고 리팩터링

기존 동작을 보존해주는 테스트가 마련되었으면 드디어 리팩터링을 적용할 수 있는 안전이 확보되었다. 리팩터링을 통해 우리가 처음 계획한 대로 변경하기 쉽도록 코드를 준비시킨다. 레거시 동작이 테스트로 인해 안정적으로 유지되므로 새로운 동작을 TDD로 개발하기가 안전하다.

다음 절에서는 레거시 코드에서 테스트 포인트로 사용할 수 있는 옵션들을 살펴보자.

13.4 테스트 포인트

코드가 하는 일을 우리가 제대로 이해하고 있는지 확인하기 위해서는 테스트 포인트가 필요하다. 테스트 포인트는 종류에 따라서 비교적 쉽게 확보할 수 있는 것들도 있다.

봉합

함수 호출은 코드의 다른 부분들 사이에 봉합(seam)을 형성한다. 이런 봉합이 테스트 포인트로는 최고다. 봉합을 통해서 우리는 테스트 대상 코드가 하는 일을 살펴보고 동작에 영향을 미칠 수 있다.

마이클은 봉합을 이렇게 정의한다. "봉합은 그 위치에서 수정 없이 프로그램의 동작을 변경할 수 있는 곳이다."

봉합 지점에서 우리는 테스트 대역을 투입하여 다른 모듈로 전달되는 데이터를 감시할 수 있으며, 이로써 테스트 케이스는 테스트 대상 코드가 협력자 모듈에 올바른 명령을 주는지 확인할 수 있다. 함수 호출 봉합에서 테스트 대역이 값을 반환하는 방식으로 테스트 대상 코드에 간접 입력을 제공할 수도 있다.

여러분의 코드에는 이미 함수 봉합이 많을 것이다. 단 모놀리스 함수는 예외다. 모놀리스 함수에서 봉합을 만들기란 위험할 수 있으니 '감지 변수'를 추가하는 편이 더 안전할 것이다.

전역 변수

내가 여기에서 전역 변수를 더 추가하라고 말하지는 않겠지만 이미 여러분의 코드에는 전역 변수가 어느 정도 있을 것이다. 전역 변수는 특정 테스트 값을 테스트 대상 코드에 주입할 때 뿐만 아니라 테스트 포인트로도 사용할 수 있다. 일단 코드에 테스트를 달고 나면 전역 변수를 캡슐화할 수 있다.

감지 변수

감지 변수는 마이클 페더스의 책에 설명되어 있다. 감지 변수는 접근이 어려운 데이터나 길이가 긴 함수에서 중간 결과에 접근하고자 할 때 유용하다.

여러분이 변경해야 하는 함수가 모놀리스 함수라고 가정해 보자. 여러분은 어디를 변경해야 할지 알고 있지만 구조적인 변경부터 시작하기에는 위험이 너무 크다. 이런 경우 감지 변수를 한두 개 추가하는 게 위험이 작은 방법이다.

감지 변수는 길게 이어지는 계산 과정의 중간 값이나 상태 변수의 값을 조사하는 데 사용하거나 반복문의 반복 횟수를 셀 때도 사용할 수 있다.

감지 변수는 테스트에서 들여다 볼 수 있는 전역 변수다. 테스트에서 테스트 대상 코드의 입력값을 바꿔보면서 감지 변수가 어떤 영향을 받는지 살펴볼 수 있다.

혹시 여러분은 테스트 목적으로 전역 변수를 추가한다는 아이디어에 반대하는가? 여러분이 레거시 코드에 테스트를 추가하는 순간은 전역 변수에 관한 순수주의를 내세우기에 적절한 때가 아니다. 이미 타협이 이뤄진 레거시 코드이므로 테스트 포인트를 얻을 목적으로 한 번 더 타협할 것이다. 나는 감지 변수를 도입하는 것이 영구적인 변경이 아니라 긴 함수를 풀어헤치는 과정의 중간 단계라고 본다. 만약 테스트 주도 개발 방법으로 코드를 개발했다면, 감지 변수 대신 함수 봉합을 이용할 수 있었을 것이다.

디버그 출력 감지 포인트

Debug-Later Programming을 하다 보면 코드 여기저기에서 디버그 출력 함수를 호출하는 경우가 많다. 디버그 출력은 대개 조건부 컴파일이나 실행 옵션으로 켜고 끌 수 있다. 여러분은 코드에 이미 있는 디버그 출력 장치를 '디버그 출력 감지 포인트'로 이용하여 접근이 쉽지 않은 코드 동작에 관한 정보를 얻는 데 사용할 수 있다.

'9.3 외과수술로 삽입된 스파이'에서 테스트가 출력 결과를 가로채는 방법을 보았다. 비슷한 방법으로 디버그 출력을 가로채고 모니터링할 수 있다. 장기적으로는 디버그 출력에 대한 의존성을 줄여나가야 한다. 하지만 다시 한 번 언급하지만, 현재 우리는 레거시 코드로 작업하는 중이므로 단번에 모든 문제를 해결할 수는 없을 것이다.

테스트를 위해서 FormatOutputSpy()와 아주 유사하게 디버그 출력을 가로채는 디버그 출력 스파이를 만들 수 있다. 이 스파이에는 몇 가지 추가적인 기능들이 필요할 것으로 보인다. 가로챈 출력 엔트리의 개수를 물어볼 수 있어야 하고, 출력 줄 번호나 특정 내용을 기준으로 엔트리를 검색한다든지 인접한 엔트리를 찾는 기능도 필요할 것이다.

인라인 모니터

'디버그 출력 감지 포인트'는 좀 더 일반적인 형태인 '인라인 모니터' 테스트 포인트의 한 종류다. 인라인 모니터를 이용하면 코드 중간에 특별한 함수 호출을 삽입하여 특정 정보를 테스트 케이스에 전달할 수 있다. 이는 감지 변수와 유사하지만 몇 가지 차이점이 있다. 인라인 모니터는 테스트가 실행되는 동안 특정 감지 포인트를 여러 차례 읽는 것이 가능하다. 테스트가 실행되는 중에 인라인 모니터에서 확인(check)을 적용할 수도 있다. 이는 10장 「목 객체」에서 다뤘던 목 객체와 비슷하다.

'1.1 왜 TDD가 필요한가'에서 살펴봤던 준(Zune) 버그 사례를 다시 꺼내보자. 다음 코드와 같이 인라인 모니터를 적용하여 무한 반복을 벗어나도록 할 수 있다. monitorLoop()라는 인라인 모니터를 선언하여 호출하도록 만들어보자.

Download src/zune/RtcTime.c

```
void monitorLoop(int days);
static void SetYearAndDayOfYear(RtcTime * time)
{
```

```
    int days = time->daysSince1980;
    int year = STARTING_YEAR;
    while (days > 365)
    {
        if (IsLeapYear(year))
        {
            if (days > 366)
            {
                days -= 366;
                year += 1;
            }
        }
        else
        {
            days -= 365;
            year += 1;
        }
        monitorLoop(days);
    }
    time->dayOfYear = days;
    time->year = year;
}
```

monitorLoop()는 days로 전달되는 값을 매번 살펴봐서 동일한 days 값으로 monitorLoop()이 호출되지 않는지 확인할 것이다. 같은 값으로 호출되었다면 이는 반복문이 종료되지 않을 것이라는 의미이다. 의심되는 반복문의 내부에 monitorLoop() 호출을 삽입한다. 컴파일 경고가 나지 않도록 monitorLoop() 함수 선언도 추가한다. monitorLoop() 호출이 제품 코드에 잠깐이나마 들어간다면 시그니처를 헤더 파일에 넣어서 테스트 코드와 시그니처를 서로 맞춘다.[1]

테스트 케이스에서 monitorLoop()를 정의한다.

Download tests/zune/RtcTimeTest.cpp

```
extern "C"
{
#include "RtcTime.h"

static int lastMonitoredDays;
void monitorLoop(int days)
{
    CHECK(lastMonitoredDays != days);
    lastMonitoredDays = days;
}
}
```

---

[1] 저작권 문제로 이 코드는 Zune에서 가져온 코드가 아니지만 이 코드에는 Zune 30G와 동일한 문제가 있다.

lastMonitoredDays 변수는 거짓 양성 판정을 피하기 위해 setup()에서 초기화되어야 한다. 다른 테스트에서 설정된 lastMonitoredDays의 예전 값이 우연히 일치할 수도 있기 때문이다.

Download tests/zune/RtcTimeTest.cpp
```
void setup()
{
    lastMonitoredDays = -1;
}
```

이제 테스트를 실행하면 무한루프에 빠지지 않고 반복문을 빠져 나온다. 준처럼 테스트 하니스가 멈춰버리는 문제를 피할 수 있다.

레거시 코드를 테스트 하니스에 넣는 것은 그 자체로 매우 어려울 수 있다. 다음 절에서는 여러분이 레거시 코드에 테스트를 추가하면서 마주치게 될 상황을 보여 줄 것이다.

13.5 2단계 구조체 초기화

공개된 구조체에 의존하고 있는 코드에는 구조체를 스스로 초기화해야 하는 문제가 있다. 구조체를 수동으로 초기화한다거나 혹은 상황마다 매번 다르게 대강대강 초기화한다든지 하는 경우에는 테스트에서 중복을 제거하기가 어렵다.

디지털 비디오 레코더(DVR)를 홈오토메이션 시스템에 통합하는 경우를 가정해 보자. DVR 함수들은 프로그램 정보를 담아두는 공개 구조체를 사용한다. 이 구조체는 먼저 DvRecorder_Create()로 초기화된다. 하지만 프로그램 정보가 DVR의 비휘발성 메모리에 저장될 수도 있기 때문에 구조체를 초기화하려면 두 단계를 거쳐야 한다. DvRecorder_RestorePrograms()가 DVR을 초기화하는 두 번째 단계에 해당한다. 구조체는 다음과 같다.

Download include/dvr/DvRecorder.h
```
typedef struct Program
{
    const char * name;
    int repeat;
    int channel;
    int startHour;
    int startMinute;
```

```
    int durationInMinutes;
    int priority;
    int preferences;
} Program;

enum {
    ALL_EPISODES, NEW_EPISODES, REPEATED_EPISODES,
    REPEAT, NO_REPEAT,
    LOW_PRIORITY, MEDIUM_PRIORITY, HIGH_PRIORITY
};

typedef struct
{
    int programCount;
    Program programs[100];
    /* etc... */
} DvRecorder;
```

다음 코드에서 recorder를 memcpy()로 초기화하는 부분을 주의 깊게 보라. 만약 여러분이 파일 범위 변수인 recorderData를 테스트에서 직접 사용한다면 기본값을 바꿀 때 static 데이터도 바뀌는 문제가 있을 것이다.

첫 번째 시도로 다음과 같이 setup()에서 DvRecorder_RestorePrograms()를 실행해보자.

Download tests/dvr/DvRecorderTest.cpp

```
static DvRecorder recorderData = {
    4,
    {
        {"Rocky and Bullwinkle", REPEAT, 2, 8, 30, 30, HIGH_PRIORITY, ALL_EPISODES},
        {"Bugs Bunny", REPEAT, 9, 8, 30, 30, HIGH_PRIORITY, ALL_EPISODES},
        {"Dr. Who", REPEAT, 11, 23, 0, 90, HIGH_PRIORITY, REPEATED_EPISODES},
        {"Law and Order", REPEAT, 5, 21, 0, 60, HIGH_PRIORITY, ALL_EPISODES},
        { 0 }
    }
};
TEST_GROUP(DvRecorder)
{
    DvRecorder recorder;
    void setup()
    {
        memcpy(&recorder, &recorderData, sizeof(recorder));
        DvRecorder_Create();
        DvRecorder_RestorePrograms(&recorder);
    }

    void teardown()
    {
        DvRecorder_Destroy();
```

		}
	};

프로그램 리코딩 옵션을 달리하여 테스트하려면 여러 벌의 설정 시나리오가 필요하다. 하지만 이 설정들은 기본 설정에서 약간씩만 다르다. 테스트 데이터를 약간씩만 바꿔가면서 테스트하고 싶지만 이미 프로그램 정보를 읽어 들였기 때문에 문제가 된다.

이 문제에 잘 대응하려면 두 단계 초기화를 떼어내어 setup()에서는 DvRecorder_Create()를 실행하고, DvRecorder_RestorePrograms()는 각각의 테스트 케이스에서 실행하도록 늦추는 방법을 취할 수 있다. 다음은 수정된 버전의 setup()이다.

Download tests/dvr/DvRecorderTest.cpp

```cpp
TEST_GROUP(DvRecorder)
{
    DvRecorder recorder;
    void setup()
    {
        memcpy(&recorder, &recorderData, sizeof(recorder));
        DvRecorder_Create();
    }
    void teardown()
    {
        DvRecorder_Destroy();
    }
};
TEST(DvRecorder, RestoreSomePrograms)
{
    DvRecorder_RestorePrograms(&recorder);
    //etc...
}
```

일부 테스트는 기본 데이터를 그대로 사용하고 있다는 점에 주목하자. 다른 테스트에서는 두 번째 단계의 초기화를 실행하기 전에 정적 데이터로 초기화된 값을 덮어쓴다.

Download tests/dvr/DvRecorderTest.cpp

```cpp
TEST(DvRecorder, RestoreNoPrograms)
{
    recorder.programCount = 0;
    recorder.programs[0].name = 0;
    DvRecorder_RestorePrograms(&recorder);
    //etc...
}
```

```
TEST(DvRecorder, RecordWithRepeat)
{
    DvRecorder_RestorePrograms(&recorder);
    //etc...
}
TEST(DvRecorder, RecordWithNoRepeat)
{
    recorder.programs[0].repeat = NO_REPEAT;
    recorder.programs[1].repeat = NO_REPEAT;
    recorder.programs[2].repeat = NO_REPEAT;
    DvRecorder_RestorePrograms(&recorder);
    //etc...
}
TEST(DvRecorder, RecordConflictFirstHighPriorityWins)
{
    DvRecorder_RestorePrograms(&recorder);
    //etc...
}
TEST(DvRecorder, RecordConflictHighPriorityWins)
{
    recorder.programs[0].priority = LOW_PRIORITY;
    DvRecorder_RestorePrograms(&recorder);
    //etc...
}
```

이 예제는 꽤 단순한 경우이다. 레거시 코드에는 초기화하고 서로 연결되어야 하는 구조체들이 많으며 DvRecorder_RestorePrograms()와 같은 간편한 도움 함수가 없다. 방금 소개한 아이디어를 적용하는 과정에서 여러분은 도움 함수를 만들게 되고, 도움 함수들이 사실은 제품 코드에 포함되어야 함을 발견하게 될지도 모른다.

13.6 부딪혀가며 통과하기

레거시 코드에 첫 번째 테스트를 추가하는 것이 가장 어렵다. 어떤 상황을 마주칠지, 어떻게 대응해야 할지 미리 알고 있다면 험난한 과정을 진행하기가 수월해질 것이다. '부딪혀가며 통과하기' 알고리즘은 여러분이 '13.3 레거시 코드 변경 알고리즘'에서 얘기한 마이클의 레거시 코드 변경 알고리즘을 따라갈 수 있도록 도와줄 것이다.

이런 상황을 가정해 보자. 여러분은 기존 레거시 코드의 일부를 테스트하려고 한다. 테스트에서 실행해보려는 함수는 C 자료구조들과 함수들이 서로 얽혀있는 큰 덩어리의 일부다. 아무나 접근 가능한 구조체와 함수들에 의존하는 이 함수를 테스트 하니스에 넣어 컴파일하는 것만도 만만치 않다. 이 코드를 테스트 하니스에서 실행시켜 보자고 덤비면 여러분은 아마도 커피 한 잔을 계기로 자리를 떠나서 돌아오지 않을 것이다.

복잡한 C 코드에서는 레거시 함수가 사용하는 데이터가 명확하게 드러나지 않는다. 무엇을 어떻게 초기화해야 하는지 결정하는 것만으로도 여러분은 포기하고 싶어질 것이다.

포기하지 마라! 테스트가 통과할 때까지 부딪혀가면서 어떤 것들을 초기화해야 하는지 알아내자. 부딪혀가며 통과하기(Crash to Pass) 방법을 시작하려면 빈 테스트 케이스와 테스트하고자 하는 레거시 코드 함수만 있으면 된다. 알고리즘을 C로 표현하자면 아래와 같다.

```
void addNewLegacyCtest()
{
    makeItCompile();
    makeItLink();
    while (runCrashes())
    {
        findRuntimeDependency();
        fixRuntimeDependency();
    }
    addMoreLegacyCtests();
}
```

각 단계별로 살펴보기로 하자.

makeItCompile – 컴파일하기

테스트 대상 함수를 호출하려면 그 함수가 요구하는 구조체나 인자들을 넘겨줘야 할 것이다. makeItCompile() 단계에서는 널 포인터나 단순한 값들을 사용해라. 구조체가 필요하다면 memset()을 이용하여 0으로 채운다. 나중에는 좀 더 의미 있는 입력값들을 만들어서 넘겨주어야겠지만 지금은 의존성 부분을 널 포인터와 단순한 값으로 채움으로써 좀 더 빨리 깔끔한 컴파일을 완성할 수 있다.

처음에는 테스트가 컴파일조차 되지 않을 것이다. 테스트 파일이 컴파일 되도록 #include를 추가하자. 한 번에 하나씩 천천히 추가하자. 여러분이 인클루드를 추가하면서 받게 되는 보상은 길다란 컴파일 오류 목록이다. 이때는 첫 번째 컴파일 오류부터 공략하는 것이 최선이다. 왜냐하면 첫 번째 오류가 다른 101가지 오류의 원인일 확률이 높기 때문이다. 좌절하지 마라.

의존성 문제가 정말로 심각한 경우에는 대상 함수를 호출하는 제품 코드 파일을 하나 찾아서 인클루드를 모두 복사하는 방법이 빠른 길이다. 깔끔한 컴파일을 달성할 수는 있겠지만 인클루드 목록이 비대할 것이다. 일단 테스트가 컴파일 되고 나면 인클루드 목록에서 불필요한 것을 쳐내야 한다.

TDD에 대한 확신이 부족하다면 이 과정에서 좌절하여 바로 exit(FAILURE)를 호출하고 makeItCompile()을 조기 종료해버릴 수도 있다. 포기하지 마라. exit(FAILURE)는 마지막까지 남겨둬라. 좀 더 쉬운 대상을 선정하여 다시 시작하는 것도 좋은 방법이다.

makeItCompile()을 마치면 다음은 makeItLink()이다.

makeItLink - 링크하기

인클루드를 제대로 열거하고 함수 인자와 전역 변수 의존성을 널 포인터나 다른 의미 없는 값들로 채우고 나면 여러분에게 두 번째 보상이 주어진다. 링크 오류다. makeItLink()는 꽤 복잡할 수도 있다. 확인할 수 없는 '외부 참조(unresolved external)' 오류를 해결하려면 제품 코드 중에서 필요한 파일이나 라이브러리를 링크하거나 테스트 대역을 추가해야 한다. 단위 테스트를 작성하지 않으려고 변명 거리를 찾는 사람들은 makeItLink()에서 exit(FAILURE)하기도 한다.

runCrashes - 실행 중 크래시가 발생하는가

링크 오류 없이 실행 가능한 테스트 러너가 빌드되었다면 십중팔구는 테스트 러너를 실행했을 때 크래시(crash)가 발생할 것이다. 크래시의 원인은 초기화되지 않았거나 혹은 잘못 초기화된 데이터가 그대로 남아있기 때문에 발생한다. 여러분은 지금 제대로 가고 있다. 계속 나아가자. 크래시가 여러분을 런타임 의존성으로 인도하고 있다.

runCrashes()가 TRUE인 동안은 반복문에 머물러 있어야 한다. 반복문을 돌면서 여러분은 런타임 의존성을 찾아서 해결한다. 필요한 전역 데이터나 인자의 값을 테스트 대상 코드가 원하는 값으로 맞춰주면 된다. runCrashes()가 FALSE로 바뀌는 것은 큰 도약이다. 대상 함수가 테스트 하니스에서 실행되는 순간이다! 런타임 의존성을 찾아서 해결하는 과정을 들여다보자.

findRuntimeDependency – 런타임 의존성 찾기

디버거가 있다면 디버거를 띄워서 크래시가 발생한 곳을 바로 찾아갈 수 있다. 단서가 될 만한 변수들을 조사해보면 잘못된 접근(illegal access)의 근본 원인이 밝혀질 것이다. 만약 디버거가 없다면 지금이 디버거를 장만하기 좋은 때이다. 명백하게 잘못된 초기화를 찾기 위해 입력 데이터를 조사해 봐도 좋다. 테스트 대상 코드를 한 스텝씩 따라가는 방법도 괜찮다.

findRuntimeDependency()는 런타임 의존성을 찾기 위해 실행 환경의 도움을 받는다.[2] 잘못된 메모리 접근에 대한 운영 체제와 하드웨어의 지원에 힘입어 여러분은 훨씬 빠르게 런타임 의존성을 발견할 수 있다. 크래시의 근본 원인이 밝혀지면 findRuntimeDependency()가 끝난다.

fixRuntimeDependency – 런타임 의존성 고치기

크래시의 근본 원인이 밝혀지면 우리가 빠뜨린 초기화가 명확히 드러난다. 그 원인이 초기화되지 않은 전역 데이터일 수도 있고, 함수 포인터가 지정되지 않았기 때문일 수도 있고, 그 밖의 기대하지 못했던 값 때문일 수도 있다. 무엇을 초기화할 것인지 찾아낸 다음에는 필요에 따라서 makeItCompile()과 makeItLink() 과정을 다시 밟아야 한다.

런타임 의존성이 하나 해결되고 나면 대부분의 경우에는 또 다른 크래시가 발생할 것이다. 좋은 소식은 언젠가는 모든 런타임 의존성 구멍이 채워지고 크래시도 발생하지 않을 것이란 사실이다. 그리고 그때가 되면 새로운 테스트를 빠르게 추가할 수 있다.

addMoreLegacyCtests – 레거시 C 테스트를 더 추가하기

아침 9시에 시작해서 이제 오후 2시가 되었다.[3] 적어도 일시적이나마 크래시가 더 이상 발생하지 않는다. 하이파이브로 축하할 일이다. 축하를 마쳤으면 여러분은 이제 테스트를 더 추가하면 된다.

addMoreLegacyCtests()를 좀 더 깊이 파 보자. 이 단계를 구현하는 방법에는 두 가지 알고리즘이 있다. 아래는 TDD를 처음 접하는 사람을 위한 가장 일반적인 알

---

[2] 마이클 페더스는 코드 변경이 컴파일에 미치는 영향을 알아내기 위해서 컴파일러에 기대는 방법을 제안한다.
[3] (옮긴이) 실제로 옮긴이가 저자와 함께 일했을 때의 에피소드이다.

고리즘이다.

```
void addMoreLegacyCtests()
{
    while (!testsAreSufficientForCurrentNeeds())
    {
        copyPasteTweakTheLastTest();
    }
}
```

복사/붙이기를 한 다음 리팩터링을 하지 않으면 제품 코드가 엉망이 된다는 것을 여러분은 이미 알고 있다. 테스트 코드에 대해서도 마찬가지다. 앞의 구현에는 copyPasteTweakTheLastTest()에 맞물리는 리팩터링이 없기 때문에 알고리즘상에 문제가 있다. 다음 알고리즘이 더 나은 구현이다.

```
void addMoreLegacyCtests() //take two
{
    while (!testsAreSufficientForCurrentNeeds())
    {
        copyPasteTweakTheLastTest();
        while (!testDifferencesAreEvident())
        {
            if (setupStepsAreSimilar())
                extractAndParameterizeCommonSetup();
            if (checkStepsAreSimilar())
                extractAndParameterizeCommonAssertions();
            else
                considerStartingANewTestGroup();
        }
    }
}
```

여전히 copyPasteTweakTheLastTest()를 사용하지만 중복을 추출하여 테스트 용 도움 함수를 만드는 리팩터링 단계를 추가했다. 테스트에 대한 리팩터링은 바로 이득을 얻을 수 있다. 도움 함수들 덕분에 테스트를 새로 만드는 일이 더 쉬워진다. 테스트를 수정할 때 수정 내용이 모든 테스트에 영향을 미치는 경우에도 테스트를 수정하기가 더 쉬워진다. 대개는 도움 함수만 수정하면 되기 때문이다. 단계를 하나씩 살펴보자.

testsAreSufficientForCurrentNeeds – 테스트가 현재 요구에 충분한가

testsAreSufficientForCurrentNeeds() 단계에서 여러분은 지금의 테스트들이 지금의 동작을 안정적으로 유지하기에 충분한지 판단해야 한다. 판단을 내릴 때에는 다음 질문들을 던져보라.

- 입력값이 어떻게 바뀔 수 있는가?
- 테스트 대상 코드의 동작을 검증하기 위해서 무엇을 확인해야 하나?
- 어떤 테스트가 더 필요할까?
- 확인이 필요한 경계 조건이나 특별한 경우는 없는가?

testsAreSufficientForCurrentNeeds()가 TRUE를 반환하는 데에 명확한 기준이 없으며 여러분 스스로 판단해야 한다. 레거시 코드를 건드리는 상황이라면 여러분은 아마도 제품 코드 변경을 염두에 두고 있을 것이다. 테스트가 지금의 동작을 안정적으로 유지하기에 충분하다고 판단되면 TRUE를 반환하라. 그렇지 않으면 FALSE를 반환하라.

copyPasteTweakTheLastTest – 마지막 테스트를 복사하여 붙이고 살짝 수정하기

copyPasteTweakTheLastTest()를 실행하고 나면 새로운 테스트가 하나 추가된다. 하지만 처음 몇 번 copyPasteTweakTheLastTest()를 실행해서 생겨나는 테스트 케이스에는 중복이 많다. 정작 중요한 수정 내용이 초기화 코드와 많은 검사 때문에 묻혀버린다. 테스트 케이스들 사이의 차이점이 드러나지 않는다. 여러분이 테스트 코드를 많이 작성했다고 임금을 더 받거나 하지는 않을 테니 테스트 코드를 깔끔하게 정리하자.

테스트를 깔끔하게 유지하는 일이 대체 왜 중요할까? 며칠 안에, 혹은 몇 시간 안에 여러분이나 여러분의 동료가 테스트 케이스를 다시 보게 될 것이기 때문에 테스트를 깔끔하게 유지해야 한다. 읽기 쉽고 수정하기 쉬운 테스트 케이스는 매우 가치 있으면서도 그다지 많은 노력이 들지 않는다. 여러분이 copyPasteTweakTheLastTest()를 실행하는 시점에는 여러분의 머릿속에 차이점이 명확하다. 하지만 다른 사람들에게는 그렇지 못하다. 게다가 테스트 케이스에 중복이 많으면 시간이 지나 여러분이 보더라도 차이점이 명확하게 보이지 않을 것이다. 따라서 지금이야말로 테스트에 있는 중복을 줄이고 가독성을 개선할 절호의 기회이다.

copyPasteTweakTheLastTest()를 실행하고 나면 크래시가 발생하기도 한다. 테스트 대상 코드의 새로운 경로가 실행되기 때문이다. 그러면 여러분은 다시 addNewLegacyCtest()의 맨 처음으로 돌아가야 한다.

testDifferencesAreEvident – 테스트 사이의 차이점이 명확한가

처음에는 testDifferencesAreEvident()가 거의 항상 FALSE를 반환한다. testDifferencesAreEvident() 조건식의 반복문을 몇 바퀴 돌고 나면 도움 함수가 늘어나 테스트를 잘 지원하게 되면서 테스트 케이스들이 더 깔끔해진다. testDifferencesAreEvident()가 TRUE를 반환하는 유일한 방법은 중복을 리팩터링하여 공통 테스트 데이터나 도움 함수로 만드는 것이다. 이로써 테스트는 간결하고 의도를 잘 표현하게 된다.

setupStepsAreSimilar – 설정 단계가 비슷한가

원본 테스트 케이스와 복사본을 살펴봐서 테스트들끼리 설정 단계에 중복이 있으면 setupStepsAreSimilar()는 TRUE를 반환한다.

extractAndParameterizeCommonSetup – 공통 설정을 추출하고 인자화하기

이 단계에서는 공통 설정을 추출하여 테스트 케이스들 사이에 공유할 수 있는 변수나 도움 함수로 만든다. 살짝 수정한 데이터 값들은 추출한 초기화 함수의 인자가 되기도 한다. 만약 인자들 중에서 테스트마다 바뀌지 않는 값이 있다면 setup()으로 옮길 수 있다. setup()도 리팩터링 대상이다. 변경할 때마다 테스트를 실행시키자.

가끔은 여러분이 추출한 초기화 코드를 제품 코드로 쓰면 유용하겠다고 생각될 것이다. 그런 코드는 제품 코드로 옮겨서 실제로 사용하여 중복을 없애고 구조화를 보강하는 것을 고려하라.

checkStepsAreSimilar – 확인 단계가 비슷한가

원본 테스트 케이스와 복사본을 살펴봐서 테스트 케이스들끼리 확인 단계에 중복이 있으면 checkStepsAreSimilar()는 TRUE를 반환한다.

extractAndParameterizeCommonAssertions – 공통 확인을 추출하고 인자화하기

이 단계는 extractAndParameterizeCommonSetup()과 유사하다. 공통된 확인은 extractAndParameterizeCommonSetup()을 실행하면서 추가된 공유 테스트 데이터를 이용할 수도 있다. 살짝 수정된 기대값들은 추출한 도움 함수의 인자가 된다.

considerStartingANewTestGroup – 새 테스트 그룹 고려하기

마지막 테스트를 복사하기는 했지만 테스트의 설정 단계와 확인 단계가 수정되어 현저히 다른 모양이 되었다면 새로운 TEST_GROUP()을 추가할 때인지도 모른다. 특히 방금 만든 테스트와 비슷한 테스트가 더 많이 있을 것으로 예상된다면 새 TEST_GROUP()을 추가하라.

exit(SUCCESS) – 성공적인 종료

여러분이 힘겹게 해낸 일에 대해서 보상이 주어졌다. 이 순환과정을 여러 차례 반복하고 나면 copyPasteTweakTheLastTest()를 실행해도 중복이 생겨나지 않는다. 테스트 사이에는 본질적인 차이점만 드러나며, testDifferencesAreEvident()는 계속 TRUE를 반환할 것이다.

테스트들이 잘 리팩터링되어 안쪽 반복문을 빠져 나오고 나면 바깥 반복문의 copyPasteTweakTheLastTest()을 실행해도 보통은 간결하고 읽기 쉬운 테스트 케이스가 생겨나서 더 리팩터링 할 필요가 없다. 테스트를 추가하기가 더 쉬워진다.

테스트를 충분히 작성한 다음 exit(SUCCESS)로 종료한다. 만약 exit(SUCCESS)에 도달할 수 없다면, 테스트 하니스에 넣기 좀 더 쉬운 것을 선택해봐라.

13.7 특징 묘사 테스트

레거시 코드가 가지는 문제 중의 하나는 그 코드가 무슨 일을 하는지 여러분조차 확신할 수 없다는 점이다. 여러분이 어떤 기존 함수를 변경하려고 한다면 지금 현재의 동작을 그대로 보존하는 일이 매우 중요하다. 현재의 정상적인 동작을 테스트에 담아내야 한다. 마이클 페더스는 이런 테스트를 '특징 묘사 테스트(characterization test)'라 부른다.

특징 묘사 테스트는 수정하려는 코드의 동작을 이해하는 데 정말로 도움이 된다. 만약 어떤 코드에 대해서 테스트를 작성할 만큼 잘 이해했다면 여러분은 아마도 그 코드를 수정하기에도 충분할 만큼 이해했을 것이다. 이와 반대의 경우도 참이다. 만약 테스트를 작성할 수 없다면, 여러분은 그 코드를 수정해서도 안 될 것이다. 또 특징 묘사 테스트는 팀의 장기 기억 장치 역할도 수행한다.

목 객체는 특징 묘사 테스트에 큰 도움이 된다. 10장 「목 객체」에서 사용한 MockIO를 떠올려보자. 여러분에게 드라이버 레거시 코드가 있는데, 수정하기에 앞서 이 드라이버의 특징을 묘사하고자 한다면 여러분은 MockIO를 이용하여 드라이버가 하드웨어와 어떻게 상호작용하는지 알아볼 수 있을 것이다.

드라이버의 특징을 묘사할 때에는 하드웨어와의 의존성을 끊는 것이 첫 번째 단계이다. 읽기/쓰기를 모두 IO_Read()와 IO_Write() 호출로 대체해야 한다. 테스트 파일을 생성하고 MockIO와 링크해서, 플래시 예제에서와 같이 IO_Read()와 IO_Write()에 대한 호출을 가로챈다.

예를 들어 앞에서 만들었던 플래시 드라이버를 레거시 코드로 보고 드라이버의 특징을 묘사해보자. 필요한 TEST_GROUP()과 초기 테스트를 아래와 같이 만들었다.

Download tests/IO/LegacyFlashTest.cpp

```
TEST_GROUP(LegacyFlash)
{
    int result;

    void setup()
    {
        MockIO_Create(10);
        Flash_Create();
        result = 0;
    }

    void teardown()
    {
        Flash_Destroy();
        MockIO_Verify_Complete();
        MockIO_Destroy();
    }
};
```

Flash_Write()의 해피 패스의 특징을 묘사해보자. 일단 테스트 케이스에서 제품 코드를 호출하고 반환값을 검사하면 된다.

```
Download tests/IO/LegacyFlashTest.cpp
```

```c
TEST(LegacyFlash, FlashProgramSuccess)
{
    result = Flash_Write(0x1000, 0xBEEF);
    LONGS_EQUAL(0, result);
}
```

MockIO에 아무런 기대값을 설정하지 않았기 때문에, 제품 코드에서 IO_Read() 와 IO_Write()를 호출하자마자 테스트가 실패한다.

```
IO/LegacyFlashTest.cpp:39: error: Failure in TEST(LegacyFlash,
FlashProgramSuccess)
../mocks/MockIO.c:84: error:
        R/W 1: No more expectations but was IO_Write(0x0, 0x40)
```

MockIO는 남아있는 기대값이 없는데 IO_Write()가 호출되었다며 오류 메시지를 보여준다. 드라이버가 0x0 주소에 0x40 값을 기록한다는 것을 알 수 있다. 제품 코드를 들여다보면 0x0과 0x40 값에 대한 심볼을 찾을 수 있으며, 이를 이용하여 기대값을 추가하자.

```
Download tests/IO/LegacyFlashTest.cpp
```

```c
TEST(LegacyFlash, FlashProgramSuccess)
{
    MockIO_Expect_Write(CommandRegister, ProgramCommand);
    result = Flash_Write(0x1000, 0xBEEF);
    LONGS_EQUAL(0, result);
}
```

첫 번째 기대값이 만족되면서 이제 새로운 오류가 나온다.

```
IO/LegacyFlashTest.cpp:39: error: Failure in TEST(LegacyFlash,
FlashProgramSuccess)
../mocks/MockIO.c:84: error:
        R/W 2: No more expectations but was IO_Write(0x1000, 0xbeef)
```

목 객체와의 두 번째 상호작용에 해당하는 기대값을 추가하자.

```
Download tests/IO/LegacyFlashTest.cpp
```

```c
TEST(LegacyFlash, FlashProgramSuccess)
{
    MockIO_Expect_Write(CommandRegister, ProgramCommand);
    MockIO_Expect_Write(0x1000, 0xBEEF);
    result = Flash_Write(0x1000, 0xBEEF);
```

```
    LONGS_EQUAL(0, result);
}
```

다시 한 번 실패 내용이 바뀐다.

```
IO/LegacyFlashTest.cpp:39: error: Failure in TEST(LegacyFlash,
FlashProgramSuccess)
../mocks/MockIO.c:84: error:
     R/W 3: No more expectations but was IO_Read(0x0)
```

IO_Write()에 대한 기대값을 추가하는 것은 직관적이었다. 반환값이 없기 때문이다. IO_Read()는 좀 다르다. 이 함수는 값을 반환해야 한다. 반환값을 결정하려면 Flash_Write() 코드나 장치 스펙을 살펴봐야 한다. (레거시 코드에 대한 테스트를 작성할 때에는 스펙이 될 만한 것이 코드뿐일 수도 있다.)

Download src/IO/Flash.c

```c
int Flash_Write(ioAddress offset, ioData data)
{
    ioData status = 0;
    IO_Write(CommandRegister, ProgramCommand);
    IO_Write(offset, data);

    while ((status & ReadyBit) == 0)
        status = IO_Read(StatusRegister);

    if (status != ReadyBit)
    {
        IO_Write(CommandRegister, Reset);

        if (status & VppErrorBit)
            return FLASH_VPP_ERROR;
        else if (status & ProgramErrorBit)
            return FLASH_PROGRAM_ERROR;
        else if (status & BlockProtectionErrorBit)
            return FLASH_PROTECTED_BLOCK_ERROR;
        else
            return FLASH_UNKNOWN_PROGRAM_ERROR;
    }
    IO_Read(address);

    return FLASH_SUCCESS;
}
```

IO_Read()가 반복문에 사용되고 있음을 알 수 있다. 이 함수가 ReadyBit가 설정된 값을 반환하면 반복문이 종료될 것이다. MockIO_Expect_Read()를 몇 개 추가해서 해당 코드가 반복문을 돌다가 빠져나가는 것처럼 만들 수 있다.

```
Download tests/IO/LegacyFlashTest.cpp
TEST(LegacyFlash, FlashProgramSuccess)
{
    MockIO_Expect_Write(CommandRegister, ProgramCommand);
    MockIO_Expect_Write(0x1000, 0xBEEF);
    MockIO_Expect_ReadThenReturn(StatusRegister, 0);
    MockIO_Expect_ReadThenReturn(StatusRegister, 0);
    MockIO_Expect_ReadThenReturn(StatusRegister, ReadyBit);
    result = Flash_Write(0x1000, 0xBEEF);
    LONGS_EQUAL(0, result);
}
```

해피 패스를 완전히 통과할 때까지 이 과정이 계속된다. 해피 패스를 테스트하고 나면 테스트에 포함되어야 하는 다른 시나리오의 목록을 작성하자. 모든 특징 묘사 테스트가 완성되고 나면 여러분은 안전하게 기존 드라이버를 리팩터링하거나 새로운 기능을 추가해 나갈 수 있다.

13.8 써드파티 코드에 대한 학습 테스트

테스트 주도 개발자가 써드파티 코드의 테스트와 관련하여 무엇을 해야 할까? 우리는 써드파티 코드가 테스트된 것으로 봐야 하며, 일반적으로는 써드파티 코드에 대해서 우리가 테스트를 작성할 책임이 없다.[4] 비록 벤더의 코드를 테스트하는 것이 우리의 책임은 아니지만 테스트를 작성하는 것이 우리에게 도움이 되지 않는다는 의미는 아니다. 외부에서 받은 코드를 우리가 사용하는 환경에서 테스트하는 것이 어떤 의미가 있는지 알아보자.

써드파티 코드를 사용할 때는 어디에 써야 할지 이미 정해져 있다. 따라서 여러분은 써드파티 코드를 곧바로 애플리케이션에 통합하려고 시도할 수 있다. 나는 그렇게 하지 않기를 권장한다. 곧바로 통합하려고 덤비면 써드파티 코드를 학습하는 과정과 학습한 내용을 여러분의 코드에 적용하는 과정이 서로 뒤섞이기 때문이다.

어쨌거나 여러분은 써드파티 코드를 학습해야만 한다. 그렇다면 해당 코드를 어떤 방법으로 사용하는지 테스트를 작성해 보면서 학습하는 것이 어떨까? 테스트를 이용하면 해당 코드가 어떻게 동작하는지를 정확하게 알 수 있는 통제된 실험이 가능하다. 일단 여러분이 패키지를 학습한 다음 학습한 내용을 여러분의 제품에 적용하라.

---

[4] 안전필수 시스템을 개발하는 경우라면 벤더가 제공하는 외부 코드에 대해서 더욱 엄격한 표준이 있을 것이다.

이 방법은 유용한 부대효과를 가져온다. 벤더 코드가 새로 릴리스 될 때 테스트가 중요한 역할을 할 수 있다. 이미 작성해놓은 테스트가 여러분이 패키지를 사용하는 방식을 잘 담아내고 있다면 새 릴리스에서 동작이나 인터페이스가 바뀐 내용이 금방 드러나며 호환되지 않은 부분이 잘 보일 것이다.

다음은 나의 아들과 내가 함께 작성한 학습 테스트의 사례이다.

> **strtok 익히기**
>
> 나의 아들 폴(Paul)은 시카고에 있는 일리노이 대학에서 컴퓨터과학을 공부했다. 그는 운영체제 수업을 들었는데 C언어로 프로젝트를 진행해야 했다.(어떤 것들은 변해지만 어떤 것들은 변하지 않는다.) 아들은 그 당시에 C 언어를 잘 몰랐기 때문에 공부해야 했다. 나는 CppUTest를 알려주면 좋겠다고 생각했다. 아들은 CppUTest로 TDD를 했을 뿐만 아니라 C 언어의 미묘한 요소들을 학습하기 위한 연습장으로도 이용했다.
>
> 우리는 커피 한 잔을 마시면서 CppUTest를 설치하고 아들의 숙제를 시작했다. 아들의 숙제에는 문자열(즉, char *) 파싱이 필요했고, 그의 교수는 strtok()를 사용할 것을 제안했다. 우리는 구글로 strtok()를 찾아서 읽어 보았다.
>
> strtok()의 시그니처는 다음과 같다.
>
> ```
> char * strtok( char * str1, const char * str2 );
> ```
>
> 우리가 strtok()를 제대로 이해했는지 알아보기 위해서 아래와 같은 테스트를 작성했다.
>
> ```
> TEST(Parser, ParseOneElement)
> {
>     char * input = "abc";
>     char * token = strtok(input, "., ");
>
>     STRCMP_EQUAL(input, token);
> }
> ```
>
> 테스트가 통과했다. 자신감이 붙으면서 좀 더 재미있는 테스트를 작성해 보았다.
>
> ```
> TEST(Parser, ParseTwoElement)
> {
>     char * input = "abc,def";
>     char * token1 = strtok(input, "., ");
>     char * token2 = strtok(0, "., ");
>
>     STRCMP_EQUAL("abc", token1);
>     STRCMP_EQUAL("def", token2);
> }
> ```

> 놀랍게도 새로 추가한 테스트에서 크래시가 발생했다. 잠깐 동안 살펴본 다음 우리가 무엇을 잘못했는지 찾아냈다. strtok()는 입력된 문자열을 변경시킨다. 지금이야 그 사실을 기억하고 있지만 당시에는 나도 깜짝 놀랐다. 함수의 시그니처를 보면 이런 미묘한 내용이 나타나있다. strtok()의 첫 번째 인자는 const char*이 아니라 char*이다. strtok()에 관한 다른 두 개의 설명을 주의 깊게 읽고 나니 동작이 이해되었다. strtok()를 호출할 때 문자열 리터럴의 포인터를 전달하면 strtok()에서 읽기 전용 메모리 영역의 문자열 리터럴에 NUL 문자를 삽입하려고 하면서 세그멘테이션 폴트가 발생한다.
> 입력 문자열을 char 배열로 만들면 문제가 해결된다.
>
> ```
> TEST(Parser, ParseTwoElement)
> {
>     char input[] = "abc,def";
>     char* token1 = strtok(input, ".,");
>     char* token2 = strtok(0, ".,");
>
>     STRCMP_EQUAL("abc", token1);
>     STRCMP_EQUAL("def", token2);
> }
> ```
>
> 통제된 실험에서는 이 같은 미묘한 동작을 빨리, 단 몇 분만에 발견할 수 있다. 만일 strtok()를 잘못 사용한 코드가 다른 수십 줄의 코드 가운데 있었다면 실수를 찾아내기가 더 힘들었을 것이다. 이런 학습 테스트는 공짜다.
> 그로부터 일주일 뒤의 이야기로 건너뛰어 보자. 폴은 자신의 파서를 만들고 있었다. 그는 일주일 동안 한두 가지 이유로 단위 테스트 하니스를 돌려보지 못했다. 그가 작성한 main()은 텍스트를 한 줄 읽어서 이를 파싱하여 정보 조각들을 출력했다. 그는 수동으로 코드를 테스트하는 중이었고, 크래시가 발생하기 시작했다.
> 우리는 그의 코드를 살펴봤다. strtok() 앞에는 다른 코드가 몇 줄 밖에 없었지만 문제를 찾아내는 데 30분 걸렸다. 일주일 전에 테스트를 만들면서 얻은 통찰 덕분에 문제가 바로 눈에 들어왔다. 그 전 주의 테스트가 없었다면 디버깅은 훨씬 더 길어졌을지 모른다.

strtok()는 표준 라이브러리 함수다. 통계적으로 보자면야 라이브러리 함수 중에도 버그가 있을 확률이 있겠지만 우리는 이 함수들이 정확하다고 기대할 수 있다. 일반적으로는 라이브러리 함수를 검증할 목적으로 테스트를 작성할 필요가 없다. 우리는 우리 자신을 위해서 테스트를 작성한다. 테스트를 작성함으로써 학습할 수 있다. 테스트를 작성하는 데 비용이 얼마나 들까? 비용은 크지 않지만 이미 ROI가 있음을 확인했다. 학습 테스트는 공짜다. 혹은 공짜보다 더 낫다.

13.9 테스트 주도로 버그 수정하기

버그를 수정할 때에도 테스트가 필요하다. 버그가 있다는 것은 이전에 작성한 테스트가 제 역할을 하지 못했다는 뜻이기도 하다. 만약 여러분이 버그를 드러내는 단위 테스트를 작성할 수 있다면 그렇게 하라. 버그를 추적하기 위해 조사가 필요하다면 조사를 진행하면서 테스트 형태로 여러분의 지식을 남겨 놓아라. 일단 버그를 찾아내면 그 버그를 드러내는 단위 테스트를 작성하라. 즉시 버그를 수정하고 싶은 유혹에 저항해라.

여러분은 버그를 잡으면서 또 다른 버그를 만들지 않았음을 확신하고 싶을 것이다. 게다가 버그는 여러 개가 서로 모여 있는 것으로 알려져 있다. 이 두 가지 사실은 여러분이 버그를 수정하기 전에 올바른 동작을 고정시키기 위해서 테스트를 작성해야 한다는 것을 의미한다.

'부딪혀가며 통과하기'에서 봤던 것처럼, 새로운 영역에 첫 번째 테스트를 추가하려면 시작하는 데 비용이 많이 드는 것이 보통이다. 하지만 두 번째 테스트부터는 꽤 빨리 작성할 수 있다. 버그를 잡으면서 테스트를 추가하기 시작하는 경우에도 마찬가지다. 버그를 잡으면서 테스트를 추가하는 데 드는 비용을 사업을 운영하면서 기술적 부채를 되갚기 위해 지불하는 비용이라고 생각하라. 결함은 원래 비용이 든다. 결함을 제대로 수정해라. 추가 비용은 얼마 되지 않는다.

13.10 전략적 테스트 추가

우리는 변경을 해야 할 때 수동적으로 변경에 대한 테스트를 추가한다. 능동적으로 테스트를 추가해야 하지 않을까? 여러분이 기술을 익히는 초반에는 어떤 테스트든지 추가하는 그 자체로 좋다. 여러분은 아직 배우는 단계이기 때문이다. 하지만 그것만으로는 충분하지 않다. 레거시 코드 베이스로 작업하는 제품 개발 팀이라면 기존의 버그를 찾기 위해서, 그리고 핵심 기능을 보호하기 위해서 능동적으로 테스트를 추가하는 방안도 고려해봐야 한다.

능동적인 접근법은 중요한 기능이 깨어지는 위험을 감소시키는 데 도움이 된다. 시스템의 핵심적인 사용 시나리오, 즉 시스템의 주요 목적이 되는 기능들을 포함하도록 능동적으로 테스트를 추가하는 방안을 고려해보라. 오류 발생과 같은 예외적인 경우보다는 사용 시나리오상의 해피 패스를 먼저 테스트에 포함시켜라. 비용 대비 효과가 가장 큰 항목을 찾아서 제품의 가치를 보존하는 데 도움이 되는 테스트를 추가하라. 안전에 대한 위험이나 금전적 손실을 줄여주는 테스트를 추가해라.

레거시 코드에 새로 테스트를 작성하기 위한 여러분의 자원이 제한되어 있으므로 전략적으로 접근해야 한다.

13.11 지금까지 우리는

레거시 코드, 즉 테스트가 없는 코드는 TDD를 도입할 때 가장 큰 장애물 중 하나다. 만약 여러분이 현재의 코드 베이스를 가지고 계속해서 가치를 전달하고자 한다면, 당장 오늘부터라도 더 이상 악화되지 않도록 코드를 지키는 것이 최선이다. 물론 레거시 코드를 개선하는 긴 여정을 시작하는 편이 더 낫다.

우리는 레거시 코드와 관련된 기법들을 수박 겉핥기로만 다루었을 뿐이다. 어떤 의미에서 레거시 코드로 작업하는 것은 "문제를 더 크게 만들지 않겠다. 상황을 개선하겠다"라는 마음가짐에 달려있다. 우리는 기술적 부채의 원금 일부를 갚으면서, 나중에 코드를 다시 볼 때 치러야 할 이자 비용을 낮추어야 한다.

여러분 중에는 저항이 거센 코드 베이스를 만나게 될 수도 있다. 어려운 문제를 바로 해결할 수 없다고 해서 결코 포기하지 마라. 중요하지만 더 쉬운 문제를 찾아서 여러분의 기술을 연마하라. 테스트를 만들지 않고 레거시 코드를 변경하는 것은 문제가 생기기를 바라는 것과 마찬가지라는 것을 명심하라.

레거시 코드 문제가 심각한 고객이 있었다. 나는 고객에게 이 책에 담긴 기법들을 보여줬다. 그 고객은 "우리 코드의 설계를 개선할 수 있는 빠른 방법을 알고 싶어요. 빠른 방법을 알려주세요." 라고 말했다. 마치 내가 무슨 비밀이라도 감춰두고 있는 것처럼. 나는 그들에게 이렇게 말해줬다. "신중하고 꼼꼼한 방법이 빠른 방법입니다. 여러분이 신중하고 꼼꼼한 데 능숙해진다면 더 빨라질 겁니다."

배운 것 적용하기

1. 여러분의 코드 베이스에서 테스트가 필요한 모듈을 찾아라. '부딪히며 통과하기' 과정을 진행해 봐라. 만약 그 코드로 진행하기가 너무 어렵다면 조금 더 쉬운 코드를 찾아라.
2. MockIO를 이용하여 여러분의 디바이스 드라이버 하나에 대해서 특징 묘사 테

스트를 작성하라.
3. 여러분의 버그 목록에 있는 버그를 하나 수정해라. 단, 테스트를 먼저 추가해야 한다.
4. 여러분의 시스템이 반드시 처리해야만 하는 핵심 시나리오를 10개 선정하여 목록을 만들어라. 열거한 핵심 기능을 어떻게 테스트할 것인지 그려보아라. 목록에서 하나를 선택하여 테스트로 시나리오를 구현해 보아라. 처음부터 가장 어려운 것을 선택하지는 마라.

14장

TDD for Embedded C

테스트 패턴과 안티패턴

당신이 좀 치워줄래?

— 메릴리 그레닝(Marilee Grenning)

TDD나 단위 테스트 작성이 처음인 사람들은 몇 가지 같은 실수를 반복하는 경향이 있다. 이렇게 공통적으로 나타나는, 하지만 비생산적인 패턴들을 안티패턴(antipattern)이라고 한다. 이번 장에서는 몇 가지 안티패턴을 살펴보고 그 안티패턴들을 대신할 패턴에 대해서 알아보겠다.

대부분의 안티패턴은 '네 단계의 테스트 패턴'('2.5 네 단계 테스트 패턴' 참고)을 무시하고 테스트에 중복을 남겨두기 때문에 발생한다. 이 사실을 명심하면 여러분의 테스트가 읽기 쉽고 깔끔해질 수 있다.

14.1 장황한 테스트 안티패턴

장황한 테스트(Ramble-on Test)는 언제 끝내야 할지 모르는 테스트다. 테스트를 작성한 사람이 네 단계 테스트 패턴을 모르거나 혹은 따를 생각이 없다.

```
Download t0/tests/HomeAutomation/LightSchedulerTest.cpp
```
```cpp
TEST(LightScheduler, ScheduleWeekEnd)
{
    LightScheduler_ScheduleTurnOn(3, WEEKEND, 1200);
    FakeTimeService_SetDay(FRIDAY);
    FakeTimeService_SetMinute(1200);
    LightScheduler_Wakeup();
    LONGS_EQUAL(LIGHT_ID_UNKNOWN, LightControllerSpy_GetLastId());
    LONGS_EQUAL(LIGHT_STATE_UNKNOWN, LightControllerSpy_GetLastState());
    FakeTimeService_SetDay(SATURDAY);
    FakeTimeService_SetMinute(1200);
    LightScheduler_Wakeup();
    LONGS_EQUAL(3, LightControllerSpy_GetLastId());
    LONGS_EQUAL(1, LightControllerSpy_GetLastState());
    LightController_TurnOff(3);
    FakeTimeService_SetDay(SUNDAY);
    FakeTimeService_SetMinute(1200);
    LightScheduler_Wakeup();
    LONGS_EQUAL(3, LightControllerSpy_GetLastId());
    LONGS_EQUAL(1, LightControllerSpy_GetLastState());
    LightController_Create();
    FakeTimeService_SetDay(MONDAY);
    FakeTimeService_SetMinute(1200);
    LightScheduler_Wakeup();
    LONGS_EQUAL(LIGHT_ID_UNKNOWN, LightControllerSpy_GetLastId());
    LONGS_EQUAL(LIGHT_STATE_UNKNOWN, LightControllerSpy_GetLastState());
}
```

장황한 테스트는 네 단계 테스트 패턴을 적용하고 일부 도움 함수를 추출하면 고칠 수 있다. 앞의 테스트는 사실 테스트 4개로 나뉘어야 한다. 주말에 해당하는 토요일과 일요일에 대한 테스트와 주말 앞뒤에 해당하는 금요일과 월요일에 대한 테스트다. 그나마 일주일 중 나머지 세 요일을 남겨 놓았으니 기쁠 따름이다.

장황하게 주절대는 테스트로부터 다음과 같이 4개의 테스트를 추출했다.

```
Download t0/tests/HomeAutomation/LightSchedulerTest.cpp
```
```cpp
TEST(LightScheduler, ScheduleWeekEndFridayExcluded)
{
    LightScheduler_ScheduleTurnOn(3, WEEKEND, 1200);
    FakeTimeService_SetDay(FRIDAY);
    FakeTimeService_SetMinute(1200);
    LightScheduler_Wakeup();
    LONGS_EQUAL(LIGHT_ID_UNKNOWN, LightControllerSpy_GetLastId());
    LONGS_EQUAL(LIGHT_STATE_UNKNOWN, LightControllerSpy_GetLastState());
}

TEST(LightScheduler, ScheduleWeekEndSaturdayIncluded)
{
```

```
    LightScheduler_ScheduleTurnOn(3, WEEKEND, 1200);
    FakeTimeService_SetDay(SATURDAY);
    FakeTimeService_SetMinute(1200);
    LightScheduler_Wakeup();
    LONGS_EQUAL(3, LightControllerSpy_GetLastId());
    LONGS_EQUAL(1, LightControllerSpy_GetLastState());
}

TEST(LightScheduler, ScheduleWeekEndSundayIncluded)
{
    LightScheduler_ScheduleTurnOn(3, WEEKEND, 1200);
    FakeTimeService_SetDay(SUNDAY);
    FakeTimeService_SetMinute(1200);
    LightScheduler_Wakeup();
    LONGS_EQUAL(3, LightControllerSpy_GetLastId());
    LONGS_EQUAL(1, LightControllerSpy_GetLastState());
}

TEST(LightScheduler, ScheduleWeekEndMondayExcluded)
{
    LightScheduler_ScheduleTurnOn(3, WEEKEND, 1200);
    FakeTimeService_SetDay(MONDAY);
    FakeTimeService_SetMinute(1200);
    LightScheduler_Wakeup();
    LONGS_EQUAL(LIGHT_ID_UNKNOWN, LightControllerSpy_GetLastId());
    LONGS_EQUAL(LIGHT_STATE_UNKNOWN, LightControllerSpy_GetLastState());
}
```

14.2 복사-붙이기-변경-반복 안티패턴

테스트를 통과시키는 데 따르는 만족감은 또 다른 테스트를 통과시키려고 하는 동기를 유발한다. 다음 테스트를 통과시키는 가장 빠른 방법이 복사-붙이기-변경-반복(Copy-Paste-Tweak-Repeat)이다. 복사-붙이기-변경-반복은 지속하기 어려운 방법이다. 이 방법을 쓰면 씨앗이 되는 테스트 케이스로부터 테스트를 빨리, 많이 만들어 낼 수는 있지만 반복하는 과정에 리팩터링이 빠진다면 쓰레기 더미가 생겨난다.

앞에서 장황한 테스트 패턴을 개선한 테스트 케이스들이 복사-붙이기-변경-반복 징후를 보여준다. 여러 테스트들이 서로 비슷하게 보이며, 자세히 들여다봐야지만 케이스들 사이의 차이점이 보인다. 테스트를 리팩터링하여 중복을 최소화하면 다음과 같다.

```
Download t1/tests/HomeAutomation/LightSchedulerTest.cpp
```
```cpp
TEST(LightScheduler, ScheduleWeekEndFridayExcluded)
{
    LightScheduler_ScheduleTurnOn(lightNumber, WEEKEND, scheduledMinute);
    setTimeTo(FRIDAY, scheduledMinute);
    LightScheduler_Wakeup();
    checkLightState(LIGHT_ID_UNKNOWN, LIGHT_STATE_UNKNOWN);
}

TEST(LightScheduler, ScheduleWeekEndSaturdayIncluded)
{
    LightScheduler_ScheduleTurnOn(lightNumber, WEEKEND, scheduledMinute);
    setTimeTo(SATURDAY, scheduledMinute);
    LightScheduler_Wakeup();
    checkLightState(lightNumber, LIGHT_ON);
}

TEST(LightScheduler, ScheduleWeekEndSundayIncluded)
{
    LightScheduler_ScheduleTurnOn(lightNumber, WEEKEND, scheduledMinute);
    setTimeTo(SUNDAY, scheduledMinute);
    LightScheduler_Wakeup();
    checkLightState(lightNumber, LIGHT_ON);
}

TEST(LightScheduler, ScheduleWeekEndMondayExcluded)
{
    LightScheduler_ScheduleTurnOn(lightNumber, WEEKEND, scheduledMinute);
    setTimeTo(MONDAY, scheduledMinute);
    LightScheduler_Wakeup();
    checkLightState(LIGHT_ID_UNKNOWN, LIGHT_STATE_UNKNOWN);
}
```

우리는 리팩터링하면서 TEST_GROUP 변수(lightNumber와 scheduledMinute)를 사용했고, setTimeTo()와 checkLightState()를 도움 함수로 추출했다. TEST_GROUP 변수를 사용하여 요일이 테스트들 사이에서 변하는 입력값이라는 것이 잘 드러난다.

14.3 도드라진 테스트 케이스 안티패턴

가끔은 공통된 setup(), teardown(), 도움 함수들이 모든 테스트에 효과적으로 잘 들어맞는 상황에서 테스트 대상 코드의 새로운 측면에 접어드는 경우가 있다. 새로 작성하는 테스트 케이스들이 도드라지는 경우가 있다. CircularBuffer_Print()를 테스트하는 다음 테스트 케이스가 그런 경우다.

Download tests/util/CircularBufferTest.cpp

```
TEST(CircularBuffer, PrintEmpty)
{
    const char* expectedOutput = "Circular buffer content:\n<>\n";
    FormatOutputSpy_Create(100);
    UT_PTR_SET(FormatOutput, FormatOutputSpy);

    CircularBuffer_Print(buffer);

    STRCMP_EQUAL(expectedOutput, FormatOutputSpy_GetOutput());
    FormatOutputSpy_Destroy();
}

TEST(CircularBuffer, PrintAfterOneIsPut)
{
    const char* expectedOutput = "Circular buffer content:\n<17>\n";
    FormatOutputSpy_Create(100);
    UT_PTR_SET(FormatOutput, FormatOutputSpy);

    CircularBuffer_Put(buffer, 17);
    CircularBuffer_Print(buffer);

    STRCMP_EQUAL(expectedOutput, FormatOutputSpy_GetOutput());
    FormatOutputSpy_Destroy();
}
```

여기서 보여주지 않은 다른 14개의 테스트 중에는 어떤 것도 출력과 관련된 것이 없다. 앞의 두 테스트를 비롯하여 출력과 관련된 다른 테스트들은 다른 형태의 setup(), teardown(), 도움 함수가 필요하므로 도드라져 보일 것이다. 앞의 두 테스트에는 중복도 있고, 도움 함수나 setup()에 있을만한 단계가 테스트 몸체에 있다. 이런 경우라면 새로운 TEST_GROUP를 생성해야 한다.

Download tests/util/CircularBufferPrintTest.cpp

```
TEST_GROUP(CircularBufferPrint)
{
    CircularBuffer buffer;
    const char * expectedOutput;
    const char * actualOutput;

    void setup()
    {
        UT_PTR_SET(FormatOutput, FormatOutputSpy);
        FormatOutputSpy_Create(100);
        actualOutput = FormatOutputSpy_GetOutput();
        buffer = CircularBuffer_Create(10);
    }
```

```
        void teardown()
        {
            CircularBuffer_Destroy(buffer);
            FormatOutputSpy_Destroy();
        }
    };
```

출력과 관련하여 공통된 설정과 정리 단계가 TEST_GROUP으로 옮겨졌다. 이제 출력 관련 테스트들은 개별적인 역할에 초점을 맞출 수 있다.

Download tests/util/CircularBufferPrintTest.cpp
```
TEST(CircularBufferPrint, PrintNotYetWrappedAndIsFull)
{
    expectedOutput = "Circular buffer content:\n"
                     "<31, 41, 59, 26, 53>\n";

    CircularBuffer b = CircularBuffer_Create(5);
    CircularBuffer_Put(b, 31);
    CircularBuffer_Put(b, 41);
    CircularBuffer_Put(b, 59);
    CircularBuffer_Put(b, 26);
    CircularBuffer_Put(b, 53);

    CircularBuffer_Print(b);

    STRCMP_EQUAL(expectedOutput, actualOutput);
    CircularBuffer_Destroy(b);
}
```

14.4 테스트 그룹 사이의 중복 안티패턴

방금 우리가 살펴본 것은 모듈 하나에 대해서 TEST_GROUP을 여러 개 만드는 것이 적절한 경우였다. 우리가 적용한 리팩터링을 그림으로 나타내면 아래와 같다.

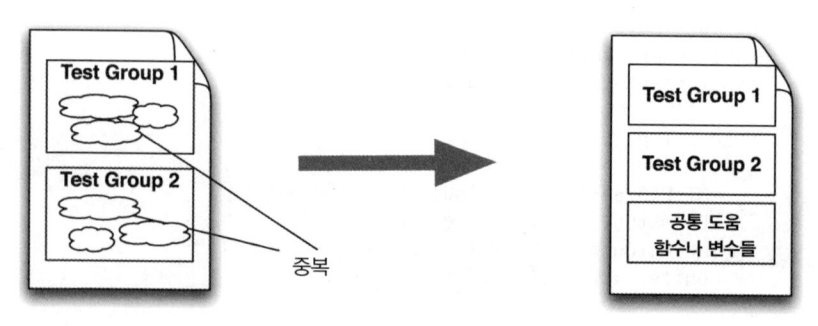

파일 하나에 여러 TEST_GROUP을 둔다고 해서 누가 말리지는 않겠지만 나는 파일마다 TEST_GROUP을 하나씩만 두는 것을 선호한다. 그림으로 보자면 아래와 같다.

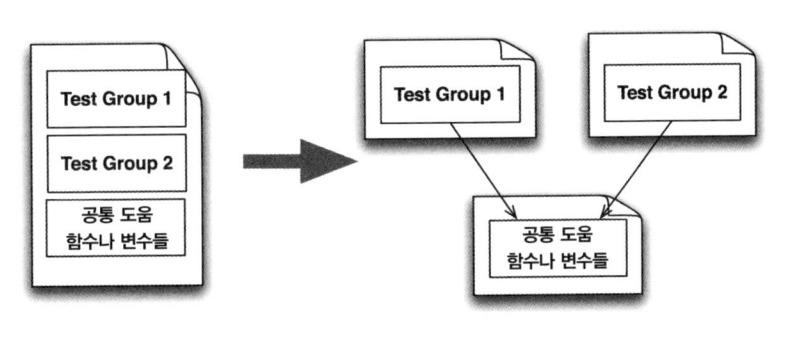

파일을 나누는데 원래의 TEST_GROUP에 테스트 용 도움 함수나 변수들이 있으면 중복이 생겨날 수 있다. TEST_GROUP을 복사해서 새로 만드는 경우에도 중복이 생길 수 있다. 도움 함수나 변수들을 별개의 파일로 분리하면 중복을 줄 일 수 있다.

도움 함수나 변수들을 TEST_GROUP 바깥으로 옮기게 되면 테스트 케이스에서 더 이상 TEST_GROUP 변수에 접근하기가 쉽지 않다. 결과적으로 도움 함수들의 인자가 늘어나거나 도움 변수들을 관리하기 위한 접근 함수가 더 필요하게 될지도 모른다. 중요한 것은 도움 함수나 변수들을 떼어냄으로써 복사/붙여넣기 과정에서 발생한 중복을 그냥 안고 가지 않는 것이다.

14.5 테스트 무시 안티패턴

TDD를 처음 접하는 팀이라면 팀 멤버 모두가 TDD를 받아들이지는 않을 것이다. TDD나 단위 테스트에 저항하는 사람들이 테스트 무시(Test Disrespect) 패턴을 보인다. 이러한 행동적 안티패턴은 다음처럼 진행된다. 여러분이 어떤 기능을 TDD로 개발하여 지속적 통합(continuous integration) 빌드에 포함시킨다. 팀 동료가 어딘가를 변경하고 수동으로 테스트한 다음 코드를 체크인한다. 그는 자신이 변경한 내용 때문에 여러분이 앞서 만든 작업 결과물이 깨진 사실을 전혀 모른다. 하지만 CI 시스템이 쉬지 않고 일하면서 빌드가 깨졌음을 모두에게 알려준다.

테스트에 대한 존중이 충분히 낮다면 여러분의 팀 동료(다음 단계를 거친 뒤에도 여러분이 그를 동료라고 부를 수 있다면)가 정당하게 울부짖는 테스트 케이스들을 지워버린다. 어찌 되었든 그가 작업한 내용은 자신이 테스트했기 때문에 정상적으로 동작한다. 테스트를 덜 무시하는 동료라면 실패하는 테스트를 IGNORE_TEST()로 바꾸고 여러분이 직접 고치라며 메일을 보낸다. 테스트는 버려진 채 방치되고 나중에는 있으나마나한 테스트가 되어버린다. TDD를 도입하고, 평가하고, 실험해보는 초기 단계에 여러분은 테스트를 존중하자는 팀 합의를 얻어야 한다. 변화에 있어서는 기술적인 면보다 사람과 관련된 면이 더 어려운 경우가 많다.

14.6 행위 주도 개발 테스트 패턴

이번 장에서 우리는 몇 가지 테스트 안티패턴을 살펴봤지만 이번에는 안티패턴을 벗어나 행위 주도 개발(Behavior Driven Development)이라는 또 다른 인기 테스트 패턴을 살펴보도록 하자. 리팩터링하기 전의 LightScheduler 테스트를 다시 보자.

Download tests/HomeAutomation/LightSchedulerTest.cpp

```cpp
TEST(LightScheduler, ScheduleOffWeekendAndItsSaturdayAndItsTime)
{
    LightScheduler_ScheduleTurnOff(lightNumber, WEEKEND, scheduledMinute);
    setTimeTo(SATURDAY, scheduledMinute);
    LightScheduler_Wakeup();
    checkLightState(lightNumber, LIGHT_OFF);
}
```

네 단계 테스트 패턴이 분명하게 드러난다. 하지만 테스트들 사이에 중복이 있다. 리팩터링한 결과는 아래와 같다.

Download t1/tests/HomeAutomation/LightSchedulerTest.cpp

```cpp
TEST(LightScheduler, ScheduleOffWeekendAndItsSaturdayAtTheScheduledTime)
{
    given(lightNumber); isScheduledFor(WEEKEND); toTurnOffAt(scheduledMinute);
    setTimeTo(SATURDAY); at(scheduledMinute);
    then(lightNumber); is(LIGHT_OFF);
}
```

리팩터링된 테스트는 더 선언적이면서 네 단계 테스트 패턴이 잘 드러나지 않는다. 이 테스트는 테스트 절차라기보다는 스펙처럼 읽힌다. 이것이 테스트보다는 스펙을 더 강조하는 BDD 스타일이다. BDD 스타일 테스트는 아래와 같은 형태를 따른다.

- Given 사전 조건 - 사전 조건이 주어진 상황에서
- When 이벤트 발생 - 이벤트가 발생하면
- Then 참이어야 하는 명제 - Given과 When에 종속적인 어떤 명제가 참이 되어야 한다.

테스트를 좀 더 BDD스럽게 보이도록 하기 위해서 아래와 같이 작성할 수 있다.

- lightNumber 전등이 주말(WEEKEND) 특정 시간(scheduledMinute)에 꺼지도록 예약된 상황에서
- 토요일(SATURDAY) 예약된 시간(scheduledMinute)이 되면
- lightNumber 전등이 꺼져야(LIGHT_OFF)한다.

이런 테스트 스타일을 재치 있게 줄인 말이 'GivWenZen'이다. GivWenZen은 테스트의 가독성을 향상시키기 위해 테스트를 구성하는 또 다른 접근 방법이다.

14.7 지금까지 우리는

테스트가 잘못된 방향으로 빠지는 길을 몇 개 살펴봤다. 물론 테스트가 잘못되는 데에는 다른 길도 많다. 제라드 메스자로스의 책 『xUnit Test Patterns』[Mes07]의 테스트 냄새 카탈로그를 보면 더 찾을 수 있다. 테스트를 깔끔하고 이해하기 쉽게 유지하는 것은 제품 코드를 깔끔하게 유지하는 것보다 더 중요할지도 모른다. 포괄적이고 잘 작성된 테스트가 있으면 개발자는 코드를 이해하고자 할 때 테스트를 먼저 들여다본다.

시간이 지나면서 테스트의 품질이 떨어질 수 있다. 테스트도 다른 코드와 마찬가지의 압력이 점진적으로 적용되기 때문이며, 여러분 스스로의 실력이 늘어나기 때문이기도 하다. 여러분이 테스트를 작성하는 실력이 늘어나면서 예전에 작성한 테스트들을 해독하기가 그리 쉽지 않을 수도 있다. 냄새에 대한 감각도 향상된다. 냄새

는 코드에 스며들 때와 마찬가지로 아주 천천히 테스트에 스며든다. 문제가 발생하는지 감시하라. 그리고 문제가 발견되면 즉시 고쳐라. 이렇게 하면 테스트를 다시 봐야 하는 경우에 여러분이 매끄럽고 효과적으로 작업할 수 있다. 테스트를 다시 보게 되는 일은 흔하다.

배운 것 적용하기

1. CircularBufferTest를 리팩터링하여 버퍼가 빈 상태와 가득 찬 상태에 대한 테스트 그룹을 따로 만들어라.
2. CircularBuffer의 테스트 그룹들 중에서 하나를 BDD 테스트 스타일로 리팩터링하라.

15장

TDD for Embedded C

마무리하면서

나무를 심기에 가장 좋은 때는 언제일까요?

— 리(Lee), 정원사

지금까지 여러분은 많은 것을 배웠으리라 생각한다. 나는 이 여정을 통해 많이 배웠다. 여정을 거치면서 여러분은 TDD가 결합도를 낮추고 응집도를 높이는 방향으로 설계를 가이드하는 것을 보았다. 여러분은 부대효과 결함을 잡고, 가정을 상세하게 문서화하며, 진척도를 추적하는 데 TDD가 도움을 주는 것을 보았다.

TDD를 배우고 일상생활의 일부분으로 만드는 것은 큰 도전이다. 내가 1999년에 TDD를 시작할 때, 켄트 백은 TDD가 수련이라는 점을 강조했다. 2년이 지나고 나자 상황이 바뀌었다. TDD는 중독이었다. 하지만 부정적 의미를 뺀 중독이었다. 방금 작성한 코드에 대해서 바로 피드백을 얻으려는 중독, 버그를 추적하는 데 걸리는 시간을 줄여서 생산성을 높이려는 중독, 재미와 성취감에 대한 중독이었다.

여러분이 스스로의 제품 개발 경험, 이 책에서 배운 것, 그리고 나의 경고 메시지들을 돌아봄으로써 코드가 지저분하고 자동화 테스트가 없으면 여러분의 개발 속도가 느려진다는 사실을 알게 되기를 바란다. '그림 15.1 서두르기의 영향'을 참고하여 소프트웨어 품질 저하를 초래하는 우리 주변의 압력들을 시각화 해보아라.

그림 15.1 서두르기의 영향

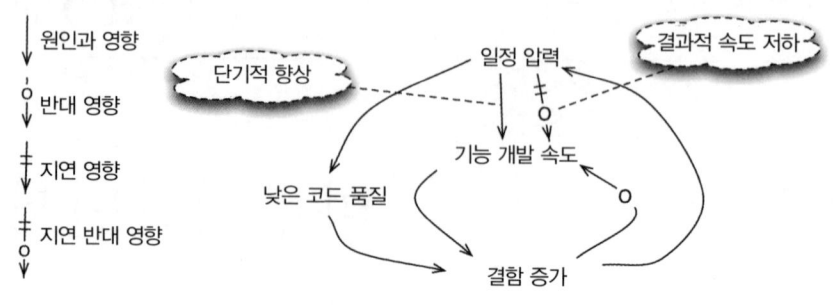

일정 압력이 증가하면 우리는 일을 서두르면서 코드 품질을 희생한다. 우리는 나중에 문제를 해결하리라 맹세한다. 하지만 나중은 절대 오지 않는다. 우리는 "다음에는 똑바로 하겠어"라고 말한다. 꼭 필요한 수동 테스트를 모두 실시하기에는 시간이 모자라서 결함을 지나치고 만다. 얼마 지나지 않아 가장 단순한 기능을 완성하기에도 놀랄 정도로 많은 시간이 걸리며, 셀 수 없는 버그들에 걸려 비틀거린다. 우리는 테스트하고 고치는 악순환에 빠진다.[1]

여러분이 모른다고 할 수는 없을 것이다. 여러분은 이미 이 책을 여기까지 읽었고, 지저분한 코드가 여러분을 느리게 만든다는 것을 안다. 천천히 속도가 느려지는 대신에 우리는 지속가능한 속도, 점점 빨라지는 속도로 일할 수 있다. 수동 테스트 방법을 사용하고 코드 베이스의 품질이 점점 나빠지는 개발 조직은 고품질의 제품과 지속 가능한 개발 속도를 유지할 수 없다.

'15.2 빨리 가기 위해서 속도 줄이기'에서 보여주듯이 여러분의 조직이 TDD를 배우는 과정에서 처음에는 생산성에 타격을 입을 것이다. 여러분이 계속 배워나가면서 TDD에 들이는 노력으로 인해 코드와 설계 품질이 향상되고 수동 테스트의 부담이 조금씩 줄어든다. 『Clean Code』[Mar08]에서 밥 마틴이 던진 질문처럼 "코드를 수정할 때마다 코드가 조금씩 나아진다면 어떻게 될까?" 불행하게도 여러분은 시간을 10년 전으로 되돌릴 수 없다. 하지만 오늘과 내일에 대해서는 여러분 자신이 선택할 수 있다.

예전 1980년대 나와 내 아내가 집을 지을 때 잡초가 우물까지 자라나 있었다. 정

---

1 이번 장의 그림들은 크레이그 라만(Craig Larman)과 바스 보드(Bas Vodde)의 책 『Scaling Lean and Agile Development』[LV09]에서 영감을 받았다.

그림 15.2 빨리 가기 위해서 속도 줄이기

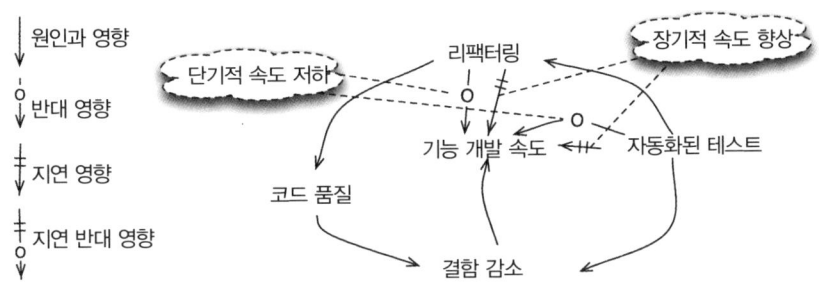

원사인 리(Lee)가 들러서 우리에게 나무를 팔려고 했다. 내 지갑은 비어 있었고, 나는 나무를 사기에 이르다고 생각했다. 그때 우리들의 대화는 아래와 같았다.

"나무를 심기에 가장 좋은 때는 언제일까요?" 리가 물었다.

당시는 봄이었다. 먼지만 풀풀 날리는 내 은행 계좌를 떠올리면서 대답했다. "가을이요."

리의 말에는 함정이 있었다. "아니요. 나무를 심기에 가장 좋은 때는 10년 전이에요."

나는 어리둥절했고 함정에 빠진 것 같았다. '10년 전에 내가 할 수 있는 일은 없잖아'라고 생각했다. 리는 계속해서 말했다. "나무를 심기에 두 번째로 좋은 때는 언제일까요?"

내가 그 수수께끼를 푸는 동안 잠시 기다린 뒤에 그가 웃으며 말했다. "바로 오늘!"

과거에 대해 우리가 할 수 있는 일은 없지만 현재에 대해서는 무언가를 할 수 있었다. 일주일이 지나지 않아 나무 몇 그루를 샀다.

여러분은 혹시 10년 전에 누군가가 여러분의 코드 베이스에 대해 테스트를 작성하고 리팩터링을 시작했더라면 좋겠다고 바라지는 않는가? 여러분은 지난 과거에 대해서는 어떤 것도 할 수 없지만 테스트를 추가하기 시작하는 데 두 번째로 좋은 날은 여러분이 선택할 수 있다. 바로 오늘!

4부
부록

Test-Driven Development for Embedded C

A1

TDD for Embedded C

개발 시스템의 테스트 환경

테스트 빌드와 제품 빌드는 별도의 작업이며, 아마 사용하는 도구도 다를 것이다. 이번 부록에서는 이 책이 출간되는 시점을 기준으로 개발 시스템 기반의 테스트 환경을 구축하는 데 유용한 몇 가지 도구를 소개한다.

A1.1 개발 시스템 툴 체인

이 책의 예제들은 개발 시스템에서 테스트 빌드를 할 때 GCC(GNU Compiler Collection, http://gcc.gnu.org)를 사용한다. GCC는 무료이며 C와 C++의 최신 컴파일러를 제공한다. 여러분의 개발 환경에 따라 GCC를 사용할 수 있는 방법이 몇 가지 있다.

리눅스에서 개발하는 경우

리눅스는 기본적으로 GNU C 컴파일러를 호출하는 gcc 명령을 지원한다.

CppUTest를 사용하기 위해서는 GNU의 C++ 컴파일러인 g++가 필요하다. 모든 리눅스 배포판에 g++가 기본적으로 설치되지는 않는다. apt-get 명령을 이용하면 쉽게 설치할 수 있다. 관리자 권한이 필요하므로 아래의 명령을 입력한다.

« `sudo apt-get install g++`

일부 리눅스 배포판은 C를 제한적으로 지원하므로 아래 명령을 이용해서 직접 build-essential 패키지를 설치해야 할 수도 있다.

« `sudo apt-get install build-essential`

Synaptic[1]이나 Ubuntu Software Center[2]와 같이 GUI를 지원하는 패키지 관리 소프트웨어를 이용해서 g++를 설치할 수도 있다.

애플 Mac에서 개발하는 경우

Mac OS X의 Xcode 개발 환경에는 GNU 툴 체인이 포함되어 있다. Xcode를 설치하지 않았다면 배포 CD나 앱스토어에서 다운받아 설치한다. (Xcode를 설치하지 않고 'Command Line Tools'만 따로 설치해도 된다.)

윈도에서 개발하는 경우

윈도 개발 환경에서는 Cygwin, MinGW+MSYS, 리눅스를 설치한 가상머신과 같은 툴 체인 중에서 선택할 수 있다. 가장 쉬운 방법은 유닉스 커맨드라인 환경인 Cygwin을 설치하는 것이다. 또 다른 대안으로 가상머신에 리눅스를 설치할 수도 있는데 추가 설정이 필요하다. TDD 개발자들 중에는 리눅스 가상머신을 사용하여 10배나 속도가 향상되었다는 사례도 있다. 그러니, 우선 Cygwin이나 MinGW로 시작하고, 나중에 테스트 실행 시간이 너무 오래 걸린다면 리눅스 가상머신으로 옮겨가는 것도 고려하라.

Cygwin과 MinGW+MSYS는 라이선스 관련 부분을 제외하고는 비슷한 기능을 가지고 있다. 테스트 환경을 구축하는 도구로 사용하는 관점에서 라이선스는 중요한 문제가 아니다. gcc 컴파일 환경을 얻는 것 외에 유닉스 커맨드라인 환경, 즉 반복적인 일을 자동화할 수 있는 강력한 스크립트 환경도 얻게 된다.

---

1 http://www.nongnu.org/synaptic/
2 https://wiki.ubuntu.com/SoftwareCenter

Cygwin

설치 파일을 다운로드한다.[3] Default 패키지와 함께 Devel 패키지를 설치한다. 대략 500MB 정도의 용량이 필요하며 다운로드 속도에 따라 다르긴 하지만 설치하는 데 시간이 어느 정도 걸린다. Cygwin이 약간 느리긴 하지만 반나절 정도면 개발 시스템에 테스트 환경을 구축할 수 있는 방법이다.

MinGW+MSYS

MinGW+MSYS는 http://www.mingw.org/에서 받을 수 있다. 하지만 http://nuwen.net/mingw.html에서 배포판을 얻어 설치하는 것이 더 쉽다. 나는 MinGW+MSYS를 설정하는 데 어려움을 겪은 경험이 있어서 대개는 사람들에게 Cygwin을 권한다.

리눅스 가상머신

먼저 가상머신을 설치해야 한다. 버추얼박스[4]는 오픈 소스다. 여기에 우분투[5]와 같은 리눅스 배포판을 설치할 수 있다. 가상머신에 1기가바이트의 RAM을 할당하자. 우분투를 설치한 다음 g++를 설치하면 된다.

마이크로소프트 Visual Studio

다른 대안으로는 Visual Studio가 있다. 커맨드라인 빌드를 지원하는 버전인지 꼭 확인하자. 커맨드라인 빌드 기능은 허드슨[6]같은 지속 통합 서버에서 자동으로 빌드할 때 필요하다. 책과 함께 배포하는 코드에는 Visual C++ 6버전의 워크스페이스 파일(.dsw)과 프로젝트 파일(.dsp)이 있다. CppUTest에는 마이크로소프트 Visual Studio에서만 지원되는 추가 기능도 있다.

---

3 http://www.cygwin.com
4 http://www.virtualbox.org
5 http://www.ubuntu.com
6 http://hudson-ci.org

이클립스(Eclipse) IDE

나는 이클립스 CDT(C/C++ Development Tools)[7]를 선호한다. 이클립스는 Mac, 리눅스, 윈도에서 실행된다. 단축키 하나로 모든 파일을 저장한 다음 빌드하고 테스트하는 사이클을 동작시킬 수 있기 때문에 TDD에 적합하다.

어떤 개발 환경을 이용하든 빌드하고 테스트하는 사이클을 실행하기가 쉬워야 한다. 단축키 하나로 빌드가 되지 않는다면, 마치 단축키를 누르듯이 빠르게 '모든 파일 저장, 창 전환, 마지막 명령 실행' 조작으로 테스트를 쉽게 실행할 수 있도록 커맨드라인 창을 항상 띄워놓아라.

A1.2 전체 테스트 빌드를 위한 메이크파일

이 책의 코드 예제에 사용된 메이크파일은 테스트 용 빌드를 설정하는 방법을 보여주는 좋은 예제가 될 것이다. 예제에서는 개발 시스템에서 테스트 빌드를 하는 데 GNU 툴 체인을 사용한다. 메이크파일을 작성하는 데 적용된 원칙은 다음과 같다.

- 메이크파일은 빨라야 한다. 파일 의존성에 기반한 증분 빌드 방식이어야 한다.
- 빌드할 때마다 테스트를 실행한다.
- 테스트 파일들이 제품 코드를 오버라이드 한다.
- 불필요한 파일이 디렉터리에 남아 있으면 안 된다.

제품 코드와 테스트 코드를 분리시키도록 디렉터리를 구성한다. 메이크파일에 제품 코드를 포함하는 디렉터리 목록을 지정한다. 제품 코드 디렉터리에 있는 모든 .c와 .cpp 파일들은 컴파일되어 라이브러리 형태가 된다. (이 때문에 불필요한 파일들이 제품 코드 디렉터리나 테스트 코드 디렉터리에 있으면 안 된다.) 먼저 메이크파일에 제품 코드 디렉터리를 지정하는 방법을 보자.

```
SRC_DIRS = \
  src/IO \
  src/util\
  src/LedDriver \
  src/HomeAutomation
```

---

[7] http://www.eclipse.org/cdt/

메이크파일에 테스트, 테스트 대역, 그 밖의 테스트에 필요한 모든 것을 포함하는 디렉터리 목록을 지정한다. 지정된 디렉터리에 포함된 파일들은 모두 컴파일된 다음 오브젝트(.o) 파일로 남아 있게 된다. 아래와 같이 지정한다.

```
TEST_SRC_DIRS = \
  tests\
  mocks\
  tests/IO\
  tests/util\
  tests/LedDriver\
  tests/HomeAutomation
```

대개 AllTests.cpp라고 하는 특별한 파일도 컴파일 된다. AllTests.cpp 파일에는 테스트 용 main()이 정의되며, 여기에서 모든 테스트를 실행시키는 테스트 실행자를 호출한다.

.o로 컴파일 된 테스트 파일들은 테스트 용 main()과 함께 명시적으로 링커 입력으로 나열된다. 제품 코드는 링크 과정에서 필요한 심벌을 찾을 수 없을 때에만 라이브러리로부터 링크된다.

.o 테스트 파일을 명시적으로 링크 목록에 나열하기 때문에 링크타임 테스트 대역이 라이브러리에 있는 제품 코드를 오버라이드하게 된다. 정의되지 않은 심벌을 찾을 때 테스트 대역이 우선권을 가지기 때문이다. 만약 참조하는 심벌을 찾을 수 없으면, 링커는 라이브러리로 묶인 제품 코드에서 필요한 .o 파일을 가져온다.

A1.3 더 작은 테스트 빌드

모든 .o 테스트 파일을 하나의 빌드에 포함시키는 방법 대신 테스트 파일들 중 일부만 포함하여 빌드하는 방법도 있다.

CppUTest에서는 테스트 main()을 포함한 파일에서 IMPORT_TEST_GROUP()을 이용하여 빌드에 포함할 테스트 케이스를 선택할 수 있다.

```
#include "CppUTest/CommandLineTestRunner.h"

int main(int ac, char ** av)
{
    return RUN_ALL_TESTS(ac, av);
}

IMPORT_TEST_GROUP(Flash);
```

```
IMPORT_TEST_GROUP(LedDriver);
IMPORT_TEST_GROUP(CircularBuffer);
```

이 방법을 이용하려면 테스트 파일들이 라이브러리로 묶여져 있어야 한다. 그러면 명시된 TEST_GROUP을 포함하는 테스트 파일만 테스트 실행 파일에 포함된다.

여러분은 여기에 소개된 여러 가지 방법을 상황에 따라 조합하여 사용할 것이다. 큰 프로젝트에서는 여러 테스트 빌드에 공유되는 테스트 대역을 라이브러리로 만들어 놓을 수도 있다. 테스트를 개발 플랫폼에서 실행하기 위해서 운영체제 시스템 호출을 스텁으로 대체하는 테스트 대역들은 보통 라이브러리로 만들어놓는다.

A2
TDD for Embedded C

Unity 레퍼런스

이 부록은 Unity 레퍼런스 정보다. Unity가 오픈 소스이며 앞으로 바뀔 수 있다는 점을 명심하자. 이 부록은 책과 함께 제공하는 소스 코드에 포함된 Unity 버전에 맞춰져 있다. 웹사이트[1]에서 Unity에 대한 더 많은 정보를 참고하거나 최신 버전을 다운받을 수 있다.

A2.1 Unity 테스트 파일

같은 그룹에 속하는 테스트 케이스들은 한 파일에 모은다. 파일 이름은 일반적으로 GroupNameTest.c처럼 붙인다. 테스트 그룹의 이름(GroupName)은 일반적으로 CircularBuffer처럼 테스트 대상 모듈의 이름을 따른다. 공통 설정이 달라서 하나의 모듈에 대해 여러 개의 테스트 그룹을 구성하는 경우도 있다. 예를 들어 CircularBuffer 모듈의 출력(printing)과 관련된 테스트들을 모아 CircularBufferPrint

[1] http://unity.sourceforge.net

라는 별도의 테스트 그룹을 만드는 것이다.

   테스트 파일에 들어가는 TEST_GROUP의 기본 요소들을 간략히 정리하면 다음과 같다

```
// 테스트 하니스 인클루드
#include "unity_fixture.h"

// 테스트 대상 모듈에 필요한 #include 목록

TEST_GROUP(GroupName)

// 테스트 그룹에서 사용할 파일 범위 변수 정의

TEST_SETUP(GroupName)
{
    // 각 TEST에 앞서 실행될 초기화 작업
}

TEST_TEAR_DOWN(GroupName)
{
    // 각 TEST 뒤에 실행될 정리 작업
}

TEST(GroupName, UniqueTestName)
{
    /*
    * TEST는 다음 내용을 포함한다.
    *       TEST에 필요한 별도 초기화 작업
    *       테스트 대상 코드 호출 작업
    *       TEST에 필요한 조건 검사(check)
    */
}

//TEST_GROUP 하나에 여러 개의 TEST가 있을 수 있다.
TEST(GroupName, AnotherUniqueTestName)
{
    /*
    * 테스트 실행 문장
    */
}

// TEST_GROUP마다 TEST_GROUP_RUNNER가 있어야 한다.
TEST_GROUP_RUNNER(GroupName)
{
    // 각 TEST에 해당하는 RUN_TEST_CASE가 있어야 한다.
    RUN_TEST_CASE(GroupName, UniqueTestName);
    RUN_TEST_CASE(GroupName, AnotherUniqueTestName);
}
```

   TEST 매크로는 테스트 케이스를 선언하는 데 사용한다. 하나의 TEST_GROUP

에는 TEST_SETUP() 함수와 TEST_TEAR_DOWN() 함수, 그리고 여러 개의 TEST() 가 연결된다. 앞의 코드 예제에서 각 매크로에 공통된 인자인 GroupName을 통해서 TEST_GROUP_RUNNER(), TEST_GROUP(), TEST_SETUP(), TEST_TEAR_DOWN(), 그리고 각각의 TEST()가 연결된다. 한 파일에 여러 개의 TEST_GROUP을 넣을 수 있지만 하나만 넣는 것이 더 일반적이다.

- TEST_GROUP(GroupName)은 테스트 그룹을 정의한다. 같은 테스트 빌드에 포함되는 모든 TEST_GROUP()의 이름은 서로 달라야 한다.
- TEST_SETUP(GroupName) 함수는 해당 테스트 그룹에 연결된 TEST()를 실행하기 전에 실행된다. 같은 테스트 그룹의 모든 TEST()에서 필요한 공통 초기화는 TEST_SETUP()에 들어간다.
- TEST_TEAR_DOWN(GroupName) 함수는 해당 테스트 그룹에 연결된 TEST()가 실행된 후에 실행되어 시스템의 상태를 이전 상태로 되돌린다. 공통된 정리 코드는 TEST_TEAR_DOWN()에 들어간다.
- TEST(GroupName, TestName)은 테스트 케이스의 각 단계들을 정의한다. GroupName과 TestName의 쌍은 같은 테스트 빌드 내에서 유일해야 한다.
- TEST_GROUP_RUNNER(GroupName)에서는 해당 그룹의 TEST()를 RUN_TEST_CASE()를 이용하여 호출한다. TEST()를 RUN_TEST_CASE()로 호출하지 않으면 그 테스트 케이스는 실행되지 않는다. TEST_GROUP_RUNNER()가 너무 길어진다면, 이 함수만 분리하여 GroupNameTestRunner.c와 같은 이름의 파일에 넣을 수 있다.
- RUN_TEST_CASE(GroupName, TestName)은 지정된 TEST()를 실행시킨다.

TEST() 안의 검사 중 하나라도 실패하면 실행 중인 테스트가 바로 중단된다는 점을 유의하자.

A2.2 Unity 테스트 main

main()은 제품 코드에 하나, 테스트 코드에 하나 이상 있게 된다. Unity에서 테스트 main()은 아래와 같다.

```
#include "unity_fixture.h"
```

```
static void runAllTests()
{
    RUN_TEST_GROUP(GroupName);
    RUN_TEST_GROUP(AnotherGroupName);
    //...
}

int main(int argc, char * argv[])
{
  return UnityMain(argc, argv, runAllTests);
}
```

테스트들을 여러 벌로 나누어 실행하고 싶을 때는 테스트 main() 함수를 여러 개 만들어서 빌드를 따로 해야 할 것이다. 테스트 실행이 너무 오래 걸리거나 타깃 시스템의 메모리가 작아서 테스트를 모두 포함시킬 수 없을 때에 테스트를 여러 벌로 나누면 된다.

A2.3 Unity 테스트 조건 검사

다음 목록은 Unity에서 지원하는 TEST 검사(check) 매크로 중 일부를 열거한 것이다.(unity.h에서 검사 매크로의 전체 목록을 볼 수 있다.) 아래의 조건 검사 매크로를 사용해서 여러분이 작성한 코드가 옳은지 그른지를 결정한다.

- TEST_ASSERT_TRUE(조건식): 조건식이 참인지를 검사
- TEST_ASSERT_FALSE(조건식): 조건식이 거짓인지를 검사
- TEST_ASSERT_EQUAL_STRING(기댓값, 실제 값): const char* 문자열이 같은지 검사
- TEST_ASSERT_EQUAL(기댓값, 실제 값): 두 수를 비교
- TEST_ASSERT_EQUAL_INT(기댓값, 실제 값): 두 정수를 비교
- TEST_ASSERT_BYTES_EQUAL(기댓값, 실제 값): 8비트 크기의 두 정수를 비교
- TEST_ASSERT_POINTERS_EQUAL(기댓값, 실제 값): 두 포인터를 비교
- TEST_ASSERT_FLOAT_WITHIN(기댓값, 실제 값, 허용 오차): 허용 오차 범위 내에서 두 실수 값을 비교
- TEST_FAIL_MESSAGE(텍스트 메시지): 테스트를 실패시키고 메시지를 출력

검사(check)를 단언(assert/assertion)이라고 말하기도 한다. 나는 이 용어들을 구

분하지 않고 같은 의미로 사용한다.

A2.4 명령줄 옵션

옵션	의미
-v	Verbose - 각 테스트 실행 전에 테스트 이름 출력
-g testgroup	testgroup으로 지정된 문자열이 이름에 포함된 테스트 그룹 선택
-n testname	testname으로 지정된 문자열이 이름에 포함된 테스트 케이스 선택
-r [count]	count로 지정된 횟수만큼 테스트를 반복 실행한다. 기본값은 2이다. 초기화 문제나 초기화 지연(lazy initialization)으로 인한 메모리 누수를 검사하는 데 도움이 된다.

A2.5 타깃에서 Unity 실행하기

Unity의 입출력은 문자를 출력하는 것뿐이다. Unity는 기본적으로 문자를 출력하기 위해 putchar()를 이용한다. 여러분이 UNITY_OUTPUT_CHAR() 매크로를 지정하면 여러분이 지정한 함수로 문자를 보낼 수 있다. 기본 설정은 아래와 같다.

```
#ifndef UNITY_OUTPUT_CHAR
#define UNITY_OUTPUT_CHAR(a) putchar(a)
#endif
```

putchar() 함수가 있기만 하면 그 개발 환경에서 Unity를 실행할 수 있다. 여러분의 타깃에서 문자를 출력할 방법이 없다면 여러분의 창의성을 발휘해야 할 것이다. 예를 들면, 여러분이 putchar() 대신 지정한 함수에서 출력 내용을 줄 단위로 확인하고, 마지막 줄이 "OK"로 시작하는지 확인한 다음, 테스트 실행 상태를 표시하기 위해 출력 핀을 이용할 수 있다. 만약 여러분의 타깃이 이 정도로 I/O 사용에 제약이 있다면 타깃을 벗어나서 테스트를 실행하는 것이 정말 중요하다. 문자를 출력할 수 있도록 평가 보드에 조금 더 신경을 쓰는 것도 나쁘지 않다.

A3

TDD for Embedded C

CppUTest 레퍼런스

이 부록은 CppUTest 레퍼런스 정보다. CppUTest는 오픈 소스이며 향후 바뀔 수 있다는 점을 명심하자. 이 부록은 책과 함께 제공하는 소스 코드에 포함된 CppUTest 버전에 맞춰져 있다. http://www.cpputest.org에서 CppUTest에 대해서 더 많은 정보를 찾을 수 있고 http://cpputest.sourceforge.net에서 최신 버전을 다운받을 수 있다.[1]

A3.1 CppUTest 테스트 파일

CppUTest 테스트 파일을 보자. 앞서 언급했듯이 테스트 파일은 C++이기는 하지만 C프로그래머도 쉽게 사용할 수 있도록 대부분의 C++ 문법이 감춰져 있다.

---

1 (옮긴이) http://cpputest.github.com/cpputest/도 있다.

```
extern "C"
{
// C 링크가 필요한 #include 목록
}

// C++ 링크가 필요한 include 목록

#include "CppUTest/TestHarness.h"
TEST_GROUP(GroupName)
{
    // 테스트 그룹에서 사용할 변수 정의
    void setup()
    {
        // 각 TEST에 앞서 실행할 초기화 작업
    }
    void teardown()
    {
        // 각 TEST 뒤에 실행할 정리 작업
    }
};

// 테스트 케이스는 아래와 같이 정의되며,
// 테스트 파일에 여러 개 있을 수 있음.
TEST(GroupName, TestCaseName)
{
    /*
     * 테스트 케이스는 다음 내용을 포함한다.
     *      테스트는 전용 초기화 작업
     *      테스트 대상 코드 호출
     *      테스트에 필요한 조건 검사
     */
}
```

Unity와 마찬가지로 TEST_GROUP()과 TEST()는 같은 GroupName으로 서로 묶여 있다. Unity와 달리 TEST_GROUP_RUNNER()가 없다. 파일 범위 변수를 초기화하는 시점에 각 TEST()가 자체적으로 전체 테스트 목록에 설치되므로 TEST_GROUP_RUNNER()가 필요 없다.

테스트 main()이 어떻게 다른지도 살펴보자.

A3.2 테스트 main

설치된 모든 테스트를 실행하려면 main()이 있어야 한다. main()은 다음과 같다.

Download tests/AllTests.cpp

```
#include "CppUTest/CommandLineTestRunner.h"
```

```
int main(int argc, char** argv)
{
    return RUN_ALL_TESTS(argc, argv);
}
```

이 main()에도 Unity와 달리 무언가 빠져있다. RUN_TEST_GROUP() 호출이 없다. 각 TEST는 자신을 전체 테스트 목록에 설치하므로 우리가 직접 연결해야 하는 수고를 덜어준다.

A3.3 테스트 조건 검사

이 책을 쓰는 시점을 기준으로 CppUTest에서 사용 가능한 테스트 조건 검사 매크로의 목록은 아래와 같다. Unity와 CppUTest의 조건 검사 매크로는 이름이 다를 뿐 개념은 동일하다.

- CHECK(조건식): 조건식이 참인지 검사
- CHECK_TRUE(조건식): CHECK()와 동일
- CHECK_FALSE(조건식): 조건식이 거짓인 경우 통과
- CHECK_EQUAL(기댓값, 실제 값): == 연산자를 이용하여 두 값이 같은지 검사
- STRCMP_EQUAL(기댓값, 실제 값): strcmp()를 이용하여 const char* 문자열이 같은지 비교
- LONGS_EQUAL(기댓값, 실제 값): 두 정수가 같은지 비교
- BYTES_EQUAL(기댓값, 실제 값): 8비트 크기의 두 정수를 비교
- POINTERS_EQUAL(기댓값, 실제 값): 두 포인터 비교
- DOUBLES_EQUAL(기댓값, 실제 값, 허용 오차): 허용 오차 범위 내에서 두 실수 값을 비교
- FAIL(텍스트 메시지): 테스트를 실패시키고 메시지를 출력

검사(check)를 단언(assert/assertion)이라고 말하기도 한다. 나는 이 용어들을 구분하지 않고 같은 의미로 사용한다. TEST()를 실행하는 동안 위의 검사 매크로 중 하나라도 실패하면 실행 중인 테스트가 바로 중단된다는 점을 유의하자.

A3.4 테스트 실행 순서

CppUTest에서는 테스트들이 거꾸로 실행된다. 테스트 하니스마다 실행 순서가 다를 수 있다. 테스트 실행 순서는 중요하지 않다. 여러분은 테스트들이 특정 순서에 따라 실행된다는 사실에 의존하면 안 된다. 테스트는 서로 독립적이어야 한다. 테스트 하나가 그 자체로 작은 실험이다. 설계나 문서상으로는 어떤 테스트가 다른 테스트보다 앞서는 것이 논리적일 수 있다. 하지만 테스트를 실행하는 관점에서는 각 테스트가 반드시 서로 독립적이어야만 한다. 테스트는 setup()과 teardown()에만 의존해야 한다.

A3.5 기본 뼈대 파일을 생성해주는 스크립트

CppUTest에는 C 모듈이나 C++ 클래스를 새로 만들 때 필요한 헤더, 소스, 테스트 파일을 생성해주는 스크립트가 포함되어 있다.

TDD 순수주의자라면 이런 스크립트가 필요 없다고 거부할 수도 있다. 실용주의자들은 지루한 타이핑을 없애고 잘 정의된 패턴을 따를 수 있다면 그 방법을 선호할 것이다.

LedDriver 모듈에 필요한 파일들의 초기 버전을 생성하려면 아래와 같은 명령을 입력하기만 하면 된다.

```
<< NewCModule LedDriver
```

생성된 LedDriver.h 파일은 아래와 같다.

> Download include/LedDriver/LedDriver.h

```c
#ifndef D_LedDriver_H
#define D_LedDriver_H

void LedDriver_Create(void);
void LedDriver_Destroy(void);

#endif /* D_LedDriver_H */
```

생성된 LedDriver.c는 아래와 같다.

```
Download src/LedDriver/LedDriver.c
```

```c
#include "LedDriver.h"

void LedDriver_Create(uint16_t * address)
{
}

void LedDriver_Destroy(void)
{
}
```

LedDriverTest.cpp에 생성된 TEST_GROUP()은 아래와 같다.

```
Download tests/LedDriver/LedDriverTest.cpp
```

```cpp
#include "CppUTest/TestHarness.h"

extern "C"
{
#include "LedDriver.h"
}
TEST_GROUP(LedDriver)
{
    void setup()
    {
        LedDriver_Create();
    }

    void teardown()
    {
        LedDriver_Destroy();
    }
};

TEST(LedDriver, Create)
{
    FAIL("Start here");
}
```

A3.6 타깃에서 CppUTest 실행하기

CppUTest의 입출력은 putchar() 함수를 이용하여 문자를 출력하는 것뿐이다. putchar() 함수가 있기만 하면, 그 개발환경에서 CppUTest를 실행할 수 있다.

여러분의 타깃에서 문자를 출력할 방법이 없다면 여러분의 창의성을 발휘해야 할 것이다. 예를 들면, 여러분이 putchar() 대신 지정한 함수에서 출력 내용을 줄 단위로 확인하고, 마지막 줄이 "OK"로 시작하는지 확인한 다음, 테스트 실행 상태를 표시하기 위해 출력 핀을 이용할 수 있다. 만약 여러분의 타깃이 이 정도로 I/O 사용에 제약이 있다면 타깃을 벗어나서 테스트를 실행하는 것이 정말 중요하다. 문자를 출력할 수 있도록 평가 보드에 조금 더 신경을 쓰는 것도 나쁘지 않다.

임베디드 C++ 컴파일러와 런타임 라이브러리는 서로 다른 경우가 더러 있기 때문에 이식성 문제가 발생할 수 있다. 아래 경로의 헤더 파일에서 CppUTest의 시스템 의존성을 모두 알 수 있다.

```
include/CppUTest/PlatformSpecificFunctions.h
```

CppUTest는 GCC, Symbian, Visual C++의 세 플랫폼에 대한 구현을 함께 배포한다. GCC 구현은 아래 경로에서 찾을 수 있다.

```
src/Platforms/Gcc/UTestPlatform.cpp
```

A3.7 CppUTest 테스트를 Unity로 변환하기

CppUTest 테스트 파일에서 Unity로 변환하는 방법을 알고 싶다면 CppUTest/scripts/convertToUnity 디렉터리를 들여다보라.

A4

TDD for Embedded C

시작하기 단계를 마친 LedDriver

여기서는 4장 「완료까지 테스트하기」를 시작하기 위한 LedDriver의 중간 버전을 보여준다.

A4.1 Unity로 작성된 초기 LedDriver 테스트

Download unity/LedDriver/LedDriverTest.c

```c
TEST_GROUP(LedDriver);
static uint16_t virtualLeds;
TEST_SETUP(LedDriver)
{
    LedDriver_Create(&virtualLeds);
}

TEST_TEAR_DOWN(LedDriver)
{
}
```

```
TEST(LedDriver, LedsOffAfterCreate)
{
    uint16_t virtualLeds = 0xffff;
    LedDriver_Create(&virtualLeds);
    TEST_ASSERT_EQUAL_HEX16(0, virtualLeds);
}

TEST(LedDriver, TurnOnLedOne)
{
    LedDriver_TurnOn(1);
    TEST_ASSERT_EQUAL_HEX16(1, virtualLeds);
}

TEST(LedDriver, TurnOffLedOne)
{
    LedDriver_TurnOn(1);
    LedDriver_TurnOff(1);
    TEST_ASSERT_EQUAL_HEX16(0, virtualLeds);
}
```

Download unity/LedDriver/LedDriverTestRunner.c

```
TEST_GROUP_RUNNER(LedDriver)
{
    RUN_TEST_CASE(LedDriver, LedsOffAfterCreate);
    RUN_TEST_CASE(LedDriver, TurnOnLedOne);
    RUN_TEST_CASE(LedDriver, TurnOffLedOne);
}
```

A4.2 CppUTest로 작성된 초기 LedDriver 테스트

Download tests/LedDriver/LedDriverTest.cpp

```
TEST_GROUP(LedDriver)
{
    uint16_t virtualLeds;
    void setup()
    {
        LedDriver_Create(&virtualLeds);
    }
    void teardown()
    {
        LedDriver_Destroy();
    }
};

TEST(LedDriver, LedsAreOffAfterCreate)
{
    virtualLeds = 0xffff;
```

```
    LedDriver_Create(&virtualLeds);
    LONGS_EQUAL(0, virtualLeds);
}

TEST(LedDriver, TurnOnLedOne)
{
    LedDriver_TurnOn(1);
    LONGS_EQUAL(1, virtualLeds);
}

TEST(LedDriver, TurnOffLedOne)
{
    LedDriver_TurnOn(1);
    LedDriver_TurnOff(1);
    LONGS_EQUAL(0, virtualLeds);
}
```

A4.3 LedDriver 초기 인터페이스

Download include/LedDriver/LedDriver.h

```c
#ifndef D_LedDriver_H
#define D_LedDriver_H

void LedDriver_Create(uint16_t * address);
void LedDriver_Destroy(void);
void LedDriver_TurnOn(int ledNumber);
void LedDriver_TurnOff(int ledNumber);

#endif  /* D_LedDriver_H */
```

A4.4 LedDriver 뼈대 구현

Download src/LedDriver/LedDriver.c

```c
#include "LedDriver.h"

static uint16_t * ledsAddress;

void LedDriver_Create(uint16_t * address)
{
    ledsAddress = address;
    *ledsAddress = 0;
}

void LedDriver_Destroy(void)
{
```

```
    }

    void LedDriver_TurnOn(int ledNumber)
    {
        *ledsAddress = 1;
    }

    void LedDriver_TurnOff(int ledNumber)
    {
        *ledsAddress = 0;
    }
```

A5

TDD for Embedded C

OS 분리 계층 예제

11장 「견고하고(SOLID), 유연하며, 테스트 가능한 설계」에서 우리는 개방-폐쇄 원칙(OCP)과 리스코프 치환 원칙(LSP)을 살펴봤다. 이 원칙들은 여기저기 쉽게 붙여서 쓸 수 있는 소프트웨어를 만들기 위한 원칙들이다. 이번 부록에서는 운영체제 분리 계층 만들기에 대해 알아보겠다. 여러분 제품의 핵심 애플리케이션이 다른 운영체제 환경에서도 실행되도록 OS 분리 계층을 설계할 것이다.

여기서 우리는 OS 분리 계층을 MyOS라고 부를 것이다. 이 계층은 다양한 운영체제에 쉽게 붙여서 쓸 수 있게 해줄 뿐 아니라 공통적인 인터페이스를 보장해준다. 이 계층을 구성하는 여러 기능 중에서 쓰레드 생성과 관련된 부분을 살펴본 다음, 대체 가능한 세 가지 다른 구현을 보면서 OCP와 LSP가 어떻게 적용되는지 보겠다.

MyOS는 리눅스와 Micrium μC/OS-III[1] 모두에서 동작해야만 한다. 리눅스는 POSIX 규격을 따르지만 μC/OS-III는 자체 규격을 따른다. 우리 제품은 임베디드 리

---

[1] μC/OS-III는 만든 상업 용도의 RTOS다.(http://www.micrium.com).

눅스와 µC/OS-III에 제공되므로 이 두 가지 운영체제를 당연히 지원해야 한다. 더불어 테스트 목적으로 MyOS를 윈도우에서 동작시켜보는 것도 도움이 될 것이다.

OS 분리 계층이 어떻게 만들어지는지 설명하기 위해, 계층의 일부 기능인 쓰레드 생성 부분을 살펴보자. 각 OS는 쓰레드를 만드는 독자적인 방식을 가지고 있다. 앞서 언급한 세 가지 OS 모두에서 실행되는 애플리케이션을 만들기 위해서는 대체 가능한 형식의 세 가지 구현이 필요하다. 각 구현은 운영체제가 제공하는 함수들의 사전/사후 조건들을 만족시키면서 동일한 인터페이스를 제공해야 한다.

A5.1 대체 가능한 동작을 보장하는 테스트 케이스

운영체제에 상관없이 MyOS가 동일하게 동작하도록 만들 때 테스트 케이스를 이용할 수 있다. 우리 애플리케이션이 실제로 어떤 OS에서 돌아가는지 신경 쓰지 않으려면 MyOS 계층이 동일하게 동작해야만 한다. 테스트 케이스를 보기 전에 테스트 픽스처에서 쓰레드 진입 함수를 살펴보자.

Download tests/MyOS/ThreadTest.cpp
```
static int threadRan = FALSE;
static void * threadEntry(void * p)
{
    threadRan = TRUE;
    return 0;
}
```

MyOS의 쓰레드 진입 함수는 void * 형의 포인터를 인자로 받고, void * 형의 값을 반환한다. 테스트에서 쓰레드가 적절한 때에 실행되었는지를 확인하기 위해서 이 함수는 threadRan 변수를 TRUE로 설정한다. 여기에서 보여주지는 않지만 setup()에서 threadRan이 FALSE로 설정된다.

다음 테스트 케이스는 MyOS의 Thread를 생성하더라도 아직 쓰레드 진입 함수가 시작되지 않았음을 확인한다.

Download tests/MyOS/ThreadTest.cpp
```
TEST(Thread, CreateDoesNotStartThread)
{
    thread = Thread_Create(threadEntry, 0);
    Thread_Destroy(thread);
    CHECK(FALSE == threadRan);
}
```

Thread_Create()가 쓰레드를 생성한다. Thread_Destroy()는 쓰레드가 일을 완료하기를 기다린다. 이 함수를 호출하면 블록(block)이 발생할 수 있지만 이 경우에는 발생하지 않는다. 아직 시작하지 않은 쓰레드는 블록 없이 소멸할 수 있다. threadRan 검사가 통과한다면 이는 쓰레드가 실행되지 않았다는 뜻이다.

다음 테스트를 통과시키려면 OS의 쓰레드 관련 함수를 호출해야 한다.

`Download tests/MyOS/ThreadTest.cpp`

```
TEST(Thread, StartedThreadRunsBeforeItIsDestroyed)
{
    thread = Thread_Create(threadEntry, 0);
    Thread_Start(thread);
    Thread_Destroy(thread);
    CHECK(TRUE == threadRan);
}
```

앞의 두 테스트를 지원하는 MyOS Thread 모듈의 인터페이스는 아래와 같다.

`Download include/MyOS/Thread.h`

```
typedef struct ThreadStruct * Thread;
typedef void * (*ThreadEntryFunction)(void *);

Thread Thread_Create(ThreadEntryFunction f, void * parameter);
void Thread_Start(Thread);
void Thread_Destroy(Thread);
```

이어서 인터페이스를 만족하는 세 가지 구현을 하나씩 살펴보자.

A5.2 POSIX 구현

POSIX에서 앞의 테스트를 통과시키려면 POSIX pthread 함수들을 적절히 사용해야 한다. POSIX의 쓰레드 생성 함수는 생성된 쓰레드를 바로 시작하므로 MyOS의 쓰레드 생성 함수에서 pthread_create()를 호출하면 안 된다. 대신 인자들을 저장해 두어야 한다. 그러면 나중에 Thread_Start()가 호출될 때, pthread 쓰레드를 생성하고 시작할 수 있다. POSIX 구현에서 사용된 MyOS의 구조체는 아래와 같다.

`Download src/MyOS/posix/Thread.c`

```
typedef struct ThreadStruct
{
    ThreadEntryFunction entry;
```

```
    void * parameter;
    pthread_t pthread;
} ThreadStruct;
```

pthread_t는 POSIX API에 있는 추상 데이터 타입(ADT)이다. Thread_Create()의 POSIX 구현은 아래와 같다.

Download src/MyOS/posix/Thread.c

```
Thread Thread_Create(ThreadEntryFunction f, void * parameter)
{
    Thread self = calloc(1, sizeof(ThreadStruct));
    self->entry = f;
    self->parameter = parameter;
    return self;
}
```

Thread_Create()는 인자들을 ThreadStruct 구조체에 담는다. Thread_Start()는 저장해 둔 인자들을 이용하여 쓰레드를 생성하고 시작한다. 코드는 아래와 같다.

Download src/MyOS/posix/Thread.c

```
void Thread_Start(Thread self)
{
    pthread_create(&self->pthread, NULL, self->entry, self->parameter);
}
```

테스트는 쓰레드를 시작한 뒤 그 쓰레드가 완료될 때까지 대기해야 한다. 테스트와 실행 중인 쓰레드의 완료가 서로 동기화되지 않으면 문제가 발생할 수 있다. 쓰레드가 끝날 때까지 대기하는 POSIX 버전의 Thread_Destroy() 구현은 아래와 같다.

```
void Thread_Destroy(Thread self)
{
    pthread_join(self->pthread, NULL);
    free(self);
}
```

쓰레드가 종료될 때까지 pthread_join()은 블록된다. pthread_join()는 두 번째 인자를 이용하여 쓰레드의 반환값을 얻어올 수 있다. Thread_Destroy()는 쓰레드 진입 함수의 반환값에 관심이 없으므로 NULL을 전달한다.

이 테스트는 나의 Mac환경에서 잘 동작했다. 하지만 리눅스에 설치한 지속적 통합(CI) 시스템에서 빌드 했을 때는 잘 동작하지 않았다. 어떤 이유로 인해 pthread

에서는 아직 시작하지 않은 쓰레드와 조인(join)하면 크래시가 발생했다. 이런 상황으로부터 보호하기 위해서 ThreadStruct에 쓰레드 시작 여부를 나타내는 플래그를 아래와 같이 추가했다.

```
Download src/MyOS/posix/Thread.c
```
```
Thread Thread_Create(ThreadEntryFunction f, void * parameter)
{
    Thread self = calloc(1, sizeof(ThreadStruct));
    self->entry = f;
    self->parameter = parameter;
    self->started = FALSE;
    return self;
}

void Thread_Destroy(Thread self)
{
    if (self->started)
        pthread_join(self->pthread, NULL);
    free(self);
}

void Thread_Start(Thread self)
{
    self->started = TRUE;
    pthread_create(&self->pthread, NULL, self->entry, self->parameter);
}
```

여기까지 작성한 POSIX 버전의 구현은 리눅스와 Mac에서 테스트를 통과한다. CI 시스템에서는 임베디드 리눅스 환경으로 빌드하여 테스트 실행을 위해 시스템에 다운로드 해야 한다. Thread 모듈을 제대로 만들려면 쓰레드의 스택 크기나 우선순위를 설정하고 여러 가지 오류 상황도 처리하는 등 추가로 작업해야 하는 일들이 있을 것이다. 하지만 이 정도면 여러분이 감을 잡았을 것이라고 생각한다.

A5.3 Micrium RTOS 구현

Micrium의 μC/OS-III를 사용한 구현을 살펴보자. Micrium의 동시성 모델은 태스크(task)를 기반으로 한다. Micrium 태스크는 return을 허용하지 않으며, 다른 태스크를 제거할 수는 있다. 하지만 실행 중인 태스크를 제거하면 문제가 생길 수 있으므로 여기서 우리는 태스크와 함께 세마포어를 사용해야 한다. 세마포어는 쓰레드 종료를 동기화하는 데 사용할 것이다. 생성은 아래와 같다.

```
Download src/MyOS/Micrium/Thread.c
```

```c
Thread Thread_Create(ThreadEntryFunction entry, void *parameter)
{
    OS_ERR err;

    Thread self = OSMemGet(&AppMemTask, &err);
    self->entry = entry;
    self->parameter = parameter;
    self->started = FALSE;
    OSSemCreate (&(self->Sem), "Test Sem", 0, &err);
    return self;
}
```

Micrium 태스크도 생성되자마자 동작을 시작한다. 따라서 Thread_Create()에서 태스크를 생성하지 않는다. 태스크 메모리를 얻고 세마포어를 생성하기 위해 Micrium의 함수들을 호출한다.

Micrium에서 필요한 ThreadStruct는 아래와 같다.

```
Download src/MyOS/Micrium/Thread.c
```

```c
typedef struct ThreadStruct
{
    ThreadEntryFunction entry;
    void * parameter;
    BOOL started;
    OS_TCB TCB;
    OS_SEM Sem;
    CPU_STK Stk[APP_TASK_SIMPLE_STK_SIZE];
} ThreadStruct;
```

구조체는 세마포어와 태스크 구조체를 포함하고 있다. 구조체는 태스크 스택도 포함하고 있다. 이 예제에서는 스택 크기를 고정해 놓았지만 설정할 수 있도록 고쳐야 할 것이다. 다음의 Thread_Start()는 Micrium 태스크를 생성한다.

```
Download src/MyOS/Micrium/Thread.c
```

```c
void Thread_Start(Thread self)
{
    OS_ERR err;

    self->started = TRUE;
    OSTaskCreate(&(self->TCB), "App Task",
                 MicriumTaskShell, (void *)self,
                 APP_TASK_SIMPLE_PRIO,
                 self->Stk, APP_TASK_SIMPLE_STK_SIZE / 10,
                 APP_TASK_SIMPLE_STK_SIZE,
```

```
            0,
            0,
            0,
            (OS_OPT_TASK_STK_CHK | OS_OPT_TASK_STK_CLR),
            &err);
}
```

앞서 말한 바와 같이, Micrium 태스크에는 return을 허용하지 않는다. 따라서 호환 가능한 동작을 구현하기 위해서 우리는 아래와 같이 확장된 태스크 진입 함수를 사용한다.

`Download src/MyOS/Micrium/Thread.c`

```
static void MicriumTaskShell(void *p_arg)
{
    Thread thread;
    OS_ERR err;
    thread = (Thread) p_arg;
    thread->entry(thread->parameter);
    OSSemPost(&(thread->Sem), OS_OPT_POST_ALL, &err);
    while (DEF_ON)
    {
        OSTimeDlyHMSM(0, 0, 0, 100, OS_OPT_TIME_HMSM_STRICT, &err);
    }
}
```

MicriumTaskShell()은 thread->entry()를 호출한다. entry()가 반환될 때, 태스크가 완료되었다는 신호를 세마포어에게 통지한다. 태스크는 제거되기를 기다리며 무한 루프에 들어간다. 다음은 태스크의 완료 신호와 동기화된 Thread_Destory()이다.

`Download src/MyOS/Micrium/Thread.c`

```
void Thread_Destroy (Thread self)
{
    OS_ERR err;
    OSSemPend(&(self->Sem), 0, OS_OPT_PEND_BLOCKING, 0, &err);
    OSTaskDel(&(self->TCB), &err);
    OSSemDel(&(self->Sem));
    OSMemPut(&AppMemTask, self, &err);
}
```

OSSemPend()가 반환되면, 태스크를 제거하고 Micrium이 제어하는 자원을 시스템에 되돌려 준다.

A5.4 Win32 구현

이제 동일한 부분의 윈도 구현을 살펴보자. 윈도 구현은 Win32 API로 이뤄진다. Win32에서는 쓰레드를 생성하는 것과 실행하는 것을 두 단계로 나누어 진행할 수도 있다. 이 방법을 이용해보자. 그런데 이 방법을 이용한다면 쓰레드 진입 함수와 인자를 구조체에 저장할 필요가 없어야 한다. 하지만 MyOS의 쓰레드 진입 함수와 Win32의 쓰레드 진입 함수는 프로토타입이 조금 다르다. 결국 구조체에 쓰레드 진입 함수와 인자를 저장해야만 한다. 구조체는 아래와 같다.

> Download src/MyOS/Win32/Thread.c

```c
typedef struct ThreadStruct
{
    HANDLE threadHandle;
    ThreadEntryFunction entry;
    void * parameter;
    BOOL started;
} ThreadStruct;
```

Win32의 프로토타입에 맞춘 쓰레드 엔트리 함수는 아래와 같다.

> Download src/MyOS/Win32/Thread.c

```c
static DWORD WINAPI Win32ThreadEntry(LPVOID param)
{
    Thread thread = (Thread)param;
    return (UINT)thread->entry(thread->parameter);
}
```

Win32ThreadEntry()에 전달된 param 인자는 Thread 포인터이다. 따라서 Win32ThreadEntry()는 Thread 구조체에서 진짜 쓰레드 진입 함수와 인자를 꺼내올 수 있다. 우선 진짜 쓰레드 진입 함수의 반환 타입을 Win32가 원하는 타입으로 형변환한다. 테스트 목록을 만들어서 Win32의 DWORD WINAPI를 통해서 포인터를 반환해도 되는지를 검사하도록 테스트 항목을 추가해야만 한다. 쓰레드 생성은 아래와 같다.

> Download src/MyOS/Win32/Thread.c

```c
Thread Thread_Create(ThreadEntryFunction entry, void * parameter)
{
    DWORD threadId;
    Thread self = calloc(1, sizeof(ThreadStruct));
    self->entry = entry;
```

```
    self->parameter = parameter;
    self->threadHandle = CreateThread(0, 0, Win32ThreadEntry, self,
            CREATE_SUSPENDED, &threadId);
    return self;
}
```

쓰레드가 중지 상태로 생성된다는 것에 주의하라. MyOS의 ThreadEntryFunction() 은 ThreadStruct에 저장되어 전달되며, Win32ThreadEntry()가 Win32의 CreateThread()에 전달된다. threadHandle은 나중에 쓰레드를 제어하기 위해 ThreadStruct에 저장된다.

Thread_Start()는 중지 상태의 쓰레드를 시작하기 위해서 Win32 함수인 ResumeThread()를 호출한다.

Download src/MyOS/Win32/Thread.c

```
void Thread_Start(Thread self)
{
    self->started = TRUE;
    ResumeThread(self->threadHandle);
}
```

다른 구현과 마찬가지로 Thread_Destroy()는 Win32 쓰레드가 완료될 때까지 대기해야만 한다. WaitForSingleObject()를 호출하면 된다.

Download src/MyOS/Win32/Thread.c

```
void Thread_Destroy(Thread self)
{
    if (self->started)
    {
        WaitForSingleObject(self->threadHandle, INFINITE);
        self->started = FALSE;
    }
    CloseHandle(self->threadHandle);
    free(self);
}
```

A5.5 분리 계층이 애플리케이션의 짐을 가져가기

개방-폐쇄 원칙(OCP)과 리스코프 치환 원칙(LSP)을 적용하면 설계를 더 유연하게 만들 수 있다. 이 원칙들을 이용하여 OS를 분리하면 상위 수준 애플리케이션 로직의 유용성이 더 오래 유지된다. 각 플랫폼에서 실행되는 테스트 케이스들을 통해 인터페이스만 같은 것이 아니라 호출했을 때의 동작도 같다는 것을 확인할 수 있다.

A6

TDD for Embedded C

참고문헌

[Bec00]   Kent Beck. *Extreme Programming Explained: Embrace Change*. Addison- Wesley Longman, Reading, MA, 2000.
『익스트림 프로그래밍, 2판』(인사이트. 정지호, 김창준 옮김)

[Bec02]   Kent Beck. *Test Driven Development: By Example*. Addison-Wesley, Reading, MA, 2002.
『테스트 주도 개발』(인사이트. 김창준, 강규영 옮김)

[Dij72]   Edsger W. Dijkstra. *The Humble Programmer*. Univeristy of Texas at Austin, Austin, TX, 1972.

[FBBO99]   Martin Fowler, Kent Beck, John Brant, William Opdyke, and Don Roberts. *Refactoring: Improving the Design of Existing Code*. Addison-Wesley, Reading, MA, 1999.
『리팩토링』(대청. 윤성준, 조재박 옮김)

[Fea04]   Michael Feathers. *Working Effectively with Legacy Code*. Prentice

| | Hall, Englewood Cliffs, NJ, 2004.
『레거시 코드 활용 전략』(에이콘. 이우영, 고재한 옮김)

[GHJV95] Erich Gamma, Richard Helm, Ralph Johnson, and John Vlissides. *Design Patterns: Elements of Reusable Object-Oriented Software*. Addison-Wesley, Reading, MA, 1995.
『GoF의 디자인 패턴 개정판』(피어슨에듀케이션코리아. 김정아 옮김)

[Gan00] Jack Ganssle. *The Art of Designing Embedded Systems*. Newnes, Woburn, MA, 2000.

[Gre04] James W. Grenning. *Progress Before Hardware*. Agile Times. 4[1]:74-78, 2004, February.

[Gre07] James W. Grenning. *Embedded Test Driven Development Cycle*. Embedded Systems Conference. Submissions, 2004, 2006, 2007.

[Gre07a] James W. Grenning. *Applying Test Driven Development to Embedded Software*. Instrumentation & Measurement Magazine, IEEE. 10[6]:20-25, 2007, December.

[HT00] Andrew Hunt and David Thomas. *The Pragmatic Programmer: From Jour- neyman to Master*. Addison-Wesley, Reading, MA, 2000.
『실용주의 프로그래머』(인사이트. 정지호, 김창준 옮김)

[LV09] Craig Larman and Bas Vodde. *Scaling Lean and Agile Development*. Addison- Wesley, Reading, MA, 2009.
『린과 애자일 개발』(케이앤피북스. 전정우, 문관기, 천은정 옮김)

[Lis74] Barbara Liskov. *Programming with Abstract Data Types*. Proceedings of the ACM SIGPLAN Symposium on Very High Level Languages. 9[4], 1974, April.

[Lis88] Barbara Liskov. *Data Abstraction and Hierarchy*. SIGPLAN Notices. 23[5], 1988, May.

[MFC01] Tim MacKinnon, Steve Freeman, and Philip Craig. *Endo-Testing: Unit Testing with Mock Objects*. Extreme Programming Examined. 1:287-302, 2001.

[Mar02]   Robert C. Martin. *Agile Software Development, Principles, Patterns, and Practices*. Prentice Hall, Englewood Cliffs, NJ, 2002. 『소프트웨어 개발의 지혜』(야스미디어. 이용원 옮김)

[Mar08]   Robert C. Martin. *Clean Code: A Handbook of Agile Software Craftsmanship*. Prentice Hall, Englewood Cliffs, NJ, 2008. 『클린 코드』(케이앤피북스. 박재호, 이해영 옮김)

[Mes07]   Gerard Meszaros. *xUnit Test Patterns*. Addison-Wesley, Reading, MA, 2007. 『xUnit 테스트 패턴』(에이콘. 박일 옮김)

[Mey97]   Bertrand Meyer. *Object-Oriented Software Construction*. Prentice Hall, Englewood Cliffs, NJ, Second, 1997.

[OL11]   Tim Ottinger and Jeff Langr. *Agile in a Flash*. The Pragmatic Bookshelf, Raleigh, NC and Dallas, TX, 2011.

[SM04]   Nancy Van Schooenderwoert and Ron Morsicato. *Taming the Embedded Tiger, Agile Test Techniques for Embedded Software*. Proceedings of the 2004 Agile Development Conference. ADC 2004, 2004, June.

[UNMM07]   Hidetake Uwano, Masahide Nakamura, Akito Monden, and Ken-ichi Mat- sumoto. *Exploiting Eye Movements for Evaluating Reviewer's Performance in Software Review*. IEICE Transactions on Fundamentals. E90-A, No.10:317- 328, 2007, October.

[Wil00]   Stephen Wilbers. *Keys to Great Writing*. Writers Digest Books, Cincinnati, Ohio, 2000.

찾아보기

BYTES_EQUAL() 351
CHECK_EQUAL() 351
CHECK_FALSE() 351
CHECK_TRUE() 351
CHECK() 351
CircularBuffer 모듈
   다중 인스턴스 모듈에서 223
   정의 34
   프린트 출력 검증 177-181
CMock 212-213
CppUMock 209
CppUTest
   C 함수 선언 144
   C++로 구현한 이유 119
   Unity 테스트로 변환 120, 354
   레퍼런스 349-354
   시작 파일 생성 스크립트 352
   예제 27-29
   출력 결과 29
   테스트 실행 순서 352
   함수 포인터 치환 176
CruiseControl 99
Cygwin 338
Debug-Later Programming 6
DOUBLES_EQUAL() 351
DRY(반복하지 마라) 82, 248
DTSTTCPW 51
Eclipse IDE 340
FAIL() 351
FIRST(Fast, Isolated, Repeatable, Self-verifying, Timely) 테스트 55
FormatOutput() 함수 177-181
FormatOutputSpy 클래스 179-181
IGNORE_TEST() 76

JUnit 10, 29
LED 드라이버
   경계 조건 68-75
   리팩터링 53
   요구사항 35
   의존성 주입 41-43
   인터페이스 설계 44
   테스트 목록 36, 80, 88
   테스트 작성 37, 49-50, 60
LightControllerSpy 클래스 143-169
LightDriverSpy 클래스 225-241
LightScheduler
   vtable 사용 241-246
   다양한 하드웨어 지원 224-246
   단일 인스턴스 모듈 223
   동적 인터페이스 233-246
   리팩터링 155
   링크타임 치환 141
   설계 139
   스텁 사용 147
   스파이 사용 142
   시계 추상화 147
   테스트 목록 138, 153
   테스트 작성 143-169, 172-176
   함수 포인터 치환 174-176
   협력자 141
LONGS_EQUAL() 351
MinGW+MSYS 339
MockIO 198-201, 208, 310-314
OS 추상화 계층 138, 359-367
POINTERS_EQUAL() 351
Red-Green-Refactor 10
RUN_TEST_CASE() 24, 345
RUN_TEST_GROUP() 24

setup() 28
SOLID 설계 원칙
  C로 구현 222
  정의 217
STRCMP_EQUAL() 351
strstr() 100
TDD의 3 법칙 44
teardown() 28
TEST_ASSERT_BYTES_EQUAL() 346
TEST_ASSERT_EQUAL_INT() 346
TEST_ASSERT_EQUAL_STRING() 20, 346
TEST_ASSERT_EQUAL() 20, 346
TEST_ASSERT_FALSE() 346
TEST_ASSERT_FLOAT_WITHIN() 346
TEST_ASSERT_POINTERS_EQUAL() 346
TEST_ASSERT_TRUE() 346
TEST_FAIL_MESSAGE() 346
TEST_GROUP_RUNNER() 24, 345
TEST_GROUP()
  CppUTest에서 28, 162, 350
  Unity에서 22, 344-345
TEST_SETUP() 22, 345
TEST_TEAR_DOWN() 22, 345
Test-After Development 114
Unity
  레퍼런스 343-347
  예제 19-23
  출력 결과 25-26

ㄱ

가상 함수 테이블(vtable) 241-246
간접 의존 컴포넌트(TDOC) 129
감지 변수 297
강제 종료(crash) 30
개발 주기
  TDD 8
  임베디드 TDD 95
  지속적 통합 99
개발 환경
  Cygwin 338
  Eclipse IDE 340

MinGW+MSYS 339
리눅스 가상 머신 339
리눅스 툴체인 337
마이크로소프트 Visual Studio 339
맥 OS X Xcode 338
개발 후 테스트(TAD) 114
개방-폐쇄 원칙(OCP) 219, 359
결함 방지 8, 11, 62
기능 욕심 262, 280
기본 타입에 대한 강박 260

ㄴ

네 단계 테스트 패턴 31, 129

ㄷ

다리를 허물지 마라 269
다중 인스턴스 모듈 34, 223
단언
  CppUTest에서 351
  Unity에서 346
단위 테스트
  FIRST 속성 55
  GivWenZen 스타일 329
  네 단계 테스트 패턴 31, 129
  다른 테스트와 비교 115
  레거시 코드 294-300
  무거운 프로세스 112
  수동 테스트 110
  안티패턴 321-326
  작고 초점이 맞도록 52
  한 스텝씩 실행 111
단위 테스트 하니스
  레거시 코드 303-310
  자체 테스트 하니스 111
  정의 18
  테스트 실행 순서 352
단일 인스턴스 모듈 34, 223
단일 책임 원칙(SRP) 217
더미 130
데드드롭 146

데이터 캡슐화 34
동적 인터페이스 233-246
듀얼 타기팅
　위험 요소 95
　장점 93
디바이스 드라이버 190-208
디버그 나중에 프로그래밍 6
디자인 패턴
　0-1-N 148
　어댑터 103

ㄹ

라비올리 코드 256
라자냐 코드 256
런타임 라이브러리 문제 100-103
레거시 코드
　2단계 구조체 초기화 300
　감지 변수 297
　디버그 출력 감지 포인트 298
　보이스카우트 원칙 293
　부딪혀가며 통과하기 303-310
　인라인 모니터 298
　전략적 테스트 317
　코드 변경 알고리즘 294
　코드 변경 정책 116, 292
　테스트 주도 버그 수정 317
　테스트 포인트 296-300
　특징 묘사 테스트 310-314
리눅스 툴체인 337
리스코프 치환 원칙(LSP) 219, 359
리팩터링
　LightScheduler 코드 변형 266-285
　switch/case 문 261
　과도한 중첩 261
　긴 파라미터 목록 262
　복잡한 조건식 158-161, 260, 276
　성능 문제 285
　순환 복잡도 256
　이름 255
　장점 10, 252
　전역 데이터 263

정의 251
조건부 컴파일 266, 278
주석 264
주석 처리된 코드 265
책임 분리 156
초기화 함수 263
코드 중복 77, 82, 155, 272
테스트 케이스 53, 157
테스트 케이스에서 321-326
함수 추출 257-260
핵심 기술 253
링크 봉합 141
링크타임 치환 133, 141

ㅁ

마이크로소프트 Visual Studio 339
맥 OS X 개발 환경 338
메모리 손상 21
메모리 제한 98, 117-118
메이크파일
　작은 테스트 빌드 341
　전체 테스트 빌드 340
모듈화 설계 33-35
목 객체
　생성 도구 212-213
　정의 130
　특징 묘사 테스트에 사용 310-314
　플래시 메모리 드라이버 198-201
무작위성 테스트 172-176

ㅂ

버퍼 오버런 21
봉합 141, 296
빌드 시간 116

ㅅ

산탄총 수술 230
설계
　SOLID 설계 원칙 217

단순한 설계의 규칙 247
테스트 가능성 11, 34, 127
하드웨어 독립성 94
소프트웨어 엔트로피 251, 332
수동 테스트 98, 110
순환 복잡도 256
스텝
    LightScheduler에서 147
    정의 130
스파이
    FormatOutputSpy 클래스 179-181
    LightControllerSpy 클래스 143-169
    LightScheculder에서 142
    LigtDriverSpy 클래스 225-241
    데드드롭 146
    정의 130
    프린트 출력 검증 177-181
    헤더 파일 146
시간 의존 코드
    디바이스 시간 초과 205
    시계 추상화 147
    클록 순환 207
실패 결과
    CppUTest에서 30
    Unity에서 26
써드파티 코드 314
쓰레드 생성
    Micrium 363
    POSIX 361
    Win32 366

ㅇ

안티패턴
    도드라진 테스트 케이스 324
    복사-붙이기-변경-반복 323
    장황한 테스트 321
    테스트 그룹 사이의 그룹 326
    테스트 무시 327
어댑터 103
외부 장치를 이용한 테스트 106
윈도에서 개발 환경 338-339

의존 컴포넌트 129
의존관계 역전 원칙(DIP) 220
의존성
    LightScheduler에서 139
    간접 의존 컴포넌트 129
    끊기 127
    레거시 코드에서 295, 306
    의존 컴포넌트 129
    의존관계 그래프 128
    테스트 대역 128
의존성 주입 43
이름 255
인라인 모니터 298
인터페이스 분리 원칙(ISP) 220
인터페이스 테스트 44

ㅈ

자동화된 테스트
    단위 테스트 하니스 18-30
    수동 테스트와 비교 110
    중요성 5
    크래시 30
    하드웨어에서 103
재빠른 교환 278
전처리기 치환 134
정적(static) 변수 263
제품 코드 18
조건부 컴파일 266, 278
주석 264
주석 처리된 코드 265
준(Zune) 버그 3
중복 코드 77
지속적 통합 99
짝 프로그래밍 73

ㅊ

추상 데이터 타입 34, 220

ㅋ

캡슐화 34, 127
컴파일러 비호환성 97
코드 구조 9, 256
코드 냄새 255-266
코드 중복 77
크래시 30
크루즈컨트롤 99

ㅌ

테스트 대상 코드 18
테스트 대역
  링크타임 치환 141-147
  사용 131
  의존성 관리 129
  정의 126
  종류 130-131
  치환 방법(C에서) 133
  함수 포인터 치환 172-186
테스트 목록 35-36
테스트 빌드
  개발 환경 25
  메이크파일 340-342
  빌드 시간 116
테스트 주도 개발(TDD)
  Debug-Later Programming과 비교 6, 114
  구조적 미루기 49
  네 단계 테스트 31
  도입 거부 109-120
  디바이스 드라이버 190-208
  레거시 코드 291-318
  마이크로 사이클 8
  물리학 6
  상태 기계 54
  세 법칙 44
  소요 시간 109-114, 332
  속인 다음 제대로 만들기 51
  이득 8, 11-13, 62, 331
  임베디드 개발 사이클 95
  정의 5

테스트 무시 327
테스트 케이스
  CppUTest에서 27
  Unity에서 19-21
  경계 조건 68-75
  무시 76
  무작위성 172-176
  문서화로서의 의미 11, 60
  버퍼 오버런 21
  실험 71
  안티패턴 321-326
  인터페이스 테스트 44
  정의 18
  행위 주도 개발(BDD) 테스트 328
  회귀 테스트 107
테스트 코드 18
테스트 포인트 296-300
테스트 픽스처
  CppUTest에서 27-28
  Unity에서 22-23
  정의 19
특징 묘사 테스트 310-314

ㅍ

파일 범위 변수 34, 47, 223, 263
페이크 131
평가 보드 93, 97
폭탄 페이크 131
프린트 출력
  디버그 출력 감지 포인트 298
  스파이로 검증 177-181
플래시 메모리 드라이버
  설계 190-194
  시간 초과 발생시키기 205
  클록 순환 207
  테스트 목록 193
  테스트 작성 194-197, 202-208
  플로 차트 192
플랫폼 특화 코드 94, 100

ㅎ

하드웨어 문제
  듀얼 타기팅 93, 117
  런타임 라이브러리 문제 100
  메모리 제한 98, 117
  빌드 시간 116
  소프트웨어 프로젝트에의 영향 92
  수동 테스트 98
  의존성 주입 40
  인수 테스트 105
  일정 지연 92
  컴파일러 비호환성 97
  평가 보드 93, 97
  하드웨어 의존 코드 94, 224-241
  헤더 파일 비호환성 101

하드웨어 추상화 계층 138
하드웨어 테스트 98, 103
학습 테스트 314
함수 길이 257-260
함수 이름 255
함수 포인터 치환
  CppUTest 기능 176
  FormatOutput() 함수 177-181
  LightScheduler에서 174-176
  무작위성 테스트 172-176
  정의 134
행위 주도 개발(BDD) 테스트 328
허드슨 99
헤더 파일 비호환성 101
협력자 125, 127, 132
회귀 테스트 11, 107